Teubner-Reihe Wirtschaftsinformatik

F. R. Lehmann

Fachlicher Entwurf von
Workflow-Management-Anwendungen

Teubner-Reihe Wirtschaftsinformatik

Herausgegeben von

Prof. Dr. Dieter Ehrenberg, Leipzig
Prof. Dr. Dietrich Seibt, Köln
Prof. Dr. Wolffried Stucky, Karlsruhe

Die „Teubner-Reihe Wirtschaftsinformatik" widmet sich den Kernbereichen und den aktuellen Gebieten der Wirtschaftsinformatik.

In der Reihe werden einerseits Lehrbücher für Studierende der Wirtschaftsinformatik und der Betriebswirtschaftslehre mit dem Schwerpunktfach Wirtschaftsinformatik in Grund- und Hauptstudium veröffentlicht. Andererseits werden Forschungs- und Konferenzberichte, herausragende Dissertationen und Habilitationen sowie Erfahrungsberichte und Handlungsempfehlungen für die Unternehmens- und Verwaltungspraxis publiziert.

Fachlicher Entwurf von Workflow-Management-Anwendungen

Von Dr. Frank R. Lehmann
Technische Universität Darmstadt

B. G. Teubner Stuttgart · Leipzig 1999

Dr. Frank R. Lehmann

Geboren 1967 in Villingen/Schwarzwald. Von 1988 bis 1992 Studium der Wirtschaftsinformatik an der Fachhochschule Furtwangen. Von 1992 bis 1994 Diplom-Aufbaustudium der Informationswissenschaft an der Universität Konstanz. Arbeitsaufenthalte bei der Hoffmann-La Roche AG, Basel, der Dornier GmbH, Friedrichshafen, und der Daimler-Benz AG, Stuttgart. 1995 Mitarbeiter am Lehrstuhl für Informationsmanagement der Universität Konstanz, seit 1996 wissenschaftlicher Mitarbeiter am Fachgebiet Wirtschaftsinformatik I der Technischen Universität Darmstadt (bis 30.09.1997 Technische Hochschule Darmstadt). Promotion im Juli 1998.

Arbeitsschwerpunkte: Workflow-Management, Entwicklung von Anwendungssystemen, Organisationsentwicklung

Gedruckt auf chlorfrei gebleichtem Papier.

Die Deutsche Bibliothek – CIP-Einheitsaufnahme

Lehmann, Frank R.:
Fachlicher Entwurf von Workflow-Management-Anwendungen /
von Frank R. Lehmann. –
Stuttgart ; Leipzig : Teubner, 1999
  (Teubner-Reihe Wirtschaftsinformatik)
  ISBN-13: 978-3-519-00258-1   e-ISBN-13: 978-3-322-86762-9
  DOI: 10.1007/978-3-322-86762-9

Umschlaggestaltung: E. Kretschmer, Leipzig

Vorwort

Die Einführung von Workflow-Management-Anwendungen in einem Unternehmen bedeutet, ein Workflow-Management-System zur Steuerung von Arbeitsabläufen - meist im Bürobereich - einzusetzen. Man kann davon ausgehen, daß Workflow-Management-Anwendungen in Zukunft eine erhebliche volkswirtschaftliche Bedeutung erlangen werden, da sie prinzipiell zur Steuerung vielfältiger Abläufe in Wirtschaft und Verwaltung eingesetzt werden können. Ein wichtiges Charakteristikum einer Workflow-Management-Anwendung besteht darin, auch Anwender und ihre Organisationsstruktur als Modellierungsgegenstände zu berücksichtigen. Entsprechend komplex gestaltet sich die Modellierungsaufgabe. Das vorliegende Buch schlägt zur Bewältigung der Komplexität einen neuen Weg zum methodischen Entwurf von Workflow-Management-Anwendungen vor, der im Kern auf vier Säulen aufbaut, und zwar methodologisch auf dem Architekturkonzept von MOBILE, ferner auf den Prinzipien Materialsprachlichkeit, Methodenneutralität und Normsprachlichkeit einer Konstruktionsmethodik für Informationssysteme sowie auf Erkenntnissen aus der Organisationstheorie und der Sprachwissenschaft.

Die genannten Konstruktionsprinzipien für Informationssysteme dienen dazu, die sprachliche Lücke zwischen den an der Entwicklung beteiligten Personen (Softwareentwickler, Anwender usw.) zu schließen, um ein gemeinsames Verständnis eines Anwendungsgebiets für die Entwicklung und den Betrieb des Anwendungssystems aufzubauen. Materialsprachlichkeit bedeutet hierbei, daß im Rahmen der methodischen Entwicklung eines Informationssystems stets auch die Semantik der verwendeten Fachterminologie auf der Seite der verwendeten Entwicklungssprache und nicht nur auf der Seite der Anwendungen in einem Fachwörterbuch verwendungsneutral festgelegt wird. Methodenneutralität sieht vor, den Fachentwurf eines Informationssystems so lange wie möglich unabhängig von bestimmten Methoden zur Modellierung spezifischer Entwurfsergebnisse oder Aspekte durchzuführen. Normsprachlichkeit bedeutet, daß die verwendete Terminologie rekonstruiert wird, d. h. insbesondere von Mehrdeutigkeiten und Vagheiten befreit wird, und daß eine normierte, vereinfachte Syntax für die Strukturierung der Aussagen über Dinge und Geschehnisse zum Einsatz kommt, um die in Zusammenarbeit von Entwicklern und Anwendern erhobenen Aussagen über das Anwendungsgebiet zu vereinheitlichen und in adäquate Diagramm- oder Spezifikationssprachen zu überführen.

Die Phase Fachentwurf im Rahmen eines Vorgehensmodells zur Entwicklung eines Anwendungssystems, z. B. einer Workflow-Management-Anwendung, stellt den zentralen Betrachtungsgegenstand des Buches dar. Der erste Teil des Fachentwurfs zielt auf die Entwicklung einer methodenneutralen fachlichen Lösung der Aufgabenstellung in Zusammenarbeit mit den Anwendern ab. Im zweiten Teil des Fachentwurfs bedient man sich spezieller Spezifikationssprachen (Diagrammsprachen) und strebt eine bestimmte Lösungsarchitektur (Datenbank-Anwendung, Workflow-Management-Anwendung) auf der Basis rekonstruierter Fachbegriffe an. Deshalb liegt ein schwieriger Teil der Entwicklung von Workflow-Management-Anwendungen in der Rekonstruktion und Geltungssicherung der Fachbegriffe. Damit ist ein hoher Zeitaufwand verbunden, der aber gerechtfertigt ist, da ein einheitliches Begriffssystem die Anwendungssystementwicklung und -integration, aber auch die innerbetriebliche Kommunikation, erheblich erleichtert.

Das vorliegende Buch stellt die überarbeitete Fassung meiner Dissertation dar, die im Februar 1998 an der Fakultät für Verwaltungswissenschaft der Universität Konstanz eingereicht worden ist. Besonderer Dank gilt meinem Doktorvater, Herrn Prof. Dr. Erich Ortner, der mir die Möglichkeit gegeben hat, mich zunächst an der Universität Konstanz und später an der Technischen Universität Darmstadt mit dem facettenreichen Thema „Workflow-Management" intensiv zu beschäftigen. Durch vielfältige Anregungen hat er meine Arbeit immer wieder aufs Neue befruchtet. Herrn Prof. Dr. Rainer Kuhlen ist für die Übernahme des Korreferats, Herrn Dipl.-Wirtsch.-Inf. Dirk Fleischmann und Herrn Dr. Bruno Schienmann für das Korrekturlesen des Manuskripts sowie die daraus resultierenden vielfältigen Anregungen zu danken.

Darmstadt, im Januar 1999   Frank R. Lehmann

Inhalt

1 Einleitung...**13**

1.1 Problemstellung...14

1.2 Gang der Untersuchung..20

2 Gegenstandsbestimmung...**24**

2.1 Anwendungssysteme..24

  2.1.1 Grundbegriffe der Anwendungssystementwicklung...........................24

  2.1.2 Anwendungssystementwicklung versus Softwaretechnik...................26

2.2 Workflow-Management-Anwendungen...28

  2.2.1 Grundbegriffe...28

    2.2.1.1 Workflow..29

    2.2.1.2 Workflow-Instanz..30

    2.2.1.3 Workflow-Schema...31

    2.2.1.4 Geschäftsprozeß...31

    2.2.1.5 Workflow-Management..33

    2.2.1.6 Workflow-Management-System...34

    2.2.1.7 Workflow-Management-Anwendung..38

  2.2.2 Einsatz von Workflow-Management-Anwendungen............................39

    2.2.2.1 Einsatzfeld Büroarbeit: ausgewählte Aspekte.............................40

      2.2.2.1.1 Allgemeine Klassifikation von Büroaufgaben.........................41

      2.2.2.1.2 Probleme traditioneller Büroarbeit..43

    2.2.2.2 Zuordnung von Büroaufgabentypen zu Workflow-Kategorien......45

      2.2.2.2.1 Workflow-Kategorien..46

      2.2.2.2.2 Zuordnung von Büroaufgabentypen zu Workflow-Kategorien.....49

    2.2.2.3 Kategorieabhängige Steuerung von Workflows............................51

    2.2.2.4 Auswirkungen des Einsatzes von Workflow-Management-Systemen.....54

      2.2.2.4.1 Nutzenaspekte..55

      2.2.2.4.2 Risiken..59

  2.2.3 Workflow-Management-Systeme..63

    2.2.3.1 Generationen von Workflow-Management-Systemen....................64

    2.2.3.2 Das Referenzmodell der Workflow Management Coalition............67

    2.2.3.3 Entwicklungstendenzen...70

2.2.4 Workflow-Management-Systeme als spezielle Groupwaresysteme 72

2.2.4.1 Grundbegriffe 73

2.2.4.2 Ansätze zur Klassifikation von Groupware 75

2.2.5 Einordnung in die Organisationsentwicklung 77

2.2.5.1 Geschäftsprozeßmodellierung 79

2.2.5.2 Grundlagen der Organisationsstrukturentwicklung 81

2.2.5.3 Überführung von Arbeitsabläufen in Workflows 83

2.3 Methodisches Entwickeln von Anwendungssystemen 86

2.3.1 Grundlagen einer methodischen Systementwicklung 87

2.3.2 Einsatz eines Vorgehensmodells 90

2.3.3 Der Fachentwurf als zentrale Entwicklungsphase 94

3 Grundlagen des Lösungsansatzes 97

3.1 Ausgewählte Grundlagen der Steuerung von Workflows 97

3.1.1 Steuerung als spezielle Form der Koordination 98

3.1.2 Soziotechnische Aspekte der Steuerung 101

3.1.3 Steuerung unterschiedlicher Workflow-Arten 102

3.1.4 Steuerungs- versus Ausführungsebene 103

3.2 Einsatz von Sprachen 108

3.2.1 Natürliche Sprachen 109

3.2.1.1 Gemeinsprache 110

3.2.1.2 Fachsprachen 111

3.2.1.2.1 Eingrenzung und Gliederung 112

3.2.1.2.2 Strukturmerkmale von Fachtexten 115

3.2.1.2.3 Fachsprachliche Phraseologie 117

3.2.1.2.4 Unternehmensfachsprache 118

3.2.1.3 Natürliche Sprache in der Modellierung 120

3.2.2 Künstliche Sprachen 121

3.2.2.1 Spezifikationssprachen 123

3.2.2.2 Normsprache 126

3.3 Begriffsmodell 136

3.3.1 Begriff 137

3.3.2 Benennung 139

3.3.3 Intension 141

3.3.4 Extension 144

3.4 Zuordnung von Begriffen und Benennungen 146

3.4.1 Synonymie 147

  3.4.1.1 Totale Synonymie 148

  3.4.1.2 Partielle Synonymie 150

    3.4.1.2.1 Arten partieller Synonymie 150

    3.4.1.2.2 Hyponymie und Hyperonymie als Sonderfälle partieller Synonymie 152

3.4.2 Lexikalische Ambiguität 153

  3.4.2.1 Homonymie 154

  3.4.2.2 Polysemie 156

3.4.3 Äquipollenz 158

3.4.4 Vagheit (Randbereichsunschärfe) 160

3.4.5 Bedeutungswandel 162

4 Methodenneutraler Fachentwurf 164

4.1 Aussagensammlung 166

4.1.1 Grundlagen der Aussagensammlung 166

4.1.2 Erhebungstechniken 168

  4.1.2.1 Befragung 169

  4.1.2.2 Selbstaufschreibung 170

  4.1.2.3 Beobachtung 171

  4.1.2.4 Schriftgutuntersuchung 172

4.1.3 Auswahl der Erhebungstechniken 173

4.1.4 Grammatikalische Normierung (methodenneutral) 174

4.2 Rekonstruktion der Termini 182

4.2.1 Grundlagen der Normierung 183

4.2.2 Einteilung von Rekonstruktionsverfahren für Begriffe 188

4.2.3 Vorgehensweise der Rekonstruktion 191

4.2.4 Behandlung von Zuordnungsproblemen 201

  4.2.4.1 Behandlung von Synonymen 201

  4.2.4.2 Behandlung lexikalischer Ambiguität 204

  4.2.4.3 Behandlung von Äquipollenzen 207

  4.2.4.4 Behandlung vager Benennungen 208

  4.2.4.5 Behandlung des Bedeutungswandels von Benennungen 209

4.2.5 Terminologienormung in der Praxis 209

4.3 Aufbau eines Fachwörterbuchs 215

4.3.1 Gestaltung eines Wörterbucheintrags 218

4.3.2 Definition von Termini 220

  4.3.2.1 Einführung 221

4.3.2.2 Anforderungen an Definitionen 223

4.3.2.3 Ausgewählte Definitionsarten für ein Unternehmensfachwörterbuch 225

    4.3.2.3.1 Inhaltsdefinition 225

    4.3.2.3.2 Umfangsdefinition 226

    4.3.2.3.3 Bestandsdefinition 227

    4.3.2.3.4 Nominaldefinition 227

4.3.2.4 Verankerung im semantischen Gefüge 227

4.3.3 Aspekte der Rechnerunterstützung 228

5 Methodenspezifischer Fachentwurf **232**

5.1 Aspekteübergreifende Grundlagen 233

5.1.1 Vorgehensweise 234

5.1.1.1 Überblick 234

5.1.1.2 Aspekteorientierte Aussagenklassifikation (Schritte M1 und M2) 237

5.1.1.3 Methodenspezifische syntaktische Normierung (Schritte M3 und M4) 242

5.1.1.4 Umsetzung in eine Spezifikationssprache (Schritte M5 bis M7) 248

5.1.2 Geschehnisarten 249

5.1.2.1 Sprachkritische Rekonstruktion von Aktionsarten 250

5.1.2.2 Klassifikation der Geschehnisarten nach Egg 252

5.2 Funktionsaspekt 254

5.2.1 Teilaspekt Subworkflows 255

5.2.1.1 Einführung einer Benennungskonvention für Subworkflows 257

5.2.1.2 Geschehnisartenabhängige Bestimmung von Subworkflows 258

5.2.2 Teilaspekt Funktionsstruktur 263

5.2.2.1 Gewählte Diagrammsprache: Funktionsbaum 264

5.2.2.2 Methodenspezifische Normierung 265

5.3 Steuerungsaspekt 271

5.3.1 Teilaspekt Reihenfolge 273

5.3.1.1 Gewählte Diagrammsprache: Kontrollflußdiagramm 273

5.3.1.2 Methodenspezifische Normierung 275

5.3.2 Teilaspekt Wandlung 280

5.3.2.1 Gewählte Diagrammsprache: Zustandsübergangsdiagramm 280

5.3.2.2 Methodenspezifische Normierung 281

5.3.3 Teilaspekt Zeitbedarf 284

5.3.3.1 Gewählte Diagrammsprache: Gantt-Diagramm 286

5.3.3.2 Methodenspezifische Normierung 288

5.4 Datenaspekt 290

  5.4.1 Teilaspekt Datenfluß.. 292

    5.4.1.1 Gewählte Diagrammsprache: Datenflußdiagramm 293

    5.4.1.2 Methodenspezifische Normierung..................................... 294

  5.4.2 Teilaspekt Konzeptionelles Datenschema 299

    5.4.2.1 Gewählte Diagrammsprache: Objekttypenmethode............... 299

    5.4.2.2 Methodenspezifische Normierung..................................... 300

  5.4.3 Teilaspekt Datensichten.. 304

5.5 Organisationsaspekt 304

  5.5.1 Teilaspekt Aufbauorganisation... 306

    5.5.1.1 Gewählte Diagrammsprache: Organigramm 307

    5.5.1.2 Methodenspezifische Normierung..................................... 310

  5.5.2 Teilaspekt Stellenbeschreibung 314

    5.5.2.1 Gewählte Spezifikationssprache: Normsprache 315

    5.5.2.2 Methodenspezifische Normierung..................................... 317

  5.5.3 Teilaspekt Zuweisung... 318

    5.5.3.1 Gewählte Spezifikationssprache: Normsprache 320

    5.5.3.2 Methodenspezifische Normierung..................................... 321

5.6 Arbeitsmittelaspekt 322

  5.6.1 Teilaspekt Arbeitsmittelbestand 326

  5.6.2 Teilaspekt Arbeitsmittelbeschreibung 327

  5.6.3 Teilaspekt Arbeitsmittelzuweisung.................................... 329

5.7 Normenaspekt..330

  5.7.1 Gewählte Spezifikationssprache: Normsprache 334

  5.7.2 Methodenspezifische Normierung....................................... 334

6 Ausklang **337**

6.1 Resümee 337

6.2 Verwandte Ansätze 341

6.3 Ausblick 345

Literaturverzeichnis **348**

Stichwortverzeichnis...**385**

1 Einleitung

Das Thema „Workflow-Management" findet seit einigen Jahren immer stärkere Beachtung in der Fachöffentlichkeit. Weltweit befanden sich laut [van der Aalst 1996] schon 1996 mehr als 250 Workflow-Management-Systeme in der Entwicklung. Nichtsdestotrotz befindet sich Workflow-Management noch in den Kinderschuhen. So fehlt es ungeachtet der Anstrengungen der Workflow Management Coalition (WfMC), vgl. [Lawrence/WfMC 1997], an einer Normierung auf diesem Gebiet. Da es bisher auch keine fundierte theoretische Basis gibt, nehmen die Vorstellungen über den Inhalt und den Aufbau eines Workflows eine fast beliebige Bandbreite an, vgl. [Jablonski 1995b]. Einer der Hauptgründe hierfür ist in dem Fehlen eines konzeptionellen Rahmens für das Workflow-Management zu sehen. Dies wird einsichtig, wenn man an die fundamentale Bedeutung des Relationalen Datenmodells [Codd 1970] und des Entity-Relationship-Modells [Chen 1976] für den Bereich der Datenbank-Management-Systeme denkt. Vergleichbare „Klassiker" auf dem Gebiet des Workflow-Managements zeichnen sich bislang noch nicht eindeutig ab. Dementsprechend basieren die bisher entwickelten Workflow-Management-Anwendungen auf sehr unterschiedlichen Konzeptionen. Hier wird ein möglicher Ansatz zur methodischen Entwicklung von Workflow-Management-Anwendungen vorgestellt, der auf dem aspekteorientierten Ansatz für die Architektur von Workflow-Management-Systemen [Jablonski/Bußler 1996] basiert.

Workflow-Management-Anwendungen sind aber auch volkswirtschaftlich von großer Bedeutung, da sie nicht nur in speziellen Bereichen eingesetzt werden können, sondern vielfältige Einsatzmöglichkeiten bieten, man denke z. B. an die Vorgangsbearbeitung in Behörden, Versicherungen oder Banken, an Unterstützungsleistungen für die Planungs- und Entwicklungsarbeit (Projektierung, Konstruktion und Administration) oder an Networking (elektronischer Geschäftsverkehr, Telearbeit, elektronischer Handel), so daß man sich in Zukunft eine Omnipräsenz von Workflow-Management-Anwendungen in fast allen Bereichen der Wirtschaft und der öffentlichen Verwaltungen vorstellen kann, vgl. [Wedekind 1997]. Damit wird aber auch eine starke Abhängigkeit von einem permanenten Betrieb dieser Systeme verbunden sein.

1.1 Problemstellung

Die Einführung von Workflow-Management-Anwendungen in einem Unternehmen bedeutet, ein Workflow-Management-System zur Steuerung von Arbeitsabläufen (bisher vorwiegend aus dem Bürobereich) einzusetzen. Sofern es sich bei dem Anwendungsgebiet nicht lediglich um ein sehr begrenztes Gebiet handelt, begibt sich ein Unternehmen damit in erhebliche Abhängigkeit von dem eingesetzten System, da die entsprechenden Organisationsstrukturen auf den Einsatz des Systems angepaßt worden sein müssen und gleichzeitig die Kompetenz zur systemunabhängigen Bearbeitung der entsprechenden Arbeitsabläufe allmählich verlorengeht. Folglich ist es während des produktiven Einsatzes eines Workflow-Management-Systems im Rahmen einer Workflow-Management-Anwendung nicht mehr möglich, das System einfach abzuschalten und Arbeitsabläufe so durchzuführen, wie es vor der Einführung der betreffenden Workflow-Management-Anwendung üblich gewesen ist, denn die Idee des Workflow-Managements geht grundsätzlich über eine bloße „Elektrifizierung" tradierter, unter Umständen ineffizienter Abläufe eines Unternehmens deutlich hinaus. Dieser Umstand erklärt zum Teil die bisher vielfach geübte Zurückhaltung beim Einsatz von Workflow-Management-Systemen, obschon dem Bereich „Workflow-Management" gerade wegen seines umfassenden Einflusses auf die Abläufe in einem Unternehmen strategische Bedeutung zukommt. Von seiner Konzeption her verspricht der Workflow-Management-Gedanke zumindest mittel- und langfristig Wettbewerbsvorteile gegenüber denjenigen Konkurrenten im Markt, die ihn nicht nachhaltig genug verfolgen. Ein wesentlicher Nutzen ist z. B. in der ständigen Auskunftsbereitschaft bezüglich des Bearbeitungsstands eines Vorgangs zu sehen.

Gegenüber anderen Anwendungssystemtypen weist eine Workflow-Management-Anwendung eine Reihe von Besonderheiten auf. Ein wichtiges Charakteristikum dieses Anwendungssystemtyps besteht darin, daß auch Anwender und ihre Organisationsstruktur Modellierungsgegenstände sind. „Workflow often represents the critical link between technology and people" [Koulopoulos 1995,

37]. Workflows zu steuern bedeutet, daß sowohl Rechner als auch Menschen in der Bearbeitung von Teilschritten gesteuert werden müssen. Damit sind automatisch bestimmte soziotechnische Aspekte im Rahmen der Entwicklungsarbeit zu berücksichtigen, wohingegen andere Anwendungssystemtypen, etwa Datenbankanwendungen oder Anwendungen von Expertensystemen, soziotechnische Belange weniger stark berühren. Unterbleibt eine vertiefte Berücksichtigung der Spezifika menschlicher Aufgabenträger, so ist ein Mißerfolg bei der Einführung einer Workflow-Management-Anwendung fast unausweichlich: „The reality is that study after study shows that in more than 50% of all cases culture is the largest obstacle identified by evaluators and users of workflow" [Koulopoulos 1995, 39f]. Wenn somit die durch die Menschen in einem Unternehmen geprägte Unternehmenskultur in einer Workflow-Management-Anwendung nicht genügend berücksichtigt wird, so ist dies bereits oft dafür ausschlaggebend, daß die Einführung einer Workflow-Management-Anwendung auf erhebliche Widerstände stößt und im Endeffekt nicht erfolgreich verläuft.

Der Workflow-Management-Gedanke ist im Kern leicht zu verstehen. Er baut auf bereits bekannten Ansätzen auf und integriert sie. In den letzten Jahren hat sich bezüglich der Einsatzmöglichkeiten von Workflow-Management-Systemen eine sehr euphorische Stimmung entwickelt, die inzwischen jedoch wieder etwas abgeklungen ist, angesichts der Erkenntnis, daß vieles auf diesem Gebiet noch nicht so funktioniert, wie man es erhofft bzw. vollmundig von Seiten der Anbieter versprochen bekommen hat. Entsprechend hoch ist bisher die Wahrscheinlichkeit, daß ein Workflow-Projekt scheitert, und entsprechend selten wird in der Literatur vom erfolgreichen Einsatz eines Workflow-Management-Systems berichtet, vgl. [van Leeuwen 1997]. Die Zahlenangaben schwanken, doch wird in Expertenkreisen von einer Quote von bis zu über 90 Prozent gescheiterter Projekte berichtet. Es sind sogar Fälle bekannt geworden, in denen Produktinstallationen nach über einem Jahr Laufzeit wieder abgebaut wurden, so im Fall des Deutschen und Europäischen Patentamts in München. Ein wesentlicher Grund hierfür besteht darin, daß oftmals organisatorische Aspekte, in die ein Workflow-Management-System eingreift, nicht im notwendigen Umfang bei der Entwicklung einer Workflow-Management-Anwendung berücksichtigt werden und auf die unbedingt erforderliche kritische Prüfung und Neustrukturierung der Geschäftsprozesse verzichtet wird, vgl. [Kirn/Unland 1994].

Der Kauf eines Workflow-Management-Systems allein genügt nicht, mit ihm ist eine Organisationsgestaltungsaufgabe verbunden, auf die von Seiten der Anbieter oft nicht mit Nachdruck hingewiesen wird. Es läßt sich denn auch laut Kirn und Unland feststellen, daß ein nicht unerheblicher Teil der Workflow-Literatur den Entwurf und den Einsatz von Workflow-Management-Anwendungen im Kern isoliert von den in der Organisationswissenschaft gängigen Methoden, Konzepten und empirischen Erkenntnissen diskutiert und somit doch im wesentlichen auf eine „Elektrifizierung" bestehender Abläufe hinarbeitet. Zudem besteht die Gefahr, daß bedingt durch den Einsatz von derzeit auf dem Markt verfügbaren Workflow-Management-Systemen organisatorische Strukturen auf Dauer im Sinne einer Vorauskoordination festgelegt werden müssen und Unternehmen somit ein wesentlicher Teil ihrer Flexibilität genommen wird. Dies bedeutet für die zukünftige Entwicklung eines Unternehmens, daß ihm durch den Einsatz eines solchen Workflow-Management-Systems mittelfristig eher Wettbewerbsnachteile als Wettbewerbsvorteile erwachsen können. Ein Grund hierfür ist darin zu sehen, daß den vorhandenen Ansätzen oftmals die Allgemeingültigkeit bzw. Vielseitigkeit fehlt, sie behandeln oftmals nur Teilaspekte wie die Synchronisation transaktionaler Schritte oder die Abbildung von Kontrollflüssen durch Petrinetze, nicht aber das komplexe Thema „Workflow-Management" als Ganzes, vgl. [Jablonski 1995b].

Grundsätzlich läßt sich ein krasses Mißverhältnis zwischen Produktvielfalt und überzeugenden Produktinstallationen, die über kleine, überschaubare Problembereiche hinausgehen, konstatieren. Zwar ist häufig vorgesehen, den Einsatz von diesen überschaubaren Gebieten auf größere auszudehnen, doch muß angezweifelt werden, ob die Erfahrungen aus dem Einsatz von Workflow-Management-Systemen in überschaubaren und in der Regel eher zweitrangigen Einsatzgebieten auf größere Einsatzgebiete einfach hochgerechnet werden können, da sich zusätzliche Problemfelder eröffnen, z. B. hinsichtlich der Integration mit anderen Technologien, vgl. [Gruhn 1997b], und die bereits angesprochene umfassende Berücksichtigung soziotechnischer Aspekte unvermeidbar wird.

Angesichts des sich bisher meist in Grenzen haltenden Einsatzspektrums von Workflow-Management-Anwendungen kommt der weiteren Erforschung und Erschließung der Potentiale des Workflow-Gedankens eine besondere Bedeutung zu. Eine zentrale Fragestellung lautet dabei, nach welcher Methode Workflow-Management-Anwendungen zu entwickeln sind, um Defizite bisheriger Anwendungen zu überwinden. Es wird eine Methode vorgeschlagen, die im Kern auf vier Säulen aufbaut:

- dem Architekturkonzept von MOBILE (methodologisch)
- den Prinzipien Materialsprachlichkeit, Methodenneutralität und Normsprachlichkeit einer Konstruktionslehre für Informationssysteme
- Erkenntnissen aus der Organisationstheorie
- Erkenntnissen aus der Sprachwissenschaft

Es gibt eine ganze Reihe von Ansätzen zur Modellierung von Workflows. Hier wurde der wegen seiner flexiblen Einsatzmöglichkeiten vielversprechende Modellierungsansatz von MOBILE zugrunde gelegt, einem an der Universität Erlangen-Nürnberg entwickelten Architekturkonzept für Workflow-Management-Systeme, das bereits prototypisch realisiert worden ist, vgl. [Jablonski/Bußler 1996]. Das Konzept von MOBILE ist aspekteorientiert und sieht Orthogonalität (weitgehende Unabhängigkeit) der zu modellierenden Aspekte vor. Modelliert werden jedoch nur steuerungsrelevante Sachverhalte, vgl. [Schuster 1997]. Dieses Konzept wird nun in Breite und Tiefe um Modellierungsaspekte ergänzt, die nicht unmittelbar für die Steuerung von Workflows relevant sind, z. B. um den Teilaspekt Konzeptionelles Datenschema, da eine weitergehende Zielsetzung als bei MOBILE verfolgt wird. Angestrebt wird die umfassende Modellierung einer Workflow-Management-Anwendung. Dabei ist zu berücksichtigen, daß eine Workflow-Management-Anwendung quasi alle Modellierungsbereiche in einem Unternehmen tangiert und sehr unterschiedliche Anwendungssysteme integriert.

Ein generelles Problem der Softwareentwicklung stellt sich bei Workflow-Management-Anwendungen in besonderem Maße: „The large number of potential process model users, such as software process engineers, project managers, software engineers, system engineers, software executives and customer management makes it difficult to establish a universally understood representation format" [Curtis et al. 1992, 83]. Eine wesentliche Zielsetzung der methodischen Entwicklung von Workflow-Management-Anwendungen lautet deshalb, die sprachliche Lücke zwischen den beteiligten Personen, insbesondere zwischen den für die Entwicklung vorrangig wichtigen Softwareentwicklern auf der einen sowie den Anwendern bzw. Fachexperten auf der anderen Seite zu schließen. Nur dann kann ein gemeinsames Verständnis eines Anwendungsgebiets aufgebaut werden. Die Entwickler haben nämlich meist nur einen sehr beschränkten Einblick in die Arbeitsaufgaben und –abläufe eines Anwendungsgebiets, selbst dann, wenn sie den Anwendungsbereich von ihrer Ausbildung her kennen. Umgekehrt sind Anwender zu sehr in ihrer alltäglichen Arbeit verhaftet, als daß sie ihr im Laufe der Zeit angesammeltes Erfahrungswissen ohne ein kompetentes Befragen durch die Entwickler explizit machen könnten, vgl. [Gryczan/Züllighoven 1992]. Zur Lösung dieses Kommunikationsproblems werden in diesem Buch folgende Prinzipien einer Konstruktionslehre für Informationssysteme angewendet:

- Materialsprachlichkeit
- Methodenneutralität
- Normsprachlichkeit

Materialsprachlichkeit bedeutet, daß im Rahmen der methodischen Entwicklung eines Informationssystems stets auch die Semantik der verwendeten Fachterminologie auf der Seite der verwendeten Sprache in einem Fachwörterbuch verwendungsneutral festgelegt wird. Methodenneutralität sieht vor, den Fachentwurf eines Informationssystems so lange wie möglich unabhängig von bestimmten Methoden zur Modellierung von Entwurfsergebnissen und damit auch unabhängig von einem bestimmten Anwendungssystemtyp durchzuführen, da der Anwendungssystemtyp Einfluß auf die in Frage kommenden Modellierungsmethoden hat. Normsprachlichkeit bedeutet, daß die verwendete Terminologie rekonstruiert wird, d. h. insbesondere von Mehrdeutigkeiten und Vagheiten befreit wird, und daß eine normierte, vereinfachte Syntax – z. B. in Form von Satzbauplänen – zum Einsatz kommt, um die in Zusammenarbeit von Entwicklern und Anwendern erhobenen Aussagen über das Anwendungsgebiet zu vereinheitlichen.

Der Kommunikation zwischen Entwicklern und Anwendern bei der Entwicklung von Informationssystemen kommt eine hohe Bedeutung zu, um ein Maximum an relevantem Wissen über ein Anwendungsgebiet in die Entwicklungsarbeit einfließen lassen zu können. Sie sollte natürlichsprachlich stattfinden, um Anwender nicht zu zwingen, in eine ihnen fremde Sprach- und Denkwelt der Entwickler einsteigen zu müssen und schon beim Spracherwerb von den Entwicklern abhängig zu sein. Dazu können Erhebungstechniken wie Interviews, Beobachtung, Text- und Formularanalyse, Fragebögen oder moderierte Dialoge eingesetzt werden. Der Erhebungsprozeß führt zu den schon erwähnten Aussagen, aus denen alle weiteren Entwicklungsergebnisse von Informationssystemen – ohne Beteiligung der Benutzer – abgeleitet werden können. Hierfür ist eine geeignete Sprache einzusetzen. Die in den frühen Phasen der Anwendungs-systementwicklung zum Einsatz kommenden Methoden mit ihren Spezifikations-sprachen, z. B. Diagrammsprachen, sind für die Kommunikation zwischen Entwicklern und Benutzern nur bedingt tauglich. Dies wird schon aufgrund des Mengenproblems deutlich. Einem Benutzer kann kaum zugemutet werden, eine Vielzahl unterschiedlicher Methoden zu erlernen und fortdauernd zu beherrschen. Gerade zur Entwicklung von Workflow-Management-Anwendungen müssen aber aufgrund der vielfältigen Aspekte, die zu berücksichtigen sind, sehr unterschiedliche Diagramm-Methoden eingesetzt werden. In diesem Zusammen-hang ist auch zu bedenken, daß gerade in den frühen Phasen die Diskrepanz zwischen den gemachten Fehlern und den entdeckten Fehlern besonders groß ist, vgl. [McDermid 1991]. Da die frühen Phasen ohnehin einen erheblichen Zeitaufwand erfordern, muß dies als umso schwerwiegender eingestuft werden. Zudem entstehen durch die verspätete Entdeckung von in frühen Phasen begangenen Fehlern besonders hohe Kosten zu deren Beseitigung.

Neben dem aspekteorientierten Modellierungskonzept und den bereits kurz diskutierten Prinzipien einer Konstruktionslehre für Informationssysteme sind auch Erkenntnisse von Belang, die im engeren oder weiteren Sinne der Organisationstheorie zuzurechnen sind. So sind neben Betrachtungen über die Ablauf- und die Aufbauorganisation eines Unternehmens soziotechnische Gesichtspunkte wichtig, da die Arbeit von Menschen durch ein Workflow-Management-System gesteuert werden muß und dabei andere Spezifika zu berücksichtigen sind als bei der Steuerung von Maschinen durch ein Workflow-Management-System.

Die vierte Säule der Methode bilden Erkenntnisse aus der Sprachwissenschaft. Ein neuerer Ansatz zur Klassifikation von Aktionsarten aus dieser Disziplin dient der Identifikation von steuerbaren Workflows und ihrer Abgrenzung zu nicht steuerbaren Abläufen. Möglichkeiten zur Überführung des einen in den anderen Typ und die daraus resultierenden Konsequenzen werden diskutiert. Für die Rekonstruktion der Termini, d. h. zur Aufdeckung und Beseitigung von Zuordnungsproblemen zwischen Begriffen und Benennungen, sowie zum generellen Aufbau eines Unternehmensfachwörterbuchs werden grundlegende Erkenntnisse anderer sprachwissenschaftlicher Teilgebiete herangezogen.

1.2 Gang der Untersuchung

Das oberste Ziel der hier präsentierten Methode besteht darin, die angesprochene sprachliche Lücke zwischen Entwicklern und Anwendern bei der Entwicklung von Workflow-Management-Anwendungen durch ein methodisches Verfahren zu schließen. Bevor ein entsprechendes Vorgehensmodell vorgeschlagen wird, soll zunächst der Gegenstand der Betrachtungen präzisiert werden. In Kapitel 2 werden dazu Grundlagen über Anwendungssysteme und deren methodische Entwicklung mit einem besonderen Augenmerk auf der Phase Fachentwurf des entsprechenden Vorgehensmodells der Systementwicklung erörtert. Hinzu kommt die Auseinandersetzung mit der Workflow-Terminologie, d. h., in diesem Kapitel werden die zentralen Termini dieser Forschungsrichtung vorgestellt und in ihrer Verwendung festgelegt. Es ist jedoch ebenfalls ein wichtiges Anliegen des zweiten Kapitels, darauf hinzuweisen, daß die Entwicklung von Workflow-Management-Anwendungen nicht losgelöst von der Unternehmensorganisation und den sie betreffenden Maßnahmen zur Organisationsentwicklung erfolgreich verlaufen kann. Dabei wird in der ersten Modellierungsphase die Frage, ob und für welche Unternehmensfunktionen ein Informationssystem zu entwickeln ist, offen gelassen. Die Organisation soll zunächst umfassend mit ihren internen und externen Beziehungen modelliert (rekonstruiert und optimiert) werden. Erst später wird entschieden, an welchen Stellen welche Informationssystemlösungen wie - aufbau- und ablauforganisatorisch - eingesetzt werden.

In Kapitel 3 werden eine Reihe spezifischer Grundlagen für den hier propagierten Lösungsansatz vorgestellt. Dazu zählen Aspekte der Steuerung von Workflows durch ein Workflow-Management-System. Die Tatsache, daß das Workflow-Management-System im wesentlichen lediglich steuernd tätig wird, die Ausführung der Tätigkeiten aber anderen Aufgabenträgern überträgt, rechtfertigt eine gedankliche Trennung der Entwicklungsarbeit in eine Entwicklung der Aufgaben auf Steuerungsebene und eine Entwicklung der Aufgaben auf Ausführungsebene. Diese Trennung in zwei Ebenen stellt wiederum das zentrale Charakteristikum einer Workflow-Management-Anwendung dar. Man kann deshalb von einem „Workflow-Management-Paradigma" sprechen. Des weiteren werden die zur Entwicklung eingesetzten Sprachen vorgestellt. Von besonderer Bedeutung ist dabei die sogenannte Normsprache. Sie ist für den hier verfolgten Ansatz prägend, denn sie dient als gemeinsame Kommunikationsbasis zwischen Entwicklern und Anwendern und beruht auf rekonstruierten Termini (dokumentiert in einem unternehmensspezifischen Wörterbuch) und einer normierten Grammatik, d. h. festgelegten Satzstrukturen.

Im Zentrum eines Vorgehensmodells zur Entwicklung einer Workflow-Management-Anwendung steht die Phase „Fachentwurf". Der erste Teil des Fachentwurfs (Kapitel 4) zielt auf die Entwicklung einer methodenneutralen fachlichen Lösung der Aufgabenstellung in Zusammenarbeit mit den Anwendern ab. Im zweiten Teil des Fachentwurfs bedient man sich spezieller Spezifikationssprachen und strebt eine bestimmte Lösungsarchitektur (Datenbankanwendung, Objektsystem, Workflow-Management-Anwendung) an. Dieser Ansatz des zweigeteilten Fachentwurfs ist für Datenbankanwendungen [Ortner/Söllner 1989] und den objektorientierten Fachentwurf [Schienmann 1997] weitgehend ausgearbeitet. Für Datenbankanwendungen ist der Ansatz bei der DATEV eG praktisch erprobt worden und seitdem im Einsatz. Das vorliegende Buch wendet diesen Ansatz auf die Entwicklung von Workflow-Management-Anwendungen an, Teilergebnisse sind in [Lehmann/Ortner 1996; Lehmann/Ortner 1997; Lehmann 1997] dokumentiert.

Im Rahmen des Fachentwurfs werden die Fachbegriffe rekonstruiert. Dabei spielt es für die Rekonstruktion der Fachbegriffe keine Rolle, ob eine Arbeitssituation später durch ein rechnerbasiertes Anwendungssystem unterstützt wird oder nicht. Sofern jedoch ein Anwendungssystem entwickelt wird, müssen die diesem System zugrundeliegenden Fachbegriffe mit den Fachbegriffen der Anwender übereinstimmen. Deshalb liegt ein sehr schwieriger Teil der Entwicklung von Anwendungssystemen - z. B. Workflow-Management-Anwendungen - in der Rekonstruktion und Geltungssicherung der Fachbegriffe. Damit ist ein hoher Zeitaufwand verbunden, der aber gerechtfertigt ist, da ein einheitliches Begriffssystem die Anwendungssystementwicklung und -integration, aber auch die innerbetriebliche Kommunikation im Laufe der Zeit immer mehr erleichtert. Aus diesem Grund wird der Rekonstruktion der Fachtermini und dem Aufbau sowie der Pflege eines Unternehmensfachwörterbuchs breiter Raum gewidmet. Es wird ausführlich erläutert, wie die aufgeworfenen Zuordnungsprobleme bereinigt werden können. Zur methodischen, normsprachlichen Entwicklung eines Anwendungssystems gehören als wesentliche Elemente die Verwendung eines Wörterbuchs, in dem die Fachtermini des Anwendungsgebiets definiert und in ihrer Verwendung festgelegt werden. Dieses Wörterbuch muß verbindlich sein für jedes Anwendungsentwicklungsprojekt. Umgekehrt wird es mit jedem derartigen Projekt fortgeschrieben, unter Umständen werden aber auch bestimmte Einträge modifiziert. Das vierte Kapitel befaßt sich aus diesem Grund mit einer ganzen Reihe von lexikographischen Grundlagen für die Erstellung eines Unternehmensfachwörterbuchs.

Das fünfte Kapitel behandelt den zweiten Teil des Fachentwurfs, der auf die im Rahmen einer Workflow-Management-Anwendung zum Einsatz kommenden Diagramm- und Spezifikationssprachen zugeschnitten ist. Dieser methoden-spezifische Teil des Fachentwurfs baut auf den Ergebnissen des ersten Teils des Fachentwurfs auf, die in Kapitel 4 ausführlich beschrieben werden. Eine aspekteorientierter Ansatz zur Modellierung von Workflows dient als Grundlage der Klassifikation der erhobenen Aussagen. Für jeden Aspekt wird eine Normierung der Syntax der erhobenen, methodenneutral normierten Aussagen mit Hilfe festgelegter Satzstrukturen (Satzbauplänen) vorgeschlagen. Die Belegungen der Satzbaupläne gestatten dann die Transformation der relevanten Aussagen in entsprechende Konstrukte einer adäquaten Diagramm- oder Spezifikationssprache, die – zusammengefügt – als Grundlage für die späteren Phasen der Entwicklung einer Workflow-Management-Anwendung dienen.

Abschließend noch ein formulierungstechnischer Hinweis, der auf Kuno Lorenz zurückgeht und auch hier Gültigkeit hat: „Die Leserinnen aber mögen mich nicht für herzlos halten, daß ich sie grammatisch dem Maskulinum zuordne; nur kopflos können Formen der Sprache für Formen der Welt gehalten werden." [Lorenz 1992, ix].

2 Gegenstandsbestimmung

Nowhere is the need for standards greater than in the emerging workflow market.

[Koulopoulos 1995, 197]

Das Thema „Fachlicher Entwurf von Workflow-Management-Anwendungen"
kennzeichnet Workflow-Management-Anwendungen als zentralen Betrachtungsgegenstand dieses Buchs, der zu untersuchen ist. Aus diesem Grund werden die
Charakteristika von Workflow-Management-Anwendungen näher betrachtet.
Vorher wird der entsprechende Gattungsbegriff „Anwendungssysteme" (kurz:
Anwendungen) beleuchtet. Darüber hinaus werden grundsätzliche Überlegungen
zur Entwicklung von Anwendungssystemen angestellt.

2.1 Anwendungssysteme

Workflow-Management-Anwendungen sind Anwendungssysteme zur Steuerung
und Ausführung betrieblicher Arbeitsabläufe. Sie werden vorwiegend im
Bürobereich eingesetzt. In diesem ersten Teil der Gegenstandsbestimmung soll
der Begriff der Anwendungssysteme gegenüber verwandten Begriffen abgegrenzt
werden. Es werden Charakteristika der Entwicklung von Anwendungssystemen
vorgestellt, die auch zur Abgrenzung gegenüber der reinen Software-Entwicklung
dienen.

2.1.1 Grundbegriffe der Anwendungssystementwicklung

Ein *Anwendungssystem* - z. B. eine Workflow-Management-Anwendung - ist aus
der Sicht von [Fritsche 1997] ein soziotechnisches System, das aus Produkten und
der von ihrer Anwendung betroffenen Umgebung besteht. Die eingesetzten
Produkte können z. B. Softwaresysteme sein, welche die Erfassung, Speicherung,
Übertragung und Transformation von Informationen (Daten) teilweise automati-
sieren. Diese Softwaresysteme nennt Stahlknecht „Anwendungssoftware", vgl.

[Stahlknecht 1997]. Balzert definiert Anwendungssoftware (Synonym: Applikationssoftware) als die Lösung der Problemstellung eines Anwenders mit Hilfe eines Computersystems, vgl. [Balzert 1996].

Statt von einem Anwendungssystem wird oft auch von einem *Informationssystem* gesprochen, vgl. [Meyer 1997b]. Damit drängt sich die Frage auf, wie ein Anwendungssystem von einem Informationssystem abgegrenzt werden kann. Heinrich versteht unter einem Informationssystem ein Mensch/Aufgabe/Techniksystem zum Beschaffen, Herstellen, Bevorraten und Verwenden von Information, vgl. [Heinrich 1997]. Seibt versteht unter einem Informationssystem ebenfalls ein sehr viel umfangreicheres Gestaltungsobjekt als es ein Anwendungssystem (das nach Seibt nur Anwendungssoftware und die zur Nutzung erforderlichen Daten, Hardwarekomponenten und Kommunikationseinrichtungen umfaßt) darstellt, und zwar ein soziotechnisches System, vgl. [Seibt 1997]. Diese Auffassung wird von [Krcmar 1997] geteilt. Balzert wiederum spricht statt von einem soziotechnischen System von einem organisatorischen System, stimmt jedoch ansonsten mit der Einteilung von Seibt überein, vgl. [Balzert 1996]. Ein Anwendungssystem (kurz: Anwendung[1]) wird bei Balzert als ein rechnerunterstütztes Informationssystem gesehen und damit als eine spezielle Art eines Informationssystems.

Es läßt sich leicht feststellen, daß die Benennung „Informationssystem" genauso wie „Anwendungssystem" und „Anwendung" in der Literatur sehr uneinheitlich verwendet wird, vgl. [Meyer 1997a]. In [Ferstl et al. 1996] wird beispielsweise unter einem „betrieblichen Informationssystem" ganz allgemein ein informationsverarbeitendes Teilsystem einer Organisation in Wirtschaft und Verwaltung verstanden, das sowohl die menschliche als auch die maschinelle Informationsverarbeitung einschließt. Dagegen werden rechnerbasierte Informations(verarbeitungs)systeme in [Ferstl et al. 1996] als „betriebliche Anwendungssysteme" bezeichnet.

---

[1] Die Benennung „Anwendung" wird in der Literatur uneinheitlich verwendet, z. B. auch für ein Programm, das für einen bestimmten Funktionsbereich geschaffen wurde. In dieser Arbeit steht „Anwendung" für „Anwendungssystem" und dementsprechend „Workflow-Management-Anwendung" für „Workflow-Management-Anwendungssystem".

Ohne noch weitere Beispiele für diesen Begriffswirrwar aufzählen zu wollen, wird nun festgelegt, daß in diesem Buch – entsprechend des Wortlauts seines Titels – der Benennung „Anwendungssystem" gegenüber „Informationssystem" der Vorzug gegeben wird. Dabei soll in Anlehnung an die Definition Balzerts ein Anwendungssystem als rechnerunterstütztes Informationssystem betrachtet werden, das auf ein Anwendungsgebiet ausgerichtet ist.

2.1.2 Anwendungssystementwicklung versus Softwaretechnik

Gemäß der getroffenen Festlegung ist ein Anwendungssystem ein rechnerunterstütztes Informationssystem. Folglich entspricht die Entwicklung von Anwendungssystemen in weiten Teilen der Entwicklung von Informationssystemen. In der Literatur wird in der Regel auch nicht die Entwicklung von Anwendungssystemen, sondern die Entwicklung von Informationssystemen thematisiert, so daß die entsprechenden Erkenntnisse auf die hier zu untersuchende Anwendungsentwicklung im wesentlichen übertragbar sind. Die Informationssystementwicklung wird dabei im übrigen bevorzugt durch Abgrenzung zu verwandten Begriffen der Softwaretechnik[2] (des Software Engineerings) charakterisiert.

Das Wort „Informationssystementwicklung" stellt eine Kombination von „Systementwicklung" (*systems engineering*) und - des im Deutschen kaum gebräuchlichen - „Informationsentwicklung" (*information engineering*) dar. Im angloamerikanischen Sprachraum werden laut [Jablonski/Bußler 1996] die Bezeichnungen *systems engineering*, *information engineering* und *information systems engineering* quasi synonym verwendet. Informationssystementwicklung ist als die Anwendung ineinander verzahnter Techniken und Methoden zu verstehen, welche die Planung, die Analyse, den Entwurf, die Konstruktion und die Wartung von Informationssystemen für ein ganzes Unternehmen oder für einen wesentlichen Teil desselben ermöglichen, vgl. [Martin 1993]. Informationssystementwicklung hat häufig längerfristigen und somit strategischen Planungscharakter, sie setzt dann insbesondere vor der eigentlichen Systementwicklung eine Phase des Business Process (Re-)Engineering voraus.

---

[2] Quasi synonym hierzu wird mitunter auch von „Softwareentwicklung" gesprochen.

Hierbei wird ein wesentlicher Unterschied zur Softwaretechnik deutlich. Softwaretechnik allein ist nicht der strategischen Planung eines Unternehmens zuzurechnen. Sie hat vielmehr die projektorientierte Konstruktion von Software zum Ziel, die in Zukunft komponentenorientiert vonstatten gehen soll, vgl. [Jablonski/Bußler 1996]. Im übrigen stellt Softwaretechnik oftmals einen integralen Bestandteil einer Informationssystementwicklung und damit stets auch einen integralen Bestandteil einer Anwendungssystementwicklung gemäß der getroffenen Festlegung dar. Softwaretechnik ist im Rahmen einer Informationssystementwicklung den systemorientierten Phasen zuzuordnen, d. h. den Phasen Systementwurf, Implementierung, Konfigurierung und Stabilisierung (vgl. Abbildung 4). Dieses Buch befaßt sich mit dem fachlichen Entwurf eines bestimmten Typs von Anwendungssystemen. Dabei liegt der Schwerpunkt der Betrachtungen auf der den frühen Phasen zuzurechnenden Phase Fachentwurf. Als Konsequenz daraus erübrigt sich eine Beschäftigung mit Fragen der Entwicklung von Softwaresystemen. Die Beherrschung entsprechender Methoden wird vorausgesetzt und ist in den späten, systemorientierten Phasen wichtig. Statt der Softwaretechnik im engeren Sinne stehen somit Fragen der Informationssystementwicklung im Rahmen der Entwicklung von Workflow-Management-Anwendungen im Mittelpunkt.

Eine zentrale Zielsetzung der Informationssystementwicklung bildet die Identifikation unternehmensweit gemeinsamer „Objekte" (Daten, Funktionen usw.), um Redundanz zu vermeiden und das Ziel der Wiederverwendbarkeit zu fördern. Dazu ist eine exakte Rekonstruktion der verwendeten Fachterminologie und der Aufbau bzw. die Verwendung eines möglichst unternehmensweit verbindlichen Fachwörterbuchs erforderlich, vgl. dazu Kapitel 4.

Grundsätzlich lassen sich Anwendungssysteme in verschiedene Typen klassifizieren. So kann zwischen einer konventionellen (prozeduralen) Anwendung, einer Datenbankanwendung, einer objektorientierten Anwendung, einer Expertensystem-Anwendung und einer Workflow-Management-Anwendung unterschieden werden, vgl. [Ortner 1997a], wobei es unstrittig ist, daß ein Typ durchaus einen anderen Typ einschließen kann. Eine Einteilung von Anwendungssystemen nach Äußerungstypen (Sprachhandlungen) findet sich in

[Ortner 1997b]. Der Anwendungssystemtyp Workflow-Management-Anwendung ist zentraler Betrachtungsgegenstand dieses Buchs, die anderen Anwendungssystemtypen werden nicht näher betrachtet.

2.2 Workflow-Management-Anwendungen

Prozeßorientierung gilt nach dem Datenmodellierungsparadigma der 70er und 80er Jahre zunehmend als das zentrale Paradigma der Anwendungssystementwicklung der 90er Jahre, siehe z. B. [Koulopoulos 1995; Krcmar 1997]. Sie repräsentiert eine für die Wirtschaftsinformatik charakteristische Betrachtungsweise von Unternehmen. Prozeßmodellierung unterscheidet sich von anderen Typen der Modellierung durch die zahlreichen Besonderheiten, die die Ausführung durch Menschen anstatt durch Maschinen auszeichnen, vgl. [Curtis et al. 1989]. Dies bedeutet, daß auch soziotechnische Aspekte bei der Anwendungssystementwicklung berücksichtigt werden müssen.

In diesem Kapitel werden die wesentlichen Grundbegriffe im Umfeld von Workflow-Management-Anwendungen eingeführt. Es wird untersucht, welche Arten von Abläufen es in den Einsatzgebieten von Workflow-Management-Anwendungen gibt und in welcher Art und Weise diese jeweils unterstützt werden können. Zur Steuerung von Workflows werden im Rahmen von Workflow-Management-Anwendungen Workflow-Management-Systeme eingesetzt. Diese Systemart wird zunächst allgemein vorgestellt und anschließend als spezielle Art von Groupware-Systemen eingeordnet. Schließlich wird die Entwicklung von Workflow-Management-Anwendungen in dem größeren Kontext der Organisationsentwicklung betrachtet.

2.2.1 Grundbegriffe

Man erkennt bei der Lektüre der einschlägigen Fachliteratur schnell, daß sich auf diesem Gebiet noch keine einheitliche Terminologie[3] durchgesetzt hat. Zwar gibt es inzwischen Normierungsbestrebungen, vgl. [DIN 1996; Lawrence/WfMC

---

[3] Als Terminologie oder Fachwortschatz wird der Gesamtbestand der Begriffe und ihrer Benennungen in einem Fachgebiet bezeichnet [DIN 2342 1992, 3].

1997], doch noch herrscht auf diesem Gebiet eine Art „kreativer" Begriffswirrwar. Dies liegt vor allem daran, daß eine Vielzahl von kommerziellen Workflow-Management-Systemen und Forschungsprototypen entwickelt wurde. Diese Systeme orientieren sich an keiner einheitlichen fundierten theoretischen Basis, vgl. [Jablonski 1997a] und sind deshalb auch in ihrer Terminologie und ihren Strukturen von einer einheitlichen Sichtweise des Gebiets sehr weit entfernt. Angesichts dieser unbefriedigenden Situation müssen die zentralen Begriffe im Zusammenhang mit Workflow-Management-Anwendungen nachfolgend in ihrer Verwendung in diesem Buch unter Berücksichtigung von geeigneten Definitionsvorschlägen aus der Literatur festgelegt werden.

2.2.1.1 Workflow

Zunächst ist zu klären, wie „Workflow" als Gegenstand des Anwendungssystemtyps „Workflow-Management-Anwendung" definiert werden kann. Wörtlich übersetzt heißt Workflow „Arbeitsfluß"[4] oder „Arbeitsablauf", doch werden diese deutschen Äquivalente kaum als Synonyme zu „Workflow" verwendet, so daß auch in diesem Buch an dem Anglizismus „Workflow" festgehalten wird. Mit dieser Benennung wird auch die Prozeßorientierung dieses Anwendungssystemtyps deutlich, denn es läßt sich ableiten, daß Arbeit („work") verrichtet wird, indem sie durch verschiedene Stellen, die von Menschen oder Maschinen besetzt sind, fließt („flow"), vgl. [Jablonski 1997c].

Eine andere als eine wörtliche Übersetzung von „Workflow" läßt sich im übrigen kaum rechtfertigen, da „work" z. B. schwerlich mit „Geschäft" (*business*) übersetzt werden kann. So verbietet sich eine Gleichsetzung von „Workflow" und „Geschäftsprozeß" schon aus Äquivalenzüberlegungen heraus. Davon abgesehen wird das Lexem „Workflow" in zweisprachigen (Fach-)Wörterbüchern – wenn es überhaupt auftritt – meist mit „Arbeitsablauf" übersetzt, etwa in [Carl/Amkreutz 1981; Eichborn 1981; Ferretti 1996].

---

[4] In [Jablonski et al. 1997] wird unter „Arbeitsablauf" in Abgrenzung zu „Workflow" eine geordnete Beschreibung von Tätigkeiten zur Erfüllung einer Aufgabe verstanden.

Die Definition von „Workflow" der Workflow Management Coalition lautet „The automation of a business process, in whole or part, during which documents, information or tasks are passed from one participant to another for action, according to a set of procedural rules" [WfMC 1996, 7], womit der Bezug zur abstrakteren Einheit „Geschäftsprozeß" hergestellt wird, der auch in [Jablonski et al. 1997, 490] aufgegriffen wird:

> Ein Workflow ist eine zum Teil automatisiert (algorithmisch) - von einem Workflow-Management-System gesteuert - ablaufende Gesamtheit von Aktivitäten, die sich auf Teile eines Geschäftsprozesses oder andere organisationelle Vorgänge beziehen. Ein Workflow besteht aus Abschnitten (Subworkflows), die weiter zerlegt werden können. Er hat einen definierten Anfang, einen organisierten Ablauf und ein definiertes Ende. Ein Workflow-Management-System steuert die Ausführung eines Workflows. Workflows sind überwiegend als ergonomische (mit Menschen als Aufgabenträgern) und nicht als technische (z. B. Einsatz von Maschinen) Prozesse zu sehen.

Die folgende Definition aus [Casati et al. 1996, 443] ergänzt weitere Merkmale eines Workflows: „Workflows are activities involving the coordinated execution of multiple tasks performed by different processing entities. A task defines some work to be done by a person, by a software system or by both of them." Anhand der vorgestellten Definitionen wird bereits deutlich, daß bei der Modellierung sehr verschiedene Aspekte zum Tragen kommen, die alle angemessen zu berücksichtigen sind, vgl. dazu Kapitel 5.

2.2.1.2 Workflow-Instanz

Ein Workflow bezieht sich stets auf einen - materiellen oder immateriellen – Arbeitsgegenstand. Abzugrenzen von „Workflow" ist die sogenannte „Workflow-Instanz", welche die Workflow Management Coalition „Process Instance" nennt. Eine Workflow-Instanz kann folgendermaßen definiert werden [Jablonski et al. 1997, 490]:

> Eine Workflow-Instanz ist die Beschreibung eines konkreten (singulären) Workflows. Workflow-Instanz bezeichnet Gegenstände auf Zeichenebene (sprachliche Ebene), Workflow bezeichnet Gegenstände (Geschehnisse) im Anwendungsbereich.

Es bleibt anzumerken, daß synonym mit „Workflow-Instanz" auch die Benennungen „Workflow-Ausprägung" und „Workflow-Exemplar" verwendet werden.

2.2.1.3 Workflow-Schema

Von besonderer Bedeutung ist das einem Workflow zugrundeliegende Schema. Ein solches Workflow-Schema stellt laut [Jablonski et al. 1997] eine zielgerichtete Anordnung von Begriffen (z. B. Ding-, Eigenschafts- und Geschehnisbegriffe) zur Beschreibung, Ausführung und Steuerung von Workflows auf sprachlicher Ebene (Zeichenebene) dar. Anhand von Workflow-Schemata steuert ein Workflow-Management-System Workflows. Eine Workflow-Instanz ist eine konkrete Ausprägung eines Workflow-Schemas. Ein solches Schema ist laut der genannten Quelle aus Ein- und Ausgabeparametern (Attribute), Reihenfolgen (Kontrollflußkonstrukte), Bedingungen (Constraints), Funktionen (Operationen) usw. zusammengesetzt. Dabei ist die Struktur des Schemas durch Beziehungsbegriffe wie „Teil-von", „Art-von", „Rolle-als", „geht zeitlich voraus", „ist nebenläufig zu" usw. festgelegt. Ein und derselbe konkrete Workflow (token) kann zu Belegungen mehrerer Workflow-Schemata (type) führen. Umgekehrt stellt die Beschreibung eines (singulären) Workflows (Workflow-Ausprägungsdaten) die Aktualisierung eines bestimmten Workflow-Schemas dar. Somit stellt das Workflow-Schema die anwendungsspezifischen Sprachmittel zur Beschreibung eines konkreten Workflows bereit. Diese Beschreibung wird dann Workflow-Instanz genannt. Synonym zu „Workflow-Schema" wird bisweilen die Benennung „Workflow-Modell" verwendet. Dies kann zu Verwechslungen mit „Workflow-Sprache" führen, die manchmal ebenfalls „Workflow-Modell" genannt wird. Generell werden zur Entwicklung von Systemen Sprachen eingesetzt werden, z. B. eine Workflow-Sprache zur Entwicklung einer Workflow-Management-Anwendung. Die Resultate dieses Spracheinsatzes, z. B. Workflow-Schemata, werden Sprachprodukte genannt.

2.2.1.4 Geschäftsprozeß

In der Definition von „Workflow" wurde eine Beziehung zu „Geschäftsprozeß" hergestellt. Zwischen der Modellierung von Workflows und der Modellierung von Geschäftsprozessen bestehen Zusammenhänge, auf die noch einzugehen ist und die eine nähere Betrachtung des Geschäftsprozeßbegriffs an dieser Stelle rechtfertigen. In [Jablonski et al. 1997, 486] wird folgende Definition für „Geschäftsprozeß" vorgeschlagen:

> Ein Geschäftsprozeß ist ein Vorgang in Wirtschaftseinheiten (Unternehmen, Verwaltungen etc.), der einen wesentlichen Beitrag zu einem nicht notwendigerweise ökonomischen Unternehmenserfolg leistet. Dabei läuft er in der Regel funktions-, hierarchie- und standortübergreifend ab, kann die Unternehmensgrenzen überschreiten und erzeugt einen meßbaren, direkten Kundennutzen.

Die folgenden auf [Davenport 1993] und [Hammer/Champy 1993] zurückgehenden Merkmale eines Geschäftsprozesses werden in der Literatur oft genannt:

- Ein Geschäftsprozeß hat Kunden und erzeugt für diese Kunden ein Ergebnis von Wert.
- Ein Geschäftsprozeß besteht aus einem Bündel zielgerichteter Aktivitäten, für das verschiedene Eingabedaten benötigt werden.
- Die Aktivitäten eines Geschäftsprozesses werden in mehreren Funktionsbereichen (z. B. Abteilungen) ausgeführt, sie können auch die Unternehmensgrenzen überschreiten, insbesondere zu Kunden und Lieferanten, vgl. z. B. [Gruhn 1997a].
- Die Aktivitäten eines Workflows werden von sogenannten Rollen ausgeführt.

In [Eiff 1993] wird zusätzlich die Orientierung am Kerngeschäft eines Unternehmens als Merkmal hervorgehoben. Dementsprechend ist auch die Frage, welche Geschäftsprozesse es in einem Unternehmen gibt, nur in Kenntnis der betreffenden Geschäftsfelder zu beantworten. Leymann nennt als Beispiele die Abwicklung von Schadensfällen, die Bearbeitung von Steuererklärungen oder Anträgen für Fernsprechanschlüsse, die Bestellung von Software, die Administration von Datenbanken, das Erarbeiten von Marketingstrategien und das Erproben von neuen Medikamenten, vgl. [Leymann 1997].

Gelegentlich werden in der Literatur „Prozeß" und „Geschäftsprozeß" gleichgesetzt, häufiger noch wird keine klare Unterscheidung getroffen, obgleich schon die Benennung „Geschäftsprozeß" nahelegt, daß es sich dabei um eine spezielle Art eines Prozesses handelt, vgl. [Becker/Vossen 1996]. Zudem ist gemäß Becker und Vossen selten definiert, wo ein Prozeß anfängt und wo er endet.[5] Der Vielzahl an Definitionsansätzen für „Prozeß" soll hier kein weiterer hinzugefügt werden, vielmehr wird diese Benennung nachfolgend gemieden.

2.2.1.5 Workflow-Management

In der Definition von „Workflow" wurde die Steuerung von Workflows durch ein Workflow-Management-System hervorgehoben. Bevor geklärt wird, was unter einem Workflow-Management-System zu verstehen ist, soll zunächst erörtert werden, wie der Begriff des Workflow-Managements zu interpretieren ist.

Die sprachliche Analyse des Kompositums „Workflow-Management" legt die Vermutung nahe, daß Workflow-Management dem Management von Workflows und damit dem Management von Arbeitsabläufen (Arbeitsvorgängen) dient, einer Aufgabe, die bisher Menschen oblag. Bei [Jablonski et al. 1997, 491] heißt es dazu:

> Management umfaßt nach allgemeiner Auffassung Handlungen wie Organisieren, Planen, Entscheiden, Kontrollieren, Steuern und Führen. Die Ausübung dieser Handlungen im Zusammenhang mit Arbeitsvorgängen wird beim Einsatz eines Workflow-Management-Systems „Workflow-Management" genannt. Dabei ist die Frage, wie weit Handlungen wie Organisieren, Planen, Entscheiden, Kontrollieren, Steuern oder Führen durch ein (technisches) System ausgeübt oder unterstützt werden können, durch den Entwicklungsstand von Workflow-Management-Systemen und Workflow-Management-Anwendungen bestimmt.

---

[5] Diese Charakterisierung eines Prozesses entspricht im übrigen derjenigen von [Egg 1994], dessen Aktions- bzw. Geschehnisartenklassifikation in Kapitel 5.1 eingeführt und im Rahmen einer methodenspezifischen Entwicklung einer Workflow-Management-Anwendung verwendet wird.

In [Wodtke et al. 1995] wird Workflow-Management als Gesamtheit der organisatorischen und computergestützten Maßnahmen zur Spezifikation, Verifikation, Ausführung, Überwachung und Steuerung von Workflows definiert. Die Wortkomponente „Management" unterstreicht deutlich, daß es sich bei Workflow-Management um mehr als um eine neue Softwaretechnik handelt. Hier steht vielmehr ein Instrument zur Organisationsentwicklung zur Verfügung, das man als ganzheitliche Konzeption bezeichnen kann, vgl. Kapitel 2.2.5. Ergänzend sei noch darauf hingewiesen, daß im Gegensatz zu den bisher zitierten Quellen die Workflow Management Coalition „Workflow Management" lediglich als Synonym zu „Workflow" verwendet, vgl. [WfMC 1996].

Charakteristisch für den Workflow-Management-Ansatz ist dessen Prozeß-orientierung. Im Gegensatz zu anderen Ansätzen, die datenorientiert, funktions-orientiert oder objektorientiert sein können, stehen beim Workflow-Management Fragen der zeitlichen Abfolge und der gegenseitigen Abhängigkeiten von Teilschritten eines Workflows im Vordergrund. Ferner setzt Workflow-Management eine ganzheitliche Betrachtungsweise voraus, die alle Aspekte (Facetten, Perspektiven, Dimensionen) einer Anwendungssituation berücksichtigt und zwar explizit modelliert und nicht indirekt über andere Aspekte, vgl. [Jablonski 1997c].

Die Uneinigkeit bezüglich der Terminologie im Workflow-Management-Bereich beruht nicht zuletzt darauf, daß es keine herausragenden, zentralen Veröffentlichungen gibt, die das Gebiet des Workflow-Managements begründen, wie dies bei anderen Anwendungssystemtypen der Fall war. Vielmehr hat es sich aus einer Reihe von Wurzeln allmählich entwickelt. Zu nennen sind hier die Büroautomation, siehe z. B. [Ellis/Nutt 1980; Hoyer 1988; Nau 1990; Pressmar 1990], aber auch die Modellierung von Prozessen im Rahmen der Software-technik, siehe z. B. [Curtis et al. 1992], sowie die betriebswirtschaftliche Prozeßplanung und ihre organisationstechnischen Darstellungsmöglichkeiten; ein Beispiel für eine sehr frühe Darstellungstechnik findet sich in [Nordsieck 1928].

2.2.1.6 Workflow-Management-System

Workflow-Management-Systeme sind spezielle Groupware-Systeme, welche der aktiven Steuerung arbeitsteiliger Abläufe dienen, siehe dazu Kapitel 2.2.4. Auf der

Basis der Definition von „Workflow-Management" (Kapitel 2.2.1.5) kann geklärt werden, welche Funktionalität ein Workflow-Management-System aufweisen sollte. Workflow-Management-Systeme besitzen im übrigen meist eine Client-Server-Architektur, vgl. [Galler/Scheer 1994]. Die wesentlichen Aspekte eines Workflow-Management-Systems wurden bereits Anfang der 90er Jahre in der folgenden Definition umrissen [Hales/Lavery 1991, 5]:

> Workflow management software is a proactive computer system which manages the flow of work among participants, according to a defined procedure consisting of a number of tasks. It co-ordinates user and system participants, together with the appropriate data resources, which may be accessible directly by the system or off-line, to achieve defined objectives by set deadlines. The co-ordination involves passing tasks from participant to participant in correct sequence, ensuring that all fulfill their required contributions, taking default actions when necessary.

In [Jablonski et al. 1997, 491] findet sich folgende Definition eines Workflow-Management-Systems:

> Ein Workflow-Management-System ist ein [..] aktives Basissoftwaresystem zur Steuerung des Arbeitsflusses (Workflows) zwischen beteiligten Stellen nach den Vorgaben einer Ablaufspezifikation (Workflow-Schema). Zum Betrieb eines Workflow-Management-Systems sind Workflow-Management-Anwendungen zu entwickeln. Ein Workflow-Management-System unterstützt mit seinen Komponenten sowohl die Entwicklung (Modellierungskomponente) von Workflow-Management-Anwendungen als auch die Steuerung und Ausführung (Laufzeitkomponente) von Workflows.

Auch in der Literatur setzt sich die Benennung „Workflow-Management-System" allmählich durch, es gibt jedoch eine Reihe von synonym verwendeten Benennungen, die häufig den Charakter von Quasisynonymen besitzen, da sie der in der obigen Definition beschriebenen anvisierten Funktionalität dieses Systemtyps nicht in vollem Umfang gerecht werden. Im einzelnen findet man „Bürovorgangssystem" [Heinrich/Roithmayr 1992; Schwab 1993], „Vorgangssystem" [Heinrich/Roithmayr 1992], „Vorgangsabwicklungssystem" [Vogler 1993], „Vorgangsbearbeitungssystem" [Gappmaier/Heinrich 1992; Grell 1994;

Kübler 1994; Rohde et al. 1996; Rupietta/Wernke 1994], „Vorgangsmanagement-system" [Rose 1996], „Vorgangssteuerungssystem" [Erdl/Schönecker 1992; Hasenkamp 1995; Reinermann 1994], „Vorgangsverwaltungssystem" [Schulze/Böhm 1996] und „Workflow-System" (*workflow system*) [Bullin-ger/Rathgeb 1994; Ellis et al. 1995; Groiss/Eder 1996; Kock et al. 1995; Krcmar/Zerbe 1996; Küng 1995]. Bei der Fokussierung auf den Fluß von Dokumenten als zentraler Steuerungsaufgabe eines Workflow-Management-Systems wird zudem häufig von „Dokumentenmanagement(-Systemen)" statt von Workflow-Management-Systemen gesprochen, so etwa in [Bullinger/Mayer 1993; Steckler 1993].

In [Ferstl et al. 1996, 23] wird ein Workflow-Management-System als betriebliches Anwendungssystem zur rechnerunterstützten Planung, Steuerung, Kontrolle und Durchführung von Workflows definiert. Eine vergleichbare Definition verwendet die Workflow Management Coalition. In beiden Definitionsansätzen wird jeweils auch die Ausführung bzw. Durchführung von Workflows einem Workflow-Management-System zugeschrieben. Dies ist recht erstaunlich, da ein Workflow-Management-System doch schon von seiner Benennung her primär dem Management und somit insbesondere der Steuerung von Workflows dienen soll, und weniger dem - auf der Ebene des nach wie vor durch Menschen besetzten Managements eines Unternehmens unüblichen - Ausführen von Arbeitsschritten im Rahmen des zu steuernden Workflows. Die Ausführung obliegt statt dessen den sogenannten Aufgabenträgern, d. h. gemäß der Terminologie der Workflow Management Coalition den „Invoked Applications" bei Maschinen als Aufgabenträgern bzw. den „Workflow Participants" bei Menschen als Aufgabenträgern. Nichtsdestotrotz werden häufig sowohl die Steuerung als auch die Ausführung von Workflows einem Workflow-Management-System zugeschrieben. Als konträre Position dazu wird in Kapitel 3.1.4 erläutert, weshalb die Trennung von Ausführungsebene und Steuerungsebene für den Workflow-Bereich von grundlegender Bedeutung ist und welche Facetten dabei zu berücksichtigen sind.

Grundsätzlich umfaßt ein Workflow-Management-System die Gesamtheit aller für das Workflow-Management benötigten Systemkomponenten, vgl. [Wodtke et al. 1995]. Workflow-Management-Systeme dienen gemäß einhelliger Meinung als

Basissoftwaresysteme[6] zur Umsetzung von Geschäftsprozessen, vgl. [Becker/Vossen 1996]. Daß mitunter in der Literatur - wie oben dargelegt - statt von „Workflow-Management-System" von „Workflow-System" gesprochen wird, widerspricht ebenfalls dem Gedanken der Steuerung, insbesondere dem Konzept der Trennung in eine Steuerungs- und eine Ausführungsebene. Andererseits charakterisiert diese Benennung die Konzeption und das Potential mancher auf dem Markt befindlichen Systeme recht gut. Es besteht jedoch auch die Möglichkeit, „Workflow-System" als Oberbegriff zu „Workflow-Management-System" und „Workflow-Management-Anwendung" zu interpretieren.

Wenn man untersucht, wie der Begriff „Workflow-Management-System" in der Literatur definiert wird, so trifft man auf ein breitgefächertes Spektrum an Definitionsansätzen, von denen einige bereits vorgestellt wurden. Von den weiteren hebt z. B. die Definition von Österle den Steuerungsgedanken deutlich hervor, er charakterisiert Workflow-Management-Systeme als Systeme, welche die Prinzipien zur Steuerung der industriellen Fertigung (Stichwort: Produktionsplanungs- und steuerungssysteme) auf die Administration übertragen und den Arbeitsfluß (Ablauf) zwischen den beteiligten Stellen (Aufbau-organisation) nach den Vorgaben der Ablaufspezifikation (Ablauforganisation) steuern, vgl. [Österle 1995]. Das Mißverständnis in dieser Definition liegt darin begründet, daß „Prinzipien zur Steuerung von Vorgängen in der Administration (und Konstruktion)" mit „Prinzipien zur Steuerung der industriellen Fertigung" gleichgesetzt werden. Andere Autoren verstehen unter Workflow-Management die Gesamtheit der organisatorischen und rechnerunterstützten Maßnahmen zur Spezifikation, Verifikation, Ausführung, Überwachung und Steuerung von Workflows sowie unter einem Workflow-Management-System die Gesamtheit aller für das Workflow-Management benötigten Systemkomponenten, vgl. z. B. [Wodtke et al. 1995].

Hasenkamp und Syring heben den Aspekt der aktiven Steuerung von Workflows und den Aspekt der Koordination der einzelnen Bearbeitungsergebnisse durch Workflow-Management-Systeme hervor, vgl. [Hasenkamp/Syring 1993], wobei es sich in der Regel um eine proaktive Steuerung handelt, vgl. die eingangs

---

[6] Hierbei wird auch von „Middleware" gesprochen, vgl. Kapitel 2.2.3.1.

zitierte Definition von [Hales/Lavery 1991]. Der Koordinationsaspekt wird in Kapitel 3.1 näher betrachtet. Durch den Aspekt der aktiven Steuerung lassen sich Workflow-Management-Systeme von den meisten anderen CSCW-Systemen abgrenzen, die als passive Systeme zur Kooperationsunterstützung eingestuft werden können, siehe dazu Kapitel 2.2.4.2.

Die erstrebte Funktionalität von Workflow-Management-Systemen kann nach [Hasenkamp/Syring 1993; Litke 1995; Österle 1995] wie folgt umrissen werden:

- Workflow-Instanzen werden gemäß eines Workflow-Schemas gesteuert
- Workflow-Applikationen und Transaktionen werden zur Workflow-Abarbeitung bereitgestellt
- Aufgabenträger werden koordiniert
- die Arbeitsverteilung an die Aufgabenträger wird organisiert
- die Arbeitsvorratshaltung für die Aufgabenträger wird übernommen (Arbeitsvorratslisten)
- die Terminkontrolle bzgl. der Abarbeitung von Workflow-Instanzen bzw. Teilen davon wird überwacht
- die Wiedervorlage von Dokumenten erfolgt rechtzeitig
- Unterschriften können in elektronischer Form geleistet werden, ihre Authentizität ist sichergestellt
- der Abbruch einer Workflow-Instanz ist geregelt möglich
- die Protokollierung einer Workflow-Instanz erfolgt automatisch
- notwendige Informationen werden situationsabhängig bereitgestellt

Ein Workflow-Management-System soll dem Benutzer somit eine einheitliche Arbeitsumgebung zur Abarbeitung von Workflow-Instanzen bieten und direktive und administrative Funktionen übernehmen. Einen Überblick über verschiedene Generationen von Workflow-Management-Systemen und deren Leistungsspektrum bietet Kapitel 2.2.3.1.

2.2.1.7 Workflow-Management-Anwendung

Als letzter wichtiger Begriff aus der Wortfamilie „Workflow" fehlt nun noch derjenige der Workflow-Management-Anwendung. Eine Workflow-Management-

Anwendung bildet den übergeordneten Entwicklungsgegenstand dieses Buchs und kann folgendermaßen umschrieben werden [Jablonski et al. 1997, 491]:

> Eine Workflow-Management-Anwendung ist eine implementierte und eingeführte Lösung zur Steuerung von Workflows mit einem Workflow-Management-System. Sie umfaßt die Komponenten Workflow-Management-System, Workflow-Schemadaten und Workflow-Instanzdaten, eingesetzte Akteure und Workflow-Applikationen sowie die implementierten Benutzungsschnittstellen für die Anwender und Betreiber des Systems.

Der Begriff „Workflow-Management-Anwendung" wird in der Literatur bisher eher selten verwendet. In [DIN 1996] wird als Charakteristikum die Anpassung einer Workflow-Management-Anwendung an die konkreten Bedingungen von Geschäftsprozessen genannt.

2.2.2 Einsatz von Workflow-Management-Anwendungen

Workflow-Management-Anwendungen werden hauptsächlich für den Bürobereich entwickelt. Gemäß einer engeren Sichtweise wird somit insbesondere das Dokumentenmanagement unterstützt. Angestrebt wird die effizientere Durchführung organisatorischer Abläufe, wobei diese vom Grundsatz her sowohl mit als auch ohne DV-technische Unterstützung erfolgen kann, vgl. [Kirn/Unland 1994]. Hasenkamp und Syring schränken das Einsatzspektrum von Workflow-Management-Anwendungen ausdrücklich ein, indem sie betonen, daß der Arbeitsfluß materieller Objekte einschließlich Transport-, Lagerungs- und Umschlagsprozessen im Bereich der Logistik nicht gemeint ist, vgl. [Hasenkamp/Syring 1993]. Dagegen wird in [Borowsky et al. 1997] dafür plädiert, auch den Fluß materieller Objekte durch ein Workflow-Management-System zu steuern.

Ein wesentliches Ziel des Einsatzes von Workflow-Management-Anwendungen ist in der Koordination von Arbeitsabläufen an verteilten Standorten, zwischen Unternehmen und in öffentlichen Verwaltungen zu sehen. Dabei gilt, daß die rechnerunterstützte Ausführung von Workflows erst ab einer gewissen Zahl von Subworkflows und ebenso erst ab einer gewissen Zahl menschlicher oder maschineller Aufgabenträger der herkömmlichen, manuellen Ausführung überlegen ist. In Unternehmen, in denen diese Voraussetzungen erfüllt sind, liegen heutzutage fast immer schon große, heterogene Rechnernetze mit einer Vielzahl von Anwendungsprogrammen als Infrastruktur vor. Diese Infrastruktur muß von einem Workflow-Management-System berücksichtigt werden. Demzufolge sind Workflow-Management-Systeme als verteilte Systeme zu konzipieren, um dem räumlich verteilten und arbeitsteiligen Charakter von Workflow-Management-Anwendungen gerecht zu werden.

Eine andere Zielsetzung lautete ursprünglich, mit Hilfe des Einsatzes von Workflow-Management-Anwendungen das „papierlose Büro" zu verwirklichen. Inzwischen wurde erkannt, daß dieses Ziel zu hoch gesteckt war, da es nach wie vor Anwendungsfelder gibt, in denen das Medium „Papier" unverzichtbar ist, etwa wegen des Urkundencharakters mancher Dokumente, oder aber sich als vorteilhafter im Vergleich mit einem elektronischen Medium erweist, weil z. B. das Lesen umfangreicher Dokumente am Bildschirm von vielen Benutzern nicht akzeptiert wird. Deswegen wird jetzt nur noch angestrebt, den Einsatz von Papier zu vermeiden, so oft dies möglich ist, vgl. [Grell 1994; Hilpert 1993].

In diesem Kapitel werden das Haupteinsatzgebiet „Büro" mit den verschiedenen dort auftretenden Aufgabentypen, entsprechende Workflow-Kategorien sowie Erwartungen und Erkenntnisse über die positiven und negativen Auswirkungen des Einsatzes von Workflow-Management-Systemen im Rahmen von Workflow-Management-Anwendungen vorgestellt.

2.2.2.1 Einsatzfeld Büroarbeit: ausgewählte Aspekte

Der Ablauf von Büroarbeit ist stets mit Informationsbeschaffung, Abstimmungsprozessen, Informationsverarbeitung, Zugriff auf Daten und Dokumente sowie der Erarbeitung von Informationen verbunden, vgl. [Picot/Reichwald 1987]. Aufgrund der Aufgaben- und Rollenvielfalt im Bürobereich variieren die Ausprägungen dieser Merkmale der Büroarbeit von Aufgabentyp zu Aufgabentyp und von Rolle zu Rolle erheblich. Eine entsprechende Klassifikation von Büroaufgaben wird vorgestellt (Kapitel 2.2.2.1.1). Die traditionelle Büroarbeit weist dabei eine Reihe von Problemfeldern auf (Kapitel 2.2.2.1.2), denen mit dem Einsatz von Büroinformationssystemen begegnet werden kann.

Unter dem Sammelbegriff „Büroinformationssysteme" werden betriebliche Anwendungssysteme mit Schwerpunkt auf der Dokumentenverarbeitung sowie der Unterstützung der Kommunikation und der Aufgabenkoordination zwischen Personen zusammengefaßt, vgl. [Ferstl et al. 1996]. Den anfallenden Büroaufgaben ist demnach gemeinsam, daß schlecht strukturierbare Daten und eine verteilte Bearbeitung erforderlich sind, so daß insbesondere die Dokumentenbearbeitung, die Dokumentenverwaltung, das Information-Retrieval sowie die Kommunikation und Koordination der Aufgabenträger bei der kooperativen Bearbeitung der Aufgaben erforderlich ist. Ferstl et al. zählen deshalb Personal-Informationsmanagement-Systeme (zur Verwaltung schwach strukturierter Daten), Information-Retrieval-Systeme (zum Archivieren und Wiederauffinden von Dokumenten), Desktop-Publishing-Systeme (zur Bearbeitung von Dokumenten), Groupware-Systeme (siehe Kapitel 2.2.4) und Workflow-Management-Systeme (siehe Kapitel 2.2.1.6) zu den Büroinformationssystemen.

2.2.2.1.1 Allgemeine Klassifikation von Büroaufgaben

Das Spektrum der in einem Büro anfallenden Aufgaben ist vielschichtig. Sie können laut [Szyperski 1982] im wesentlichen in die folgenden vier Aufgabenkategorien klassifiziert werden:

Führungsaufgaben: Diese schließen das Leiten und Motivieren von Mitarbeitern, den Aufbau und die Pflege vom Kommunikationsbeziehungen, die Lösung von Problemen und die Entscheidungsfindung unter Unsicherheit und Risiko, die Entwicklung der Grundzüge von Konzepten und Planungen sowie die Schaffung von Konsensbildung ein. Hierbei spielt Expertenwissen über bestimmte Fachgebiete eine untergeordnete Rolle.

Fachaufgaben: Zur Lösung dieser Aufgaben sind Fachwissen und/oder spezielle Detailkenntnisse über ein bestimmtes Anwendungsgebiet erforderlich. Die Tätigkeiten sind ziel- und zweckorientiert auszuführen, die Aufgaben sind schlecht strukturiert, sie sind vielschichtig und ihre Lösung erfordert Eigeninitiative und Ideen. Folglich sind sehr flexible Arbeitsabläufe bei diesem Aufgabentyp anzutreffen.

Sachbearbeitungsaufgaben: Aufgaben dieses Typs sind stärker vorstrukturiert, sie sind an eher starre Ablaufregelungen gebunden. Sie erfordern spezielle Sachkenntnisse und praktische Erfahrungen.

Unterstützungsaufgaben: Die mit diesen Aufgaben befaßten Personen unterstützen die mit Aufgaben der anderen Typen betrauten Personen. Zu den Unterstützungsaufgaben zählen insbesondere Schreibtätigkeiten und andere Hilfstätigkeiten.

Büroaufgaben variieren laut [Picot/Reichwald 1987] besonders stark bezüglich ihres Komplexitätsgrads, ihres Routinierungsgrads, der Planbarkeit ihres Informationsbedarfs, ihren Kooperationsbeziehungen sowie dem daraus resultierenden Grad der Regelbarkeit ihres Lösungswegs. Der *Routinierungsgrad* einer Büroaufgabe gibt darüber Auskunft, ob eine Aufgabe eher als Einzelfall, dessen Problemstellung neu ist und für den keine Lösung zur Verfügung steht, als Routinefall mit einer gleichbleibenden Problemstellung sowie dem Vorhandensein eindeutiger Arbeitsverfahren (mit festen Regelungen zur Lösung der Aufgabe) oder aber zwischen diesen Extremfällen einzuordnen ist.

Die *Planbarkeit des Informationsbedarfs* ist abhängig davon, inwieweit eine Aufgabe und der damit verbundene Bedarf an Informationen im vorhinein planbar sind. Ad-hoc-Aufgaben stellen eine extreme Ausprägung dieses Merkmals dar. Aufgaben dieses Typs entstehen spontan und der Informationsbedarf für ihre Lösung ist nicht planbar. Gerade das untere bis mittlere Management wird häufig mit Ad-hoc-Aufgaben konfrontiert. Die zur Lösung einer Aufgabe notwendigen *Kooperationsbeziehungen*, d. h. der Informationsaustausch mit internen und externen Kooperations- und Kommunikationspartnern, ist stark vom Routinisierungsgrad einer Aufgabe abhängig. Während für Routineaufgaben, die nach festen Regeln oder Programmen ablaufen, die Kooperations- und Kommunikationspartner im wesentlichen gleichbleibend sind, können Einzelfallaufgaben von Fall zu Fall verschiedene Kooperationsbeziehungen nach sich ziehen.

Orthogonal dazu können verschiedene Auftretensarten unterschieden werden [Bullinger/Rathgeb 1994], denn Aufgabenstellungen können zyklisch, azyklisch und einmalig auftreten. Für zyklische Aufgabenstellungen sind in der Regel kalendarisch festgelegte Zeitpunkte maßgeblich, dafür kann es externe oder interne Ursachen geben. Azyklisch auftretende Prozesse werden häufig durch externe oder interne Ereignisse ausgelöst, die auch als Trigger bezeichnet werden, weil hierzu die laufende Überwachung bestimmter für die Auslösung ausschlaggebender Zusammenhänge und Zustände gehört. Für einmalige Prozesse gilt im Prinzip dasselbe, auch hier ist die wesentliche anstoßende Ursache in der Regel ein internes oder externes Ereignis

2.2.2.1.2 Probleme traditioneller Büroarbeit

Generell ist Büroarbeit gekennzeichnet durch eine hohe Arbeitsteiligkeit, einhergehend mit einer ausgeprägten Spezialisierung der Aufgabenträger. Diese tayloristische Arbeitsweise bringt eine Reihe von Problemen mit sich, zu nennen sind mit [Hasenkamp/Syring 1993; Krickl 1995; Picot/Rohrbach 1995] insbesondere:

- der Verlust des Leistungszusammenhangs (z. B. des Kundenbezugs) und damit auch mangelnde Transparenz der Arbeit für die Mitarbeiter
- das Auftreten von Medienbrüchen, wobei die notwendige Mehrfacherfassung eine erhöhte Fehlerquote in sich birgt
- die langen Durchlauf-, Liege- und Wartezeiten
- die teilweise monotone Arbeit mit negativen Motivationstendenzen für die Aufgabenträger im Bereich der Sachbearbeitung
- die wiederholt notwendigen Einarbeitungszeiten und der hohe Abstimmungsbedarf
- das Problem der eingeschränkten Erreichbarkeit der Kommunikationspartner
- die Informationsabkopplung der Mitarbeiter bei Abwesenheit vom Arbeitsplatz
- die mangelnde Auskunftsbereitschaft über den Stand der Bearbeitung (z. B. gegenüber Kunden)
- das weitgehende Belassen historisch bedingter Aufgabenzuordnungen

Manche dieser Probleme lassen sich zweifelsohne durch den Einsatz moderner Büroinformationssysteme in Kombination mit entsprechenden Kommunikationsmitteln lösen. Doch genügt eine punktuelle Unterstützung zur Beseitigung einiger Einzelprobleme aus dem beschriebenen Problemkomplex nicht, um die Produktivität im Büro spürbar zu erhöhen. Es reicht folglich eben nicht aus, Büroarbeit zu „elektrifizieren", d. h. statt einer manuellen oder intellektuellen nunmehr eine maschinelle Ausführung vorzusehen. Vielmehr ist eine ganzheitliche Lösung durch den Einsatz entsprechender Anwendungssysteme zu empfehlen. Nur so können zum Beispiel der Verlust des Leistungszusammenhangs und die mangelnde Auskunftsbereitschaft bezüglich des Bearbeitungsstands ausgeglichen werden.

Im Prinzip lassen sich alle oben genannten Probleme durch den Einsatz einer Workflow-Management-Anwendung im Sinne eines ganzheitlichen Ansatzes mindestens im Ansatz lösen. So läßt sich der Verlust des Leistungszusammenhangs (z. B. des Kundenbezugs) durch die Arbeitsteilung auf der Grundlage der mit dem Einsatz dieses Anwendungssystemtyps verbundenen Rücknahme der Spezialisierung verhindern. Der Einsatz einer Workflow-Management-Anwendung stellt somit eine Form einer integrierten Informationsverarbeitung dar. Er trägt dazu bei, den durch Arbeitsteilung und Spezialisierung herbeigeführten Funktions-, Prozeß- und Abteilungsgrenzen entgegen zu wirken und sie durchlässiger zu machen. Das dazugehörige Workflow-Management-System steuert dabei den Informationstransfer zwischen den „Komponenten" (Aufgabenträgern, Systemkomponenten) einer solchen integrierten Informationssystemlösung, vgl. [Mertens 1997].

Zeitaufwendige und fehlerträchtige Medienbrüche entfallen, wenn ein nicht in elektronischer Form vorliegendes Dokument zu Beginn der Bearbeitung erfaßt und daraufhin als elektronisches Dokument im Sinne eines modernen Dokumentenmanagements bearbeitet wird. Lange Durchlauf-, Liege- und Wartezeiten lassen sich zum Teil quasi völlig beseitigen (Transportzeiten), zum Teil aber auch kaum beeinflussen, wenn z. B. ein bestimmter Mitarbeiter als Aufgabenträger einen Kapazitätsengpaß in der Bearbeitung von Workflows darstellt. Monotone Arbeit mit negativen Motivationstendenzen für die Aufgabenträger im Bereich der Sachbearbeitung, die mit einer starken Arbeitsteilung unweigerlich verbunden ist, läßt sich durch eine Erweiterung des Aufgabenspektrums in Tiefe (engl. *job enrichment*, Arbeitsbereicherung) und Breite (engl. *job enlargement*, Arbeitserweiterung), vermeiden, vgl. [Heeg 1991]. Im Sinne einer Arbeitsbereicherung und einer Arbeitserweiterung ist eine ganzheitliche Sachbearbeitung anzustreben, indem das Aufgabengebiet des einzelnen Sachbearbeiters in Tiefe und Breite erweitert wird. Andererseits ist vor einer Überforderung von Mitarbeitern zu warnen, falls die Zurücknahme der Arbeitsteiligkeit zu stark ausfällt. Diese Zurücknahme reduziert jedoch - und dies sind ihre wesentlichen Vorteile - Einarbeitungszeiten und hohen Abstimmungsbedarf bei der Aufgabenausführung, da schlichtweg weniger Aufgabenträger beteiligt sind, die sich einarbeiten und abstimmen müssen.

Das Problem der Erreichbarkeit der Kommunikationspartner und das Problem der Informationsabkopplung bei Abwesenheit vom Arbeitsplatz läßt sich durch Integration entsprechender mobiler Rechnersysteme („Mobile Computing"-Technik) und anderer moderner Kommunikationsmittel in das Anwendungssystem lösen. Des weiteren ist das Problem der mangelnden Auskunftsbereitschaft über den Stand der Bearbeitung von Workflows gegenüber Kunden dadurch gelöst, daß das steuernde Workflow-Management-System jederzeit über den Bearbeitungsstand eines Workflows informiert sein muß und diese Information folglich auch zur Beantwortung von Anfragen verwendet werden kann.

Das zentrale Problem einer historisch bedingten Aufgabenzuordnung besteht darin, daß einmal zugeordnete Aufgaben den einzelnen Zuständigen meist in mehr oder weniger unveränderter Form erhalten bleiben, selbst Varianten oder Veränderungen der Büroabläufe führen eher zu neuen Stellen als zu Veränderungen gewachsener Zuständigkeitsstrukturen. Hier führt das der Entwicklung einer Workflow-Management-Anwendung oft vorangehende „Business Process Reengineering" zu einem verstärkten Druck auf eine Organisation, bestehende Strukturen zu modifizieren. Vergleichbares gilt - bezogen auf eine tiefere Ebene der Organisationsstrukturen - für das der Einführung einer Workflow-Management-Anwendung inhärente Neustrukturierungspotential.

2.2.2.2 Zuordnung von Büroaufgabentypen zu Workflow-Kategorien

Eine Workflow-Management-Anwendung soll von ihrer Konzeption her möglichst alle Arbeitsabläufe, an denen Menschen beteiligt sind, unterstützen. Das Ziel einer vollständigen Systemunterstützung erscheint jedoch angesichts der geschilderten Bandbreite der Büroaufgaben als unerreichbar, vgl. [Wedekind 1995], statt dessen kann lediglich eine möglichst umfassende Systemunterstützung angestrebt werden. Damit das Unterstützungspotential dieses Anwendungssystemtyps richtig eingeschätzt werden kann, ist es notwendig, Büroaufgaben nach dem Grad ihrer Regulierbarkeit zu klassifizieren. Die so klassifizierten Büroaufgaben können dann bestimmten Workflow-Kategorien zugeordnet werden. Dazu werden einleitend verschiedene Workflow-Kategorien und ihre Benennungsvielfalt vorgestellt.

2.2.2.2.1 Workflow-Kategorien

Aus der Perspektive des Workflow-Managements werden Aufgaben (Workflows) in verschiedene Kategorien eingeteilt. Wie in vielen Fällen in diesem noch jungen Forschungsgebiet haben sich bisher keine bestimmten Benennungen endgültig durchgesetzt. Üblich ist jedoch eine Dreiteilung, wie Tabelle 1 zeigt.

Eine Einteilung in drei Kategorien von Workflows wurde laut [Georgakopoulos et al. 1995] zum ersten Mal in [McCready 1992] eingeführt. Abweichend von einer solchen Dreiteilung begnügen sich [Gable 1992] und [Silver 1994] mit einer Zweiteilung, wobei teilweise strukturierte Workflows nicht von stark strukturierten Workflows unterschieden werden. Nachfolgend soll jedoch an der in der Literatur dominierenden Dreiteilung festgehalten und die drei Kategorien allgemein charakterisiert werden.

Stark strukturierte Workflows weisen klare Strukturen auf, sind weitgehend stabil und in ihrem Lösungsweg, den beteiligten Aufgabenträgern und ihrem Informationsbedarf planbar, nicht zuletzt, da sie als vorhersehbar einzustufen sind. Sie sind außerdem geprägt durch eine hohe Arbeitsteiligkeit und wenige Schnittstellen zu anderen Workflows, vgl. [Picot/Rohrbach 1995]. Stark strukturierte Workflows weisen deshalb einen hohen Routinisierungsgrad[7] auf, nicht zufällig werden sie auch „Routine-Workflows" genannt, vgl. [Galler/Scheer 1994]. Aufgrund der genannten Merkmale sind stark strukturierte Workflows auch

---

[7] Die Routinisierbarkeit besagt, wie und in welchem Umfang eine Aufgabe (Workflow) im voraus strukturierbar und damit regulierbar ist. Eine hohe Routinisierbarkeit bedeutet, daß alle Subworkflows vorab vollständig bekannt sind, Verzweigungen und andere Kontrollflußkonstrukte feststehen sowie daß die Aufgabenträger identifizierbar sind, vgl. [Krcmar/Zerbe 1996]. Eine partielle Synonymie zum Begriff des Routinierungsgrads von [Picot/Reichwald 1987] ist hierbei unverkennbar, vgl. Kapitel 2.2.2.1.1.

modellierbar. Sie sind dabei als determiniert zu betrachten, vgl. [Lehmann/Ortner 1997], d. h., es gibt im Rahmen ihrer Ausführung jeweils höchstens eine Möglichkeit der Fortsetzung der Ausführung. Als Beispiele für stark strukturierte Workflows können die Schadensfallregulierung bei einer Versicherung, die Kreditantragsbearbeitung bei einem Kreditinstitut oder Abläufe im Rechnungswesen eines Unternehmens genannt werden.

Quelle	Kategorie		
	stark strukturierte Workflows	**teilweise strukturierte Workflows**	**nicht strukturierte Workflows**
[McCready 1992] [Heilmann 1994]	production workflow	administrative workflow	ad hoc workflow
[Gable 1992]	case-based workflow		ad-hoc workflow
[Silver 1994]	production workflow		ad-hoc workflow
[Galler/Scheer 1995]	Allgemeiner Workflow	Fallbezogener Workflow	Ad-hoc-Workflow
[Picot/Rohrbach 1995]	Routineprozeß	Regelprozeß	einmaliger Prozeß
[Krcmar/Zerbe 1996]	Transformationswork flow	Flexibler Workflow	Ad-hoc-Workflow
[Deiters 1997]	strukturierter Prozeß	semistrukturierter Prozeß	unstrukturierter Prozeß
[Lehmann/Ortner 1997]	determinierter modellierter Workflow	nichtdeterminierter modellierter Workflow	nichtmodellierter Workflow

Tabelle 1: Gegenüberstellung von Benennungen für verschiedene Workflow-Kategorien

Teilweise strukturierte Workflows, die auch als semistrukturierte Workflows bezeichnet werden, vgl. [Deiters 1997], umfassen wiederholbare Abläufe mit einfachen Koordinierungsmechanismen, vgl. [Georgakopoulos et al. 1995]. Ihre Struktur und ihre Komplexität sind noch kontrollierbar, allerdings ist die Reihenfolge ihrer Abläufe (Subworkflows) nicht mehr determiniert, vgl. [Lehmann/Ortner 1997; Picot/Rohrbach 1995], d. h., daß gleiche Ausgangsbedingungen zu unterschiedlichen Ergebnissen führen können. Gleichwohl sind sie bestimmten Regeln unterworfen, erkennbar an der Benennung „Regelprozeß" bei [Picot/Rohrbach 1995], so daß sich bestimmte Fallgruppen im Sinne von prototypischen Workflows herausbilden können („Fallbezogener Workflow", vgl. [Galler/Scheer 1995]). Damit besitzen teilweise strukturierte Workflows eine mittlere Routinisierbarkeit, vgl. [Krcmar/Zerbe 1996]. Beispiele für teilweise strukturierte Workflows sind die Dienstreiseplanung oder das Auftragswesen des Anlagenbaus.

Nicht strukturierte Workflows werden in der Regel selten ausgeführt, ihr Lösungsweg, die beteiligten Aufgabenträger und Kommunikationspartner sowie die benötigte Informationsbasis sind im Ganzen nicht planbar (und damit auch nicht modellierbar, vgl. [Lehmann/Ortner 1997]), so daß von einer niedrigen Routinisierbarkeit gesprochen werden kann, vgl. [Krcmar/Zerbe 1996; Picot/Rohrbach 1996]. Workflows dieser Art besitzen kein zugrundeliegendes Schema und können deshalb auch „schemafreie Workflows" genannt werden, vgl. [Wedekind 1996b]. Für diese Kategorie hat sich am ehesten eine einheitliche Benennung etabliert: „Ad-hoc-Workflow", vgl. Tabelle 1. Diese Benennung faßt zwei spezielle Arten von Workflows zusammen:

- aus dem Augenblick heraus entstandene, zeitlich nicht vorgeplante Workflows sowie
- schemafreie, d. h. von ihrem Schema her nicht vorgeplante Workflows.

Die Benennung „Ad-hoc-Workflow" läßt dabei - ausgehend von der Verwendung von „ad hoc" in der Gemeinsprache - zunächst auf zeitlich nicht vorgeplante Workflows schließen. Daß auch schemafreie Workflows unter dieser Benennung subsumiert werden, wird leicht vergessen. Eine Kombination beider „Ad-hoc-Gesichtspunkte" ist ebenfalls möglich. Besonders charakteristisch für Ad-hoc-Workflows sind die Koordination von Menschen, ihre Kooperation und das gemeinschaftliche Entscheiden, vgl. [Georgakopoulos et al. 1995]. Beispiele für diese Kategorie von Workflows sind Management- oder Projektaufgaben, die Bearbeitung von Korrespondenz sowie das Überarbeiten von Dokumenten, vgl. [Picot/Rohrbach 1996; Silver 1994].

Grundsätzlich gilt, daß ein nichttrivialer Workflow, der sich aus hierarchisch gegliederten Subworkflows zusammensetzt, oft verschiedene Aufgabentypen und damit Kategorien, in die seine Subworkflows einzuordnen sind, umfaßt. Die Kategorisierung des Workflows insgesamt hängt von dem vorherrschenden Aufgabentyp ab. Wegen der Vielfalt der zu erwartenden Aufgabentypen ist die Flexibilität der Workflow-Management-Systeme besonders wichtig, um den Anforderungen der unterschiedlichen Typen jeweils gerecht zu werden.

2.2.2.2.2 Zuordnung von Büroaufgabentypen zu Workflow-Kategorien

In [Bullinger/Rathgeb 1994; Picot/Reichwald 1987] werden Büroaufgabentypen mit der Absicht eingeführt, auf der Grundlage des Regulierungsgrads („Formalisierungsgrad") entscheiden zu können, welcher Anwendungssystemtyp zur Unterstützung jeweils heranzuziehen ist. Unterschieden werden nicht regulierbare, teilweise regulierbare und (vollständig) regulierbare Büroaufgaben. Diese können tendenziell jeweils einer bestimmten Workflow-Kategorie zugeordnet werden.

Nicht regulierbare Büroaufgaben sind problemlösungs- und entscheidungs-orientiert. Es handelt sich dabei oft um Ad-hoc-Aufgaben. Ihre Bewältigung erfolgt bedarfsgesteuert und erfordert einen großen Anteil wechselseitiger Abstimmung (Koordination) zwischen den im vorhinein nicht festgelegten Beteiligten. Zur Definition dieses Aufgabentyps werden insbesondere die angestrebten Arbeitsergebnisse bzw. Ziele der Aufgabenerfüllung herangezogen. Dieser Aufgabentyp entspricht im Kern den in Kapitel 2.2.2.1.1 als „Fachaufgaben" beschriebenen Büroaufgaben. Nicht regulierbare Büroaufgaben finden ihre Entsprechung in nicht strukturierten Workflows, die oft „Ad-hoc-Workflows" genannt werden.

nicht regulierbare Büroaufgaben	teilweise regulierbare Büroaufgaben	vollständig regulierbare Büroaufgaben
• problemlösungs-/ent-scheidungsorientiert • nicht vorhersagbar • bedarfsgesteuert • betont eine flexible Kommunikation	• Fallbehandlung/Pro-blemlösung • Vorgehensweise mehr oder weniger bekannt, auch: Aus-nahmebehandlung • fallgesteuert • betont kooperatives Arbeiten	• sich wiederholende, vollständig definierte Arbeitsschritte • ereignis-/zeitgesteuert • betont die Aus-führung einfacher, vordefinierter Arbeitsschritte

Tabelle 2: Charakteristika verschiedener Büroaufgabentypen [Rathgeb 1994]

Teilweise regulierbare Büroaufgaben sind Büroaufgaben, die sowohl problem-orientierte wie auch eher fallbezogene, d. h. nach vorgegebenen Ablaufstrukturen behandelbare Teilaufgaben umfassen, die wiederum durch organisatorische Regelungen z. B. in Form von vorgegebenen Formularen oder Referenzfällen ergänzt werden. Ihnen entspricht im Workflow-Bereich tendenziell die Kategorie der teilweise strukturierten Workflows.

Bei *regulierbaren Büroaufgaben* handelt es sich um Routineaufgaben mit vollständig vorherbestimmten Arbeitsschritten. Die Abwicklung dieser Büroaufgaben ist zu einem großen Teil durch genaue organisatorische Regelungen festgelegt oder hat sich durch die ständige Praxis fest in ihrem Ablauf etabliert. Oft existieren zur Festlegung der Arbeitsschritte Verfahrensvorschriften. Regulierbaren Büroaufgaben entspricht die Workflow-Kategorie „stark struktu-rierter Workflow".

Die genannten und einige weitere Charakteristika der unterschiedlichen Regulierungsgrade von Büroaufgaben werden in Tabelle 2 zusammengefaßt dargestellt. Die drei Typen von Büroaufgaben bilden die Basis für die Klassifikation von Workflows in verschiedene Kategorien.

2.2.2.3 Kategorieabhängige Steuerung von Workflows

Es soll nun untersucht werden, in welcher Art und Weise ein Workflow-Management-System (im Rahmen einer Workflow-Management-Anwendung) die einzelnen Workflow-Kategorien unterstützen kann. *Stark strukturierte Workflows* sind für die Steuerung durch ein Workflow-Management-System voll geeignet. Selbst derzeit auf dem Markt verfügbare Systeme können hierzu effizient eingesetzt werden, vgl. [Krcmar/Zerbe 1996; Picot/Rohrbach 1995], da es sich bei ihnen um Workflows handelt, die ähnlich wie Transaktionen ausgeführt werden können und keine flexible Steuerung erfordern. Laut [Bullinger/Rathgeb 1994] steht die Automation von strukturierten Workflows beim Einsatz von Workflow-Management-Systemen denn auch im Vordergrund. Schließlich versprechen Workflow-Management-Anwendungen Vorteile gegenüber anderen Anwendungssystemtypen hinsichtlich des Änderungsaufwands bei den zwangsläufig notwendigen Anpassungen wegen sich verändernder Rahmenbedingungen im Zeitablauf.

Teilweise strukturierte Workflows können laut [Picot/Rohrbach 1995] insbesondere durch Dokumentenretrieval, E-Mail, Routineprüfungen und Routineanfragen durch ein Workflow-Management-System unterstützt werden. Zur umfassenden Unterstützung teilstrukturierter Workflows muß die Entwicklung flexibler Workflow-Management-Systeme gefordert werden. Auf dem Markt sind derartige Systeme bisher allerdings nicht verfügbar, vgl. [Jablonski/Bußler 1996; Krcmar/Zerbe 1996].

Ob *nicht strukturierte Workflows* überhaupt durch ein Workflow-Management-System unterstützt werden können, ist in der Literatur umstritten. Es wird des öfteren statt für den Einsatz von Workflow-Management-Systemen für den Einsatz von Groupware zur Abarbeitung von nicht strukturierten Workflows plädiert, um die Aufgabenträger hinsichtlich Entscheidungsfindung, Kommunikation und Kooperation zu unterstützen, siehe etwa [Bullinger/Rathgeb 1994; Georgakopoulos 1995; Krcmar/Zerbe 1996]. Der passive (nicht selbst steuernde) Systemcharakter von Groupware überläßt dabei die Steuerung den beteiligten Menschen. Laut [Picot/Rohrbach 1995] kann ein Workflow-Management-System lediglich Informationsressourcen und Kommunikationsunterstützung als Hilfen zur Abarbeitung nicht strukturierter Workflows bieten. Nicht strukturierte Workflows sind somit nach einer in der Literatur häufig vertretenen Meinung nicht umfassend durch ein Workflow-Management-System steuerbar, siehe z. B. [Bullinger/Rathgeb 1994; Georgakopoulos 1995; Krcmar/Zerbe 1996; Picot/Rohrbach 1995]. Dies wird damit begründet, daß nicht strukturierte und nicht vorhersehbare Workflows auch nicht umfassend im Vorhinein geregelt werden können, so daß eine proaktive Steuerung, wie sie für Workflow-Management-Systeme charakteristisch ist, nicht möglich ist.

Im Gegensatz dazu wird von einigen Autoren gefordert, daß alle Workflow-Kategorien durch ein Workflow-Management-System zu steuern sein sollen, siehe z. B. [Grudin 1994; Hasenkamp/Syring 1993; Paul 1995; Wedekind 1995]. Wedekind betont, daß das Außer-Betracht-lassen von Ad-hoc-Workflows bei der Konzeption einer Workflow-Management-Anwendung dazu führt, daß die Bedeutung des Workflow-Managements nur gering sein kann, da große Teile der Arbeitswelt unbestimmte Elemente aufweisen, die nicht vorab zu schematisieren sind, vgl. [Wedekind 1996b]. Dies steht auf den ersten Blick im Widerspruch zur Negierung der vollständigen Steuerbarkeit von Ad-hoc-Workflows durch ein Workflow-Management-System, da anscheinend erwartet wird, daß Menschen nicht mehr steuernd tätig werden müssen. Dieser Widerspruch läßt sich jedoch dadurch auflösen, daß im Falle von Ad-hoc-Workflows nicht zwangsläufig eine vollständige Steuerung von Ad-hoc-Workflows durch ein Workflow-Management-System erwartet wird, sondern daß vielmehr andere, dafür aber realisierbare Unterstützungsleistungen geboten werden, zumal auch von den Befürwortern der Unterstützung von Ad-hoc-Workflows durch ein Workflow-Management-System eingeräumt wird, daß deren Steuerung erhebliche Probleme aufwirft. Damit reduziert sich die Forderung darauf, daß in Zukunft auch Ad-hoc-Workflows durch Workflow-Management-Systeme unterstützt werden.

Es ist wichtig, daß Ausnahmesituationen (Störfälle, Fehlerfälle) im Rahmen der Workflow-Bearbeitung handhabbar sind und dazu während der Entwicklung einer Workflow-Management-Anwendung bereits in der Weise berücksichtigt werden, daß beim Auftreten einer Ausnahmesituation die Steuerung durch das Workflow-Management-System nicht versagt, sondern Wege vorsieht, mit der Ausnahmesituation fertig zu werden. Betrachtet man das Merkmal der Auftretensart von Workflows, so werden Workflow-Management-Systeme hauptsächlich zur Steuerung zyklischer und azyklischer Aufgaben eingesetzt. Einmalig auftretende

Aufgabenstellungen lassen sich durch andere Anwendungssystemtypen besser unterstützen, vgl. [Bullinger/Rathgeb 1994].

Der Einsatz von Workflow-Management-Systemen als Büroautomationssysteme mit dem Ziel einer Vollautomatisierung von Büroaufgaben ist nur bei vollständig beschreibbaren Problemlösungen, d. h. stark strukturierten Workflows, realisierbar, z. B. beim vollautomatischen Berechnen der Salden aller Konten und dem Ausdrucken des Buchungsjournals in der Buchhaltung. Vollständig beschreibbare Problemlösungen liegen in der Regel nur für Routineaufgaben mit geringer Komplexität vor, denn nur Entscheidungen, in denen keine Ermessens- oder Handlungsspielräume vorhanden sind, lassen sich vollständig in Algorithmen überführen. Bürokratische Organisationen tendieren sowohl im staatlichen wie auch im privatwirtschaftlichen Bereich dazu, möglichst viele Aufgaben klar zu regeln, um die Einheitlichkeit und Güte des Verwaltungshandelns zu steigern, die Effizienz zu erhöhen und die Abhängigkeit vom Know-how der Beschäftigten zu verringern. Allerdings lassen sich längst nicht alle Büroaufgaben in Aufgaben dieses Typs überführen, so daß Anwendungssysteme im Büro immer nur einen mehr oder weniger hohen Grad der Automatisierung erreichen. Gleichwohl wird oftmals die Vollautomation der Büroarbeit mit Hilfe entsprechender Anwendungssysteme angestrebt. Vorläufig kommt jedoch den Sachbearbeitern die Aufgabe zu, die noch vorhandenen Lücken im Automatisierungsprozeß zu überbrücken. Die Frage, welche Aufgaben von einem Sachbearbeiter und welche von Maschinen übernommen werden sollen, stellt sich dabei oftmals gar nicht. Maßgeblich ist hierbei in der Regel das Kriterium der „technischen Machbarkeit", vgl. [Friedrich 1995].

Es ist vorauszusehen, daß Workflow-Management die Büroarbeit grundlegend verändert. Eine Zerlegung von Routinetätigkeiten und die computerunterstützte „Produktion" von „Büroprodukten" wie z. B. (aktenbasierten) Fallbearbeitungen könnte im Dienstleistungsbereich bzw. im administrativen Bereich so selbstverständlich werden wie in der Fertigung von Gütern, vgl. [Österle 1996]. Die bloße Computerisierung, so Österle, bringe Verbesserungen, im einzelnen beseitige oder reduziere sie die Mehrfacherfassung von Daten, Transportzeiten, organisationelle Unebenheiten und ermögliche einen schnellen Dokumentenzugriff. Die großen Nutzenpotentiale (papierlose Abläufe, globale Verfügbarkeit von Informationen, Transparenz der Auftragsabwicklung) würden sich aber erst mit der fundamentalen Veränderung der Abläufe erschließen. Und es könne nicht darum gehen, Workflows im Sinne konventioneller Algorithmen fest vorzugeben. Vielmehr müsse ein genügendes Maß an Flexibilität bei der Ausführung von Workflows möglich sein. Gemäß Österle sollte ein Verwaltungsprozeß wie ein Fertigungsleitstand den Fertigungsprozeß steuern. Dies ist allerdings nur bedingt und auch dann nur im Fall von stark strukturierten Workflows möglich.

2.2.2.4 Auswirkungen des Einsatzes von Workflow-Management-Systemen

Workflow-Management-Systeme werden bisher eher selten zur Steuerung komplexerer Abläufe eingesetzt. Dementsprechend liegen kaum Erfahrungsberichte über den Praxiseinsatz unter realistischen Bedingungen vor. Ein Hauptgrund hierfür ist darin zu sehen, daß man Workflow-Management-Systeme nicht einfach abschalten kann, sobald sie einmal produktiv laufen, da dann alle einbezogenen Abläufe auf die Steuerung durch das Workflow-Management-System zugeschnitten sind. Ein Unternehmen begibt sich quasi in existenzielle Abhängigkeit von dem eingesetzten System, mit allen damit verbundenen Risiken. Dies gilt jedoch nur dann, wenn alle wesentlichen Aufgaben im administrativen Bereich durch Workflow-Management-Anwendungen abgedeckt werden, nicht aber, wenn nur eng begrenzte Aufgabengebiete ohne direkte Auswirkungen auf andere Bereiche im Unternehmen von einem Workflow-Management-System gesteuert werden, wie z. B. die Reiseantragsbearbeitung. Hier schließt sich die noch nicht abschließend zu beantwortende Frage an, ob die Einführung der Workflow-Management-Konzeption in einem Unternehmen en bloc oder nach und nach erfolgen kann bzw. muß, siehe dazu [Böhm 1997, Heilmann 1994]. Unbestreitbar ist dabei, daß der geplante Einsatz von Workflow-Management-Anwendungen auf den Widerstand gewachsener Strukturen im Unternehmen trifft, der um so heftiger ausfallen wird, je mehr das Prinzip der „Revolution" gegenüber einem evolutionären Vorgehen dominiert. Denkbar ist auch das schrittweise Einführen von mehreren begrenzten Workflow-Management-Anwendungen, die über ein gemeinsames konzeptionelles Workflow-Schema integriert werden und alle auf nur einem Workflow-Management-System aufbauen.

Trotz des weitgehenden Fehlens der Praxiserprobung in umfangreicheren Aufgabengebieten werden in der Literatur zahlreiche Vor- und Nachteile beschrieben, die mit dem Einsatz von Workflow-Management-Systemen - im Rahmen von Workflow-Management-Anwendungen - verbunden sein sollen. Gerade die Beschreibungen der potentiellen Nutzenaspekte erscheinen dabei bisweilen etwas idealistisch zu sein, insbesondere mit Blick auf die derzeit am Markt verfügbaren Systeme. Wenn unter Kapitel 2.2.2.4.1 somit von Nutzenaspekten die Rede ist, so ist dies dahingehend zu interpretieren, daß es sich hierbei des öfteren um Zielvorstellungen handelt, deren Erfüllung nicht immer zu belegen ist. Umgekehrt sind die zu erwartenden Probleme bisher ebenfalls nur zum Teil tatsächlich aufgetreten, andere werden dagegen im Zusammenhang mit dem anvisierten großflächigen Einsatz von Workflow-Management-Systemen erst für die Zukunft erwartet. Hierbei ist es - mehr noch als bei den erwarteten Nutzeffekten - wahrscheinlich, daß noch gar nicht alle wesentlichen Auswirkungen gesehen werden.

2.2.2.4.1 Nutzenaspekte

Der Einsatz von Workflow-Management-Systemen stellt für gewöhnlich keinen Selbstzweck dar, vielmehr erhofft sich ein Unternehmen dadurch eine Reihe von Nutzeffekten, die insgesamt zum Erfolg des Unternehmens beitragen sollen. Da sich dieser Nutzen mit dem Einsatz eines Workflow-Management-Systems nicht automatisch einstellt, vgl. Kapitel 2.2.5, wird in der Literatur von Zielen gesprochen, die mit dem Einsatz eines Workflow-Management-Systems verwirklicht werden sollen. Mit ihnen beschäftigen sich zahlreiche Autoren. Dabei werden als oberste Ziele eine *erhöhte Produktivität* und eine *Senkung der Kosten* in der Büroarbeit genannt, denn während in weiten Bereichen der Produktion bereits umfangreiche Reorganisationsmaßnahmen durchgeführt wurden und signifikante Kosteneinsparungen bei verbesserter Produktbeschaffenheit und kürzeren Durchlaufzeiten erreicht werden konnten, wurde der administrative Bereich sowohl bei Dienstleistern wie auch in produzierenden Unternehmen von solchen Vorhaben zumeist nicht tangiert. Mitunter wurde sogar trotz zunehmender Automatisierung der Büroarbeit eine Verschlechterung der Produktivität konstatiert, vgl. etwa [DIN 1996]. Zur Verbesserung der Produktivität werden die nachfolgend genannten Teilziele angestrebt, vgl. [Hales 1997; Hasenkamp/Syring 1993; Jablonski 1995a; Joosten et al. 1994; Rothenbacher 1995; Vogler 1996].

Transparenz der Arbeitssituation

Eine hohe Transparenz der Ausführung der Arbeitsaufgaben (Workflows) nützt einem Unternehmen in verschiedener Hinsicht. Zum einen übernimmt das Workflow-Management-System die Steuerung eines Workflows, so daß die Mitarbeiter Ablauf- und Aufbauorganisation nicht mehr genau kennen müssen, auch werden Workflow-Instanzen teilweise automatisiert abgearbeitet. Zum anderen läßt sich eine transparente Arbeitssituation leichter überwachen. Dies führt zunächst dazu, daß eine ständige Auskunftsbereitschaft hinsichtlich des Stands der Bearbeitung einer Workflow-Instanz gegenüber internen Nachfragern (z. B. Vorgesetzte) oder externen Nachfragern (z. B. Kunden) besteht. Ebenso wird dadurch der Auslastungsgrad der Aufgabenträger augenscheinlich. Es ist damit für den einzelnen Mitarbeiter auch im Bürobereich kaum noch möglich, „nur so zu tun, als ob er arbeitet". Dies wiederum gestattet ein belastungsabhängiges Weiterleiten (engl. *routing*) der Subworkflows, um für eine gleichmäßige Verteilung der anfallenden Arbeiten zwischen den verschiedenen Inhabern einer Rolle zu sorgen, man kann hier auch von einem Glätten der Ressourcenauslastung sprechen. Eine transparente Aufgabenausführung kann von den betroffenen Mitarbeitern deshalb auch nachteilig bewertet werden, siehe dazu Kapitel 2.2.2.4.2. Die angestrebte Transparenz der Aufgabenausführung ermöglicht darüber hinaus die stärkere räumliche Verteilung der Organisationseinheiten, d. h. auch den Einbezug von Telearbeitsplätzen sowie von mobilen Arbeitsplätzen in die Abarbeitung von Workflows.

Ein weiterer Vorteil des Einsatzes einer Workflow-Management-Anwendung, der ebenfalls auf der gewonnenen Transparenz beruht, besteht darin, daß sich die Unternehmensleitung sehr viel leichter als zuvor mit betriebswirtschaftlichen Kennzahlen wie „Mitarbeiterauslastung", „durchschnittliche Bearbeitungszeit eines Arbeitsablaufs" usw. auf dem jeweils aktuellsten Stand versorgen kann.

Verkürzung der Durchlaufzeit

Der Einsatz einer Workflow-Management-Anwendung führt zu einer erheblichen Verkürzung der Durchlaufzeiten von Arbeitsgegenständen (z. B. Dokumenten), da durch die elektronische Weiterleitung von Dokumenten zeitaufwendige Postwege wegfallen und damit keine Transportzeiten mehr berücksichtigt werden müssen. Auch die partielle Parallelisierung kooperativer Abläufe verkürzt die Bearbeitungszeit einer Workflow-Instanz, so daß sich auch hier ein Ansatzpunkt für eine Verkürzung der Durchlaufzeiten insgesamt ergibt. Darüber hinaus wird die Kontrolle der Termineinhaltung vom System übernommen, d. h., das Workflow-Management-System mahnt die Ausführung überfälliger Arbeiten an und sichert dadurch eine möglichst zügige Bearbeitung. Des weiteren lassen sich durch eine bedarfsgerechte Informationsversorgung „geistige Rüstzeiten" bei der Bearbeitung durch einen Sachbearbeiter reduzieren. Zudem sind elektronische Postkörbe oder Arbeitsvorratslisten überschaubarer als beispielsweise ein Aktenstapel. Dies führt zu einer Verbesserung der persönlichen Arbeitsvorratshaltung. Allerdings verhindern diese Maßnahmen nicht zwangsläufig, daß Wartezeiten von Workflow-Instanzen bei Aufgabenträgern, die einen Engpaß im Rahmen der Abarbeitung darstellen, bestehen bleiben oder sich gar noch ausdehnen, so daß der Zeitgewinn, welcher sich durch eine Verkürzung bestimmter Bearbeitungszeiten und den Wegfall von Transportzeiten ergibt, durch verlängerte Wartezeiten bei einigen Aufgabenträgern ganz oder teilweise kompensiert werden kann. Aus diesem Grund ist eine umfassende Anpassung der Aufbau- und Ablauforganisation für den erfolgreichen Einsatz einer Workflow-Management-Anwendung sehr wichtig. Im Zuge einer Reorganisation müssen die angedeuteten Kapazitätsengpässe abgebaut werden, beispielsweise indem Abläufe anders strukturiert werden.

Wegfall unproduktiver Tätigkeiten

Unterstützungsarbeiten, insbesondere Archiv- und Kopierdienste, sowie die Hauspost entfallen beim Einsatz einer Workflow-Management-Anwendung weitgehend, Schreibarbeiten können von Fach- und Führungskräften selbst übernommen werden. Das bedeutet, daß unproduktive Tätigkeiten wie Vervielfachen, Versenden, Archivieren und Recherchieren direkt am Bildschirm und damit sehr viel schneller erfolgen können, da hierzu keine anderen Mitarbeiter mehr herangezogen werden müssen. Der Wegfall von Medienbrüchen erübrigt zudem die Mehrfacherfassung von Dokumenten. Die Arbeitsplätze von denjenigen, welche bisher hauptsächlich Unterstützungsleistungen ausgeführt haben, fallen als Konsequenz daraus weitgehend weg, sie bilden ein Rationalisierungspotential.

Reduzierung des Papierverbrauchs

Das elektronische Weiterleiten von Schriftstücken trägt dazu bei, das Ziel eines „papierarmen" Büros zu verwirklichen. Die vielfach beklagte Papierflut wird eingedämmt, so daß die Papier- und Kopierkosten sinken. Ein papierloses Büro ist dagegen nicht zu erwarten, da die Vorteile des Mediums „Papier" in einigen speziellen Anwendungsgebieten seine Nachteile gegenüber elektronischen Medien mehr als ausgleichen, zu denken ist beispielsweise - es wurde bereits darauf hingewiesen - an das Lesen oder Überfliegen umfangreicher Texte, das am Bildschirm nicht zumutbar ist, oder das Anfertigen von Dokumenten mit Urkundencharakter.

Sicherstellung qualitativ hochwertiger Arbeitsergebnisse

Der Einsatz von Workflow-Management-Systemen sollte insgesamt gesehen zu qualitativ hochwertigeren Arbeitsergebnissen führen. Dazu tragen mehrere Faktoren bei. So wird zunächst durch die Vermeidung von Medienbrüchen verhindert, daß eine Mehrfacherfassung von Daten notwendig ist, welche als häufige Fehlerquelle gilt. Außerdem werden alle notwendigen Anwendungen in die Workflow-Management-Anwendung integriert und - soweit möglich - mit einer einheitlichen Oberfläche dem Benutzer präsentiert, so daß dieser in einer einheitlichen und ihm vertrauten Umgebung arbeiten kann. Darüber hinaus gewährleistet die Steuerung durch ein Workflow-Management-System in höherem Maße die Befolgung von unternehmensinternen Richtlinien und die Einheitlichkeit der Sachbearbeitung, da das System die Einhaltung von Richtlinien überwachen und vorgegebene Bearbeitungs- und Ergebnisformen fordern kann. Und schließlich gewährleistet die Steuerung durch ein Workflow-Management-System, daß auch nicht eingearbeitete Mitarbeiter Arbeitsergebnisse liefern können, deren Güte nicht wesentlich von den Ergebnissen erfahrener Mitarbeiter abweicht. Auch sollte die notwendige Einarbeitungszeit kürzer sein, da die Abläufe vom Workflow-Management-System gesteuert werden. Schließlich wird eine leichtere Vertretbarkeit von „Rollen" (Personen, Betriebsmittel oder

Applikationssoftware in festgelegten Ausführungspositionen) gewährleistet, da die Abläufe vereinheitlicht wurden und damit leichter nachvollziehbar sind.

Erhöhung der Kundenzufriedenheit

Aus strategischer Sicht heraus ist die Bedeutung einer erhöhten Kundenzufriedenheit besonders hervorzuheben. Eine erhöhte Zufriedenheit der Kunden resultiert

- aus der ständigen Auskunftsbereitschaft über den Stand der Bearbeitung einer Workflow-Instanz,
- aus dem jederzeit aktuell prognostizierbaren Bearbeitungsabschluß einer Workflow-Instanz,
- aus der dadurch gewährleisteten verbesserten Termineinhaltung,
- aus der Möglichkeit der Anpassung von Workflows an sich verändernde Kundenwünsche beim Einsatz flexibler Workflow-Management-Systeme und
- aus den insgesamt kürzeren Bearbeitungszeiten.

Dies kann einen wichtigen Wettbewerbsvorteil gegenüber Konkurrenten im Markt bedeuten, da erhöhte Kundenzufriedenheit in aller Regel mit erhöhter Kundentreue einhergeht.

2.2.2.4.2 Risiken

Mit dem Einsatz von Workflow-Management-Systemen sind - wie nicht anders zu erwarten - auch eine Reihe von Risiken verbunden. Es zeichnen sich aus heutiger Sicht die nachfolgend skizzierten Problemfelder ab, vgl. [DIN 1996; Joosten et al. 1994; Oberweis 1996; Picot/Rohrbach 1995; Rothenbacher 1995; Vogler 1996], welche den einzelnen Mitarbeiter oder das Unternehmen insgesamt betreffen.

Risiko einer halbherzigen Reorganisation

Ein ganz wesentliches Risiko besteht in der direkten „Elektrifizierung" bestehender Abläufe. Ohne ein Hinterfragen dieser Abläufe, ohne flankierende Maßnahmen auf den Ebenen Unternehmensentwicklung und Organisationsstrukturentwicklung besteht die Gefahr, suboptimale Istabläufe zwar zu „elektrifizieren" und damit in der Regel einen partiellen Zeitgewinn durch den

Wegfall von Transportzeiten zu erzielen, der aber durch entsprechend längere Liegezeiten schnell kompensiert werden kann, jedoch insgesamt erhebliche Optimierungspotentiale in den Ablaufstrukturen ungenutzt gelassen.

Risiko einer übertriebenen Überwachung

Die Einführung eines Workflow-Management-Systems ruft wie die Einführung anderer Anwendungssysteme auch Ängste bei den Mitarbeitern vor Statusverlust oder Arbeitsplatzverlust, aber auch Unsicherheit aufgrund neuer Anforderungen, Abläufe oder Arbeitsstile hervor, vgl. [Picot/Rohrbach 1995], wobei Workflow-Management-Anwendungen erstmals Abläufe im Bürobereich in großem Umfang kontrollierbar machen. Nicht zufällig beziehen sich viele Ängste auf die Kontrollierbarkeit der Aufgabenträger, denn deren Arbeitspensum kann mit Hilfe eines Workflow-Management-Systems seitens der Vorgesetzten genau festgestellt und mit den Vorgaben verglichen werden. Beispielsweise können die detaillierten Ausführungsdaten, die ein Workflow-Management-System liefert, einem Bereichsleiter dazu dienen, die ihm unterstellten Filialleiter anhand von Performanz-Kriterien zu bewerten, wie es eine empirische Studie gezeigt hat, vgl. [Schäl 1996]. Es kann ebenso festgestellt werden, wer wie oft an wen eine E-Mail verschickt hat, so daß der gläserne Mitarbeiter Realität werden könnte, vgl. [Oberweis 1996].

Risiko einer mentalen Überforderung der Mitarbeiter

Die Automatisierung von Routine-Workflows führt zu einer Entlastung der Mitarbeiter von Routinetätigkeiten. Somit werden Sachbearbeiter von eher eintönigen Tätigkeiten befreit, damit sie sich anspruchsvolleren Tätigkeiten widmen können. Dabei stellt sich die Frage, ob die ausschließliche Beschäftigung mit Sonderfällen („Problemfällen") einem Sachbearbeiter zwangsläufig behagt oder ob nicht ein gewisser Anteil an Routinefällen möglicher mentaler Überforderung vorbeugt.

Risiko des Arbeitsplatzverlusts

Die Automatisierung von Arbeitsabläufen bedeutet die zunehmende Ergänzung bzw. Ersetzung menschlicher Tätigkeiten durch maschinelle Funktionen in der Form, daß der Mensch weder permanent noch zu genau festlegbaren Zeitpunkten in den Funktionsablauf einzugreifen braucht. Sie stellt immer auch eine Bedrohung der Arbeitsplätze weniger qualifizierter Mitarbeiter dar. So fallen allein durch das Verwenden elektronischer Dokumente zahlreiche Tätigkeiten (Transport von Dokumenten, Kopierdienste, Archivierungsdienste usw.) ganz oder zumindest teilweise weg.

Risiko der Boykottierung vorgegebener Abläufe

Workflow-Management-Systeme können die persönliche Arbeitsorganisation eines Mitarbeiters beeinflussen, indem sie ihm die Reihenfolge der von ihm auszuführenden Tätigkeiten vorgeben. Dies kann zu dem Gefühl der persönlichen Einengung führen. Es ist aber auch möglich, daß Mitarbeiter die vom Workflow-Management-System vorgegebenen Abläufe nicht akzeptieren und einen zweiten Ablauf neben dem vom Workflow-Management-System vorgegebenen etablieren. Zudem erhöht der Einsatz eines Workflow-Management-Systems den Anteil der Bildschirmarbeitszeit für die betroffenen Mitarbeiter erheblich. Dies kann als zusätzliche Belastung empfunden werden und zu weiteren Akzeptanzproblemen führen.

Risiko der Isolierung von Mitarbeitern

Der Einsatz eines Workflow-Management-Systems kann die soziale Interaktion der Mitarbeiter untereinander verringern, da die Kommunikation nun in höherem Maße indirekt erfolgt. Dadurch kann es zur Verringerung der informellen Kommunikation und im Extremfall zur Isolierung einzelner Mitarbeiter kommen. Dies gilt in besonderem Maße, wenn zum Instrument der Telearbeit gegriffen wird, sofern die Telearbeiter nicht in regelmäßigen Abständen im Unternehmen zusammenkommen. Grundsätzlich sollte das Risiko der Isolierung von Mitarbeitern aus Sicht des Unternehmens nicht unterschätzt werden, da laut einschlägiger Untersuchungen die Bedeutung informeller Kommunikation und sozialer Netzwerke im Unternehmen für den Erfolg eines Unternehmens nicht zu vernachlässigen ist, vgl. [Kautz et al. 1997].

Risiko der systembedingten Inflexibilität

Ist ein Workflow-Management-System nicht flexibel genug, um schnell an geänderte Rahmenbedingungen angepaßt zu werden, oder ist es etwa gar nicht dazu in der Lage, kann dies sehr nachteilige Konsequenzen für ein Unternehmen haben, da dies Inflexibilität eines Unternehmens bezüglich des Marktgeschehens bedeutet. Ist es nicht flexibel genug, Ausnahmefälle zu handhaben, kann sich dies ebenfalls als sehr nachteilig für den Unternehmenserfolg erweisen, zumal die Problemlösungskompetenz der Mitarbeiter für neue - in der Workflow-Management-Anwendung unberücksichtigte - Ausnahmefälle mit der Dauer des umfassenden Einsatzes einer Workflow-Management-Anwendung allmählich schwindet.

Neben diesen vor allem soziotechnischen Problemfeldern können sich auch Probleme auf der technischen Seite ergeben. Auf der Ebene der Workflow-Management-Systeme selbst sind aufgrund mangelnder Flexibilität bei notwendigen Änderungen der Workflow-Schemata oder bei der Behandlung von Ausnahmefällen Risiken für den Unternehmenserfolg verbunden, wenn das Workflow-Management-System nur starre Abläufe vorsieht und keine Ausnahmebehandlung kennt, denn ein einfaches „Abschalten" einer Workflow-Management-Anwendung ist dann nicht mehr möglich, wenn sie für mehr als einen eng umgrenzten Aufgabenbereich eingesetzt wird und entsprechend die Steuerung der Workflows aufgrund von im Zusammenhang mit dem geplanten Einsatz eines Workflow-Management-Systems veränderten Abläufen und Strukturen und unter Umständen auch aufgrund von verloren gegangener Erfahrung (Kompetenz) nicht mehr ohne weiteres von Menschen übernommen werden kann. Auch kann die Integration heterogener Anwendungssysteme, die in einem Unternehmen vorhanden und miteinander verknüpft sind, Probleme bereiten, wenn es nicht gelingt, die notwendigen Schnittstellen einzurichten, etwa wegen einer zu großen Komplexität der Systembeziehungen.

Die geschilderten Risiken sollten sich die für die Entwicklung von Workflow-Management-Anwendungen Verantwortlichen stets vergegenwärtigen. Entsprechende Maßnahmen zur Minderung dieser Risiken auf technischer Seite sowie auf Ebene der Benutzer sind zu ergreifen. Gemäß [Vogler 1996] ist auf technischer Ebene insbesondere darauf zu achten, daß Kapazität und Performance der Ressourcen (Netzwerk, Server) ausreichen und daß die Integration der Anwendungssysteme, z. B. auch von sogenannten Altsystemen (engl. *legacy systems*), so vollständig wie möglich erfolgt. Beteiligung, Information und Schulung der Benutzer, eine benutzerfreundliche Gestaltung der Arbeitsoberfläche, eine sinnvolle Benutzerführung sowie das ausdrückliche Ausschließen der Nutzung bestimmter Überwachungsmöglichkeiten seitens der Vorgesetzten dürften dazu beitragen, daß der Einsatz einer Workflow-Management-Anwendung nicht zwangsläufig am Widerstand der Benutzer scheitern muß. Gerade der letztgenannte Punkt ist allerdings schwer zu verwirklichen, denn dabei ergibt sich das Problem, wie denn kontrolliert werden soll, daß die zur Kontrolle der Aufgabenträger verpflichteten Vorgesetzten sich nicht doch der Möglichkeiten eines Workflow-Management-Systems zur Ausübung ihrer Kontrollaufgaben bedienen.

2.2.3 Workflow-Management-Systeme

Workflow-Management-Systeme stellen verteilte Anwendungssysteme dar, welche die arbeitsteilige Bearbeitung von Aufgaben unterstützen. Es ergeben sich Koordinationsaufgaben, die das Workflow-Management-System zu übernehmen hat, um die effiziente Zusammenarbeit zwischen den einzelnen Aufgabenträgern zu gewährleisten, vgl. dazu auch Kapitel 2.2.1.6. In [Reinwald 1993] wird der Aspekt der Verteilung von Workflow-Management-Anwendungen vertieft behandelt. Workflow-Management-Systeme verwenden Konzepte von aktiven Datenbanksystemen, welche im Gegensatz zu herkömmlichen Datenbanksystemen das Eintreten vordefinierter Ereignisse beobachten, gegebenenfalls relevante Bedingungen testen und bei deren Erfülltsein automatisch bestimmte Aktionen veranlassen können, vgl. [Becker/Vossen 1996].

Es lassen sich mehrere Generationen von Workflow-Management-Systemen bzw. entsprechender Vorläufer unterscheiden. Ihre Entwicklung wird kurz dargestellt

(Kapitel 2 2 3 1) Das sogenannte Referenzmodell der Workflow Management Coalition stellt zentrale Komponenten eines Workflow-Management-Systems unabhängig von einem bestimmten Produkt im Uberblick dar, es wird in Kapitel 2 2 3 2 skizziert. Abschließend werden in Kapitel 2 2.3.3 Entwicklungstendenzen für die Systemart Workflow-Management-Systeme aufgezeigt

2.2.3.1 Generationen von Workflow-Management-Systemen

Ungeachtet der Tatsachen, daß der Workflow-Bereich noch recht jung ist und daß es bisher noch keine vollkommen uberzeugenden Produkte auf dem Markt gibt, werden in der Literatur [Abbott/Sarin 1994, Teufel et al 1995] bis zu vier Generationen von Workflow-Management-Systemen unterschieden, vgl. Tabelle 3. Bußler spricht in diesem Zusammenhang statt von Generationen von Stufen der Arbeitskoordination mit Hilfe von Rechnern und vermeidet damit den Eindruck, daß Workflow-Management-Systeme bereits auf eine lange - sich in einer mehrstufigen Generationsfolge ausdrückenden - Tradition als eigene Systemart zuruckblicken konnen und sich entsprechend leistungsfähig und ausgereift präsentieren, vgl. [Bußler 1997] Prinzipiell sollte man die gegenwärtigen Workflow-Management-Systeme eher als Systeme der ersten Generation bezeichnen, die zweifelsohne entsprechende Vorläufersysteme besitzt, deren Betrachtung wiederum zum Verstandnis der Funktionalitat heutiger Systeme hilfreich ist, die aber gleichwohl aus heutiger Sicht nicht als Workflow-Management-Systeme im eigentlichen Sinne bezeichnet werden können

Erste Arbeiten auf dem Gebiet der „Workflow-Management-Systeme"[8], entstanden in der Zeit von Ende der 70er Jahre bis Anfang der 80er Jahre, u a [Ellis/Bernal 1982, Zisman 1978], die jedoch nicht zu kommerziellen Produkten führten, da die Festlegung der Workflow-Schemata zu inflexibel und die Hardware noch zu wenig leistungsfähig und zum Teil auch noch zu wenig verbreitet war Mit zunehmender Verbreitung von text- und bildverarbeitenden Anwendungssystemen entstand das Bedurfnis, Dokumente nicht nur an einzelnen Arbeitsplätzen zu bearbeiten, sondern sie uber Netzwerke mehreren Benutzern zuganglich zu machen und in die betrieblichen Ablaufe zu integrieren, vgl [Teufel

---

[8] Die Benennung „Workflow-Management" wurde damals noch nicht verwendet, statt dessen wurde z B von „Office Procedure Automation" gesprochen

et al. 1995]. Daraus entstanden Workflow-Management-Systeme der sogenannten ersten Generation, siehe dazu Tabelle 3 Die vorhandenen Anwendungssysteme wurden somit um eine beschränkte Workflow-Management-Funktionalität erweitert, indem starre Workflow-Schemata kodiert wurden. Workflow-Management-Systeme der sogenannten zweiten Generation zeichneten sich insbesondere dadurch aus, daß sie als eigenstandige Systeme zur Verfügung standen und nicht mehr funktionaler Teil anderer Anwendungssysteme waren. Mit ihm konnten Workflow-Schemata verandert werden. Die Möglichkeiten der Einbindung von Werkzeugen anderer Anbieter waren bei Systemen dieser Generation allerdings noch stark eingeschrankt.

Im Gegensatz dazu werden von Systemen der dritten - nach wie vor aktuellen - Generation von Workflow-Management-Systemen Schnittstellen zu allen wichtigen Anwendungssystemen und Werkzeugen angeboten, so daß die Benennung „Workflow-Management-System" bei Systemen dieser Generation erstmals gerechtfertigt ist. Dennoch sind auch diese Systeme weit davon entfernt, optimale Lösungen zu bieten Die wesentlichen Beschränkungen sind laut [Alonso/Schek 1996] die konzeptionsbedingte Inkompatibilitat eines Workflow-Management-Systems mit anderen Workflow-Management-Systemen, ihre mangelnde Eignung zur Steuerung großerer Einheiten, z. B. eines Unternehmens, sowie fehlende Sicherungsmechanismen für den Fall des Systemausfalls.

Die auf dem Markt befindlichen Workflow-Management-Systeme lassen sich nach verschiedenen Kriterien klassifizieren Sie können nach ihrer Herkunft, nach ihrer Verwendung sowie nach der von ihnen eingesetzten Technik eingeteilt werden, vgl [Weiß/Krcmar 1996] Generell wird in Workflow-Management-Systemen Funktionalitat von sehr unterschiedlichen Systemarten, insbesondere von speziellen Groupware-Systemen (elektronische Postsysteme, Konferenz-systeme), Datenbanksystemen, kaufmannischen Standardanwendungen, Hyper-media-Systemen, Entscheidungsunterstutzungssystemen sowie Expertensystemen ubernommen, vgl [Oberweis 1996] Dies gilt in beschranktem Umfang bereits für gegenwartige Systeme (der dritten Generation), insbesondere aber für zukunftige Systeme

Generation	Hauptmerkmale
Erste	<ul><li>Workflow-Management-Funktionalität als Teil von Anwendungssystemen,</li><li>starre Workflow-Schemata (kodiert)</li><li>proprietär</li></ul>
Zweite	<ul><li>eigenständige Workflow-Management-Systeme</li><li>Workflow-Schemata über Skriptsprachen anpaßbar</li><li>einige Werkzeuge von Drittanbietern können verwendet werden</li></ul>
Dritte (aktuelle)	<ul><li>Workflow-Management-Systeme mit generischen Daten</li><li>volle Integration von Werkzeugen von Drittanbietern</li><li>Workflow-Schemata sind über graphische Benutzerschnittstellen anpaßbar</li><li>andere Anwendungssysteme können über einheitliche Schnittstellen auf Workflow-Management-Dienste zugreifen</li></ul>
Vierte (nächste)	<ul><li>adaptive Workflow-Management-Systeme als sogenannte „Embedded Enabler" zur proaktiven, flexiblen Steuerung von Workflows</li><li>Workflow-Management-Dienste voll mit anderen Middleware[9]-Diensten (z. B. elektronischer Post) integriert</li><li>neue Typen von Anwendungssystemen werden durch Workflow-Management-Systeme erst ermöglicht</li><li>normierte Schnittstellen und Austauschformate</li></ul>

Tabelle 3: Generationen von Workflow-Management-Systemen [Abbott/Sarin 1994]

Eine zukünftige (vierte) Generation von Workflow-Management-Systemen soll eine volle Integration mit anderen Diensten (z. B. elektronischen Postsystemen) und nicht-proprietäre Schnittstellen und Austauschformate zu anderen Systemen, vor allem aber ein wesentlich höheres Maß an Flexibilität bieten, das notwendig ist, um auch Ad-hoc-Workflows zu unterstützen, mit Ausnahmesituationen und Fehlerfällen umgehen zu können und damit ihren Einsatz für umfassendere

---

[9] Workflow-Management-Systeme werden aufgrund ihres breiten Einsatzspektrums zur *Middleware* gerechnet, wobei Middleware im allgemeinen Systeme bezeichnet, die zwischen einer Systemplattform und Anwendungen einzuordnen sind, vgl. [Jablonski 1997b].

Aufgabenfelder in einem Unternehmen erst zu ermöglichen. In [Bußler 1997] wird diese neue Generation von Workflow-Management-Systemen, welche die vielfach angeprangerte Inflexibilität der Systeme der dritten Generation überwinden soll, als „adaptive Workflow-Management-Systeme" bezeichnet. Damit wird der Wunsch nach Anpaßbarkeit einer Workflow-Management-Anwendung an die sich dynamisch verändernden Anforderungen im Unternehmen ausgedrückt, welcher der Dynamik des Marktgeschehens entspringt. Die Anpaßbarkeit einer Workflow-Management-Anwendung ist ebenso als Reaktion auf den unvermeidlichen Wandel administrativer Abläufe von Bedeutung. In Zukunft wird demnach eine systembedingte starre Festlegung von Abläufen, die keine komfortablen Möglichkeiten zur Modifikation derselben vorsieht, nicht mehr das Haupthindernis für den Einsatz von Workflow-Management-Anwendungen sein. Statt dessen ist zu erwarten, daß die zukünftige Generation von Workflow-Management-Systemen ganz neue Anwendungsfelder erschließt, die in ihrer Gesamtheit und in ihrem Ausmaß noch gar nicht vollkommen abgeschätzt werden können.

2.2.3.2 Das Referenzmodell der Workflow Management Coalition

Die Workflow Management Coalition (WfMC) wurde 1993 als Zusammenschluß von mehr als 100 Institutionen gegründet, vgl. dazu [Lawrence/WfMC 1997; Sauter/Morger 1996]. Vertreten sind die meisten Anbieter von Workflow-Management-Systemen, große Anwender sowie eine Reihe von Beratungs-unternehmen und Forschungseinrichtungen. Das wesentliche Ziel der WfMC besteht darin, die Verbreitung von Workflow-Management-Systemen zu fördern, indem einheitliche Schnittstellen entwickelt und eingesetzt werden. Häufig zitiert wird das erarbeitete Rahmenwerk (Abbildung 1), das auch Referenzmodell genannt wird und welches einmal die Definition von fünf Schnittstellen umfassen soll. Diese fünf Schnittstellen bezeichnen die Arbeitsgebiete der WfMC, nicht aber die Architektur eines Workflow-Management-Systems im engeren Sinne, so daß das Referenzmodell nicht als Architekturkonzept herangezogen werden darf, vgl. [Jablonski 1997b]. Auf der Basis dieses Rahmenwerks sollen jedoch die Komponenten eines Workflow-Management-Systems produktunabhängig konzeptionell beschrieben und im Hinblick auf eine Interoperabilität von Workflow-Management-Systemen verschiedener Hersteller aufeinander abgestimmt werden können. Dazu dienen insbesondere einheitliche Schnittstellen und Austauschformate (für Workflows, Daten usw.). Die Komponenten des Rahmenwerks (Abbildung 1) sollen nachfolgend in knapper Form, in Anlehnung an [Lawrence/WfMC 1997; Sauter/Morger 1996], vorgestellt werden, um ein Grundverständnis für dieses Referenzmodell zu erzeugen.

Die Workflow-Laufzeitumgebung (*Workflow Enactment Service*) dient der Ausführung von Workflow-Instanzen. Sie umfaßt mindestens eine *Workflow-Engine*. Workflow-Engines sind wiederum Komponenten, denen die eigentliche Ausführung der Workflow-Instanzen obliegt. Die Anwendungsschnittstelle (*Workflow Application Programming Interface, kurz: WAPI)* stellt die Schnittstelle nach außen dar und ermöglicht die Kommunikation mit anderen Diensten, die nachfolgend skizziert werden.

Workflow-Modellierungs- und Definitionswerkzeuge (*Process Definition Tools*) sind Werkzeuge zur Definition von Workflow-Schemata. Sie sind bisher herstellerspezifisch. Ein einheitliches Austauschformat soll für die Zukunft definiert werden. Die entsprechende Schnittstelle definiert die sogenannte *Workflow Process Definition Language*, mit deren Hilfe Workflow-Schema-Definitionen einer Workflow-Engine übergeben werden. Workflow-Klienten-Applikationen (*Workflow Client Applications*) sind Komponenten, die die Kommunikation der Workflow-Engine mit einem Aufgabenträger (z. B. einem Sachbearbeiter) übernimmt, etwa in Form einer Arbeitsvorratsliste[10]. Der Aufgabenträger wird über die anstehenden Aufgaben (Workflow-Instanzen) mit ihrer Hilfe informiert und bei Bedarf mit den zur Aufgabenerfüllung notwendigen Daten versorgt.

Aufrufbare Applikationen (*Invoked Applications*) sind beispielsweise ein elektronischer Post-Dienst oder eine Applikation zur Buchhaltung und können im Rahmen der Ausführung von Workflow-Instanzen aufgerufen, d. h. mit einer begrenzten Teilaufgabe betraut werden, wobei das Workflow-Management-

---

[10] Eine Arbeitsvorratsliste (engl. *worklist*) ist eine Auflistung von Subworkflows, die mit einem Aufgabenträger oder einer Gruppe von Aufgabenträgern, die eine gemeinsame Arbeitsvorratsliste besitzt, verbunden sind, vgl. [WfMC 1996].

System auf die konkrete Ausführung der Teilaufgabe keinen Einfluß hat, sondern lediglich die Ergebnislieferung kontrollieren kann. Diese Applikationen werden zum Teil direkt von der Workflow-Engine aufgerufen, und zwar dann, wenn sie speziell für diesen Zweck entwickelt wurden und eine entsprechende Schnittstelle aufweisen. Andernfalls erfolgt der Aufruf indirekt über einen sogenannten *Tool Agent*, der somit eine zusätzliche Schnittstelle darstellt.

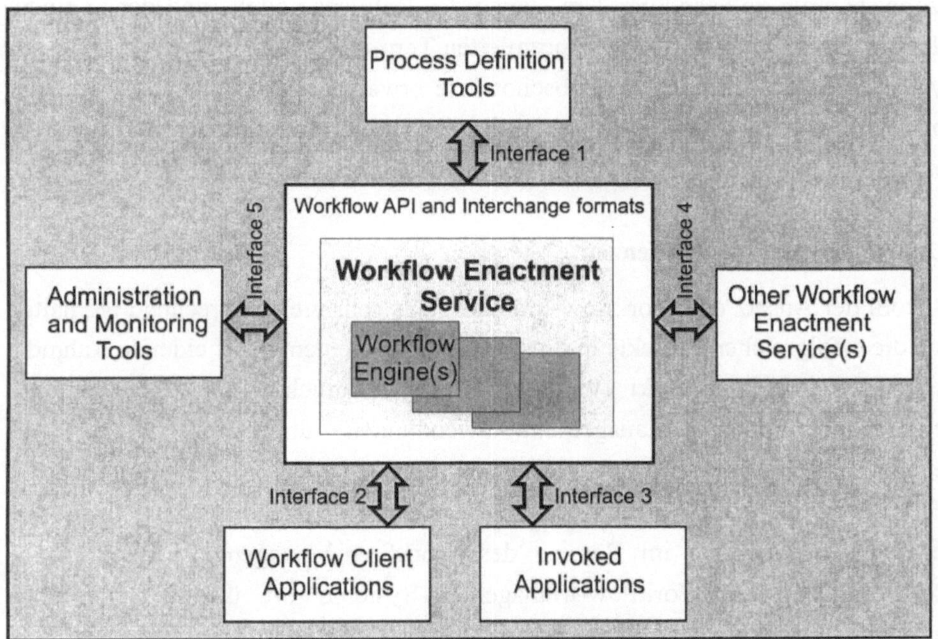

Abbildung 1: Referenzmodell der Workflow Management Coalition für ein Workflow-Management-System [Lawrence/WfMC 1997]

Die Schnittstelle 4 dient dem Ziel des Zusammenwirkens von Workflow-Management-Systemen verschiedener Hersteller. Sie definiert, wie eine Workflow-Engine in einer anderen Workflow-Engine, die nicht vom selben Anbieter stammen muß, Workflow-Instanzen startet und terminiert. Administrations- und Überwachungswerkzeuge (*Administration and Monitoring Tools*) sollen mit beliebigen Workflow-Engines interagieren können und Daten über die Ausführung von Workflow-Instanzen schon zur Laufzeit zur Verfügung stellen, sie sollen aber auch später - nach Ende der Ausführung - zu statistischen

Auswertungen oder zur Workflow-Animation und Workflow-Simulation verwendet werden können.

Das Referenzmodell der Workflow Management Coalition und das damit verbundene Normierungsvorhaben wird in der Literatur vielfach zitiert und lobend hervorgehoben, siehe z. B. [Eckert 1995; Götzer 1995; Koulopoulos 1995; Teufel 1996], z. T. aber auch eher kritisch beleuchtet, so in [Jablonski 1997b]. Der Nachweis einer vollständigen Umsetzung des Referenzmodells und der in einem Glossar [Lawrence/WfMC 1997] normierten Terminologie in einem marktfähigen System steht zudem noch aus, obschon wie erwähnt alle bedeutenden Anbieter von Workflow-Management-Systemen in diesem Normierungsgremium vertreten sind.

2.2.3.3 Entwicklungstendenzen

Obwohl der Ansatz des Workflow-Managements sehr vielversprechend ist, halten sich die erfolgreichen Projekte in diesem Bereich in einem bescheidenen Rahmen, vgl. [Grell 1995; Jablonski 1996]. Es ist sogar vorgekommen, daß produktiv eingesetzte Workflow-Management-Anwendungen ungeachtet aller damit verbundenen Schwierigkeiten wieder abgeschaltet wurden[11], wobei dies im allgemeinen nicht in Form von Veröffentlichungen dokumentiert wird. Die negativen Erfahrungen im Bereich des Workflow-Managements beruhen vor allem darauf, daß Workflow-Management-Systeme oft übereilt und ohne ausgereifte konzeptionelle Basis vermarktet werden und deswegen den geweckten Erwartungen nicht gerecht werden können. Die lukrativen Perspektiven haben dazu verleitet und verleiten immer noch dazu, voreilig verwandte Entwicklungen als Workflow-Management-Systeme auf den Markt zu bringen, vgl. [Jablonski 1996]. Es kann geschlußfolgert werden, daß bei den verfügbaren Workflow-Management-Systemen Defizite unverkennbar sind und daß sie hinsichtlich Funktionsumfang und umfassender Unterstützung von Workflows erst am Beginn ihrer Entwicklung stehen. Nicht genau geklärt sind bisher die Abgrenzung zu und

---

[11] Dies ist z. B. laut Auskunft der betreffenden Projektleitung in einem Bereich des Deutschen Patentamts insbesondere aufgrund mangelnder Flexibilität des eingesetzten Workflow-Management-Systems und dem daraus resultierenden schwer handhabbaren Nebeneinander von Papierakte und elektronischer Akte geschehen.

die Zusammenarbeit mit weiteren Anwendungssystemtypen wie z. B. Datenbanksystemen, Transaktionssystemen und Groupwaresystemen, vgl. [Ferstl et al. 1996]. „Therefore, commercial WfM systems currently cannot support enterprise-wide workflow applications effectively" [Georgakopoulos et al. 1995, 121].

Bei der Betrachtung von Steuerungssituationen in Workflow-Management-Systemen muß berücksichtigt werden, daß Workflow-Management-Systeme als „flexible Workflow-Management-Systeme" erst in einigen experimentellen Pilotinstallationen im Einsatz sind, weder die Technologie noch die Techniken zur Workflow-Planung gelten bisher als ausgereift. Insbesondere die Flexibilität der Systeme und damit auch die Unterstützung schwach strukturierter Abläufe lassen immer noch zu wünschen übrig, vgl. [Österle 1995]. Folglich sind bis heute weder die erwarteten positiven noch die erwarteten negativen Auswirkungen des Einsatzes von Workflow-Management-Systemen (in ihrem anvisierten Leistungsumfang zur Steuerung von technischen *und* soziotechnischen Prozessen) auf die Mitarbeiter eines Unternehmens in größerem Umfang in der Praxis zu beobachten gewesen. Und dementsprechend sind bisher kaum systematische, langfristige Untersuchungen über den Einsatz von Workflow-Management-Systemen veröffentlicht worden, worauf in [Schwab 1996] hingewiesen wird. Damit fehlen Untersuchungen über die Wirkung der Steuerung von Workflows auf die beteiligten menschlichen Aufgabenträger, so daß der Aspekt der Pragmatik bei der Anwendung von Workflow-Management-Systemen noch als weitgehend unerforscht betrachtet werden muß.

Der Anspruch von Workflow-Management-Systemen, die Steuerung von Workflows in einem Unternehmen auf der Basis von Informations- und Kommunikationstechnologie zu unterstützen, erfordert zwingend auch eine soziologische, psychologische, verhaltenswissenschaftliche und rechtswissenschaftliche Fundierung, vgl. [Hasenkamp 1995]. Die Einführung von Informations- und Kommunikationstechnologie als steuerndes Element in eine bisher von Menschen beherrschte Domäne ist ein sehr sensibler Bereich, bei dem sowohl individuelle als auch gesellschaftliche Vorbehalte größeres Gewicht haben können als die technische Perfektion einer Lösung, vgl. [Oberquelle 1991].

Neben den technologischen Anforderungen an Workflow-Management-Systeme bildet somit die ganzheitliche Entwicklung von Workflow-Management-Anwendungen aus den Unternehmensorganisationen heraus eine wichtige neue Aufgabenstellung, welche für ein Unternehmen von existentieller Bedeutung sein kann, denn Workflow-Management-Anwendungen bestehen eben nicht mehr allein aus Software-Bestandteilen, sondern auch aus Organisationsanteilen wie Arbeitsabläufen, der Festlegung von Stellenbeschreibungen und der Zuweisung von Aufgabenstellungen an Mitarbeiter. Workflow-Management-Anwendungen müssen demnach unter pragmatischen[12] Gesichtspunkten betrachtet werden, die die Wirkung und Handlungsrelevanz von Daten bzw. Informationen auf die beteiligten Menschen beschreiben.

Es sollte insgesamt deutlich geworden sein, daß die an Workflow-Management-Systeme gestellten Erwartungen, gemessen an den Möglichkeiten, die Workflow-Management-Systeme der sogenannten dritten Generation bieten, deutlich zu hoch gesteckt waren. Diese Erwartungen werden erst mit Systemen der nächsten („vierten") Generation im wesentlichen erfüllt werden können. Derzeit muß insbesondere für die Integration der Applikationen auf andere Middleware zurückgegriffen werden, vgl. [Österle et al. 1996]. Doch die Unzulänglichkeiten heutiger Systeme sollten nicht dazu verleiten, das umfassende Konzept des Workflow-Managements mit seinen großem Potential zur flexiblen Steuerung betrieblicher Abläufe im Unternehmen in Frage zu stellen, vgl. [Oberweis 1996].

2.2.4 Workflow-Management-Systeme als spezielle Groupware-systeme

Workflow-Management-Anwendungen haben die Steuerung einer arbeitsteiligen Abarbeitung von Arbeitsabläufen (Workflows) zum Ziel. Die Arbeitsteilung erfordert die Kooperation verschiedener Aufgabenträger und deren Koordination seitens des Workflow-Management-Systems. Mit Fragen der Rechnerunterstützung kooperativen Arbeitens beschäftigt sich die Forschungsrichtung „Computer Supported Cooperative Work", kurz: CSCW, zu deutsch „rechner-

---

[12] „Pragmatisch" ist hier als Adjektiv von „Pragmatik" (im Sinne einer semiotischen Dimension) und nicht im gemeinsprachlichen Sinn von „ohne theoretische Fundierung" zu verstehen

unterstütztes kooperatives Arbeiten". Das Gebiet des Workflow-Managements wird deshalb als Teilgebiet von CSCW betrachtet, welches selbst ein noch junges, interdisziplinäres Forschungsgebiet darstellt, vgl. [Hasenkamp/Syring 1993; Oberweis 1996]. Dieses Kapitel soll aufzeigen, wie Workflow-Management-Anwendungen (bzw. Workflow-Management-Systeme) in das Gebiet CSCW (bzw. Groupware) einzuordnen sind (Kapitel 2.2.4.2). Zuvor werden einige Grundbegriffe geklärt (Kapitel 2.2.4.1).

2.2.4.1 Grundbegriffe

Noch gibt es auch im Bereich des rechnerunterstützten kooperativen Arbeitens keine normierten Benennungen, eine Dominanz von „Groupware" und „Computer Supported Cooperative Work" ist jedoch festzustellen, vgl. [Borghoff/Schlichter 1995]. Unter dem Oberbegriff CSCW wird prinzipiell jede Art rechner-unterstützten kooperativen Arbeitens subsumiert. Kooperatives Arbeiten in diesem Sinne darf nicht einfach mit Gruppenarbeit gleichgesetzt werden, wenngleich CSCW auch Gruppenarbeit einschließt. Gappmaier und Heinrich heben hervor, daß es sich bei CSCW um ein Forschungsgebiet handelt, das sich mit der Erklärung und Gestaltung kooperativer Arbeit sowie mit der Entwicklung von Groupware mit der Zielsetzung beschäftigt, eine Rechnerunterstützung zu schaffen, die wirksameres und wirtschaftlicheres Arbeiten ermöglicht als dies ohne Groupware möglich wäre, vgl. [Gappmaier/Heinrich 1992].

Groupware umfaßt Systemlösungen, die von mehreren Aufgabenträgern gemein-sam genutzt werden sollen, vgl. [Borghoff/Schlichter 1995; Gappmaier/Heinrich 1992; Kaiser 1994]. Ellis et al. definieren Groupware als „Computer-based systems that support groups of people engaged in a common task (or goal) and that provide an interface to a shared environment" [Ellis et al. 1991, 40]. In dieser Definition wird zusätzlich der Verteilungsaspekt der Arbeitsumgebung als charakteristisch hervorgehoben. Aus dieser Perspektive sind Workflow-Management-Systeme als spezielle Groupwaresysteme einzustufen, siehe z. B. [Deiters/Striemer 1994; Ellis et al. 1991; Hasenkamp/Syring 1993; Jablonski 1995b]. Abweichend davon sprechen Schwabe und Krcmar statt von „Groupware" von „CSCW-Werkzeugen". Als wichtigste durch Groupware leichter mögliche Arbeitsformen werden anonymes Arbeiten, paralleles Arbeiten und der Einsatz neuer Problemlösungstechniken genannt, vgl. [Schwabe/Krcmar 1996].

Workgroup Computing drückt die Tätigkeit des kooperativen rechnerunterstützten Arbeitens aus, vgl. [Kaiser 1994], und somit die Anwendung eines Groupware-Systems.

In jüngster Zeit setzt sich in der Fachliteratur zunehmend die Auffassung durch, daß die Benennung „CSCW" immer dann verwendet werden soll, wenn konzeptionelle, eher theoretische Aspekte dieser Systeme zur Unterstützung der Gruppenarbeit betrachtet werden, wohingegen von „Groupware" dann gesprochen werden soll, wenn die Systemart an sich Betrachtungsgegenstand ist, welche die theoretischen Grundlagen integriert, die im Rahmen von CSCW-Aktivitäten spezifiziert wurden, vgl. [Borghoff/Schlichter 1995]. Diese Sprachregelung wird in diesem Buch übernommen.

Das Akronym CSCW kann zur Charakterisierung seines Forschungsgegenstands sowohl durch eine Vorwärtsanalyse als auch durch eine Rückwärtsanalyse betrachtet werden. Die Vorwärtsanalyse gilt dabei als informatikzentriert. Sie lautet [Borghoff/Schlichter 1995, 97f]:

> **Computer:** Ausgangspunkt ist der Rechner.
> **Supported:** Er wird als Unterstützungsmedium eingesetzt.
> **Cooperative:** Neue technische Möglichkeiten legen eine Auseinandersetzung mit Unterstützungsformen für kooperatives Arbeiten nahe.
> **Work:** Die zu bewältigende Arbeitsaufgabe (sie steht bei dieser Betrachtungsweise meist hinten an).

Bei der Rückwärtsanalyse sind dagegen organisationstheoretische Überlegungen der Ausgangspunkt, von dem aus der Einfluß von Kooperation und Rechnerunterstützung berücksichtigt wird.

> **W:** In Zentrum der Behandlung von CSCW steht die zu bewältigende Arbeit selbst.
> **C:** Die Bewältigung von Arbeitsaufgaben erfolgt in der Regel arbeitsteilig im Zusammenspiel mehrerer Kooperationspartner.
> **S:** Diese Art der Aufgabenbewältigung ist zu unterstützen.

C: Dafür sind vor allem Möglichkeiten des Rechnereinsatzes zu berücksichtigen und weiterzuentwickeln.

Zusammen genommen verdeutlichen die beiden Analysen somit den interdisziplinären Charakter des rechnerunterstützten kooperativen Arbeitens, der nicht nur Informatik und Organisationswissenschaft umfaßt.

2.2.4.2 Ansätze zur Klassifikation von Groupware

Ein verbreiteter Ansatz (Tabelle 4) zur Klassifikation von Groupware, der auf [Johansen 1988] zurückgeht, ordnet die Systeme zur Unterstützung kooperativer Arbeit nach den Dimensionen Zeit und Ort der Kooperationssituationen. Die beteiligten Personen können dabei entweder im selben Raum oder an verschiedenen Orten anzutreffen sein. Kommunizieren die Beteiligten zur gleichen Zeit, so wird von synchroner Zusammenarbeit gesprochen. Ist dies nicht der Fall, handelt es sich um asynchrone Zusammenarbeit, vgl. [Borghoff/Schlichter 1995]. In dieser Klassifikation werden Workflow-Management-Systeme in die Klasse „an verschiedenen Orten/zu verschiedenen Zeiten" eingeordnet, wobei [Gappmaier/Heinrich 1992] betonen, daß dies nur teilweise zutrifft. Schließlich ist die Ausführung von Workflows beispielsweise auch am gleichen Ort zu verschiedenen Zeiten denkbar. Das Verhältnis zwischen einer Rechnerunterstützung kooperativen Arbeitens (CSCW) bzw. Groupware und Workflow-Management bzw. Workflow-Management-Systemen kann dessen ungeachtet als Inklusionsbeziehung beschrieben werden. Einige Beispiele für jede Klasse werden in Tabelle 4 genannt. Eine Erweiterung dieses Ansatzes stellt [Grudin 1994] vor. Er unterscheidet bezüglich der Kategorien „verschiedene Zeit" und „verschiedener Ort" zusätzlich danach, ob deren Ausprägungen jeweils vorhersehbar sind oder nicht.

Andere Einteilungskriterien für Kooperationssituationen sind die Anzahl der Kooperationsbeteiligten, die Art der Aufgabenstellung, die soziale Nähe der Teilnehmer zueinander, der Grad der Unterstützung der Benutzer, das Ausmaß der Restriktivität und funktionale Aspekte, vgl. [Borghoff/Schlichter 1995; Kaiser 1994]. Von diesen Klassifikationsansätzen soll nur die Einteilung nach funktionalen Aspekten kurz betrachtet werden. Sie ist zwar nicht überschneidungsfrei, bietet aber einen anwendungsorientierten Überblick über das

Spektrum der Systemtypen, die unter der Benennung „Groupware" zusammengefaßt werden. In [Borghoff/Schlichter 1995; Ellis et al. 1991; Petrovic 1993; Steinbock 1994] werden folgende Systemtypen unterschieden:

- Nachrichtensysteme
- Mehrbenutzereditoren
- Elektronische Sitzungsräume
- Rechnerkonferenzen
- Systeme zur koordinierten Vorgangsbearbeitung (Koordinierungssysteme)

Nachrichtensysteme stellen in Form elektronischer Konferenzsysteme die gruppenorientierte Ausprägung elektronischer Postsysteme dar, die zum Teil inzwischen auf der Basis leistungsfähiger Dokumentendatenbanken arbeiten. Neben textuellen Nachrichten können auch Graphiken, Bilder sowie Audio- und Videodokumente übermittelt werden. *Mehrbenutzereditoren* dienen der gemeinsamen Bearbeitung eines Dokuments durch mehrere Autoren bzw. der gemeinsamen Entwicklung von Software, vgl. [Rüdebusch 1993]. *Elektronische Sitzungsräume* sind für die synchrone Zusammenarbeit am selben Ort speziell mit Rechnern ausgestattet. Sie unterstützen den Ablauf von Sitzungen durch Werkzeuge zur Sitzungsplanung, zur Kommunikation, zur Ideengenerierung, zur Auswahl von Alternativen und zur Entscheidungsfindung, vgl. [Krcmar 1993; Lewe 1995]. Rechnerkonferenzen sind eng mit Tele- oder Videokonferenzen verwandt. Borghoff und Schlichter zählen neben Tele- oder Videokonferenzen Nicht-Realzeitrechnerkonferenzen (insbesondere den Austausch von E-Mail-Nachrichten), Realzeitrechnerkonferenzen (Konferenz an räumlich verteilten Arbeitsplatzrechnern, synchroner Austausch von Daten) zu diesem Systemtyp, vgl. [Borghoff/Schlichter 1995]. *Systeme zur koordinierten Vorgangsbearbeitung* besitzen einen sehr unterschiedlichen Komplexitätsgrad. Die Spannweite reicht von einfachen mail-basierten Systemen für den Dokumentenaustausch bis hin zu Workflow-Management-Systemen.

Kooperatives Arbeiten	gleichzeitig (synchron)	zu verschiedenen Zeiten (asynchron)
am gleichen Ort	• Entscheidungsunter-stützungssystem • System zur Sitzungs-moderation • Präsentationssystem	• Mehrautoren-Software
an verschiedenen Orten	• Mehrautoren-Software • Audio- und Video-konferenz-System	• Workflow-Management-System • Elektronisches Postsystem

Tabelle 4: Beispiele für Groupware in verschiedenen Kooperationssituationen, angelehnt an [Gappmeier/Heinrich 1992]

Workflow-Management-Systeme (vorgestellt in Kapitel 2.2.1.6) gelten als aktive Systeme, siehe z. B. [Hasenkamp/Syring 1993; Jablonski 1995b], die im Gegensatz zu den meisten anderen Groupware-Systemen selbst steuernd tätig werden. Hierin begründet sich die Sonderstellung der Workflow-Management-Systeme innerhalb der Groupware-Systeme, denn andere Systeme zur Unterstützung kooperativen Arbeitens sind in aller Regel benutzergesteuert, sie können z. B. als Informationsbasis oder Diskussionsdatenbank dienen, d. h., die Benutzer müssen sich aktiv dieser passiven Systeme bedienen.

2.2.5 Einordnung in die Organisationsentwicklung

In den vorangegangenen Kapiteln wurden Workflow-Management-Anwendungen und ihre Entwicklung weitgehend unabhängig von ihrem organisatorischen Kontext betrachtet. Nun ist es aber nicht so, daß eine von strategischen Zielen der Entwicklung der Organisationsstruktur[13] zeitweise losgelöste Entwicklung einer Workflow-Management-Anwendung ausreicht, um eine an die Markterfordernisse angepaßte Entwicklung eines Unternehmens im Sinne eines organisatorischen Wandels zu erreichen. Die Entwicklung einer Workflow-Management-

---

[13] „Organisationsstruktur" faßt Aufbauorganisation und Ablauforganisation zusammen.

Anwendung muß vielmehr in entsprechende strategische Entscheidungen eingebettet sein, d. h., es ist eine geschäftsprozeßorientierte Analyse und Reorganisation eines Unternehmens (allgemeiner: einer Organisation) zusätzlich durchzuführen. In diesem Kapitel wird deshalb diskutiert, wie die Entwicklung einer Workflow-Management-Anwendung in die Organisationsentwicklung einzuordnen ist.

Der Begriff „Organisationsentwicklung" steht für eine Konzeption, die Planung, Initiierung und Durchführung von Änderungsprozessen in sozialen Systemen (Organisationen) umfaßt. Allerdings gibt es kein einheitliches Verständnis von Organisationsentwicklung, vgl. [Heeg 1991; Pieper 1988; Thom 1992]. Auf die verschiedenen Ansätze soll hier nicht eingegangen werden. Vielmehr wird hier „Organisationsentwicklung" als Oberbegriff (1) für eine geschäftsprozeß-orientierte Unternehmensmodellierung mit den Konzepten des Business Process Engineering bzw. Business Process Reengineering, (2) für die Entwicklung von Aufbau- und Ablaufstrukturen im allgemeinen sowie (3) für die Entwicklung von Anwendungssystemen, z. B. Workflow-Management-Anwendungen, verwendet, vgl. Abbildung 2.

Die in Abbildung 2 dargestellte Abfolge „Geschäftsprozeßorientierte Unter-nehmensentwicklung" (Geschäftsprozeßmodellierung), Organisationsstruktur-entwicklung (Aufbau- und Ablauforganisation) und Entwicklung von Workflow-Management-Anwendungen (Workflow-Modellierung) darf nicht als eine sequentielle Folge von Aktivitäten verstanden werden, sondern als ein Vorgang mit Rücksprüngen und gegenseitiger Beeinflussung, vgl. dazu auch [Lehmann/Ortner 1997]. Auch ist der Einstieg prinzipiell an jeder Stelle möglich. Das Aufgabenspektrum der Entwicklung von Workflow-Management-Anwendungen umfaßt somit vor der eigentlichen Workflow-Modellierung die Gebiete „Geschäftsprozeßmodellierung" und „Arbeitsablauforganisation". Aus der Arbeitsablauforganisation (als Teil der Organisationsstrukturentwicklung) erwächst die spezifische Aufgabe der Entwicklung von Workflow-Management-Anwendungen. Die realisierte Workflow-Management-Anwendung muß dann als Lösung in die implementierte Aufbau- und Ablauforganisation eines Unternehmens - in seine Organisationsstruktur - integriert werden.

2.2.5.1 Geschäftsprozeßmodellierung

Geschäftsprozeßmodellierung als eine Aufgabe der Unternehmensentwicklung (Abbildung 2) ist der Kern des sogenannten „Business Process Engineering (BPE)" bzw. „Business Process Reengineering (BPR)", einem Konzept, das aus dem Bereich der Unternehmensberatung stammt [Davenport/Short 1990; Davenport 1993; Hammer/Champy 1993], wie unschwer an der entsprechenden Definition von Hammer und Champy zu erkennen ist: „Reengineering is the fundamental rethinking and radical redesign of business processes to achieve dramatic improvements in critical contemporary measures of performance, such as cost, quality, service and speed" [Hammer/Champy 1993, 32]. Dieses Konzept sieht somit das ingenieurmäßige Erarbeiten bzw. Überarbeiten von Geschäftsprozessen vor. Eine Erarbeitung erfolgt dann, wenn vorher noch keine geschäftsprozeßorientierte Unternehmensentwicklung erfolgt ist, d. h., wenn noch keine Geschäftsprozesse identifiziert worden sind. In allen anderen Fällen werden Geschäftsprozesse überarbeitet. Die beiden Begriffe „Business Process Engineering" und „Business Process Reengineering" werden im übrigen zur leichteren Handhabbarkeit häufig unter „Business Engineering" subsumiert.

Business Engineering steht für eine grundlegende und kompromißlose Erneuerung der Unternehmensstrukturen. Seine wesentliche Zielsetzung besteht dabei darin, Geschäftsprozesse kundenorientiert zu gestalten, wobei auf organisatorische Grenzen keine Rücksicht zu nehmen ist. Erreicht werden soll eine funktionsübergreifende Prozeßgestaltung[14], die mit der Reintegration von Einzeltätigkeiten (Arbeitserweiterung) und einer Zusammenführung von planenden und durchzuführenden Tätigkeiten (Arbeitsbereicherung) einhergeht, wobei Tätigkeiten, die keinen unmittelbaren Beitrag zur Wertschöpfung liefern, so weit wie möglich abgebaut werden sollen, vgl. [Krallmann/Derszteler 1997]. Die konsequente Ausrichtung an Geschäftsprozessen und deren Optimierung stellt die Basis für den Aufbau von Wettbewerbsvorteilen eines Unternehmens gegenüber seinen Konkurrenten und den Geschäftserfolg insgesamt dar. Der Geschäftserfolg als Zielsetzung kann hierbei im Fall von nicht privatwirtschaftlichen Unternehmen, z. B. gemeinnützigen Organisationen oder staatlichen Einrichtungen (Verwaltungen), durch Ziele wie „Kundenzufriedenheit", „Kosten-

---

[14] Dem liegt der Gedanke der Wertkette von [Porter 1986] zugrunde.

minimierung" oder „sozialer Nutzen" ersetzt werden. Business Engineering stellt allerdings kein vollständig neues Konzept dar, es besteht vielmehr aus altbewährten Bausteinen wie *systems engineering, industrial engineering, change management* und Organisationsentwicklung, neu ist neben der angesprochenen Radikalität der Umgestaltung die Berücksichtigung von Informationstechnologie als einem zentralen Gestaltungsfaktor sowie die Konzentration auf Geschäftsprozesse statt auf Organisationseinheiten, vgl. hierzu [Schieber 1994].

Ein erheblicher Teil der Business-Engineering-Projekte scheitert allerdings wegen den mit diesem Konzept verbundenen realitätsfernen Forderungen, deren programmatische Radikalität in umgekehrtem Verhältnis zu ihren Hinweisen zu deren Umsetzung steht, vgl. [Gaitanides et al. 1994]. Als realitätsfern wird insbesondere die Forderung nach radikaler Erneuerung der Geschäftsprozesse und - daran orientiert - der umfassenden Umgestaltung der Organisationsstrukturen einschließlich der informationstechnischen Strukturen eines Unternehmens statt einer kontinuierlichen Verbesserung im Sinne von Kaizen - wie es z. B. in [Imai 1992] beschrieben wird - eingestuft. Statt dessen läßt sich eine Verbindung von evolutionärem und revolutionärem Vorgehen leichter herstellen, d. h. in größeren Abständen durchgeführte Reengineering-Projekte münden in einem Evolutionskreislauf der kontinuierlichen Verbesserung, vgl. [Österle 1995].

Business Engineering kann ohne die Umsetzung mit Hilfe einer Workflow-Management-Anwendung nur eingeschränkt erfolgreich sein, vgl. [Karagiannis 1994], obgleich Business Engineering nicht zwingend den Einsatz von Workflow-Management-Anwendungen vorsieht, vgl. [Deiters 1997], auch andere Anwendungssystemtypen können verwendet werden. Ein völliger Verzicht auf den Einsatz von Informationstechnologie ist jedoch mit der Konzeption des Business Engineering unvereinbar. Umgekehrt besteht die Gefahr, daß bei einer isolierten Entwicklung einer Workflow-Management-Anwendung ohne ein vorhergehendes Business Engineering eine partiell beschleunigte, da rechnerunterstützte Ausführung ineffizienter Abläufe erfolgt, ohne zu erkennen, daß sich erst aus Umstrukturierungen als dem Ziel des Business Engineerings hin zu einem an Geschäftsprozessen ausgerichteten Unternehmen größtmögliche Vorteile ergeben, da sich Business Engineering und Workflow-Management in hohem Maße ergänzen. Erst so werden informationstechnisch und organisatorisch bedingte nachhaltige Verbesserungen erzielt, vgl. z. B. [Deiters 1997; Erdl/Schönecker 1995].

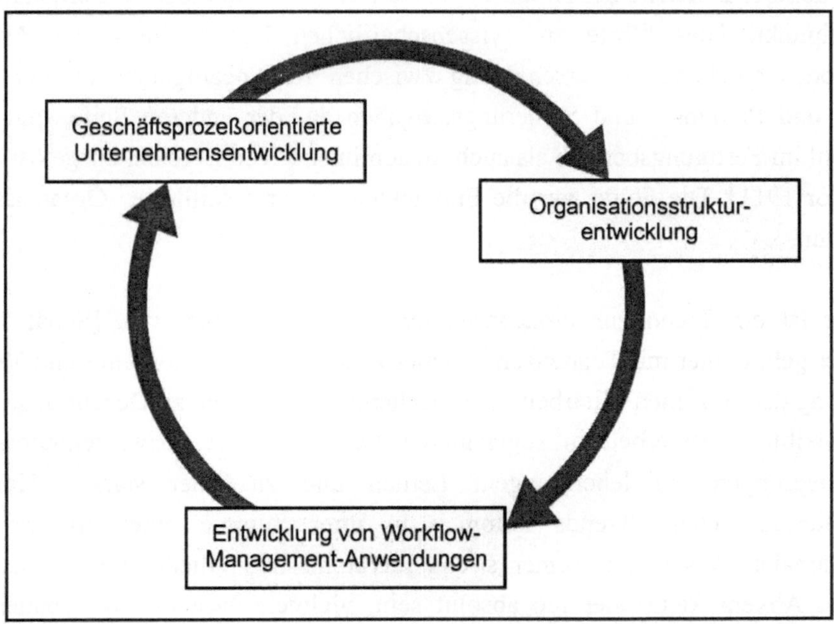

Abbildung 2: Vorgehensmodell der ablauforientierten Organisationsentwicklung, angelehnt an [Lehmann/Ortner 1997]

Die Aufbauorganisation verliert gegenüber den die Ablauforganisation primär tangierenden geschäftsprozeßorientierten Ansätzen des Business Engineering tendenziell an Bedeutung, vgl. [Gaitanides 1983]. Die Bildung von Organisationseinheiten, die Zuordnung von Stellen (Aufbauorganisation) und im Detail festgelegte Arbeitsabläufe sind jedoch weiterhin wesentliche Aufgaben der Organisationsstrukturentwicklung, vgl. (Abbildung 2), freilich erst nach erfolgter Geschäftsprozeßmodellierung.

2.2.5.2 Grundlagen der Organisationsstrukturentwicklung

Die in Deutschland vorherrschende Organisationslehre unterscheidet grundsätzlich zwischen Aufbau- und Ablauforganisation. Aufbau und Ablauf gelten als verschiedene Betrachtungsweisen des gleichen Gegenstands, beide bilden die bewußt geplante, formale, aus sachrationalen, generellen und dauerhaften (jedoch nicht unveränderbaren) Regelungen bestehende Organisationsstruktur eines Unternehmens, vgl. [Hoffmann 1992]. In der Vergangenheit standen bei der Suche nach höherer Effizienz der Arbeit die Routineaufgaben in einem Unternehmen im Mittelpunkt. Dies führte zur wissenschaftlichen Untersuchung der Arbeitsmethoden sowie zur Unterscheidung zwischen Routineaufgaben auf der einen Seite und Planungs- und Steuerungsaufgaben auf der anderen Seite, und zwar sowohl im Fertigungsbereich als auch im administrativen Bereich, ausgelöst durch [Taylor 1911]. Die Folge war die Entwicklung einer detaillierten Organisationsstruktur.

Heute ist ein Trend zur Prozeßorientierung unverkennbar, vgl. [Schäl 1996]. Dieser geht einher mit Tendenzen zu einer zunehmenden Autonomie und Verantwortung der einzelnen Mitarbeiter, zu flacheren Hierarchien, zu Dezentralisierung, zu flexibler Teamarbeit in sogenannten *Business Teams* bzw. teilautonomen Arbeitsgruppen, zu lebenslangem Lernen und zu einer starken Kundenorientierung. Diese Trends kommen in ihrer Summe einer Abkehr vom funktionalen Ansatz mit seiner streng hierarchischen Gliederung gleich. Eine solche Abkehr kann aber nie absolut sein, vielmehr besteht eine Tendenz zu Hybridstrukturen, in denen die Vorzüge beider Organisationsformen vereint werden sollen: prozeßorientierte Gruppen als flexible Antwort auf dynamische Veränderungen im Markt, die verbleibende funktionale Hierarchie zur Entwicklung von Strategien sowie zur Überwachung und Koordination und damit zur Sicherung der Effizienz der Arbeit in den flexiblen Gruppen, vgl. [Schäl 1996].

Für die Entwicklung der Aufbau- und Ablauforganisation bietet der Ansatz von [Kosiol 1976] einen möglichen Einstieg. Er unterscheidet zwischen Arbeitsanalyse und Arbeitssynthese (zur Ablauforganisation) sowie zwischen Aufgabenanalyse und Aufgabensynthese (zur Aufbauorganisation), die jeweils in enger Wechselbeziehung zueinander stehen. Vor der Organisationsstrukturentwicklung sollte gemäß prozeßorientierter Sichtweise die Modellierung der Geschäftsprozesse erfolgen, vgl. [Davenport 1993; Gaitanides 1983; Gaitanides et al. 1994]. Unter der Annahme, daß die Modellierung der Geschäftsprozesse im Rahmen der Unternehmensgestaltung bereits erfolgt ist, erscheint es ratsam, mit der Arbeitsanalyse als zentralem und gemäß Kosiol der Arbeitssynthese vorgelagertem Instrument zur Gestaltung der Ablauforganisation zu beginnen, vgl.

[Kosiol 1980]. Das Ergebnis der Arbeitsanalyse bilden einzelne Arbeitselemente, z. B. „Urlaubsantrag genehmigen", die im Rahmen der Arbeitssynthese zu Arbeitsabläufen (Arbeitsgängen, Arbeitsfolgen) zusammengefaßt werden. Im Rahmen des Workflow-Managements werden später daran anknüpfend Workflows bzw. Subworkflows und Workflow-Schemata festgelegt. Aus den Arbeitselementen läßt sich eine Aufgabenstruktur ableiten (Aufgabenanalyse), die für die Stellenbildung, die Bildung von (teilautonomen) Arbeitsgruppen[15] und Organisationseinheiten und damit für die Aufbauorganisation (Aufgabensynthese) relevant ist.

Eine funktions- oder abteilungsorientierte Betrachtung von Unternehmen - die „klassische" Alternative zur geschäftsprozeßorientierten Betrachtungsweise - kann in einer Organisation zur Optimierung einzelner Betriebsfunktionen führen. Dies kann manchmal auf Kosten des Gesamtgeschäfts geschehen. Der eingeschränkte Blickwinkel korrigiert suboptimale Sachverhalte hinsichtlich einer Funktion oder eines Teils davon, das Problem wird jedoch nicht aus einer ganzheitlichen Sicht heraus behoben. Die isolierte Optimierung der Leistungen einer Funktion kann beispielsweise an Schnittstellen zu anderen Funktionen zusätzlichen Mehraufwand bedeuten, so daß der isolierte Optimierungserfolg aus Sicht des gesamten Unternehmens hinfällig wird oder sich insgesamt sogar nachteilig auf den Unternehmenserfolg auswirkt.

2.2.5.3 Überführung von Arbeitsabläufen in Workflows

Generell gilt, daß zur Vermeidung einer Rechnerunterstützung der Ineffizienz vorhandene Arbeitsabläufe[16] analysiert und optimiert werden müssen, bevor sie zur Steuerung durch ein Workflow-Management-System modelliert werden. Es ist

---

[15] Diese Gruppen werden auch „Business Teams" genannt, vgl. [Drucker 1989; Johansen 1991], wobei es sich um mehr als die bekannten, funktionsorientierten Arbeitsgruppen (Workgroups) handeln kann. Eine teilautonome Arbeitsgruppe erscheint nach außen hin als homogenes Ganzes und stellt mehr als die Summe seiner Mitglieder dar, vgl. dazu auch [Katzenbach/Smith 1993].

[16] Ein Arbeitsablauf ist eine geordnete Beschreibung der Tätigkeiten zur Erfüllung einer Aufgabe im Sinne absichtsvollen Handelns. Er ist zielorientiert und legt eine bestimmte Reihenfolge der Tätigkeiten fest, damit diese von den Aufgabenträgern effizient ausgeführt werden können, vgl. [Jablonski et al. 1997].

bereits erläutert worden, daß die Entwicklung von Workflow-Management-Anwendungen in eine geschäftsprozeßorientierte Unternehmensentwicklung und die Entwicklung der Organisationsstrukturen eingebettet sein sollte. Allerdings sind Geschäftsprozesse im allgemeinen nicht in der detaillierten Form festgelegt, daß sie in Teilbereichen oder ganz durch ein Workflow-Management-System unterstützt werden könnten. Daher ist an Geschäftsprozeßspezifikationen, wenn sie in dokumentierter Form vorliegen, noch nicht erkennbar, ob Workflow-Management-Systeme zu ihrer Unterstützung eingesetzt werden können oder ob eine weitergehende Modellierung (Festlegung) des Geschehens in dem betreffenden Bereich überhaupt möglich ist. Dies kann in der Regel erst in der globalen Phase „Organisationsstrukturentwicklung" erkannt werden, vgl. [Lehmann/Ortner 1996], die zwischen geschäftsprozeßorientierter Unternehmens-modellierung und der Entwicklung von Workflow-Management-Anwendungen einzuordnen ist, vgl. Abbildung 2, und Arbeitsabläufe sowie Organisations-einheiten bestimmt. Im übrigen schafft die seit einigen Jahren in den Unternehmen feststellbare Tendenz zur Arbeitsablauforientierung oftmals erst die Voraus-setzung für die Unterstützung von Arbeitsabläufen durch Rechner.

Ein wesentlicher Teil der Organisationsstrukturentwicklung besteht in der Modellierung der Arbeitsabläufe und damit der Ablauforganisation. Die Entwicklung von Arbeitsablaufschemata sollte der Entwicklung von Workflow-Schemata wie erwähnt stets vorangehen, da die modellierten Arbeitsablauf-schemata dann in Workflow-Schemata überführt werden können. Arbeitsablauf-schemata und Workflow-Schemata weisen zum Teil unterschiedliche Inhalte auf, vgl. zur weiteren Vertiefung [Paech/Stein 1997]. Ihnen gemeinsam ist die Festlegung von Daten, von Abhängigkeiten zwischen den Arbeitsschritten und von organisatorischen Strukturen. Die Abstraktionsebene der Arbeitsablauf-modellierung ist allerdings höher als die der Workflow-Modellierung, so daß Arbeitsablaufschemata keine Details einzelner Arbeitsschritte enthalten und auch keine Angaben darüber machen, wie die einzelnen Arbeitsschritte verknüpft sind, z. B. welche Daten übergeben werden. Workflow-Schemata enthalten im Gegensatz zu Arbeitsablaufschemata auch Angaben zur Rechnerumgebung und den eingesetzten Anwendungsprogrammen.

Grundsätzlich können isolierte, sequentielle (kombinierte) und integrierte Ansätze für die Überführung von Arbeitsabläufen in Workflows unterschieden werden, vgl. [Striemer/Weske 1997]. Die Wahl des Ansatzes ist dabei von der konkreten Entwicklungssituation abhängig. Isolierte Ansätze sehen die Modellierung von Arbeitsabläufen als vorgelagerte Phase zur Phase der Modellierung von Workflows in der Informationssystementwicklung nicht ausdrücklich vor. Es ist im Fall eines isolierten Ansatzes zwar möglich, daß vor seinem Einsatz eine Modellierung der Arbeitsabläufe erfolgt, deren Ergebnisse dann auch im Zuge der Modellierung der Workflows verwendet werden, doch kann es ebenso sein, daß auf die Modellierung der Arbeitsabläufe verzichtet wird. Wurden die Arbeitsabläufe nicht explizit - z. B. mit einer Diagramm-Methode - modelliert, so kann vorausgesetzt werden, daß zur Modellierung der Workflows, d. h. zur Ableitung eines Workflow-Schemas, das notwendige Fachwissen über den Anwendungsbereich in Zusammenarbeit von Entwicklern und den Experten aus den Fachabteilungen natürlichsprachlich aufgebaut wird. An die Ableitung eines Workflow-Schemas schließt sich bei einem isolierten Ansatz die vom eingesetzten Workflow-Management-System abhängige Phase der Implementierung an, um ein ausführbares Workflow-Schema zu erzeugen, das dann vom Rechner interpretiert werden kann. Das in FlowMark [IBM 1996] verwendete Vorgehensmodell stellt ein Beispiel für einen isolierten Ansatz dar.

Sequentielle Ansätze (kombinierte Ansätze) setzen im Gegensatz zu isolierten Ansätzen die Modellierung von Arbeitsabläufen stets voraus. Sie sehen vor, zunächst die Arbeitsabläufe mit einer adäquaten Diagramm-Methode zu modellieren. Dazu sollte ein entsprechendes rechnerunterstütztes Werkzeug eingesetzt werden. Das Ergebnis dieser Modellierung wird dann in einem weiteren Schritt in ein oder mehrere Workflow-Schemata umgesetzt. Charakteristisch für diese Ansätze ist die sequentielle Abfolge der Modellierung von Arbeitsabläufen vor der Modellierung von Workflows, wobei zur Modellierung der Arbeitsabläufe eine andere Modellierungsmethode eingesetzt werden kann als zur Modellierung der Workflows. Für diesen Ansatz spricht, daß es nicht ratsam ist, ein unternehmensweites Workflow-Schema aufzubauen, da dieses aufgrund der dazu notwendigen Detaillierungstiefe sehr komplex, aufwendig und fehleranfällig werden müßte, vgl. [Amberg 1996]. Statt dessen kann ein gröberes Arbeits-ablaufschema des gesamten Unternehmens eine Reihe von Workflow-Schemata zusammenhalten. Mit Hilfe dieses Arbeitsablaufschemas können die einzelnen Workflow-Schemata evaluiert werden, ebenso kann ermittelt werden, welche Teile des Arbeitsablaufschemas durch welche Workflow-Schemata abgedeckt werden und welche bisher nicht durch eine Workflow-Management-Anwendung unterstützt werden. Beispiele für den sequentiellen Ansatz sind der ARIS-Ansatz [Scheer 1996a] und der SOM-Ansatz [Ferstl/Sinz 1995]. Sie sind geprägt durch die drei Phasen Arbeitsablaufmodellierung, Workflow-Modellierung/Workflow-Implementierung und Betrieb der Workflow-Management-Anwendung.

Ein *integrierter Ansatz* umfaßt ebenfalls die Modellierung von Arbeitsabläufen, die Modellierung von Workflows und die Betriebsphase. Doch im Gegensatz zu kombinierten Ansätzen verwenden integrierte Ansätze zur Modellierung von Arbeitsabläufen und Workflows ein und dieselbe Sprache zur Ableitung von Arbeitsablaufschema und Workflow-Schema, wobei letzteres eine Verfeinerung des Arbeitsablaufschemas darstellt, ohne daß ein zweites Schema aufgebaut wird. Die Integration besteht somit in dem gemeinsamen Schema. Alle Phasen können sich deswegen auf eine zentrale Modellbibliothek stützen, wobei auch die Betriebsphase ohne Transformationsschritt erreicht wird. Ein integrierter Ansatz führt deswegen zu einem umfangreicheren und dementsprechend schwerer wartbaren Workflow-Schema als die anderen Ansätze, die mehrere Workflow-Schemata für ein Anwendungsgebiet erlauben. Ein Beispiel für einen integrierten Ansatz ist der FUNSOFT-Ansatz, siehe z. B. [Deiters et al. 1995]. Vorgehens-modelle mit kombiniertem oder integriertem Ansatz setzen die Überführung von Arbeitsablaufschemata in Workflow-Schemata voraus, wobei der Nachteil getrennter Modelle zur Arbeitsablaufmodellierung und zur Workflow-Model-lierung, wie sie kombinierte Ansätze aufweisen, darin besteht, daß bei einer Änderung des Workflow-Schemas auch das entsprechende Arbeitsablaufschema mit Hilfe eines Repository-Systems modifiziert werden muß, um die Konsistenz der Schemata zu wahren. Bei integrierten Ansätzen ist diese Art der Konsistenzsicherung dagegen automatisch gewährleistet.

2.3 Methodisches Entwickeln von Anwendungssystemen

In diesem Kapitel werden verschiedene Aspekte einer methodischen Anwen-dungssystementwicklung kurz betrachtet. Nach einigen grundlegenden Überlegungen zur methodischen Entwicklung von Systemen (Kapitel 2.3.1) wird ein mögliches Vorgehensmodell vorgestellt (Kapitel 2.3.2), um speziell Anwendungssysteme methodisch zu entwickeln. In Kapitel 2.3.3 wird anschließend eine Phase aus diesem Vorgehensmodell - der Fachentwurf - wegen ihrer zentralen Bedeutung für das methodische Vorgehen der Anwendungssystementwicklung näher beleuchtet.

2.3.1 Grundlagen einer methodischen Systementwicklung

Das Charakteristische an einer methodischen Systementwicklung ist in dem Einsatz von Methoden zu sehen. Eine Methode (gr. μ ϑοδος, Weg, Gang einer Untersuchung, Weg zu etwas hin) ist ein ziel- und zweckorientiertes planmäßiges („methodisches") Verfahren, das (bei seiner Aneignung) zu technischer Fertigkeit bei der Lösung theoretischer und praktischer Aufgaben führt. Im Vergleich zum Vorgehensmodell steht bei einer Methode stärker die Darstellung der Lösung einer Aufgabe im Vordergrund. Die Anwendung von Methoden dient seit Descartes[17] als generelles Charakteristikum für Verfahrensweisen wissenschaftlicher Disziplinen und damit zur Kennzeichnung ihrer Wissenschaftlichkeit, vgl. [Menne 1992].

In der Anwendungssystementwicklung umfaßt eine Methode in der Regel zwei Komponenten. Zum einen umfaßt sie eine Sprache zur Darstellung (Erarbeitung) von Entwicklungsergebnissen (Resultatstypen) und zum anderen eine oder mehrere festgelegte Vorgehensweisen im Rahmen eines Vorgehensmodells zur Systementwicklung als eine Folge von Arbeitsschritten (Aktivitätstypen) mit Begründungen ihrer Übergänge. Jede Sprache setzt dabei bestimmte Vorgehensweisen ein (Spracheinsatz), so daß Sprache, z. B. eine Diagrammsprache wie Kontrollflußdiagramme, und Vorgehensweise, z. B. *top-down* und *bottom-up* bzw. *outside-in* und *inside-out*, vgl. [Balzert 1998], gemeinsam betrachtet werden können. Dabei sind Kriterien festgelegt, mit denen festgestellt wird, wann von einem Entwicklungszustand (z. B. Phase, Ebene, Ergebnis, Meilenstein, Aktivität) zum nächsten übergegangen werden kann, vgl. [Lehmann 1997].

---

[17] René Descartes, frz. Philosoph und Naturwissenschaftler, 1596-1650; eines seiner Hauptwerke: „Discours de la méthode" (1637).

Es ist bereits erwähnt worden, daß eine methodische Systementwicklung die Verwendung eines Vorgehensmodells voraussetzt. Ein Vorgehensmodell ist ein Instrument zur Ablauforganisation der Entwicklung von Anwendungssystemen. Ein solches Instrument ist notwendig, um der Komplexität dieser umfassenden Art von Software-Entwicklung im Sinne eines ingenieurmäßigen Vorgehens gewachsen zu sein. Die Reihenfolge der einzelnen Arbeitsschritte kann in Phasen, auf Abstraktionsebenen, in Zyklen (kreis- oder spiralförmig) oder über Entwicklungsstufen organisiert werden. Eingesetzte Vorgehensmodelle stellen in der Regel eine Kombination dieser alternativen Ablaufformen dar. Man unterscheidet im Sinne einer Typologie von Vorgehensmodellen insbesondere ergebnis- (festgelegte Ergebnisse) und aktivitätenorientierte (festgelegte Entwicklungshandlungen) Modelle. Ein Vorgehensmodell wird durch ein Netz von Aktivitäts- und Resultatstypen sowie durch Bedingungen für die Übergänge zwischen Aktivitäts- und Resultatstypen beschrieben. Dies wird in Abbildung 3 veranschaulicht. In einer Software-Entwicklungsumgebung bildet ein Vorgehensmodell den Rahmen innerhalb dessen festgelegt wird, in welchen Entwicklungsschritten, womit und nach welchen Methoden etwas ausgeführt wird, wann und unter welchen Bedingungen dies geschieht, von welchen Anforderungen man dabei ausgeht, zu welchen Ergebnissen etwas führt und schließlich, von wem - bezogen auf die erforderliche Qualifikation - etwas auszuführen ist. Der in Form eines Vorgehensmodells organisierte Entwicklungsablauf wird auch Entwicklungsprozeß genannt.

Zur Veranschaulichung von Abbildung 3 soll an dieser Stelle mit der Petri-Netz-Modellierung ein Beispiel einer Methode kurz betrachtet werden, die im Rahmen der Entwicklung von Workflow-Management-Anwendungen eingesetzt werden kann. Die Diagrammsprache von Petri-Netzen besteht im Kern aus den Elementen Pfeil, Kreis, Rechteck und Marke. Aus ihnen lassen sich die Grundkonstrukte „Sequenz", „Wiederholung", „konkurrierende Ausführung" und „alternative Ausführung" konstruieren, vgl. z. B. [Partsch 1991]. In [Reisig 1986] wird als Vorgehensweise zur Konstruktion von Bedingungs-Ereignis-Netzen, einer einfachen Art von Petri-Netzen, folgende Reihenfolge auszuführender Schritte empfohlen:

1. Zeichne für jede erfüllte Bedingung des Anfangsfalles einen Kreis und beschrifte ihn entsprechend.
2. Tritt ein Ereignis ein, so zeichne ein Kästchen und beschrifte es mit dem Ereignis e.
3. Zeichne von allen vorhandenen Kreisen, die mit Vorbedingungen von e beschriftet sind und von denen noch kein Pfeil ausgeht, Pfeile zu dem neuen Kästchen.
4. Zeichne für jede Nachbedingung von e einen neuen Kreis und beschrifte ihn entsprechend.
5. Zeichne Pfeile von dem neuen Kästchen zu den neuen Kreisen.
6. Wiederhole 2.-5. so lange, wie Ereignisse eintreten.

Es geht an dieser Stelle nicht darum, die beschriebene Methode im Detail nachzuvollziehen, vielmehr soll an diesem Beispiel deutlich werden, daß zu einer Methode eine Sprache *und* eine Vorgehensweise gehören.

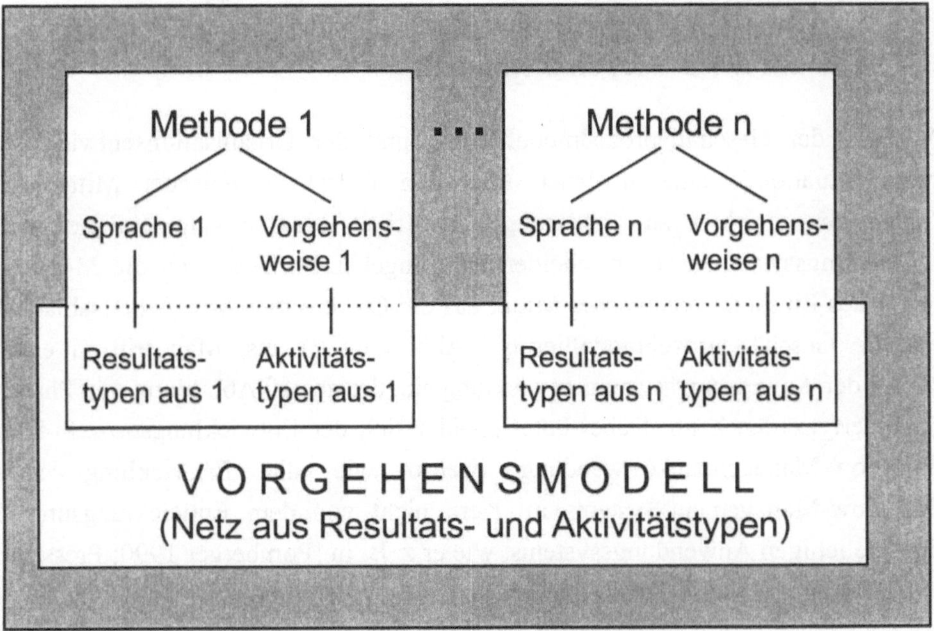

Abbildung 3: Zusammenhang zwischen Vorgehensmodell und Methode
[Lehmann 1997]

Allerdings ist bei dieser Art der Petri-Netze - und dies gilt genauso für andere Methoden - nur die zum Einsatz kommende Sprache mit ihren Konstrukten einheitlich festgelegt, wohingegen andere Vorgehensweisen als die in [Reisig 1990] empfohlene ebenfalls angewendet werden, die jedoch - und auch das ist nicht untypisch für Methoden in der Anwendungssystementwicklung - oftmals nicht explizit dokumentiert sind. Die im Rahmen einer Anwendungssystementwicklung zum Einsatz kommenden Arten von Sprachen werden in Kapitel 3 näher betrachtet. Weitere Beispiele für in der Datenbankentwicklung verbreitete Vorgehensweisen sind Top-Down- und Bottom-Up-Vorgehensweisen sowie formalanalytische und formalsynthetische Vorgehensweisen.

Methodisches Entwickeln von Anwendungssystemen bedeutet folglich, festgelegte Sprachen und Vorgehensweisen zur Entwicklung einzusetzen. In diesem Buch wird eine Möglichkeit der methodischen Entwicklung eines speziellen Anwendungssystemtyps, einer Workflow-Management-Anwendung, behandelt. Dazu werden die einzusetzenden Sprachen und Vorgehensweisen vorgestellt.

2.3.2 Einsatz eines Vorgehensmodells

Während der Geschäftsprozeßmodellierung und der Organisationsentwicklung treten Situationen auf, in denen über den Einsatz technischer Mittel zur Zielerreichung - hier zur Steuerung von Arbeitsabläufen - im Rahmen von Anwendungssystemen zu entscheiden ist. Umgekehrt wirken sich die Möglichkeiten des Einsatzes technischer Mittel auf die Organisation von Arbeitsabläufen und die Geschäftsprozeßmodellierung (Abbildung 2) aus. Man tritt in einen Prozeß der Anwendungssystementwicklung ein, der gemäß Abbildung 4 in Phasen gegliedert werden kann. Dabei unterscheidet sich der Entwicklungsprozeß einer Workflow-Management-Anwendung ebenso wie die Entwicklung eines Workflow-Management-Systems im Kern nicht von dem Entwicklungsprozeß eines beliebigen Anwendungssystems, wie er z. B. in [Pomberger 1990; Pressman 1992; Sommerville 1992] dargestellt wird.

In der *Voruntersuchung* wird der Zweck eines zu entwickelnden Anwendungssystems bestimmt und der Anwendungsbereich (organisatorisches Umfeld) mit Hilfe eines Katalogs zu berücksichtigender Kriterien - einer sogenannten Bedingungsmatrix, vgl. [Wedekind/Ortner 1980] - abgegrenzt. Das Ergebnis der

Voruntersuchung wird auf der Basis des vorhandenen (technischen und konzeptionellen) Fachwissens in einem Pflichtenheft (Vorstudie) festgehalten. Es umfaßt die Beschreibung der Kosten-/Nutzenanalyse (Marktanalyse), Hauptfunktionen und Daten des fachlichen Lösungsansatzes, Lösungsalternativen, Schnittstellen zu anderen Systemen, Schwachstellen bestehender Systeme, Ziele sowie eine Risikoanalyse zur Zielerreichung, vgl. [Steinbauer 1990].

Der *Fachentwurf* baut auf den Ergebnissen der Voruntersuchung auf. In dieser Phase wird das fachliche Lösungskonzept für das geplante Anwendungssystem in zwei Teilschritten erarbeitet. Zunächst ist die fachliche Lösung ausschließlich „problemorientiert" und somit unabhängig von einer spezifischen Art von Basissoftware (z. B. Workflow-Management-System, Datenbank-Management-System, objektorientiertes Datenbank-Management-System) sowie von einer spezifischen Lösungsarchitektur der Anwendung (objektorientiert, datenorientiert, prozeßorientiert) detailliert zu erstellen, vgl. [Ortner 1997a]. Mit dieser Prämisse wird es möglich, alternative Lösungskonzepte - orientiert an den zweckgerichteten Arbeitsabläufen in den Anwendungsbereichen - zu entwickeln. Dabei sollte der Lösungsfindungsprozeß durch Annahmen wie „Entwicklung einer Datenbankanwendung" oder „Einsatz eines Workflow-Management-Systems" noch nicht einseitig beeinflußt werden. Erst in der zweiten Phase (zweiter Teilschritt) des Fachentwurfs fällt die Entscheidung für einen bestimmten Anwendungssystemtyp und damit auch für eine bestimmte Palette an Methoden (Diagrammsprachen und Vorgehensweisen), die dann eingesetzt werden. Die ermittelten (neutralen) Ergebnisse des ersten Teilschritts werden jetzt in die Darstellungen entwicklungsrelevanter Sachverhalte - einem spezifischen Lösungsansatz für die Anwendungssystementwicklung (z. B. Datenbankanwendung, objektorientierter Entwurf [Schienmann 1997], Expertensystem-Anwendung, Workflow-Management-Anwendung) folgend - übertragen. Man geht beispielsweise von der Beschreibung der Abläufe in einem Anwendungsbereich zu einer Spezifikation von Workflows über. Das Resultat dieser Phase bildet das anwendungsspezifische Fachkonzept. Detailliert befaßt sich Kapitel 2.3.3 mit dem Fachentwurf.

Der *Systementwurf* ist im Gegensatz zum Fachentwurf von der konkreten Basissoftware (z. B. einem bestimmten Workflow-Management-System,

existierenden, einzubindenden Anwendungen, Datenhaltungssystemen, Dialog-
software) abhängig. Auch die verwendete Programmiersprache kann den
Systementwurf beeinflussen. Diese Abhängigkeiten sollten jedoch nach
Möglichkeit in einzelnen Modulen zusammengefaßt werden, um technische
Änderungen leichter durchführen zu können. Damit steht im Systementwurf die
Modularisierung und der Entwurf der Gesamtarchitektur (der Workflow-
Management-Anwendung) im Vordergrund. Module sollten nach dem Prinzip der
Datenabstraktion und der funktionalen Abstraktion (*information hiding*) gebildet
werden, vgl. [Kimm et al. 1979].

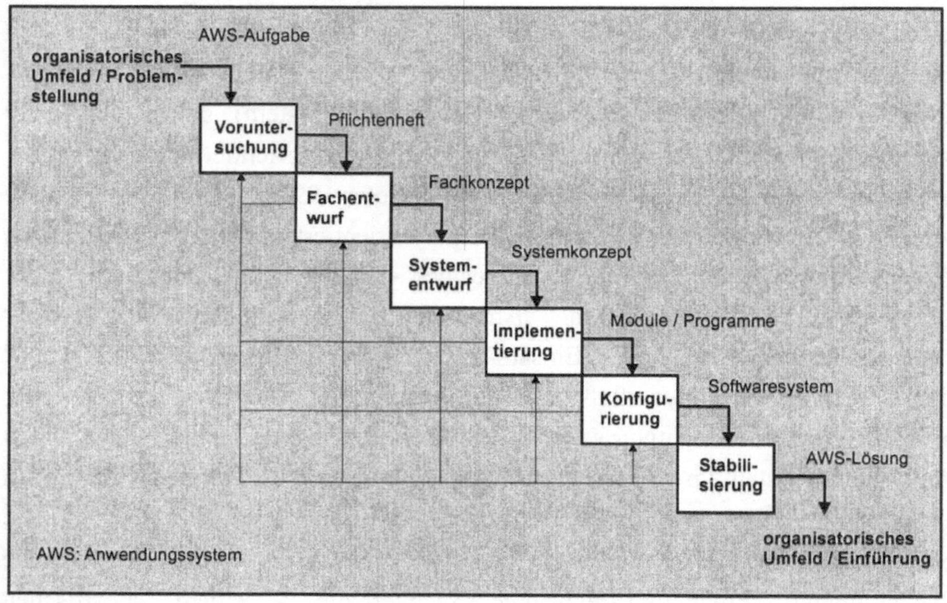

Abbildung 4: Vorgehensmodell für die Anwendungssystementwicklung [Ortner
1997c]

Des weiteren gehört zum Systementwurf die Festlegung der Testdaten für den
Modultest in der Implementierungs- und Konfigurationsphase. Außerdem muß
nachgewiesen werden, daß alle im Fachkonzept spezifizierten Funktionen im
Systementwurf berücksichtigt wurden. Dabei sind alle fachlichen Testfälle in
Testfälle für den Modultest zu überführen. Das Ergebnis des Systementwurfs ist

das Systemkonzept mit Systemarchitektur, Modulspezifikationen und Testfällen, vgl. [Ortner 1997b].

Die zentrale Aufgabe der *Implementierungsphase* ist das Programmieren und Testen der im Systementwurf spezifizierten Module. Dabei wird über das „reine Kodieren" hinaus die Ablaufstruktur innerhalb der Module entworfen, eine Aufteilung der an den Schnittstellen angebotenen Operationen in (aufrufbare) Funktionen und (modullokale) Hilfsfunktionen vorgenommen sowie vor der Programmierung bei relevanten Modulen das modulinterne Gedächtnis spezifiziert. Das Ergebnis der Implementierung bilden getestete Module und Programme in Source-Code, vgl. [Ortner 1997b].

Ein Softwaresystem ist eine zum Teil aus vorhandenen, zum Teil aus neu entwickelten Komponenten zusammengesetzte Menge von Entwicklungs-ergebnissen, die in ihrer Wirkungsweise und ihren Schnittstellen aufeinander abgestimmt sind und gemeinsam eine vorgegebene Aufgabe erfüllen. Als Entwicklungsergebnisse werden alle Ergebnisse betrachtet, die im Verlauf der Anwendungssystementwicklung entstehen, aus einem verfügbaren und in einem Metainformationssystem (z. B. einem Repository) dokumentierten Bestand ausgewählt wurden oder zum Betrieb der Systemlösung im engeren Sinne (Systemsoftware) erforderlich sind. Zu den Hauptaufgaben der *Konfigurierungs-phase* (Abbildung 4) gehören neben der Verbindung der Komponenten zu einem installationsfähigen Softwaresystem der Integrationstest und der Systemtest, bei dem das konfigurierte System erstmals als Ganzes unter Betriebsbedingungen getestet werden kann. Das Ergebnis der Konfigurierung ist ein in der Zielumgebung lauffähiges Softwareprodukt (Softwaresystem).

Die letzte Phase der Anwendungssystementwicklung ist die *Stabilisierung*. Aufgabe dieser Phase ist die Überführung des Softwaresystems aus der Test- in die Anwendungsumgebung bei speziell ausgewählten Pilotanwendern [vgl. Ortner 1997b]. Zu ihr gehört die Komplettierung der Produkt-, Betriebs- und Installationsbeschreibung (Handbücher) und der abschließende Test der Pflichtenheftanforderungen unter Betriebsbedingungen. Das Ergebnis der Stabilisierung (Abbildung 4) ist ein akzeptiertes, dokumentiertes und in das organisatorische Umfeld einbettbares Anwendungssystem.

Systementwicklung ist bei komplexen, langlebigen Systemen (z. B. Organisationen oder Informationssystemen) ein iterativer Prozeß. Obige Phasen (Abbildung 2, Abbildung 4) können deshalb nicht sequentiell oder einmalig durchlaufen werden, sondern es wird immer Zyklen innerhalb der Phasen, Rücksprünge, unterschiedliche Entwicklungsstände und neueste Ergebnisse auf verschiedenen Ebenen geben. Trotzdem können innerhalb jeder Phase Zwischenergebnisse erarbeitet werden, die so stabil sind, daß sie in die nächste Phase übernommen werden können. Der Informationssystem-Entwicklungsprozeß (z. B. einer Workflow-Management-Anwendung oder eines Workflow-Management-Systems) ist damit wesentlich von den Anforderungen einer Produktentwicklung geprägt. Ein rein evolutionärer Ansatz ist für die Gestaltung des Entwicklungsprozesses weniger geeignet.

Bei der Entwicklung von Workflow-Management-Anwendungen kann entweder auf spezielle Vorgehensmodelle, siehe dazu z. B. [Amberg 1996; Galler/Scheer 1995; Derszteler 1996], oder aber auf bekannte Vorgehensmodelle aus dem Bereich des Software-Engineerings, vgl. z. B. [Boehm 1984; Schulz 1989], zurückgegriffen werden.

2.3.3 Der Fachentwurf als zentrale Entwicklungsphase

Inzwischen wurde die Bedeutung der frühen Phasen für die erfolgreiche Entwicklung von softwarebasierten Anwendungssystemen erkannt. Während früher Softwaretechnik vornehmlich als Implementierungsaufgabe verstanden wurde, wird heute eine möglichst vollständige und konsistente Spezifikation trotz des damit verbundenen Aufwands angestrebt, nicht zuletzt aufgrund der Erkenntnis, daß Fehler, die in den frühen Phasen begangen wurden, viel schwerer zu beheben sind als reine Implementierungsfehler, vgl. [Wirtz 1997]. Dies bedeutet, daß die Anwender in dieser Phase in großem Umfang zu beteiligen sind, wobei die Verantwortung für die Entwicklungsergebnisse bei den Entwicklern liegt. Doch nur durch die Beteiligung der Anwender kann verhindert werden, daß in den späten Phasen eine den Wünschen und Erfordernissen des Anwendungsbereichs nicht genügend Rechnung tragende Lösung implementiert wird, vgl. [Fairley/Thayer 1996; Sneed 1989].

Der Fachentwurf stellt die zentrale Phase im Rahmen der Anwendungssystem-entwicklung dar, analog zu seiner Rolle bei der reinen Softwaretechnik. Seine Bedeutung wird durch die in [Davis et al. 1993, 167] genannten, zahlreich vorhandenen Kriterien für die Güte eines Fachentwurfs unterstrichen, die das Ergebnis einer umfangreichen Literaturauswertung verkörpern:

1. Eindeutigkeit
2. Vollständigkeit
3. Korrektheit
4. Verständlichkeit
5. Verifizierbarkeit
6. interne Konsistenz
7. externe Konsistenz
8. Umsetzbarkeit
9. Knappheit
10. Systementwurfsunabhängigkeit
11. Rückführbarkeit
12. Modifizierbarkeit
13. elektronische Speicherbarkeit
14. Werkzeugunterstützung
15. bedeutungsabhängige Aussagenklassifikation
16. stabilitätsabhängige Aussagenklassifikation
17. versionsabhängige Aussagenklassifikation
18. Redundanzfreiheit
19. Angemessenheit des Abstraktionsniveaus
20. Präzision
21. Wiederverwendbarkeit
22. Nachweisbarkeit
23. Strukturiertheit (Organisation)
24. Berücksichtigung von Querbezügen

Diese Gütekriterien sind allerdings auf die Entwicklung von Software im engeren Sinne bezogen und somit nur teilweise auf die Entwicklung eines Anwendungssystems übertragbar. Im Fachentwurf eines Anwendungssystems entscheidet sich, wie genau die Bedürfnisse und Gegebenheiten des Anwendungsgebiets spezifiziert werden. Damit entscheidet sich auch, welche Güte das daraus resultierende Anwendungssystem maximal aufweisen kann, denn Versäumnisse im Fachentwurf lassen sich in späteren Phasen kaum noch nachholen. Dazu gehört auch die Rekonstruktion der Terminologie, um eine konsistente und schlüssige Verwendung der Begriffe sowohl im Anwendungssystem als auch im Unternehmen zu gewährleisten. Die Bedeutung der Konstruktion (Normierung) und Verwendung einer anwendungsgebiets-spezifischen Sprache und damit des Aufbaus eines entsprechenden Wörterbuchs wird in [Robertson 1997] für den Entwurf objektorientierter Anwendungssysteme hervorgehoben. Als wichtigster Nutzeffekt wird dabei die erhebliche Komplexitätsreduktion herausgestellt, die sich aus der Verwendung einer normierten Terminologie bei der Anwendungssystementwicklung ergibt.

Die Unabhängigkeit des Fachentwurfs gegenüber einem konkreten Zielsystem kommt auch in der Unterscheidung zwischen Systemessenz und Systeminkarnation zum Ausdruck, vgl. [McMenamin/Palmer 1984]. Danach umfaßt die Systemessenz die fachlichen Aufgaben und Eigenschaften einer Anwendung ohne Berücksichtigung der zugrundeliegenden Technologie. Dagegen beschreibt die Systeminkarnation die technologischen Charakteristika und Einschränkungen, welche sich durch die Implementierung der Systemessenz ergeben. Die anvisierte Fokussierung des Fachentwurfs auf die Systemessenz setzt die Annahme einer idealen Technologie bzw. Realisierungsumgebung voraus, vgl. [Schienmann 1997].

In [Ortner 1997a] wird für die Zweiteilung des Fachentwurfs plädiert. Auf einen methodenneutralen - nicht unmethodischen - ersten Teil, in dem die Terminologie des Anwendungsgebiets normiert wird, folgt ein methodenspezifischer zweiter Teil, der sich an den zur weiteren Systementwicklung einzusetzenden Methoden orientiert. Diese Zweiteilung spiegelt sich auch in den Benennungen der Kapitel 4 und 5 dieses Buchs wider. In diesen zentralen Kapiteln werden die Charakteristika des zweigeteilten Fachentwurfs bezogen auf die Entwicklung einer Workflow-Management-Anwendung vertieft dargestellt. In [Ortner 1997c] wird dieser Ansatz als Fundament eines dort als „Multipfad-Entwicklungsmethodologie" bezeichneten anwendungssystemtypübergreifenden Vorgehensmodells einer universellen Entwicklungsumgebung für Anwendungssysteme verwendet. Zentrales Charakteristikum für den zweigeteilten Fachentwurf ist seine Material-sprachlichkeit, die formale (Grammatik) und materiale (Wörterbuch) Teile zusammenfaßt. Ein wichtiges Kennzeichen des Fachentwurfs im Vergleich mit anderen Phasen der Anwendungssystementwicklung ist damit der Übergang des Entwurfsprozesses von der Ebene der Anwender zur Ebene der Informations-systementwicklung, vgl. [Schienmann 1997].

3 Grundlagen des Lösungsansatzes

Dieses Kapitel legt die Grundlagen für die in diesem Buch vorgeschlagene methodische Entwicklung von Workflow-Management-Anwendungen. Dazu werden zunächst verschiedene Aspekte der Steuerung von Workflows vorgestellt. Danach werden die im Rahmen der Entwicklung zum Einsatz kommenden Sprachen charakterisiert und voneinander abgegrenzt. Es folgt die Vorstellung des in diesem Buch verwendeten Begriffsmodells, das die Zusammenhänge zwischen „Begriff", „Terminus", „Benennung", „Begriffsumfang" (Extension eines Begriffs) und „Begriffsinhalt" (Intension eines Begriffs) veranschaulicht. Anhand des Begriffsmodells werden dann eine Reihe von Zuordnungsproblemen bezüglich Begriffen und Benennungen erörtert, die im Zuge des normsprachlichen Entwurfs von Anwendungssystemen berücksichtigt werden müssen.

3.1 Ausgewählte Grundlagen der Steuerung von Workflows

Workflow-Management-Systeme dienen der Steuerung von Workflows. Dies läßt sich schon aus ihrer Benennung ableiten. Es handelt sich demnach um Systeme zum Management von Workflows. „Management" bedeutet ganz allgemein „Planung", „Entscheidung", „Organisation", „Kontrolle" und „Führung" eines Systems, z. B. eines Unternehmens, vgl. [Dichtl/Issing 1993]. Somit schließt Management die Verantwortung für die Steuerung eines Unternehmens, insbesondere für die Steuerung seiner Abläufe, ein. Darüber hinaus ist als deutsche Übersetzung für „Workflow-Management-System" die Benennung „Vorgangssteuerungssystem" gebräuchlich, vgl. z. B. [Erdl/Schönecker 1992; Hasenkamp 1995], welche den Steuerungscharakter deutlich hervorhebt. Allerdings werden auch Aspekte der Planung und Kontrolle von diesen Systemen unterstützt [Krickl 1995], so daß diese Übersetzung als weniger gelungen bezeichnet werden muß. Nicht umsonst hat sie sich bisher nicht durchgesetzt.

Dessen ungeachtet stellt die Steuerung von Systemen die Kernaufgabe von Workflow-Management-Systemen dar. Aus diesem Grund werden nachfolgend einige Grundlagen der Steuerung - bezogen auf den Workflow-Bereich - diskutiert. Zunächst wird Steuerung als besondere Form der Koordination eingeordnet. Dabei kommen auch Erkenntnisse aus der Kybernetik zum Tragen. Es schließen sich Überlegungen zu den Besonderheiten der Steuerung von Menschen - im Gegensatz zur Steuerung von Maschinen - durch ein Workflow-Management-System an. Dann wird als besonderes Charakteristikum einer Workflow-Management-Anwendung die dabei notwendige Unterscheidung zwischen einer Steuerungsebene und einer Ausführungsebene erläutert.

3.1.1 Steuerung als spezielle Form der Koordination

Einleitend soll zur Analyse des Wesens von „Steuerung" im gegebenen Kontext ein Blick auf die Forschungsrichtung der Kybernetik geworfen werden. „Kybernetik" stammt aus dem Griechischen und bedeutet so viel wie „Steuermannskunst", womit der Bezug zur Steuerung bereits offenkundig ist. Im Rahmen einer Workflow-Management-Anwendung nimmt das Workflow-Management-System folglich die Funktion des „Steuermanns" ein. In der Kybernetik - vgl. z. B. [Ashby 1973] - findet sich die Unterscheidung in eine Ebene der Steuerung und eine Ebene der Ausführung. Die Regelstrecke gilt als Ausführungsebene und der Regler bzw. die Steuereinheit als Steuerungsebene (Kontrollebene), siehe dazu auch Kapitel 3.1.4.

In der Kybernetik versteht man unter der Steuerung eines Systems eine Art der Störungskompensation, die im Gegensatz zur reinen Regelung ohne Rückkopplung auskommt, d. h. nicht auf Soll-Ist-Vergleichen beruht, sondern vielmehr die Entwicklung von Meßgrößen im Systemumfeld auswertet, vgl. [Heinen 1991]. Diese strikte Trennung in Steuerung und Regelung von Systemen wird im Bereich des Workflow-Managements im allgemeinen nicht nachvollzogen. Vielmehr wird der Begriff der Steuerung hier oft so gebraucht, daß er sowohl Steuerung im Sinne der Kybernetik als auch Regelung umfaßt. Nichtsdestotrotz bietet es sich an, analog zur Kybernetik zwischen proaktiver Steuerung (im Vorhinein) und reaktiver Steuerung (im Nachhinein), vgl. [Harel/Pnueli 1985], bei Workflow-Management-Systemen zu unterscheiden. Reaktive Steuerung bietet dabei den beteiligten Akteuren ungleich höhere Freiheitsgrade bei der Ausführung der Tätigkeiten als es proaktive Steuerung zuläßt. Kieser und Kubicek sprechen hier von Vorauskoordination und Feedbackkoordination, vgl. [Kieser/Kubicek 1992], wobei hervorzuheben ist, daß diese Koordinationsformen auch kombiniert verwendet werden können, z. B. um Normal- und Ausnahmesituationen zu koordinieren. Workflow-Management-Systeme gelten allerdings im Kern als proaktive Systeme, welche den Arbeitsfluß zwischen den Aufgabenträgern steuern, vgl. [DIN 1996; Hales/Lavery 1991; Jablonski 1997a].

Die Steuerung von Workflows setzt stets die Koordination der an der Ausführung eines Workflows beteiligten Akteure (Menschen, Maschinen) voraus. Ein Workflow-Management-System steuert deshalb nicht im Sinne einer detaillierten Regelung der Abläufe, wie sie etwa im Bereich der Fließbandfertigung üblich ist. Die einer Workflow-Management-Anwendung vorrangig zugrundeliegenden Büro- und Dienstleistungsprozesse sind im Gegensatz zur Fließbandfertigung geprägt durch bestimmte Formen der Gruppenarbeit, verbunden mit einem nicht unerheblichen Kommunikationsaufwand. Folglich ist die Steuerung durch ein Workflow-Management-System nicht als Regulierung sondern als Koordination zu interpretieren.

Einschlägige Definitionen des Begriffs „Koordination" unterstreichen zudem die Bedeutung des Gedankens der Koordination für die Steuerung von Workflows. Nach [Malone/Crowston 1994, 90] gilt: „Coordination is managing dependencies between activities". Hier wird das „Managen" von Abhängigkeiten aufgrund der Beziehungen zwischen den Teilen eines Workflows, und damit der Steuerungsgedanke, als ein spezifischer Aspekt des Management-Begriffs hervorgehoben, z. B. die Festlegung von Abarbeitungsreihenfolgen. Diese Definition baut zum Teil auf derjenigen von [Curtis 1989] auf, der Koordination folgendermaßen definiert: „Activities required to maintain consistency within a work product or to manage dependencies within the workflow". In der Curtisschen Definition ist sogar explizit von „Workflows" die Rede. Neben der Koordination wechselseitiger Abhängigkeiten wird hier zusätzlich der Aspekt der Konsistenzwahrung als Koordinationsaufgabe betont. Workflow-Management-Systeme stellen eine entsprechende Technik zur Koordination dar und unterstützen die Verwaltung und Steuerung der Abhängigkeiten von Workflows, vgl. [Curtis et al. 1992].

Seit einiger Zeit wird nicht nur im Zusammenhang mit dem Einsatz von Koordinationstechnik wie Groupware explizit von einer „Koordinationstheorie" gesprochen, vgl. [Malone/Crowston 1990]. Es ist in diesem Zusammenhang nicht überraschend, daß die Koordinationstheorie ein interdisziplinäres Forschungsgebiet darstellt, vgl. [Malone/Crowston 1994], schließlich sind wechselseitige Abhängigkeiten in Systemen in sehr vielen Disziplinen bedeutsam. Unterschieden werden die in Tabelle 5 genannten Komponenten und Prozesse. Hier werden bereits eine ganze Reihe von zu berücksichtigenden Aspekten bei der Modellierung von Workflows angedeutet: der Funktionsaspekt (Ziel und Aktivitäten), der Organisationsaspekt (Zuordnung der Aktivitäten zu den ausführenden Organisationsmitgliedern), der Steuerungsaspekt (Managen der Interdependenzen) und der Datenaspekt (Managen der Interdependenzen), die einzelnen Aspekte werden in Kapitel 5 vorgestellt. Dies ist an sich nicht erstaunlich, da Workflow-Management-Systeme insbesondere der Koordination der Aufgabenträger bei der Bearbeitung von Workflows dienen.

Koordinationskomponenten	**Koordinationsprozesse**
Ziel	Zielfestlegung
Aktivitäten	Zerlegung in Teilziele, Definition der zur Zielerreichung notwendigen Aktivitäten
Organisationsmitglieder	Zuordnung der Aktivitäten zu den ausführenden Organisationsmitgliedern
Interdependenzen	Managen der Interdependenzen

Tabelle 5: Komponenten der Koordination [Malone/Crowston 1990]

Allerdings hat sich der empirisch basierte Ansatz von Malone und Crowston noch nicht durchgesetzt. Er ist außerdem an den Gebrauch gemeinsamer Objekte gebunden sind, vgl. [Kirsche 1994].

3.1.2 Soziotechnische Aspekte der Steuerung

Generell bedeutet Steuerung eine zielgerichtete Einwirkung auf ein System, um es aus einem vorgegebenen in einen gewünschten Zustand zu überführen. Sowohl im Bereich technischer Systeme als auch im Bereich sozialer Systeme gibt es häufig mehr als einen Weg, die gewünschte Zustandsänderung herbeizuführen, insbesondere bei komplexen Systemen. Darüber hinaus gilt, daß die Steuerbarkeit eines Systems mit zunehmendem Komplexitätsgrad abnimmt, vgl. [Otto/Sonntag 1985]. Ein soziotechnisches System (z. B. ein Unternehmen) gilt zudem nur bis zu einem gewissen Grad überhaupt als steuerbar. Hier kommt die Erkenntnis zum Tragen, daß „sich der Mensch schlecht als Zahnrad ins Getriebe einfügen läßt und die Verabreichung von Getriebeöl ihm nicht weiterhilft" [Otto/Sonntag 1985, 18]. Entsprechend muß bei der Konzeption eines Workflow-Management-Systems sehr genau zwischen Steuerungssituationen unterschieden werden, in denen ein Rechner die Ausführung einer Aktivität im Rahmen einer Abarbeitung von Workflows (z. B. in Form einer Workflow-Applikation) übernehmen soll, von denjenigen Steuerungssituationen, in denen auf die Mitarbeit von Menschen zurückgegriffen wird. Die entsprechenden Kopplungsstellen (Schnittstellen) sind situationsadäquat zu gestalten.

Sofern Menschen „gesteuert" werden, ist die pragmatische Dimension der Steuerung zu beachten. Dies bedeutet, daß bei der Konzeption einer Workflow-Management-Anwendung zu berücksichtigen ist, wie der Einsatz eines Workflow-Management-Systems zur Steuerung der Arbeitsabläufe auf die betroffenen Mitarbeiter wirkt. Im einzelnen ist zu untersuchen, wie die Aufforderungen (Veranlassungen) Tätigkeiten auszuführen, welche mit Hilfe von Arbeitsvorratslisten erfolgen, auf die menschlichen Aufgabenträger wirkt. Es ist ferner zu untersuchen, welche Form der Aufforderung, d. h. des Arbeitsimpulses, vgl. [Heeg/Meyer-Dohm 1994], jeweils angemessen ist. Noch bedeutsamer ist die Frage, wie motivierend oder demotivierend sich die Kontrolle der Aufgabenausführung durch das Workflow-Management-System auf die Aufgabenträger auswirkt. Im Sinne einer Untersuchung der pragmatischen Dimension der Steuerung von Workflows ist außerdem zu untersuchen, welche Handlungsrelevanz die vom Workflow-Management-System an den Menschen als

Aufgabenträger fließenden Daten besitzen und somit Informationen für ihn darstellen.

Workflow-Management-Systeme können für die Steuerung komplexer Abläufe eingesetzt werden und stellen deswegen sowie aufgrund ihrer zahlreichen Schnittstellen zu den unterschiedlichsten Unternehmensressourcen zweifelsohne komplexe Systeme dar. Sie sind in gewissem Sinne auch soziotechnische Systeme, da der „Faktor Mensch" im Rahmen des Workflow-Managements nicht vernachlässigt werden darf, beispielsweise in der Rolle eines Sachbearbeiters zur Ausführung von Aktivitäten oder in der Rolle eines Entscheidungsträgers, der eine Genehmigung erteilen muß, so daß geschlußfolgert werden kann, daß ein Workflow-Management-System betriebliche Abläufe nie absolut vollständig steuern kann. Selbstredend wird im Zusammenhang mit dem Einsatz von Workflow-Management-Systemen angestrebt, einen möglichst hohen Steuerungsgrad durch das Workflow-Management-System zu erreichen, da nur so der Einsatz dieser Systemart und ihre deutliche Abgrenzung zu verwandten Systemen aus dem Bereich der computerunterstützten kooperativen Arbeit (CSCW) zu rechtfertigen sind.

Der Einsatz einer Workflow-Management-Anwendung kann grundsätzlich mit größeren Überwachungsmöglichkeiten der Ausführenden und Isolationstendenzen des Einzelnen, d. h. mit negativen Auswirkungen auf die am Arbeitsablauf beteiligten Menschen, verbunden sein. Diese und andere Gefahren beim Einsatz von Workflow-Management-Anwendungen sind ist in Kapitel 2.2.2.4.2 bereits erörtert worden.

3.1.3 Steuerung unterschiedlicher Workflow-Arten

Die Spanne der von Workflow-Management-Systemen zu steuernden Arbeitsabläufe (Workflows) soll von hochgradig strukturiert bis unstrukturiert, von prozedural im Sinne einer Rechnerausführung bis nichtprozedural, von Routinetätigkeiten bis zu „regellosen" (nach nicht bekannten Regeln ausgeführten) Arbeiten mit vollständiger bzw. unvollständiger Information, von algorithmischen Abläufen bis zum Problemlösen mit unerwarteten Vorkommnissen, von konkreten bis zu hochabstrakt anzusehenden Verrichtungen reichen, vgl. [Wedekind 1995]. Dementsprechend „unerreichbar" wird eine eventuell angestrebte vollständige Systemunterstützung eingestuft. Es kann folglich nur eine möglichst umfassende Systemunterstützung anvisiert werden. Eine allgemeine Einteilung von Workflows wurde in Kapitel 2.2.2.2.1 vorgestellt. Je nach Workflow-Art sind unterschiedliche Steuerungsinstrumente einzusetzen, die zur adäquaten Behandlung der entsprechenden Steuerungssituationen notwendig sind.

Es ist derzeit davon auszugehen, daß die Unterstützung von nichtmodellierten „Ad-hoc-Workflows" im Sinne einer hochgradig flexiblen elektronischen Vorgangsbearbeitung mit den bisher existierenden Workflow-Management-Systemen noch nicht möglich ist, vgl. [Grell 1995], doch genau diese Flexibilität ist notwendig, um ein Unternehmen auch bei seiner eigenen Umstrukturierung zu unterstützen und um Workflow-Management-Systeme zu schaffen, die ein „wirkliches Management" von Workflows erlauben, vgl. [Paul 1995].

3.1.4 Steuerungs- versus Ausführungsebene

Die zentrale Idee von Workflow-Management-Systemen - sozusagen das Workflow-Management-Paradigma - besteht darin, zwischen einer Ebene der Steuerung und einer Ebene der Ausführung zu unterscheiden (vgl. Abbildung 5). Diese Unterscheidung findet sich auch in der Kybernetik, vgl. dazu Kapitel 3.1.1. In der betriebswirtschaftlichen Organisationslehre wurde diese Trennung von Kosiol als „Gliederung einer Aufgabe nach dem Rang" eingeführt, siehe dazu [Kosiol 1976]. In [Wedekind 1992] wurde diese Unterscheidung für den Bereich wissensbasierter Systeme umgesetzt. Sie hat für den Workflowbereich grundlegende Bedeutung. Diese Unterscheidung bedeutet nicht, daß bei der Implementierung einer Workflow-Management-Anwendung stets zwischen denjenigen, die planen und steuern (dem Workflow-Management-System), und denjenigen, die ausführen (Mitarbeiter, Applikationssoftware, Maschinen), disjunkt getrennt wird. Die Trennung der beiden Ebenen ist jedoch für die Modellierung, die Optimierung und die Flexibilisierung der Steuerung von Workflows von fundamentaler (paradigmatischer) Bedeutung.

Im Produktionsbereich wurde die bewußte Trennung zwischen planenden und ausführenden Tätigkeiten durch [Taylor 1911] auf der Basis von Arbeits- und

Zeitstudien perfektioniert. Geprägt wurde der Begriff des „Taylorismus", der durch die Assoziation mit monotoner, physisch und psychisch belastender Fließbandarbeit schon sehr bald negativ besetzt war. Die Trennung in planende und ausführende Arbeiten, die auch nur ideeller Art sein kann und nicht physisch nachvollzogen werden muß, kann durch Workflow-Management-Systeme in optimaler Art und Weise verwirklicht werden, wegen ihres tayloristischen Charakters aber auch eine ablehnende Haltung seitens der betroffenen Mitarbeiter und ihrer Interessensvertreter hervorrufen, vgl. [Krickl 1995]. Entsprechend sensibel muß bei der Einführung einer Workflow-Management-Anwendung vorgegangen werden.

Bisherige Entwurfsmethoden für die Entwicklung von Anwendungssystemen vollziehen die Trennung in eine Ausführungsebene und eine Steuerungsebene allerdings oftmals nicht exakt nach, so daß viele Beteiligte sich an die genaue Abgrenzung der beiden Ebenen im Rahmen der Entwicklung einer Workflow-Management-Anwendung erst gewöhnen müssen. Doch genau diese Trennung in zwei Ebenen rechtfertigt es, Workflow-Management-Systeme als eigene Systemart zu betrachten. Das Workflow-Management-System steuert den Kontrollfluß (Fluß der Steuerungsdaten), regelt jedoch nicht im Detail die Ausführung der einzelnen Arbeitsschritte. Dies bleibt den Ausführenden auf der Ausführungsebene überlassen. Sofern es sich dabei um Menschen handelt, ist hier eine gruppenautonome Koordination der Ausführung eines Arbeitsschritts vorstellbar, man denke hierbei an das Konzept teilautonomer Arbeitsgruppen. Das Prinzip teilautonomer Arbeitsgruppen besteht dabei darin, einer Arbeitsgruppe eine relativ komplexe Arbeitsaufgabe zu übertragen, die in der Regel mehrere Arbeitsinhalte auf verschiedenem Qualifikationsniveau umfaßt, wobei die Gruppe über die Art und Weise der Ausführung und die Aufteilung der einzelnen Arbeitsinhalte selbständig entscheidet

Eine vergleichbare Trennung in eine Ausführungs- und eine Steuerungsebene weisen auf dem Gebiet der Transaktionsverarbeitung TP-Monitore[18] auf, vgl. z. B. [Gray/Reuter 1993]. Eine klare Trennung der Ebenen erleichtert zudem die übersichtliche Spezifikation der Bereiche „Ausführung" und „Steuerung".

---

[18] TP: Transaction Processing

Übertragen auf den sprachlich spezifizierten Workflowbereich bedeutet dies, daß ein dokumentierter Workflow (Ausführung) auf einer ersten Sprachebene erfaßt wird und seine „Veranlassung" aus einer zweiten Sprachebene (Steuerung) entspringt. Auf beiden Sprachebenen sind einerseits ein Steuerungsschema (Kontrollschema) und Steuerungsausprägungen (Kontrollausprägungen) sowie andererseits ein Ausführungsschema und Ausführungsausprägungen zu unterscheiden.

Mit der Trennung in eine Ausführungs- und eine Steuerungsebene wird ein hohes Maß an Flexibilität erreicht. Einerseits kann auf der Steuerungsebene der Kontrollfluß geändert werden, ohne daß dies nennenswerte Auswirkungen auf die Ausführungshandlungen auf der Ausführungsebene hat, da die Ausführung des Arbeitsschritts aus Sicht der Ausführungsebene gleich bleibt, unabhängig davon, zu welchem Zeitpunkt in der Bearbeitungsreihenfolge eines Workflows sie erfolgt. Andererseits wird die Steuerungsebene möglicherweise nicht durch die Modifikation der Ausführung eines Arbeitsschritts durch einen Einzelnen, eine teilautonome Arbeitsgruppe oder eine Maschine tangiert. Auf der Steuerungsebene fällt die Entscheidung darüber, daß eine Tätigkeit und gegebenenfalls auch wann eine Tätigkeit ausgeführt werden soll. Der Zeitpunkt der Einflußnahme der Steuerungsebene auf die Ausführung durch die Ausführungsebene kann entweder proaktiv im Sinne einer Regelung im Vorhinein oder reaktiv im Sinne einer Reaktion auf ein eingetretenes Ereignis sein.

In der Abbildung 5 werden unter anderem verschiedene Ausprägungen der Steuerung sowie der Ausführung genannt. Im einzelnen kann auf Steuerungsebene zwischen verschiedenen Dimensionen zur Charakterisierung einer Steuerungssituation unterschieden werden. Die Steuerungsebene veranlaßt die Ausführungsebene etwas zu tun. Damit ist jeweils die Frage verbunden, inwieweit die Aufgabe als Ganzes delegiert werden kann, d. h., welcher Aufwand für die Steuerungsebene mit ihr verbunden ist. Die Abbildung 5 unterscheidet bezüglich des Grads der Delegierbarkeit die Merkmalsausprägungen „anleitend", „koordinierend" und „delegierend", wobei ein abnehmender Grad der Lösungsvorgabe mit diesen Ausprägungen verbunden ist.

Die Art der Ausführung auf Ausführungsebene kann ebenfalls in verschiedene Klassen unterteilt werden. Das Klassifikationskriterium ist dabei der vorhandene Handlungsspielraum des Ausführenden. Es kann zwischen einer schematischen, einer regelgerechten und einer zielführenden Ausführung unterschieden werden. Schematisches Ausführen bedeutet, daß sich die Ausführung an einem vorgegebenen Schema orientiert und keinen Handlungsspielraum für ein fallspezifisches Vorgehen läßt. Fallspezifisch wird dagegen bei einer regelgerechten Ausführung vorgegangen, orientiert an bestehenden Regelungen, die das Vorgehen aber nicht im Detail regeln, so daß man von einem begrenzten Handlungsspielraum bei dieser Art der Ausführung ausgehen kann. Das zielführende Ausführen stellt den Gegenpol zum schematischen Ausführen dar. Es ist geprägt durch einen maximalen Freiheitsgrad der Ausführung, von der Ausführungsebene wird hierbei lediglich erwartet, daß ein Ausführungsziel erreicht wird, der Weg hin zu diesem Ziel bleibt der Ausführungsebene überlassen, die Steuerungsebene gibt dazu keinerlei Vorgaben.

Neben der Entscheidung über die Ausführung einer Tätigkeit und die entsprechende Veranlassung der Ausführungsebene obliegt der Steuerungsebene auch die Überwachung der Ausführung. Die Kontrolle der Ausführungsebene kann prinzipiell in unterschiedlicher Art und Weise geschehen. Es kann differenziert werden zwischen einer voraussetzungssichernden, einer arbeitsbegleitenden und einer ergebnisorientierten Überwachung. Voraussetzungssichernde Überwachung bedeutet, daß von Seiten der Steuerungsebene geprüft wird, ob alle Rahmenbedingungen bei der Erarbeitung einer Lösung eingehalten worden sind. Arbeitsbegleitende Überwachung bedeutet die Überprüfung der angewendeten Vorgehensweise, ergebnisorientierte Überwachung hinterfrägt lediglich die Güte des Arbeitsergebnisses an sich, nicht den Weg zu ihm.

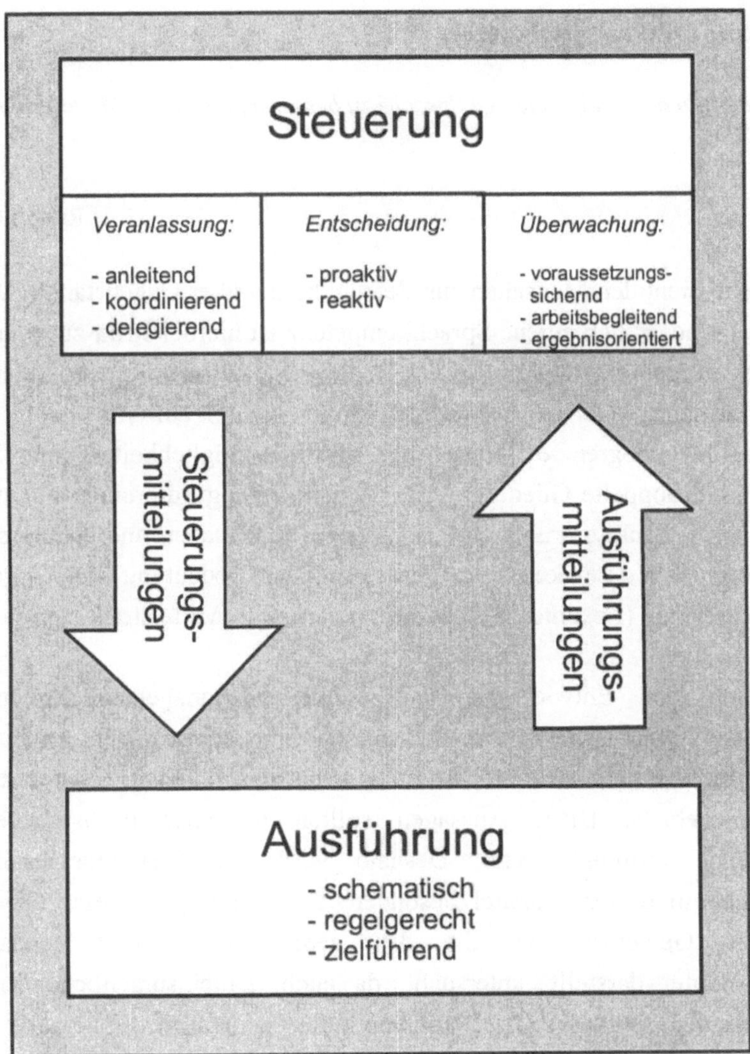

Abbildung 5: Unterscheidung zwischen einer Steuerungs- und einer Ausführungsebene

Unabhängig von der Art der Ausführung und Steuerung ist darüber hinaus auch stets der Aspekt der Termineinhaltung bzw. dessen Überwachung zu berücksichtigen. Die unterschiedlichen Ausführungsarten werden in [Lehmann/Ortner 1996] anhand von Beispielen ausführlich erörtert.

3.2 Einsatz von Sprachen

Jedermann ist frei, diejenige Sprache zu benutzen, die seinen Zwecken am besten genügt.

Rudolf Carnap[19]

Eine Sprache dient den Menschen zur Verständigung über Gegenstände. Die allen Menschen grundsätzlich eigene Sprachkompetenz ist hierbei strikt zu trennen von den Realisierungen der Sprache in der Rede (Sprachprodukte), der sogenannten Sprachperformanz, welche verbalsprachlich oder gestützt auf ein Medium erfolgt. Der prinzipiell unbegrenzte Bereich der Ausdrucksmöglichkeiten einer Sprache wird durch die doppelte Gliederung der Sprache erzeugt, die einerseits auf einer Grammatik zur Strukturierung der eingesetzten Lautzeichen und andererseits auf einem Wörterbuch (Lexikon) zur Festlegung der Bedeutung der eingesetzten Bedeutungszeichen (Lexeme, Morpheme) basiert, vgl. [Mittelstraß 1995f].

Im Rahmen der Entwicklung von Workflow-Management-Anwendungen kommen sowohl natürliche als auch künstliche Sprachen zum Einsatz. Ausgangspunkt der Entwicklung ist die Sammlung natürlichsprachlicher Aussagen eines Anwendungsgebiets. Diese Aussagen sollten in einer Fachsprache eines Unternehmens formuliert sein. Deshalb wird der Charakterisierung von Fachsprachen in diesem Kapitel besondere Beachtung geschenkt. Zuvor wird jedoch die Gemeinsprache, die den gemeinsamen Besitz quasi aller Sprachteilnehmer darstellt, untersucht, da auch gemeinsprachlich formulierte Aussagen zu erwarten sind. Die Betrachtung der Gemeinsprache ist auch deshalb wichtig, da die Grenzen zwischen Gemeinsprache und Fachsprachen als fließend einzustufen sind und eine Unternehmensfachsprache immer auch gemeinsprachliche Elemente aufweist. Aus dem Bereich der künstlichen Sprachen (Kapitel 3.2.2) sind im Fachentwurf Spezifikationssprachen als Zielsprachen für die Transformation der normierten Aussagen relevant. Zur Normierung der Aussagen wird vorher eine Normsprache eingesetzt, die eine stark an die natürliche Sprache angelehnte künstliche Sprache darstellt.

---

[19] Philosoph, 1891-1970

3.2.1 Natürliche Sprachen

Als natürliche Sprachen gelten alle lebenden, historisch gewachsenen Sprachen. Grundsätzlich kann zwischen einer Gemeinsprache, als dem Kernbereich einer Sprache, an dem alle Mitglieder einer Sprachgemeinschaft teilhaben, und Fachsprachen unterschieden werden. Es ist nicht unumstritten, ob Fachsprachen das Prädikat „natürlich" gebührt, so plädieren z. B. [Scheer 1996b; Schnelle 1973] dafür, [Heintel 1991; Ischreyt 1965; Steche 1925] dagegen. Ein wesentlicher Grund für diese Uneinigkeit ist in der noch zu erörternden Schwierigkeit zu sehen, Gemeinsprache und Fachsprachen exakt voneinander abzugrenzen.

Der natürliche Charakter der Gemeinsprache beruht darauf, daß ein Kind seine Muttersprache als gesprochene Sprache in der mündlichen Kommunikation auf „natürliche Weise" wie von selbst lernt; wohingegen es die Schrift und die geschriebene Sprache erst durch systematisches Üben lernt, vgl. [Duden 1984]. Ob unter dieser Prämisse geschriebene Fachsprachen der Anwendungsgebiete, die zur Gruppe der Soziolekte[20] gehören, als natürliche Sprachen gelten können, ist fraglich, da sie zumindest für Außenstehende oft unverständlich sind, vgl. [McDavid 1996]. Schwarze vertritt die Auffassung, daß auch die Gemeinsprache nie ausschließlich natürlich ist, da auch der Erstspracherwerb des Kindes durch das implizite oder explizite Korrekturverhalten der Erwachsenen im Sinne von Normierungshandlungen beeinflußt werde, vgl. [Schwarze 1982]. Diese Diskussion kann hier nicht vertieft werden, es sollte lediglich verdeutlicht werden, daß der „natürliche Charakter" der natürlichen Sprache nicht unstrittig ist. Aus diesem Grund wird in der Literatur [Janich et al. 1974; Lorenzen 1987; Schienmann 1997] auch die Benennung „Gebrauchssprache" als gemeinsamer Oberbegriff von Gemeinsprache und Fachsprache anstelle von „natürlicher Sprache" verwendet. Sie hat jedoch bisher keine größere Verbreitung gefunden.

Ein Sprachwerk in natürlicher Sprache - z. B. ein Text - kann in mehreren Stufen in Komponenten zerlegt werden. Wichtig für die Rekonstruktion von Termini ist die Granularitätsstufe der *Wörter*. Wörter sind die kleinsten selbständigen Teile einer natürlichen Sprache, die eine eigene Funktion besitzen. Die auf sie

---

[20] Sprachvarietät, die für eine sozial definierte Gruppe charakteristisch ist, z. B. Fachsprachen, Jargon.

bezogenen zahlreichen sprachwissenschaftlichen Definitionsversuche gelten dann allerdings als uneinheitlich und kontrovers. Betrachtet man fachsprachliche Sprachwerke, so werden die dort vorkommenden fachsprachlichen Wörter oft gemeinsprachlich als *Fachwörter* bezeichnet. Fachsprachlich - im Sinne der Terminologielehre - wird dagegen von *Termini* gesprochen, vgl. [Wüster 1991]. Daneben trifft man in der Literatur häufig auf die Benennung „Ausdruck". Ausdrücke sind unklassifizierte sprachliche Einheiten von beliebiger Länge: Wörter, Wortfolgen, Sätze, Satzfolgen usw. Im Zusammenhang mit der Rekonstruktion von Termini ist der Begriff „Ausdruck" wegen der genannten großen Bandbreite zugeordneter Gegenstände unbrauchbar, da nur Fachwörter (Termini) rekonstruiert werden sollen, nicht aber Wortfolgen, Sätze oder Satzfolgen. Eine spezielle Normierung des Satzbaus relevanter Sprachwerke für den Entwurf von Workflow-Management-Anwendungen wird im übrigen in Kapitel 5 vorgestellt.

3.2.1.1 Gemeinsprache

Die Gemeinsprache ist diejenige Erscheinungsform einer Sprache, welche den gemeinsamen Besitz der weit überwiegenden Mehrheit aller Sprachteilnehmer darstellt, vgl. [DIN 2342 1992], und welche im gesamten Sprachgebiet als verbindliches Vorbild für alle Sprachteilnehmer gilt, d. h. auch für Dialekt- oder Soziolektsprecher, vgl. [Glück 1993]. Quasi synonym dazu werden die Benennungen „Allgemeinsprache" [Baldinger 1952], „Alltagssprache" [Heintel 1991], „Normalsprache" [Polenz 1980] und „Primärsprache" [Wein 1960], ferner „Hochsprache", „Schriftsprache", „Einheitssprache", „Literatursprache" und, parallel zum englischen Sprachgebrauch, „Standardsprache" oder „Koine" verwendet, vgl. [Glück 1993]. Als besonderes Leistungsmerkmal der Gemeinsprache ist hervorzuheben, daß sie die Darstellung der hochkomplexen Sachverhalte der alltäglichen Lebenspraxis mit Hilfe ihrer unscharfen Begrifflichkeit erst ermöglicht, vgl. [DIN 2330 1993].

Eine Gemeinsprache kann aus mehreren Perspektiven heraus differenzierter betrachtet werden. Nach dem Zweck der Sprache wird bei einer Gemeinsprache zwischen einer *Umgangssprache* als der situationsgebundenen Sprache des täglichen Lebens und einer *Hochsprache*, die in Literatur, Wissenschaft und Verwaltung Verwendung findet, unterschieden. Fachsprachen, die Kapitel 3.2.1.2

näher beleuchtet, können neben vorwiegend hochsprachlichen Elementen auch umgangssprachliche Elemente aufweisen, vgl. [Bergmann 1991]. Bezüglich der Sprachgemeinschaft kann in der Gemeinsprache sprachsoziologisch beispielsweise zwischen regionalen Mundarten bzw. Dialekten, Altersgruppenmundarten, geschlechterspezifischen Mundarten, Mundarten sozialer Gruppen (Klassenmundarten), bildungsgradabhängigen Mundarten und berufs- oder lebensgemeinschaftsabhängigen Mundarten unterschieden werden.

Ein wesentliches Kennzeichen der Gemeinsprache ist ihre Wandlungsfähigkeit, mit der sie sich neuen Entwicklungen (neue Techniken, neue Wissensgebiete) anpaßt. Charakteristisch ist auch die immer weiter zunehmende Beeinflussung der Gemeinsprache durch die verschiedenen Fachsprachen, vgl. [Arntz/Picht 1991]. Dagegen ist die Unterbindung jeden Sprachwandels in Form einer normativen Kontrolle - man denke an den sprachlichen Purismus in Frankreich[21] und Italien - von vornherein zum Scheitern verurteilt, da eine „eingefrorene" Sprache in ihrer Verwendbarkeit immer stärker eingeschränkt wird und schließlich langfristig zur „toten" Sprache werden muß, vgl. [Gossen 1976; Schwarze 1982].

3.2.1.2 Fachsprachen

Jede Sondersprachform - und somit jede Fachsprache - ist Ausdruck einer oder einiger besonderer Zielsetzungen, die in der Gemeinsprache nur vage formuliert werden können, vgl. [Schnelle 1973]. Quasi synonym werden bzw. wurden Fachsprachen in der deutschen sprachwissenschaftlichen Forschung auch „Expertensprachen" [Glück 1993], „Sekundärsprachen" [Wein 1960] oder „Zwecksprachen" [Steche 1925] genannt, im Kontext der Entwicklung von Anwendungssystemen wird „neudeutsch" auch von *Business Language*

---

[21] In Frankreich herrscht seit dem 01.01.1977 ein gesetzliches Verbot der Benutzung von Fremdwörtern in verschiedenen Bereichen des öffentlichen Lebens, u. a. in allen mit dem Verkauf von Waren zusammenhängenden Texten. Diese Verbot richtet sich in der Praxis vor allem gegen Anglizismen und Angloamerikanismen, das sogenannte „Franglais". Es handelt sich um den ersten direkten Eingriff des Staates in die Sprache seit der berühmten „Ordonnance de Villers-Cotterêts", worin Franz I. 1539 das Lateinische als Sprache der Verwaltung und der Rechtsprechung zugunsten des Französischen verbot, vgl. [Gossen 1976].

gesprochen, angelehnt z. B. an [McDavid 1996]. Fachsprachliche Kommunikation kann in einem beruflichen Umfeld - und für ein solches sind Workflow-Management-Anwendungen zu entwickeln - vorausgesetzt werden. Deshalb erscheint es an dieser Stelle besonders wichtig, sich mit den Besonderheiten der Fachsprache im Gegensatz zur Gemeinsprache noch unabhängig vom später zu betrachtenden Rekonstruktionsprozeß auseinander zu setzen. Abschließend stellt der Abschnitt „Unternehmensfachsprache" die hier relevante besondere Form einer Fachsprache vor.

3.2.1.2.1 Eingrenzung und Gliederung

Fachsprache dient der Kommunikation in einem bestimmten Fachgebiet. Sie ist diejenige Sprachform, die „die für praktische Zwecke ausreichende Genauigkeit der Darstellung mit einem Maximum damit vereinbarter Verständlichkeit aller in und mit dieser Wissenschaft Arbeitenden verbindet" [Schnelle 1973, 80]. Das Deutsche Institut für Normung normiert „Fachsprache" in diesem Sinne, indem es festlegt [DIN 2342 1992, 2]:

> Fachsprache ist der Bereich der Sprache, der auf eindeutige und widerspruchsfreie Kommunikation in einem Fachgebiet gerichtet ist und dessen Funktionieren durch eine festgelegte Terminologie entscheidend unterstützt wird.

Es muß der Vollständigkeit halber an dieser Stelle betont werden, daß es nicht *die* Fachsprache, sondern eine ganze Reihe von Fachsprachen gibt, z. B. die Fachsprache der Chemie, vgl. [Wolff 1971]. Aus diesem Grund besteht heute weitgehende Einigkeit in der Verwendung der Pluralform der Benennung, vgl. [Fluck 1996]. Die Besonderheit der Fachsprachen ist zum einen in ihrem speziellen, auf die Bedürfnisse des jeweiligen Fachs abgestimmten Wortschatz, dessen Übergänge zur Gemeinsprache fließend sind und der auch gemeinsprachliche Wörter enthält, zu sehen. Zum anderen werden in einer Fachsprache bestimmte grammatikalische (morphologische[22], syntaktische) Mittel besonders häufig verwendet. Die Bedeutung der Fachwörter für eine Fachsprache, die Sachverhalte möglichst exakt benennen, wurde nach Ansicht von [Fluck 1996] allerdings lange Zeit überschätzt, da Fachsprachen ohne die Einbeziehung der -

---

[22] Morphologie (sprachwiss.): Formenlehre, d. h. Flexion und Wortbildung

gemeinsprachlichen - Syntax keine Sprachen, sondern nur eine Aneinanderreihung von Fachwörtern darstellen.

Nichtsdestotrotz ist eine festgelegte Terminologie für eine funktionierende Fachsprache sehr wichtig, es muß somit einen festgelegten Gesamtbestand an Fachbegriffen und entsprechenden Benennungen geben. In der zitierten Definition wird Fachsprache von einem gemeinsamen „Kernbereich" einer Sprache abgegrenzt, der als „Gemeinsprache" bezeichnet wird. Damit drängt sich die Frage auf, wo die Grenze zwischen einer Gemeinsprache und den verschiedenen Fachsprachen genau verläuft, vgl. [Arntz/Picht 1991]. Zur Beantwortung dieser Frage existieren eine ganze Reihe von Einteilungen zur Abgrenzung der Sprachen. Abbildung 6 zeigt das geringfügig modifizierte Modell von [Baldinger 1952], das sich auf den Wortschatz (die Lexik) beschränkt. Das Verhältnis gemeinsprachlicher und fachsprachlicher Lexik wird bei Baldinger mit Hilfe dreier konzentrischer Kreise dargestellt. Der innere Kreis verkörpert den Wortschatz der Gemeinsprache, der mittlere Kreis den der Gemeinsprache zugewandten Teil der Fachsprachen und der äußere Kreis den der Gemeinsprache abgewandten Teil der Fachsprachen, d. h. die nur Spezialisten jeweils geläufige Terminologie eines Fachgebiets. Zur Abgrenzung heißt es bei [Baldinger 1952, 90]:

> Die Grenzen zwischen Fachsprache und Allgemeinsprache sind nicht nur individuell, sozial oder geographisch fließend, sondern auch generell, d. h., es findet zwischen den 3 Kreisen in beiden Richtungen ein dauernder Ausgleich statt, da ja alle drei Kreise im gleichen Menschen zusammentreffen können.

Dieser Ansatz stellt die (All-)Gemeinsprache ins Zentrum. Es wird aber auch deutlich zum Ausdruck gebracht, daß scharfe Abgrenzungen unmöglich sind. Generell ist festzustellen, daß die Frage der Abgrenzung zwischen Fachsprachen und Gemeinsprache trotz intensiver wissenschaftlicher Diskussion nach wie vor ungelöst ist, vgl. [Fluck 1996], sie gilt weiterhin als „die Frage der Fragen" in der Fachsprachenforschung, vgl. [Hoffmann 1985]. Im übrigen sind zumindest die Fachsprachen benachbarter Disziplinen nicht disjunkt.

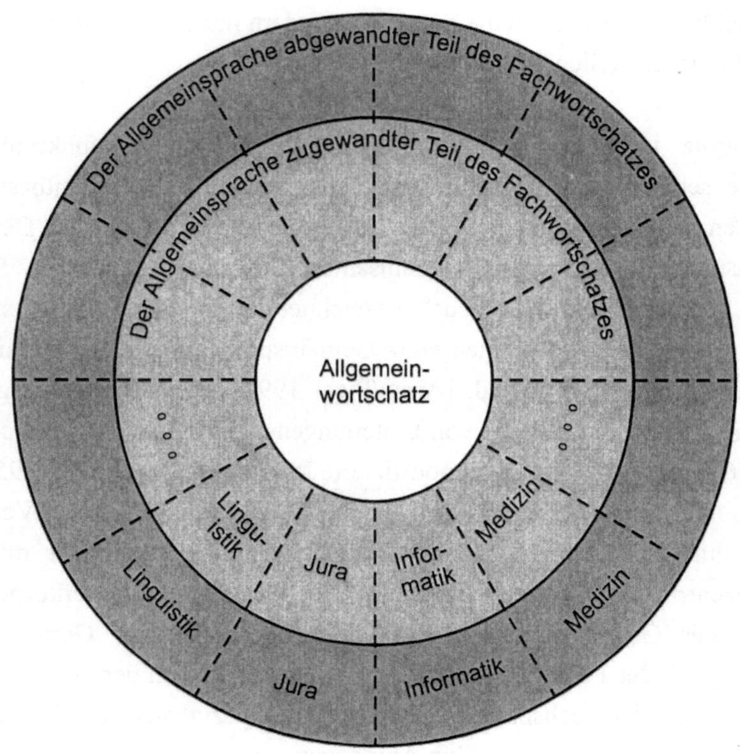

Abbildung 6: Zum Verhältnis fach- und gemeinsprachlicher Lexik,
angelehnt an [Baldinger 1952]

Der Gebrauch einer anderen als der Gemeinsprache - z. B. einer Fachsprache -
durch eine bestimmte Gruppe führt oft dazu, daß Außenstehende diesen
besonderen Sprachgebrauch als „Jargon" kennzeichnen. Jargonisierung, d. h. die
Verwendung von „Jargon" bzw. „Fachjargon", wird in der Literatur unterschiedlich, jedoch stets mit dem Beigeschmack des Übertriebenen, Unnötigen
bewertet, vgl. dazu [McDavid 1996; Polenz 1980; Seiffert 1992]. Bei Wilß heißt
es dazu: „Wer Jargon verwendet, tut dies vor allem aus einem der beiden
folgenden Gründe (oder aus beiden Gründen zugleich): Er betreibt bewußt
sprachliche Geheimbündelei oder sprachliche Einschüchterungspolitik. Ihn leiten
sprachliche Absonderungsbestrebungen; aus elitären Macht- oder Wunsch-
vorstellungen heraus schafft er zwischen sich und seinem Kommunikationspartner
sprachliche Distanz." [Wilß 1979, 181]. Gleichwohl werden auch Laien heute in

immer stärkerem Maße mit den unterschiedlichsten Fachsprachen konfrontiert. Dies hat zu einer ganz erheblichen Vermehrung ihres passiven Wortschatzes geführt; Wörter wie *Computer, Statistik, Virus, Inkubationszeit* werden nicht mehr als fremdartig empfunden, obwohl nur in den wenigsten Fällen die exakten wissenschaftlichen Inhalte mit ihnen verbunden werden dürften, vgl. [Arntz/Picht 1991]. Die Gemeinsprache wird somit immer stärker von Fachwörtern durchdrungen.

Die grundsätzliche Notwendigkeit von Fachsprachen wird als Konsequenz aus der negativen Bewertung von (Fach-)Jargon gelegentlich angezweifelt. Das wichtigste Argument für die Verwendung und Weiterentwicklung einer Fachsprache besteht darin, daß Wissenschaftler und Techniker sich auch im sprachlichen Bereich um Präzision bemühen müssen. Neue gedankliche Inhalte und neue Gegenstände erfordern Benennungen, die noch nicht „vergeben" sind, die somit nicht mit anderen verwechselt werden können. Der Gefahr der Verwechslung könnte die Gemeinsprache nur mit Hilfe extrem langer Umschreibungen entgehen. Derartige Umschreibungen (Paraphrasen) sind wiederum mit den Grundsätzen der Kürze und Klarheit in der fachlichen Kommunikation unvereinbar, vgl. [Arntz/Picht 1991]. Folglich ist die Nutzung von Fachsprachen für die Fachkommunikation unerläßlich. Vergleichbares gilt für die unternehmensinterne Kommunikation Innerhalb einer Fachsprache (bzw. Wissenschaftssprache) ist außerdem im Sinne Ockhams[23] auf synonyme Benennungen zu verzichten, um die Zahl der Entitäten nicht unnötig zu erhöhen, vgl. [Lorenzen 1980]. Damit nicht übertriebener Fachjargon gefördert wird, sollte sich die Verwendung von Fachwörtern allerdings auf diejenigen Fälle beschränken, in denen dies aufgrund der genannten Anforderungen hinsichtlich Präzision und Kürze der Benennungen erforderlich ist. Dieser Grundsatz sollte gerade auch beim Aufbau eines Unternehmensfachwörterbuchs beherzigt werden, vgl. dazu Kapitel 4.

3.2.1.2.2 Strukturmerkmale von Fachtexten

Es wurde schon hervorgehoben, daß eine Fachsprache ganz wesentlich auf der entsprechenden Fachterminologie, d. h. auf einem entsprechenden Fachwortschatz, aufbaut. Doch beruht Fachsprache auch auf Besonderheiten in der

---

[23] Wilhelm von Ockham, ca. 1285-1350, Nominalist der Spätscholastik

Grammatik, insbesondere in der Syntax, die in [Hoffmann 1987] dement-sprechend „Fachsyntax" genannt wird. Eine Reihe von Strukturmerkmalen ist für Fachtexte charakteristisch, dabei spielt es kaum eine Rolle, aus welcher Disziplin ein Fachtext stammt; vgl. zu der folgenden Aufzählung [Fleischer/Barz 1995; Hoffmann 1985; Schwanzer 1981]:

- Das Verb verliert seinen konkreten Zeitbezug, es wird durchgängig das Präsens als Tempus verwendet;
- das Verb steht meist in der 3. Person Singular oder im Infinitiv;
- das Verb steht häufig im Passiv;
- das Verb als Wortart spielt eine relativ geringe Rolle, da häufig bedeutungsarme Verben verwendet werden;
- es werden zahlreiche Partizipien verwendet;
- das Substantiv spielt eine wichtige Rolle, es besteht eine Vorliebe für eine Nominalisierung von Verben;
- der Singular ist wesentlich häufiger als der Plural;
- das Adjektiv tritt verhältnismäßig häufig auf.

Eine linguistische Untersuchung der Strukturmerkmale von Fachtexten bildet aus der Sicht Hoffmanns unter anderem „die Grundlage für Vorschläge zur Standardisierung von Textbauplänen und zur einheitlichen Verwendung sprachlicher Mittel in gewissen Textsorten" [Hoffmann 1987, 3]. Die Besonder-heiten von Fachtexten können somit als Vorstufe einer Normierung der Syntax interpretiert werden, die schrittweise durch den Aufbau geeigneter Baupläne für Fachtexte fortgeführt werden kann. Dies gilt insbesondere dann, wenn man sie mit gemeinsprachlichen Texten vergleicht. Die von Hoffmann geäußerte Zielsetzung weist, da er sie als notwendige Ergänzung zur Terminologiearbeit betrachtet, keine geringen Parallelen zu den in den Kapiteln 4 und 5 beschriebenen methodenneutralen und methodenspezifischen Teilen des Fachentwurfs auf. Da jedoch nicht jeder Text, der als Grundlage für den Aufbau einer Normsprache herangezogen wird, im engeren Sinn ein Fachtext ist, können im Rahmen der geplanten Rekonstruktion der Termini und der Normierung der Syntax die syntaktischen Besonderheiten der Fachsprachen nicht vorausgesetzt werden. Hinzu kommt, daß die Verwendung dieser syntaktischen Besonderheiten in keiner Weise reglementiert ist, wie in [Gunia 1994] festgestellt wird. Im Zusammenhang mit der Entwicklung von Workflow-Management-Anwendungen kommt der Wortart Verben zudem eine bedeutendere Rolle zu, als dies bei Fachtexten gemeinhin der Fall ist, denn die Basiselemente dieses Anwendungssystemtyps sind Vorgänge, die im wesentlichen durch Verben beschrieben werden, vgl. dazu auch Kapitel 3.2.1.2.3.

3.2.1.2.3 Fachsprachliche Phraseologie

Termini einer Fachsprache dürfen nicht isoliert betrachtet bzw. verwendet werden. Sie müssen vielmehr stets im Zusammenhang mit ihrer sprachlichen Umgebung gesehen werden. Die Wahl der korrekten Verben, Präpositionen usw. bereitet vielfach Schwierigkeiten. Die Verwendung dieser zusätzlichen sprachlichen Elemente ist jedoch unerläßlich, wenn Termini ihre volle kommunikative Leistung erbringen sollen, vgl. [Arntz/Picht 1991]. Beispiele für die Notwendigkeit von Verben als zusätzlichen sprachlichen Elementen zur fachsprachlichen Formulierung von Sachverhalten sind: *der Strom fließt, den Motor anlassen, eine Spannung anlegen, einen Wechsel ziehen.* Bei diesen Ergebnissen der syntaktischen Verbindung von mindestens zwei fachsprachlichen Elementen zu einer Äußerung fachlichen Inhalts spricht man von Fachphrasen (Fachwendungen). Fachphrasen bilden somit eine festgefügte Gruppe von Wörtern zur Bezeichnung eines Sachverhalts, die stets ein Verb enthält. Ihre innere Kohärenz beruht auf ihrer begrifflichen Verknüpfbarkeit. Die Gesamtheit der Fachphrasen in einer Fachsprache wird als *Fachphraseologie* bezeichnet, vgl. [DIN 2342 1992]. Zur Vertiefung sei auf [Arntz/Picht 1991; Köhler 1968] verwiesen.

Im Zusammenhang mit der Benennung von Workflows ist im Sinne der Phraseologie insbesondere die Verbindung eines Fachworts (Substantiv) mit einem entsprechenden Verb zu betrachten. Der fachsprachliche Charakter von Verben wird nämlich in der Regel erst in Verbindung mit einem Substantiv deutlich, ablesbar vor allem an festen Wendungen wie beispielsweise [Arntz/Picht 1991, 35]:

- *ziehen* in: einen Wechsel ziehen, die Fäden ziehen, eine Linie ziehen, einen Draht ziehen,
- *errichten* in: ein Testament errichten,

- *belasten* in: einen Motor belasten, eine Liegenschaft belasten, ein Bauelement belasten.

Auch die Zuordnung eines Verbs zu einer bestimmten Fachsprache läßt sich bei den angeführten Beispielen erst anhand der Fachphrasen beurteilen. Allerdings gibt es auch Verben, deren fachsprachlicher Charakter und meist auch ihre fachsprachliche Zuordnung isoliert betrachtet recht offensichtlich sind, wie z. B. *gesenkschmieden, schweißen, destillieren.* Es hat sich folgerichtig die Auffassung durchgesetzt, daß nicht nur Substantive, sondern auch Verben, Adjektive und andere Wortarten als fachsprachliche Benennungen fungieren können. Ein Begriff kann somit, abhängig von Kontext und Stilebene, durch verschiedene Wortarten ausgedrückt werden, z. B.:

• ein Testament *errichten*	(Verb)
• das *Errichten* eines Testaments	(substantiviertes Verb)
• die *Errichtung* eines Testaments	(Substantiv (Handlungs bezeichnung), abgeleitet aus Verb)

3.2.1.2.4 Unternehmensfachsprache

Fachsprachen werden nicht nur in Wissenschaft und Technik, sondern auch in Unternehmen eingesetzt. Das Problem dabei besteht darin, daß in der Regel mehrere abteilungs- oder fachgebietsspezifische Fachsprachen nebeneinander existieren. So werden unweigerlich in jedem Unternehmen betriebswirtschaftliche, informationstechnische und juristische fachsprachliche Termini in unterschiedlichem Umfang verwendet, neben den für die Betätigungsfelder des Unternehmens relevanten Fachwortschätzen.

Die Konsequenz des Nebeneinanders verschiedener Fachsprachen sind Mißverständnisse bei der Kommunikation zwischen solchen Mitarbeitern eines Unternehmens, die nicht ständig eng zusammenarbeiten und deshalb die Sprache ihres Kommunikationspartners nicht genau verstehen. Insbesondere führt das Fehlen einer einheitlichen Unternehmensfachsprache zu einer unrationellen Entwicklung von Anwendungssystemen. Die Festlegung einer normierten Terminologie als Basis einer Unternehmensfachsprache, vgl. [McDavid 1996; Ortner 1993a], die dann für alle Mitarbeiter verbindlich sein muß, löst dieses Problem und erhöht einerseits die Güte der innerbetrieblichen Kommunikation und beschleunigt andererseits die Entwicklung von Anwendungssystemen. Es ist bezogen auf die Anwendungsentwicklung nämlich prinzipiell nicht hinnehmbar, daß erfahrungsgemäß „etwa ein Viertel der Projektlaufzeit darauf verwendet [wird], eine gemeinsame Arbeitsgrundlage mit einer gemeinsamen Terminologie und einem gemeinsamen Verständnis der Aufgabe zu entwickeln" [Weber 1992, 102].

Eine einheitliche Terminologie als wichtigstes Element einer Unternehmensfachsprache fördert dann auch die Benutzung und Integration von Anwendungssystemen. Dazu ist ein Fachwörterbuch (Lexikon) mit den Benennungen und einheitlich geregelten Definitionen der Termini aufzubauen. Eine einheitliche Unternehmensfachsprache ist außerdem die Voraussetzung für eine effektive Organisation von Arbeitsabläufen und des Arbeitsvollzugs im Unternehmen, vgl. [Ortner 1993a]. Sie ermöglicht dem Management, die Geschäftsprozesse einer Organisation effektiv zu führen. Je schlanker die Unternehmensstruktur und je flacher die Hierarchie im Unternehmen, desto bedeutsamer wird die abteilungsübergreifende, ortsunabhängige Zusammenarbeit, die nur auf der Basis einer normierten, für alle verbindlichen Terminologie funktioniert, vgl. [Ortner 1993a]. Eine Arbeitsgruppe, die sich auf konsistente, unternehmensweit normierte Begriffe des Arbeitsvollzugs verständigen muß, löst arbeitsteilig organisierte Aufgaben wirtschaftlicher als eine Arbeitsgruppe, die mit inkonsistenten Begriffen operiert. Schließlich dient eine normierte Unternehmensfachsprache als Basis für die Entwicklung benutzerakzeptierter Anwendungssysteme, indem das Anwendungssystem mit den Benutzern vertrauten Termini operiert, vgl. [Ortner 1997a]. Auch die Wiederverwendungsrate von Software-Komponenten läßt sich durch die Festlegung einheitlicher Termini erheblich steigern, da dann alle Anwendungssysteme auf einheitlich benannten Anwendungselementen aufbauen.

Beim Aufbau einer normierten Unternehmensfachsprache müssen Systementwickler, Experten und Anwender aus dem betreffenden Anwendungsgebiet sowie das Management beteiligt sein. Während von Seiten des Managements insbesondere die grundsätzliche Unterstützung für den Aufbau einer einheitlichen Terminologie sowie die Bereitschaft, ihre Benutzung später auch durchzusetzen, erforderlich sind, müssen die anderen Beteiligten aktiv bei der Auswahl und

Rekonstruktion der Fachbegriffe und ihrer Benennungen mitwirken (vgl. Kapitel 4). Die Unternehmensfachsprache ist über ein Metainformationssystem (Repository, Data Dictionary) zu administrieren, das die Software-Entwicklung und Software-Nutzung koordiniert und dem Management sowie den Entwicklern und Benutzern unter anderem das aktuelle Repertoire an Unternehmensfachwörtern (Termini) situationsadäquat zur Verfügung stellt. Für den Bereich der Softwaretechnik sind solche Systeme für bestimmte Teilgebiete bereits im Einsatz, dagegen wird die Benutzer- und Managementunterstützung mit dem Ziel einer Rationalisierung organisationeller Informations- und Kommunikationsprozesse noch nicht durch leistungsfähige Systeme unterstützt, vgl. [Ortner 1993a].

3.2.1.3 Natürliche Sprache in der Modellierung

Inzwischen gibt es eine ganze Reihe von Forschungsansätzen, die sich mit dem natürlichsprachlichen Entwurf von Anwendungssystemen befassen. Einen Überblick bieten z. B. [Ortner 1997a] und eine Bibliographie [Lehmann 1995]. Dabei zeichnen sich diese Ansätze vor allem dadurch aus, daß sie bei der Entwicklung von Anwendungssystemen nicht nur künstliche Sprachen (z. B. Diagrammsprachen), sondern auch „natürliche Sprachen" (z. B. Benutzerfachsprachen) zur Konstruktion verwenden, vgl. [Ortner/Schienmann 1996], die meist syntaktisch und semantisch reglementiert sind. Diese linguistisch basierten Methoden werden in der Anfangsphase einer Anwendungssystementwicklung sowie bei der Einführung und Nutzung der Systeme eingesetzt. Dabei beruhen die entsprechenden Entwurfsergebnisse - im Gegensatz zu den Ergebnissen diagrammsprachlicher Methoden - stets auf Fachwörtern, die zu Aussagen (Sätzen) verbunden werden. Workflow-Management-Anwendungen können in das Gebiet der Büroinformationssysteme eingeordnet werden. Zur natürlichsprachlichen Entwicklung von Büroinformationssystemen gibt es laut [Ortner/Schienmann 1996] bisher vor allem empirisch-experimentelle Ansätze, z. B. [Auramäki et al. 1988; Flores et al. 1988, Lehtinen/Lyytinen 1986; Winograd 1987]. Im Gegensatz dazu wird in diesem Buch ein konstruktiver Ansatz für die Entwicklung von Workflow-Management-Anwendungen behandelt, vgl. dazu auch Kapitel 2.3.3.

Für den Einsatz einer natürlichen Sprache in der Modellierung sprechen ihre Differenziertheit und ihre Mächtigkeit, sie umfaßt - im Gegensatz zu diagrammsprachlichen Methoden - Struktur- und Themenwörter, das heißt, daß eine Grammatik zur Festlegung der Sprachstrukturen und ein Fachwörterbuch zur Definition der verwendeten Fachwörter (Termini, Themenwörter) benötigt werden. Hinzu kommt die Methodenneutralität (siehe dazu Kapitel 3.2.2.2) der natürlichen Sprache, auf ihr können beliebige Entwicklungsmethoden aufbauen, so daß Anwender nicht gezwungen sind, ihr Fachwissen methodenadäquat (z. B. objektorientiert) zu formulieren, sondern sich ihrer gewohnten Sprache bedienen können. Winiwarter und Tjoa plädieren dementsprechend auch für die grundsätzlich uneingeschränkte Verwendung der natürlichen Sprache beim Entwurf von Anwendungssystemen, vgl. [Winiwarter/Tjoa 1996]. Schwitter und Fuchs heben ergänzend hervor, daß die Verwendung natürlicher Sprache in den frühen Phasen der Systementwicklung eine lange Tradition hat. Doch weisen sie gleichzeitig auf die mit dem unkontrollierten Einsatz dieser Sprachen verbundenen Probleme hin. Denn dieser führt aufgrund einer zu großen Flexibilität der natürlichen Sprache zu einer mehrdeutigen, unpräzisen und vagen Spezifikation, vgl. [Schwitter/Fuchs 1996], so daß Zuordnungsprobleme bezüglich Begriffen und ihren Benennungen zum Vorschein treten und die Güte der Spezifikation mindern, vgl. dazu Kapitel 3.4. Auch in [Buchholz et al. 1996] wird hervorgehoben, daß die zunächst naheliegende Idee, eine natürliche Sprache in ihrer gesamten Komplexität durch immer größere Grammatikmodelle und -theorien möglichst vollständig „nachzubilden", nicht realisierbar ist. Eine Beschränkung der Mächtigkeit der natürlichen Sprache im Rahmen der Modellierung ist somit unumgänglich. Genau dies wird mit der Konzeption einer Normsprache angestrebt, siehe dazu Kapitel 3.2.2.3.

3.2.2 Künstliche Sprachen

Als künstliche Sprache - synonym dazu wird die Benennung „Kunstsprache" [Janich et al. 1974, 44] verwendet - gelten solche Sprachen, die sich nicht „natürlich" gebildet haben. Künstliche Sprachen stellen vielmehr Artefakte dar, welche als Ganzes von Menschen zielgerichtet konstruiert worden sind und nicht oder nur in beschränktem Umfang im Sinne erheblicher Abstraktion auf den natürlichen Sprachen aufbauen. Es können verschiedene Arten künstlicher Sprachen unterschieden werden. Hier ist zunächst an Welthilfssprachen (z. B. Esperanto) als universale Verkehrssprachen zu denken, welche die Vielfalt der natürlichen Sprachen ersetzen sollten. Vor allem aber gibt es unzählige formalisierte Sprachen (Formelsprachen) wie z. B. die der Mathematik. In [Schnelle 1973] werden diese formalisierten, d. h. im Hinblick auf die Strukturwörter (Partikeln, Struktureigenschaftswörter) normierten, mit einer eindeutigen „Semantik" versehenen Sprachen „Konstruktsprachen" genannt. Im Zusammenhang mit der Entwicklung von Anwendungssystemen wird eine ganze Reihe von künstlichen Sprachen verwendet. Diese werden oft in semiformale und formale Sprachen unterteilt, siehe z. B. [Schienmann 1997]. Eine formale Sprache dient der Formalisierung (Reduktion auf Struktur und Struktureigenschaften) einer wissenschaftlichen Theorie. Sie ist ableitbar und bezieht sich nicht auf spezielle Anwendungsbereiche. Die exakte begriffliche Abgrenzung zwischen „semiformaler Sprache" und „formaler Sprache" ist umstritten, nicht zuletzt deswegen, weil die Definition von „semiformaler Sprache" umstritten ist. Deshalb wird in diesem Buch auf eine Unterteilung in semiformale und formale Sprachen verzichtet. Nicht jede Kunstsprache ist im übrigen zwangsläufig eine formale Sprache, man denke nur an die angesprochenen Welthilfssprachen. Zur Entwicklung von Anwendungssystemen werden in den frühen Phasen der Systementwicklung häufig Diagrammsprachen als spezielle Formen von Spezifikationssprachen (formale Sprachen) eingesetzt. Sie sind meist weit weniger formal geprägt als beispielsweise die Prädikatenlogik, wobei die Prädikatenlogik erster Stufe eine vollständige formale Sprache ist, d. h. jeder prädikatenlogische Ausdruck ist gültig (wahr) oder nicht gültig (falsch) allein durch Ableitung aus dem der Prädikatenlogik zugrundeliegenden Axiomensystem. Ein Ausdruck ist somit gültig (wahr oder falsch) aufgrund der Form allein.

Neben Diagrammsprachen gibt es jedoch auch andere Arten von Spezifikationssprachen, die zur Anwendungsentwicklung eingesetzt werden können. Sie werden ebenfalls in Kapitel 3.2.2.1 vorgestellt. In Kapitel 3.2.2.2 wird dann die Normsprache als besondere Form einer künstlichen Sprache wegen ihrer grundlegenden Bedeutung für das in diesem Buch propagierte Vorgehensmodell zur methodischen Entwicklung von Workflow-Management-Anwendungen ausführlich vorgestellt. Sie lehnt sich stark an die natürliche Sprache an. Im übrigen gilt, daß Kunstsprachen generell nie ohne Anknüpfung an eine natürliche Sprache existieren können, vgl. [Fluck 1996; Weizsäcker 1960].

3.2.2.1 Spezifikationssprachen

Eine Spezifikationssprache ist ein Entwurfs- und Beschreibungsinstrument, das der genauen Bestimmung der Eigenschaften eines Systems dient. Spezifizieren (lat. *specificare*, eine Art machen) bedeutet, etwas Gegebenes seinem Wesen nach klar und deutlich (lat. *clare et distincte*) festzulegen. Spezifizieren ist dabei aus Sicht des Problemlösens als „Hilfstätigkeit", vergleichbar dem Formalisieren, aufzufassen. Im Gegensatz dazu bedeutet Konstruieren, daß eine Lösung zu einem Problem „kreativ" gefunden werden soll.

Grundsätzlich wird unter Spezifikation (als dem Ergebnis des Spezifizierens) eine detaillierte Beschreibung der Teile eines Ganzen und ihrer Eigenschaften bezüglich Größe, Beschaffenheit, Performance usw. sowie ihrer Beziehungen untereinander verstanden. Im Bereich der Spezifikation von Softwaresystemen sind seine Funktionen, seine Daten, seine physische Umgebung und seine Grenzen festzulegen, vgl. [Gehring et al. 1996].

Eine Spezifikationssprache muß laut [Ramamoorthy et al. 1988] mindestens eine der folgenden Eigenschaften besitzen:

- Sie soll die Ableitung der Systemspezifikation aus den in natürlicher Sprache und damit nicht formal formulierten Benutzeranforderungen vereinfachen.
- Sie soll die Überprüfung der Spezifikation auf interne Konsistenz, Präzision und Vollständigkeit erlauben.
- Sie soll die Validierung der Frage, ob eine Spezifikation den Benutzeranforderungen tatsächlich entspricht, erleichtern.

Statt von Spezifikationssprache wird quasisynonym auch von „strukturierter Sprache" gesprochen, vgl. [Yourdon 1992]. Es ist nicht genau festgelegt, welche Sprachen zur Spezifikation eingesetzt werden können. Grundsätzlich können Sätze in strukturierter Sprache entweder algebraisch, angelehnt an die natürliche Sprache, oder graphisch formuliert sein. Eine algebraische Spezifikationssprache ist gemäß Partsch eine Sprache zur Spezifikation von Softwaresystemen. Sie baut auf der Theorie der algebraischen Datentypen auf, die zur formalen, implementierungsunabhängigen Spezifikation von Datenstrukturen Mitte der siebziger Jahre eingeführt wurde und inzwischen eine weite Verbreitung auf zahlreiche Teilgebiete der Softwaretechnik gefunden hat, vgl. [Partsch 1991]. Noch bedeutsamer ist allerdings die Frage, ob als Spezifikationssprache eine (quasi) formale oder eine materiale Sprache eingesetzt wird, vgl. Kapitel 3.2.2.3.

Zum Teil wird „structured English" als strukturierte Sprache zur Spezifikation eingesetzt, vgl. [De Marco 1978; Page-Jones 1988]. *Structured English* ist quasi eine natürliche Sprache, die in verschiedenen Dialekten zum einen auf einem Wortschatz basiert, der sich aus Verben, in einem Wörterbuch verzeichneten Termini (Substantive) und reservierten Wörtern zur Formulierung der Ablauflogik zusammensetzt, und zum anderen eine einfache Syntax vorsieht. Es handelt sich somit um einen materialen Ansatz, der sich von dem in diesem Buch propagierten Vorgehen darin unterscheidet, daß er keine methodenneutrale - d. h. von den eingesetzten Entwicklungsmethoden zur Spezifikation des Anwendungsgebiets unabhängige - Rekonstruktion der in einem Unternehmen verwendeten Fachsprache und keine methodenspezifisch normierte Syntax aufweist. Eng verwandt zu strukturierten Sprachen sind PDL (Pseudo Design Language) [Caine/Gordon 1975], PSL (Problem Statement Language bzw. Problem Specification Language) [Yourdon 1992] und Pseudocode[24]. Diesen Sprachen ist gemeinsam, daß mit ihnen formulierte Sprachwerke relativ einfach in die Notation einer Programmiersprache umgesetzt werden können, vgl. dazu [Balzert 1990].

Diagrammsprachen stellen eine besondere Form von Spezifikationssprachen dar, welche die Visualisierung der relevanten Sachverhalte zum Ziel haben. Nachfolgend werden die generellen Charakteristika von Diagrammsprachen kurz erläutert. Konkrete Beispiele für den Einsatz von Diagrammsprachen zur Entwicklung von Workflow-Management-Anwendungen werden in Kapitel 5 vorgestellt. Zunächst ist festzuhalten, daß Diagrammsprachen keine „Erfindung" der Informatik darstellen. Vielmehr sind in verschiedenen Disziplinen bereits vor dem Auftreten der elektronischen Datenverarbeitung diagrammbasierte „künstliche" Sprachen entwickelt worden, siehe z. B. [Nordsieck 1928]. Diagramme stellen die entsprechenden Sprachprodukte dar und dienen zur übersichtlichen,

---

[24] Pseudocode (Synonym: Pseudosprache) ist ein Hilfsmittel zur Formulierung eines Algorithmus nach den Richtlinien der strukturierten Programmierung. Eine genaue Syntax ist nicht festgelegt.

grafischen Darstellung von Abläufen, Funktionszusammenhängen und Tätigkeits-folgen. Sie veranschaulichen die darzustellenden Abläufe bzw. Zusammenhänge durch eine Folge von Sinnbildern, die meist durch Texte ergänzt und erläutert werden. Diagrammsprachen stellen somit ein Beschreibungs- und Entwurfs-instrument dar, um einen oder mehrere Aspekte eines Anwendungssystems grafisch abzubilden, d. h., sie stellen Konstrukte bereit, um die relevanten Abläufe, Datenflüsse oder Funktionen in einem Diagramm darzustellen. In der Literatur sind eine Reihe von Quasisynonymen zu „Diagrammsprache" zu finden, exemplarisch seien hier „Darstellungstechnik" [Lehner et al. 1991], „Entwurfs-notation" [Sommerville 1992], „grundlegender Formalismus" [Partsch 1991], „Modellerstellungswerkzeug" [Yourdon 1992], „Resultatstyp" [Chroust 1992] und „Systemmodell" [Reisig 1986] genannt, oft wird allerdings keine exakte Abgrenzung zu den Spezifikationssprachen vollzogen. Diese breite Palette an Benennungen zeugt im übrigen von dem auch in diesem Bereich herrschenden Begriffswirrwar. Dessen ungeachtet ist die besondere Bedeutung der grafisch orientierten Diagrammsprachen für die Modellierung von Arbeitsabläufen, vgl. [Scheer 1996b], und die Entwicklung von Workflow-Management-Anwendungen, vgl. [Rosemann/zur Mühlen 1997a], unbestritten.

Häufig werden in Workflow-Management-Systemen skriptartige[25] Beschreibun-gen zur Spezifikation herangezogen, die speziell auf Workflow-Management-Anwendungen zugeschnitten sind, siehe z. B. [IBM 1996; Jablonski/Bußler 1996]. Diese Skriptsprachen weisen spezielle Kontroll- und Datenflußkonstrukte auf und sind beliebt, weil sie sehr kompakt und von erfahrenen Entwicklern leichter handhabbar sind als Diagrammsprachen. Allerdings fehlt Skriptsprachen eine theoretische Untermauerung, ihre Semantik ist lediglich durch die jeweilige Version des Skriptinterpreterkodes festgelegt, vgl. [Weikum et al. 1997].

Im Rahmen eines Vorgehensmodells für die Informationssystementwicklung werden Spezifikationssprachen in der Phase „Voruntersuchung" zur Spezifikation der Anforderungen (Zweck), im Fachentwurf zur fachlichen Spezifikation (Inhalt) und im Systementwurf zur formalen Spezifikation (Form) eingesetzt. Im Rahmen

---

[25] Die Benennung „Skript" stammt aus der Künstlichen Intelligenz und dient der Darstellung von Ereignissen (Geschehnissen), Skripte sind von „Frames" zu unterscheiden, die zur Darstellung von Situationen (Dingen) dienen.

der Entwicklung von Softwaresystemen kann der Terminus „Spezifizieren" mit dem Terminus „Stepwise Refinement" (schrittweise Verfeinerung) gleichgesetzt werden, dabei ist zu unterscheiden, ob die Verfeinerung vom „Allgemeinen" zum „Speziellen" (Konkretion) oder vom „Ganzen" zu den „Teilen" (Partition) hin erfolgt, vgl. [Ortner 1997b]. Unter einer Workflow-Management-Spezifikation ist so die Präzisierung einer Workflow-Management-Anwendung hinsichtlich Form und Inhalt - noch unabhängig vom Einsatz eines konkreten Workflow-Management-Systems - in einer frühen Entwicklungsphase zu verstehen. Sie enthält eine genaue Beschreibung eines Workflows aus Sicht der verschiedenen modellierungsrelevanten Aspekte (vgl. Kapitel 5) als fachliche Spezifikation (Fachentwurf), die gemeinsam mit den Benutzern erstellt wird, sowie als formale Spezifikation (Systementwurf).

3.2.2.2 Normsprache

Die Benennung „Normsprache" geht auf [Schienmann 1997] zurück, der sie anstelle der von Lorenzen eingeführten Benennung „Orthosprache" (gr. ὀρθός, richtig), vgl. [Lorenzen 1973; Lorenzen 1987], verwendet, um nicht den falschen Eindruck zu erwecken, *die* einzig richtige Sprache zu konstruieren, etwa im Sinne einer Idealsprache[26]. Die Idee der Normsprache weist darüber hinaus deutliche Parallelen zur Leibnizschen Idee einer adamischen Sprache als einer universalen exakten Sprache auf. Einer adamischen Sprache liegt die Vorstellung zugrunde, daß sich Adam als erster Mensch, als er „den Dingen ihren Namen gab" (Genesis II 19-20), einer Sprache bediente, in der Dinge durch ihnen zugeordnete Wörter vollständig und eindeutig charakterisiert werden, vgl. [Mittelstraß 1995f].

Normsprache ist eine (re-)konstruierte Sprache, die einer Normierung der natürlichen Sprache, d. h. der Gemeinsprache und der Fachsprachen gleichermaßen, entspricht. Sie stellt das Ergebnis einer rationalen Konstruktion der verwendeten Terminologie und Grammatik unter Berücksichtigung der gegebenen Umstände dar, vgl. Abbildung 7. Aufgrund ihres konstruktivistischen Charakters wird sie hier den künstlichen Sprachen zugerechnet. Es muß darauf hingewiesen werden, daß eine Normsprache nicht das Ergebnis der Normungsarbeit des

---

[26] Als Idealsprache gilt eine durch geeignete syntaktische und semantische Normierung präzisierte und deshalb formalisierbare Wissenschaftssprache, vgl. [Mittelstraß 1995f].

Deutschen Instituts für Normung darstellt, sondern Resultat unternehmensintern wirksamer Normierungsbestrebungen ist. Man könnte demzufolge auch von „Unternehmensnormsprache" oder „genormter Unternehmens(fach)sprache" sprechen. Hierauf wird jedoch zugunsten der kürzeren Benennung „Normsprache" verzichtet.

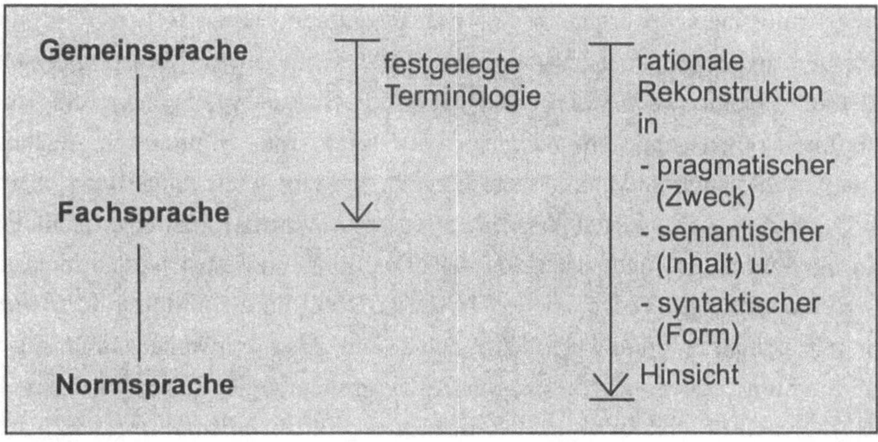

Abbildung 7: Abgrenzung von Gemeinsprache, Fachsprache und Normsprache

Es gibt verschiedene Ansätze der Normierung einer natürlichen Sprache. So stellt die Rechtschreibung (Orthographie) eine Normierung der geschriebenen Sprache dar. Sie zählt nicht zur Terminologienormung im engeren Sinne, denn sie betrifft nicht den Inhalt der Wörter, sondern nur die äußere Form des Geschriebenen, und zwar die besondere, nach bestimmten Regeln erfolgende Zusammenfügung von Buchstaben eines Alphabets zu Gruppen, die sinnerfüllten Lautfolgen entsprechen, vgl. [Ischreyt 1965]. Ferner gibt es Sprachregelungen[27], d. h. Eingriffe in den Sprachgebrauch, die meist von staatlicher Seite aus geschehen und auch zur Manipulation der Sprachbenutzer eingesetzt werden können. Sie sollten nicht mit einer normsprachlichen Normierung verwechselt werden.

---

[27] Eine Sprachregelung fordert beispielsweise dazu auf, nicht von „Raubvögeln" sondern von „Greifvögeln" zu sprechen, um in diesem Fall bestehende Vorurteile gegenüber diesen Tieren abbauen zu helfen.

Der Aufbau einer Normsprache bedingt die Abkehr von einer rein empirisch geprägten Analyse der Sprache. Statt dessen ist im Sinne des Konstruktivismus die Sprache einer logischen Analyse zu unterziehen, vgl. [Lorenzen/Schwemmer 1977]. Das zentrale Anliegen der logischen Sprachanalyse besteht in der Prädikation. In der Sprache der Logischen Propädeutik von [Kamlah/Lorenzen 1974] heißt der Vorgang, einen Gegenstand (der auch abstrakt sein kann, Beispiel „Trauer") mit einem bestimmten Wort zu bezeichnen, einem Gegenstand einen Prädikator zusprechen (vgl. Adam, der den Dingen einen Namen gab) bzw. Prädikation. Unter *Prädikator* werden alle Wörter verstanden, die einen bestimmten Gegenstand bezeichnen, d. h. nicht nur Substantive („Haus", „Trauer"), die Dingprädikatoren bezeichnen, sondern auch Adjektive („klein", „groß", „blau") als Eigenschaftsprädikatoren und Verben („fahren", „schlafen", „sich freuen") als Geschehnisprädikatoren. Die Sprache besteht jedoch nicht nur aus Prädikatoren, vgl. [Lorenzen 1987, Seiffert 1992] und Abbildung 8. *Nominatoren* bezeichnen individuelle Gegenstände, und zwar entweder durch Eigennamen („Anton", „Konstanz") oder durch Kennzeichnungen („Der Verfasser des Fausts"). Neben Prädikatoren und Nominatoren gibt es *Indikatoren* („ich", „du", „dieser", „hier", „gestern", „heute"), die sich immer auf eine bestimmte Situation beziehen und nur aus ihr heraus verständlich sind. *Junktoren* sind z. B. „und", „oder", „wenn", „weil", „aber", sie verbinden Sätze miteinander. *Quantoren* sind Wörter, die Relationen zwischen Gegenständen bezeichnen, beispielsweise „alle", „manche", „kein", „viele", „immer", „nur", „auch", jeweils mit ihren Verneinungen. Prädikatoren, Nominatoren, Indikatoren, Junktoren und Quantoren können nach bestimmten logischen Regeln miteinander verknüpft werden.

Zur Entwicklung von Workflow-Management-Anwendungen ist - wie bei der Entwicklung anderer Typen von Anwendungssystemen auch - eine intensive Kommunikation zwischen Anwendern und Entwicklern erforderlich, um Aussagen über das Anwendungsgebiet zu erheben, aus denen alle weiteren Entwicklungsergebnisse von Anwendungssystemen - ohne Beteiligung der Anwender - abgeleitet werden können. Problematisch ist, daß sich die von Anwendern und Entwicklern bevorzugt eingesetzten Sprachen stark voneinander unterscheiden. Während Anwender in einer gewachsenen natürlichen Sprache kommunizieren, werden von den Entwicklern künstliche, konstruierte Sprachen

(z. B. Diagrammsprachen, vgl. Kapitel 3.2.2.1) wegen ihrer „formalen Eindeutigkeit" bevorzugt, siehe dazu [Ortner 1997a; Ortner/Schienmann 1996].

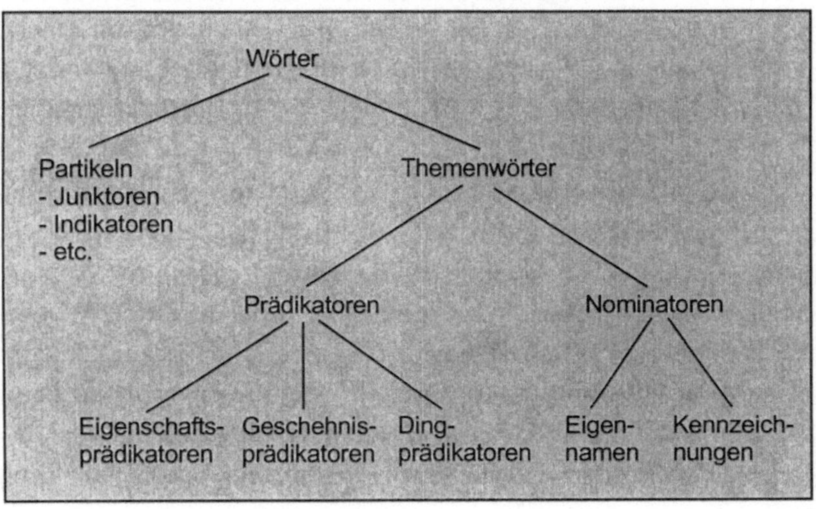

Abbildung 8: Wortarten einer Normsprache

Demzufolge können Workflow-Management-Anwendungen nur dann effizient und wirtschaftlich konstruiert werden, wenn die Sprachlücke zwischen gewachsenen und konstruierten Sprachen durch eine Sprache geschlossen wird, die sowohl Anwender als auch Entwickler verstehen können, siehe z. B. [Dahme/Raeithel 1997]. Zur Schließung dieser Lücke wird die Einführung einer sowohl in Grammatik als auch bezüglich ihres Wortschatzes gegenüber der natürlichen Sprache eingeschränkten, dennoch aber vertraut wirkenden reglementierten Sprache vorgeschlagen. Da die Klarheit des angestrebten Ausdrucks mit den gegebenen Sprachformen - Gemeinsprache und Fachsprachen - nicht möglich ist, vgl. [Schnelle 1973], müssen die gegebenen Sprachformen reglementiert und bei Bedarf neue Sprachformen konstruiert werden. Eine reglementierte Sprache - eine solche wird in diesem Buch angestrebt - sollte so aufgebaut sein, daß es den Anwendern nicht schwerfällt, die gegenüber der natürlichen Sprache erforderlichen Einschränkungen in Grammatik und Wortschatz zu akzeptieren, vgl. [Ortner 1997a]. Sie soll die Nachteile (Mehrdeutigkeit, Vagheit) der natürlichen Sprache hinsichtlich ihrer Eignung zur Fachkommunikation kompensieren und gleichzeitig ihre Vorteile - insbesondere ihre Eignung als

Kommunikationsbasis zwischen Entwicklern und Anwendern, die den zuvor vorgestellten Spezifikationssprachen durchweg fehlt - wahren. Es wurde überdies bereits erläutert, weshalb eine adäquate Kommunikationsbasis gerade im Fachentwurf für die Zusammenarbeit von Entwicklern und Anwendern sehr wichtig ist. Eine Reihe von normsprachlichen Ansätzen zur Entwicklung verschiedener Typen von Anwendungssystemen wird in Kapitel 6.2 im Überblick dargestellt.

Die Wörter der Normsprache sollen sich von Wörtern der natürlichen Sprache grundsätzlich darin unterscheiden, daß sie nicht erst in einem bestimmten Anwendungskontext eine bestimmte Bedeutung annehmen, sondern als Terminologie eines Gegenstandsbereichs für stets dieselbe Verwendung vorgesehen sind, vgl. [Kamlah/Lorenzen 1973]. Zur Rekonstruktion aller Entwicklungsergebnisse im Fachentwurf soll eine Normsprache mit normierten Satzbauplänen und einem Wörterbuch für den Fachwortschatz aufgebaut werden. Die Kernidee besteht darin, eine normierte (kontrollierte) Sprache, die permanent an die Unternehmensverhältnisse anzupassen ist, zur besseren Kommunikation in und zwischen Organisationen einzuführen. Eine Verbesserung der Kommunikation innerhalb eines Unternehmens wird aufgrund des gemeinsamen Gebrauchs einer Normsprache durch alle Unternehmensangehörigen in der Form erzielt, daß mit Hilfe der genormten Terminologie Mißverständnisse bei der Benennung von Situationen und Gegenständen vermieden werden, vgl. [Lorenzen 1980], und gleichzeitig die Distanz zwischen dem restringierten Sprachcode von Personen geringerer Qualifikation und dem eher elaborierten Sprachcode von Mitgliedern der Geschäftsleitung (vgl. dazu die Untersuchung von [Bernstein 1972]) oder hochqualifizierten Fachkräften verringert wird. Eine Normsprache soll Unbestimmtheiten und Vagheiten in natürlichsprachlichen Aussagen durch eine inhaltliche Normierung des vorgeschlagenen Wortschatzes in einem Fachwörterbuch und durch festgelegte Regeln für die Bildung (formal) korrekter Sätze in einer Grammatik (Satzbaupläne) vermeiden.

Es ist besonders hervorzuheben, daß sich jede in einer Spezifikationssprache formulierte Aussage normsprachlich rekonstruieren und dementsprechend von einer solchen Sprache in eine andere über den Zwischenschritt (Zwischensprache) einer normsprachlichen Rekonstruktion übersetzen lassen können muß, vgl. [Lorenzen 1987]. Dieses „Übersetzbarkeitspostulat" der Methode unterstreicht besonders eindrücklich die Unabhängigkeit des normsprachlichen Entwurfs von den spezifischen Gegenstandseinteilungen, die den eingesetzten Spezifikationssprachen (Methoden) zugrunde liegen. Hierzu ist eine rekonstruierte Gegenstandseinteilung auf der Basis der natürlichen Sprache einzusetzen, vgl. [Lorenzen 1987], die gegenüber spezifischen Einteilungen aus Sicht einzelner Entwurfsmethoden neutral (unabhängig) ist. Die methodenneutrale Gegenstandseinteilung in Abbildung 9 ist an [Ortner 1997a] angelehnt. Gegenstände lassen sich demzufolge in Beziehungen (zwischen Komponenten) und Komponenten einteilen. Die Komponenten lassen sich in Eigenschaften und Träger (von Eigenschaften) gliedern. Träger werden in Dinge und Geschehnisse unterteilt, für die jeweils weitere - hier nicht unmittelbar relevante - Untergliederungen existieren. Die natürlichsprachliche Fundierung dieser Gegenstandseinteilung läßt sich schon daran erkennen, daß den einzelnen Gegenstandsarten (Blattknoten) bestimmte Wortarten der deutschen Sprache (aber z. B. auch der englischen Sprache) zugeordnet werden können. Im Fall einer Workflow-Management-Anwendung als Systemarchitektur steht die Gegenstandsart „Geschehnis" im Mittelpunkt, repräsentiert durch die Wortart „Verben". Sie verkörpert die für den Anwendungssystemtyp „Workflow-Management-Anwendung" charakteristische Prozeßorientierung, vgl. Kapitel 2.2. Zusammen mit der Gegenstandsart „Ding", welche durch die Wortart „Substantive" - für die Arbeitsgegenstände - repräsentiert wird, bildet sie die Funktionalität von Workflows ab. Dabei ist die Gegenstandsart „Geschehnis" hauptprädikativ, d. h. dominierend. Die Gegenstandsart „Ding" ist zusatzprädikativ und charakterisiert das hauptprädikative Geschehnis somit näher. Damit ist der Bezug der zentralen Aspekte eines Workflows, nämlich des Steuerungsaspekts (Teilaspekt: Reihenfolge) und des Funktionsaspekts, zu dieser neutralen Gegenstandseinteilung hergestellt. Einzelheiten der Aspektgliederung werden in Kapitel 5 behandelt.

Grundsätzlich können drei unterschiedliche Wege zur Entwicklung einer Normsprache beschritten werden, vgl. [Kley 1996]. Zum einen kann im Sinne eines empirischen Vorgehens versucht werden, eine sogenannte „Tiefenstruktur" der Alltagssprachen im Sinne Chomskys zu entdecken, z. B. [Chomsky 1972], des weiteren können Kunstsprachen (z. B. Diagrammsprachen) „normalisiert", d. h. bestehende (diagrammsprachliche) Ansätze im Sinne einer formalistischen Vorgehensweise ausgewertet und zu einer neutralen Kunstsprache verbunden werden, und schließlich besteht die Möglichkeit eines rationalen Neuaufbaus einer Normsprache (Wortschatz und Grammatik), wozu eine konstruktive Vorgehensweise empfohlen wird. Unter „konstruktiver Vorgehensweise" wird gemäß [Lorenzen 1987] der methodische Neuaufbau einer (Fach-)Sprache, orientiert an den Arbeitsabläufen in einem Anwendungsbereich (Praxis) und den diese Prozesse leitenden Zielen, verstanden.

In diesem Buch wird der dritte Weg favorisiert. Die hier verfolgte Idee einer Normsprache beruht auf der konstruktiven Wissenschaftstheorie, wie sie [Lorenzen 1987] propagiert, und welche in Abgrenzung zur analytischen Wissenschaftstheorie (z. B. [Carnap 1972]) die Begriffe eines Fachgebiets nicht nur analysiert, sondern sie sprachkritisch rekonstruiert, vgl. dazu auch Kapitel 2.3.3. Für diesen Weg spricht, daß er aus der Arbeitswelt heraus eingeschlagen werden kann, denn ein Begriffssystem wird hierbei als das Ergebnis einer an den Zielen eines Unternehmens orientierten Normierung von Wortbedeutungen (Semantik) einer Fachsprache - mit Hilfe explizit dafür eingeführter Satzbildungsregeln (Satzbaupläne) - entworfen, vgl. [Ortner 1997a]. Es handelt sich somit um einen materialen Sprachansatz der Anwendungssystementwicklung, bei dem nicht nur die Verwendung der Partikel (formaler Teil), sondern eben auch der Bestand zulässiger Termini (materialer Teil) zur Bildung korrekter Aussagen über ein Anwendungsgebiet vorher als Teil eines Entwicklungssystems (Konstruktionssprache) festgelegt werden, siehe dazu [Ortner 1993a]. Ferner ist es auch Ziel des normsprachlichen Ansatzes, eine umfassende Wiederverwendung der Ergebnisse des Fachentwurfs zu ermöglichen. Dies wird gerade durch die Nutzung rekonstruierter Fachbegriffe gewährleistet. Schließlich wird dem Ziel einer effizienteren Anwendungssystementwicklung mit Hilfe der Wiederverwendung von Bauteilen, insbesondere Software-Komponenten, auch im Bereich des Workflow-Managements und der Geschäftsprozeßmodellierung, ein hoher Stellenwert für die Zukunft eingeräumt, vgl. [Bertram 1996; Jablonski 1995b].

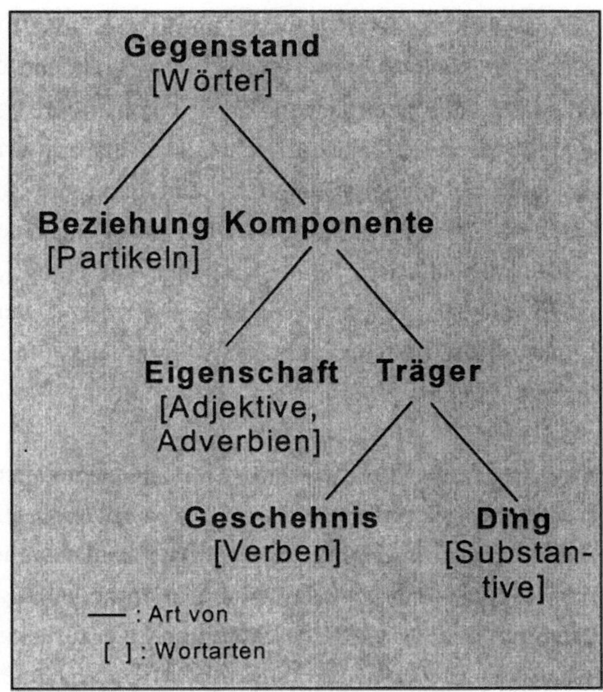

Abbildung 9: Gegenstandseinteilung und Wortarten, angelehnt an [Ortner 1997a]

Wesentliche Kennzeichen des normsprachlichen Entwurfs von Anwendungssystemen sind seine Methodenneutralität im ersten Teil des Fachentwurfs und der Einsatz einer materialen Konstruktionssprache (Normsprache). *Methodenneutralität* bedeutet, daß der Fachentwurf zunächst unabhängig von einem bestimmten Anwendungssystemtyp und damit auch unabhängig von einer spezifischen Methode, z. B. einer Diagramm-Methode, erfolgt. Methodenneutralität bedeutet damit auch stets die Unabhängigkeit vom einzusetzenden Workflow-Management-System. Methodenspezifische Gegenstandseinteilungen und Einschränkungen müssen in dieser Phase ebenfalls nicht beachtet werden.

Zur Verdeutlichung der Methodenneutralität und der damit verbundenen Anwendungssystemtypunabhängigkeit soll der Prozeß „Einstellung eines Mitarbeiters" als Anschauungsbeispiel dienen. Wenn für diesen Prozeß eine Workflow-Management-Anwendung angestrebt wird, so ist eine Vielzahl von Aspekten zu berücksichtigen, man denke hierbei an das weite Spektrum aufbau-

und ablauforganisatorischer Aspekte, aber auch an die mögliche Einbindung von externen Stellen, z. B. Personalberatern. Entsprechend breit und detailliert muß die Fachterminologie auf neutraler Ebene rekonstruiert worden sein. Demgegenüber genügt bei der Realisierung einer Datenbankanwendung für den genannten Prozeß zumindest vordergründig auch eine geringere Breite und Tiefe bei der Rekonstruktion der Fachterminologie. Die Einstellung eines Mitarbeiters beschränkt sich aus Datenbanksicht im wesentlichen auf einen „Insert"-Befehl (bei entsprechender tabellenorientierter Organisation der Datenbestände für MITARBEITER und ABTEILUNG) und die Wahrung der Einhaltung einiger weniger Integritätsbedingungen.

Aus dieser Perspektive heraus erscheint eine breit angelegte methodenneutrale Rekonstruktion der Sachverhalte zunächst als unnötig aufwendig. Doch schon im Zusammenhang mit der Einführung einer Datenbankanwendung in die Arbeitsorganisation ist eine weitergehende Spezifikation notwendig, die dann auf eine breit und detailliert rekonstruierte Fachterminologie zurückgreifen können sollte, da zwangsläufig verschiedene Aspekte der Unternehmensorganisation dabei tangiert werden. Folglich ist die Rekonstruktion so breit und tief durchzuführen, daß sie im Idealfall den Erfordernissen jedes möglichen Anwendungssystemtyps genügt.

Die methodenneutrale Rekonstruktion der fachlichen Lösung einer Aufgabe der Informationsverarbeitung - mit der komplementären Aufgabe des Aufbaus einer *Normsprache* - erfolgt in einem schrittweisen Prozeß der Konstruktion und Transformation sprachlicher Ausdrücke zwischen Entwicklern und Anwendern, der in einer fachlich geprägten natürlichen Sprache stattfindet. Eine Normsprache bietet dabei eine solide Fundierung der Anwendungssystementwicklung. Hier liegt die Einsicht zugrunde, daß die Ordnung der Gegenstände eines Anwendungs-bereichs durch die eingeführte Fachterminologie einer Gegenstandseinteilung (Abbildung 9) folgen soll, vgl. [Schienmann 1997], die nicht an der Gegenstandseinteilung einer spezifischen Software-Lösung (z. B. Datenbank-anwendung) orientiert ist. Dabei darf nicht außer Acht gelassen werden, daß die „Normierung" als ein ständiger Prozeß in einer Organisation zu verankern ist und die normierten Wörter (sowie die normierten Satzbaupläne) immer nur bis auf weiteres - bis andere Entwicklungssituationen vielleicht Veränderungen notwendig erscheinen lassen - als „fix" anzusehen sind. Im Zuge der methodenneutralen Rekonstruktion werden Probleme bei der Zuordnung von Begriffen und Benennungen aufgedeckt und gelöst. Im Fall von Workflow-Management-Anwendungen bietet sich danach eine an diesem Anwendungssystemtyp ausgerichtete aspekteorientierte Spezifikation an, die in Kapitel 5 erläutert wird. Auf der Basis der normierten und klassifizierten Aussagen wird eine teilweise automatische Übersetzung in eine Formalsprache, z. B. in eine Diagrammsprache, anvisiert.

Abschließend ist die *Materialsprachlichkeit* des normsprachlichen Ansatzes besonders hervorzuheben. Darin kommt der oben beschriebene Sachverhalt zum Ausdruck, daß nicht nur eine Grammatik, sondern auch ein (gefülltes) Fachwörterbuch auf der Seite der Konstruktionssprache zum Einsatz kommen. Die Semantik der verwendeten Fachterminologie wird hier beim Entwurf - im Gegensatz zu rein formalen Entwurfsmethoden - auch auf der Seite der eingesetzten Sprache (Fachwörterbuch) und nicht nur auf der Seite der Sprachprodukte (Anwendungen) verwendungsneutral festgelegt.

Für das hier präsentierte Vorgehensmodell ist die Unterscheidung zwischen einer methodenneutralen Normsprache und methodenspezifischen Normsprachen sehr wichtig, die zusammen genommen als „Normsprache" bezeichnet werden können. Diese Unterscheidung ergibt sich aus der Zweiteilung des Fachentwurfs, vgl. Kapitel 2.3.3 und [Ortner 1997a]. Unter einer „methodenspezifischen Normsprache" ist eine auf eine Methode (z. B. Diagramm-Methode) zugeschnittene Sonderform der Normsprache zu verstehen, welche die Grammatik, genauer: die Syntax, der erhobenen und einem Aspekt zugeordneten Aussagen mit Hilfe von Satzbauplänen weiter normiert und damit einschränkt. Die eingesetzten Methoden, die Diagrammsprachen oder nichtgraphische Spezifikationssprachen umfassen, dienen der Beschreibung eines Anwendungsgebiets aus jeweils einer bestimmten Perspektive heraus.

Eine methodenspezifische Normsprache stellt somit eine Einengung der methodenneutralen Normsprache dar, welche die erhobenen Aussagen unabhängig von einer später zum Einsatz kommenden Darstellungsmethode grammatikalisch und terminologisch normiert. Für jede im zweiten Teil des Fachentwurfs eingesetzte Methode kann es eine eigene methodenspezifische Normsprache geben. Somit können neben einer methodenneutralen Normsprache im Prinzip beliebig viele methodenspezifische Normsprachen existieren, die jeweils eine Art Sondernormsprache darstellen und die alle auf der methodenneutralen Normsprache aufbauen. Vereinfachend wird im Folgenden statt einer präzisen Benennung wie „auf die Methode x angepaßte Normsprache" von „methodenspezifischer Normsprache" gesprochen, da jeweils nur ein Aspekt bzw. Teilaspekt betrachtet wird, so daß eindeutig auf die jeweils diskutierte Methode Bezug genommen wird. Es ist an keiner Stelle dieses Buchs notwendig, die methodenspezifischen Normsprachen in ihrer Gesamtheit zu betrachten, so daß die dazu notwendige Pluralformulierung im Folgenden nicht auftritt.

In der Praxis wurde der normsprachliche Ansatz durch die Normierung von Datenelementen, STEP[28] (Produktdatenmodelle), EDIFACT[29] (Nachrichtentypen), Referenzmodelle (z. B. das SAP R/3-Referenzmodell) sowie die DATEV-Softwareentwicklung, dokumentiert in [Ortner et al. 1990], bereits zum Teil verwirklicht. Als weitere Beispiele einer normsprachlichen Entwicklung von Anwendungssystemen können die komponentenorientierte Entwicklung von Anwendungen (z. B. aus Business Objects), der Aufbau von Terminologien (bzw. Ontologien) in der Künstlichen Intelligenz sowie die Forschungsrichtung „Domain-Specific-Languages" im Software Engineering (Fachsprachen für die Systementwicklung) angesehen werden.

3.3 Begriffsmodell

Jede Wissenschaft bemüht sich um möglichst eindeutige und klare Begriffe. Demzufolge stellen die Begriffsbildung und die Verwendung von Fachbegriffen

---

[28] STEP steht für *Standard for the Exchange of Product Model Data* und dient somit dem Produktdatenaustausch, vgl. [Anderl 1993].

[29] EDIFACT steht für *Electronic Data Interchange for Administration, Commerce and Transport* und stellt eine internationale, branchenübergreifende Vereinbarung zur Interpretation von per Datenübertragung ausgetauschten Handelsdaten dar, die von der Wirtschaftskommission der Vereinten Nationen unter Mitarbeit weiterer Standardisierungsgremien herausgegeben wurde, siehe zur Vertiefung [DIN 1995; Schmoll/Nommensen 1996].

Teile jeder Wissenschaft dar. In diesem Kapitel wird ein Begriffsmodell vorgestellt, das sich nicht nur auf Begriffe einer Fachsprache bezieht, sondern sowohl für gemeinsprachliche Begriffe als auch für Fachbegriffe anwendbar ist. Nachfolgend wird versucht, einige zentrale und für den Rekonstruktionsprozeß bedeutsame Facetten eines Begriffs anhand verschiedener Definitionen herauszuarbeiten.

3.3.1 Begriff

Ein Begriff steht auf abstrakter Ebene und bezieht sich auf einen Gegenstand in der Welt, wobei ein Gegenstand entweder ein Ding, ein Geschehnis, eine Eigenschaft oder eine Beziehung sein kann, wenn man die in Abbildung 9 vorgestellte Gegenstandseinteilung heranzieht. Von einem Gegenstand können je nach Perspektive (fachlicher Betrachtung) verschiedene Begriffe gebildet werden, die mit den entsprechenden Ausschnitten eines Gegenstandsbereichs korrespondieren, vgl. [Felber/Budin 1989]. Ein Begriff wird auf Zeichenebene - und damit einer konkreten Ebene - repräsentiert durch eine Benennung, z. B. ein Wort, vgl. [Lorenzen 1985]. Auch hier besteht eine enge Beziehung. Eine indirekte Beziehung besteht zwischen dem Gegenstand und seiner Repräsentation über die abstrakte, begriffliche Ebene. Folglich ist eine Benennung nicht direkt mit einem Gegenstand verbunden, sondern über den Begriff, den man sich von ihm macht, vgl. Abbildung 10. Das dort dargestellte Bedeutungsdreieck ist scholastischen[30] Ursprungs und wurde seitdem vielfach aufgegriffen. Es ist ferner von der Annahme auszugehen, daß die direkte Repräsentation eines Begriffs in einem bestimmten - individuell verschiedenen - Erregungszustand des Gehirns besteht, auf den kein direkter Einfluß genommen werden kann. Lorenzen hat deshalb das Dreieck von Abbildung 10 um das Element „Vorstellung" zu einem Tetraeder erweitert, vgl. [Lorenzen 1985]. Begriffe werden in der konstruktiven Wissenschaftstheorie über ein Abstraktionsverfahren (Äquivalenzrelation), d. h. rein logisch und somit weder psychologisch noch physiologisch eingeführt. Die Wörter „Kunde" und „Customer" stellen beispielsweise denselben abstrakten Begriff dar.

---

[30] Die Scholastik ist aristotelisch geprägt und sieht ein von den Problemen der Selbsterhaltung und Lebensdienlichkeit freigesetzte Erforschung der Wahrheit vor, vgl. [Prechtl/Burkard 1996]. Sie war die vorherrschende Wissenschaftslehre des Mittelalters.

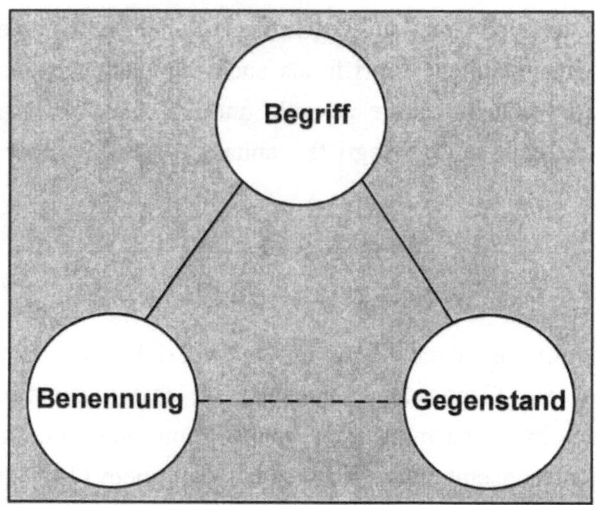

Abbildung 10: Bedeutungsdreieck eines Begriffs

Dagegen enthält die Definition des Deutschen Instituts für Normung den Terminus „Denkeinheit", der eher psychologischen Charakter hat und daher keinen logischen Terminus darstellt. Die Definition des DIN für einen Begriff lautet folgendermaßen [DIN 2342 1992, 1]:

Begriff: Denkeinheit, die aus einer Menge von Gegenständen unter Ermittlung der diesen Gegenständen gemeinsamen Eigenschaften mittels Abstraktion gebildet wird.

Anmerkung: Begriffe sind nicht an einzelne Sprachen gebunden, sie sind jedoch von dem jeweiligen gesellschaftlichen und kulturellen Hintergrund einer Sprachgemeinschaft beeinflußt.

Die genannten Gegenstände können abstrakt oder konkret sein. Als Grundelemente eines Begriffs gelten die angesprochenen Eigenschaften, d. h. ihre Merkmale, vgl. [Felber/Budin 1989]. „Merkmale" werden im übrigen in Kapitel 3.3.3 definiert. Hervorzuheben ist die Anmerkung zur Definition, die indirekt auf mögliche Probleme hinweist, die bei internationalen Terminologie-Normierungsbestrebungen auftreten, sobald wesentliche gesellschaftliche oder kulturelle

Eigenheiten verschiedene Sprachgemeinschaften voneinander trennen. Bei der Normierung einer Unternehmensfachsprache, die auf nur einer natürlichen Sprache aufbaut, wird man mit dieser Problematik jedoch kaum konfrontiert.

In [Wüster 1991, 8] wird folgende Definition des Begriffs „Begriff" gegeben:

> Ein Begriff - von „Individualbegriffen" werde hier abgesehen - ist das Gemeinsame, das Menschen an einer Mehrheit von Gegenständen feststellen und als Mittel des gedanklichen Ordnens („Begreifens") und darum auch zur Verständigung verwenden. Der Begriff ist so ein *Denkelement*.

Die in dieser Definition beiseite gelassenen Individualbegriffe und ihre Benennungen (Namen) bezeichnen jeweils ein Individuum oder einen als Individuum betrachteten Gegenstand, dessen Position in Raum und Zeit leicht angegeben werden kann. Im Gegensatz dazu kann die Position von Allgemeinbegriffen in Raum und Zeit nicht angegeben werden, sie bezeichnen eine Menge (Klasse) von Gegenständen, vgl. [Arntz/Picht 1991; DIN 2342 1992]. Diesen und anderen Definitionen ist gemeinsam, daß von „Denkelement", „Denkeinheit" oder „gedanklichem Konzept" als Charakterisierung eines Begriffs gesprochen wird. Ein Begriff wird demnach durch Abstraktion (invariante Rede über Spezifika) gewonnen, dabei werden Gegenstände oder Sachverhalte aufgrund bestimmter Eigenschaften und/oder Beziehungen klassifiziert (Äquivalenzklassenbildung), vgl. [Lorenzen 1985]. Das Abstraktionsprinzip ist implizit auch in den zitierten Definitionen enthalten. Es wird außerdem betont, daß die klassifizierten Gegenstände abstrakt (nicht körperlich) oder konkret (körperlich) sein können, wohingegen ein Begriff immer als abstrakt einzustufen ist.

3.3.2 Benennung

Zu jedem Begriff gehört - mindestens - ein Wort[31], das ihn benennt, vgl. Abbildung 11. Es kann sich dabei auch um eine Wortgruppe handeln. Dieses Wort wird laut [DIN 2342 1992, 2] *Benennung* genannt:

---

[31] „Wort" ist ein intuitiv vorgegebener und gemeinsprachlich verwendeter Begriff für sprachliche Grundeinheiten, auf den in dieser Arbeit weitgehend verzichtet wird.

Benennung: Aus einem oder mehreren Wörtern bestehende Bezeichnung[32].

Anmerkung 1: Begriffe werden sprachlich durch Benennungen und Definitionen [weitere Wörter] repräsentiert.
Anmerkung 2: Man unterscheidet zwischen Einwortbenennungen (einschließlich der zusammengesetzten Benennungen) und Mehrwortbenennungen. Kriterium ist die Trennung der Benennungsteile durch Leerstellen.

Man findet zwar auch - insbesondere in der Sprachwissenschaft - „Begriffswort" [Frege 1977] und „Bezeichnung" [Saussure 1967] als Synonyme zu „Benennung", doch soll im Folgenden an „Benennung" festgehalten werden, und zwar auch dann, wenn keine fachsprachlichen sondern vielmehr gemeinsprachliche Begriffe bezeichnet werden, da die Abgrenzung von Fachsprache zu Gemeinsprache oft schwerfällt, vgl. dazu Kapitel 3.2.2. Im übrigen gilt, daß „eine fachliche Benennung [..] so präzise festgelegt sein [soll], daß ihr Bezug auf einen Begriff zweifelsfrei und eindeutig ist" [DIN 2330 1993, 3], so daß von einem „Terminus" gesprochen werden kann. Grundsätzlich lassen sich Benennungen in Namen zur Bezeichnung von Individualbegriffen und in Allgemeinbenennungen zur Bezeichnung von Allgemeinbegriffen untergliedern, vgl. [Arntz/Picht 1991]. Faßt man Begriff und Benennung zusammen, so wird in der Terminologielehre von „Terminus"[33] gesprochen, d. h., unter einem Terminus wird das zusammengehörige Paar aus einem Begriff und seiner Benennung als Element einer Terminologie verstanden, vgl. [DIN 2342 1992]. Ein Terminus besitzt das Merkmal der Monosemie (genau eine Bedeutung), das sich im Gegensatz zur „natürlichen" Polysemie des Wortes (mehrere Bedeutungen) nicht aus dem Kontext, sondern aus der Zugehörigkeit der Termini zu einer gegebenen Terminologie ergibt, vgl. [Ischreyt 1965].

Der Wortschatz (Terminologie) setzt sich aus den Einheiten „Wort" und „Wortgruppe" (festen Kombinationen von Wörtern einer Sprache) zusammen. Eine Wortgruppe besteht aus mindestens zwei getrennt geschriebenen, syntaktisch

---

[32] Eine Bezeichnung ist laut [DIN 2342 1992, 2] die „Repräsentation eines Begriffs mit sprachlichen oder anderen Mitteln".

[33] Bildungssprachlich wird unter einem *Terminus [technicus]* ein *Fachausdruck, ein Fachwort* verstanden, vgl. [Brockhaus 1986ff].

verbundenen Wörtern. Handelt es sich um Benennungen, so wird zwischen Einwortbenennungen und Mehrwortbenennungen unterschieden, vgl. [DIN 2342 1992]. Ein Wort setzt sich wiederum aus Wortelementen, den sogenannten Morphemen, als kleinsten bedeutungstragenden Einheiten einer Sprache zusammen. In [Wüster 1991, 37] werden drei verschiedene Morphemarten unterschieden: Wortstämme (*Ein*/anker/um/*form*/er), Ableitungselemente (Ein/anker/*um*/form/*er*) und Flexionselemente (Jahr/*es*/tagung). Ableitungselemente werden synonym „Affixe" genannt. Sie umfassen Präfixe (z. B. *be*fahren) und Suffixe (z. B. Dunkel*heit*). Es handelt sich um Wortelemente, die ausschließlich zur Bildung neuer Wörter verwendet werden und nicht selbständig vorkommen können. Flexionselemente dienen der Deklination, Konjugation oder Steigerung, d. h. der Bildung von Wortformen. Ein Wortstamm ist ein nach Abtrennung aller Ableitungselemente und Flexionselemente verbleibendes Wortelement.

Es gibt neben der textuellen weitere Arten der Benennung, insbesondere Nummern, Notationen und Symbole[34]. Vor allem Notationen (z. B. $PbCO_3$) und Nummern können als Benennungen im Rahmen der normsprachlichen Entwicklung von Anwendungssystemen auftreten. Nummern sind wenn möglich im Zuge der Rekonstruktion durch ein entsprechendes Fachwort (bzw. eine Wortgruppe) zu ersetzen, da sie sehr viel leichter fehlinterpretiert bzw. verwechselt und als zu fachspezifisch („Jargon") empfunden werden. Dies gilt für Notationen nur in eingeschränktem Umfang.

3.3.3 Intension

Die Intension eines Begriffs gibt dessen spezifische Merkmale an (Begriffsinhalt) und definiert ihn dadurch, vgl. Abbildung 11.[35] Diese Merkmale sind in einem Begriff in sich stets gleichbleibender Bedeutung nach logischen Gesetzen verknüpft. Zwei Begriffe sind intensional identisch, wenn sie inhaltlich das Gleiche bedeuten, d. h., wenn ihnen die gleichen semantischen Merkmale

---

[34] Nummern sind Bezeichnungen in numerischer Form, Notationen sind ebensolche in alphanumerischer Form und Symbole sind Bezeichnungen in einer graphischen Repräsentation.

[35] Auf der intensionalen Begriffsdefinition beruht die in der Semantik geläufige Gleichsetzung von Begriff und Bedeutung, die dieser Arbeit nicht zugrunde gelegt wird.

zukommen, z. B. *Geige/Violine*. Die entsprechende Definition von „Intension" des Deutschen Instituts für Normung [DIN 2342 1992, 1], die sinngemäß mit derjenigen von [Wüster 1991, 8] übereinstimmt, lautet: „Begriffsinhalt: Gesamtheit der Merkmale eines Begriffs." Die Untersuchung von Begriffen bedeutet somit zwangsläufig die Betrachtung seiner Merkmale; quasi synonym wird statt von „Merkmalen" auch von „Eigenschaften", „Begriffsmerkmalen", „Begriffselementen" oder „Wissenselementen" gesprochen, vgl. [Arntz/Picht 1991].

„Merkmal" kann wie folgt definiert werden [DIN 2330 1993, 3f]:

> Sowohl zur Begriffsbestimmung als auch für das Feststellen von Begriffsbeziehungen sind die Merkmale von Begriffen von grundlegender Bedeutung. Merkmale geben diejenigen Eigenschaften von Gegenständen wieder, welche zur Begriffsbildung und -abgrenzung dienen. Sie sind durch Abstraktion gewonnene Denkeinheiten und damit auch selbst Begriffe.

Gemäß dieser Definition dienen Merkmale einerseits zur Feststellung der Intension eines Begriffs und damit zur Begriffsbestimmung, sowie andererseits zur Feststellung von Begriffsbeziehungen, z. B. Ober- und Unterbegriffen (Hyperonymen und Hyponymen). Die Gesamtheit der zu einem gegebenen Zeitpunkt festgestellten Merkmale eines Begriffs entspricht dem Wissen über diesen Begriff. Damit bedeutet jede Änderung eines Merkmals zwangsläufig die Entstehung eines neuen Begriffs, vgl. [Arntz/Picht 1991]. Merkmale lassen sich in verschiedene Merkmalsarten klassifizieren. Merkmalsarten wiederum sind ausschlaggebend für die Struktur eines Begriffssystems. Und unter einem Begriffssystem ist der systematische Zusammenhang von Begriffen zu verstehen, insbesondere die Klärung der Frage, welche Begriffe unmittelbar neben- und übereinander stehen sollen. So läßt sich beispielsweise der Oberbegriff[36] „Mensch" je nach Art des gewählten Kriteriums wie folgt einteilen:

- Altersgruppe: Kleinkind, Kind, Jugendlicher, Erwachsener
- Beruf: Arzt, Gärtner, Lehrer, Pfarrer, usw.
- Glauben: Christ, Hindu, Jude, Moslem usw.

---

[36] Ein Oberbegriff ist der übergeordnete Begriff innerhalb eines hierarchischen Begriffssystems, das durch Abstraktionsbeziehungen gekennzeichnet ist [DIN 2330 1993, 2].

    – Nationalität: Deutscher, Franzose, Italiener usw.

    – usw.

Auf der Grundlage der Intension eines Begriffs, d. h. der Kenntnis seiner Merkmale, kann im Rahmen einer terminologischen Analyse festgestellt werden, ob zwischen zwei Benennungen Synonymie (vgl. Kapitel 4.2.1) bzw. Äquivalenz[37] vorliegt. Zur Einteilung der Merkmale gibt es unterschiedliche Ansätze, universell anwendbar ist die Unterscheidung zwischen *wesentlichen* und *unwesentlichen* Merkmalen. Hierbei werden solche Merkmale als wesentlich bezeichnet, die Eigenschaften eines Gegenstands in einer gegebenen Situation aus der Sicht einer Fachrichtung widerspiegeln, vgl. [Arntz/Picht 1991]. Demzufolge entspricht die Intension eines Begriffs seinen wesentlichen Merkmalen. Gleichwohl ist es unstrittig, daß es auch bei der Unterscheidung zwischen wesentlichen und unwesentlichen Merkmalen ein absolut objektives Unterscheidungskriterium nicht gibt, vgl. hierzu [Czap 1993]. So muß auf den intersubjektiven Charakter der Zusammenarbeit von Fachleuten aus verschiedenen Bereichen bei der Festlegung der Terminologie vertraut werden.

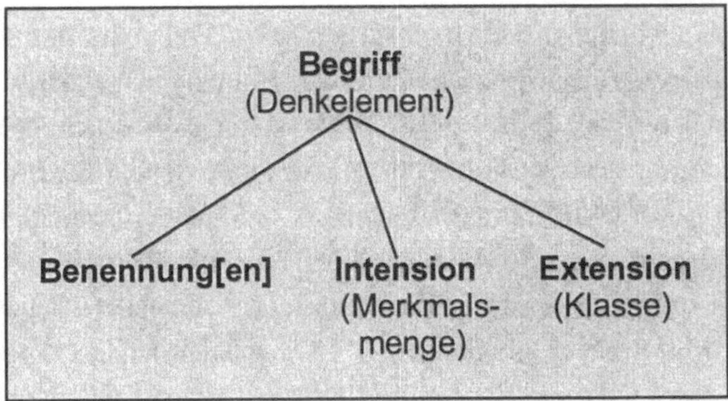

Abbildung 11: Begriffsmodell

---

[37] Äquivalenz bedeutet hier die weitgehende begriffliche Übereinstimmung eines Terminus in zwei verschiedenen Sprachen (z. B. Deutsch und Englisch) als Voraussetzung für deren Zusammenführung in einem zweisprachigen Wörterbuch, vgl. [Arntz/Picht 1991].

3.3.4 Extension

Die Extension eines Begriffs setzt sich aus den Objekten, die unter einen Begriff fallen (Klasse), und dem Begriffsumfang zusammen [DIN 2342 1992, 2]:

> *Klasse* (im Sinne der Terminologiearbeit): Gesamtheit der Gegenstände, die unter einen Begriff fallen.

> Anmerkung: Die Klasse ist zu unterscheiden vom Begriffsumfang.

> *Begriffsumfang*: Gesamtheit der einem Begriff auf derselben Hierarchiestufe untergeordneten Begriffe.

> Anmerkung: Jeder Begriff auf dieser Hierarchiestufe ist dadurch mit seinem eigenen Begriffsumfang im Begriffsumfang des betrachteten Ausgangsbegriffs enthalten. Es ist zwischen dem Begriffsumfang und der Gesamtheit der Unterbegriffe auf allen Hierarchiestufen zu unterscheiden.

Klasse und Begriffsumfang stellen somit zwei orthogonale Sichtweisen eines Begriffs dar, nämlich die der Begriffsklassifikation und die der Gegenstandseinteilung. Da „Begriffsumfang" mitunter als Homonym - und zwar neben der oben definierten begriffsklassifikatorischen Bedeutung zusätzlich als Synonym zu „Klasse" und somit gegenstandsklassifikatorisch - verwendet wird, wurde dies in der DIN-Norm ausdrücklich ausgeschlossen. Zur Veranschaulichung soll das Beispiel „Fahrzeug" dienen. Den Umfang des Begriffs „Fahrzeug" bilden die auf der gleichen Abstraktionsstufe (Hierarchiestufe) stehenden Unterbegriffe[38] „Wasser-", „Luft-" und „Landfahrzeug". Es handelt sich folglich um eine Inklusionsbeziehung. Dagegen besteht die Klasse des Begriffs „Fahrzeug" aus der Gesamtheit aller Fahrzeuge, d. h. allen Gegenständen, welche die Merkmale des Begriffs „Fahrzeug" aufweisen, vgl. dazu [Arntz/Picht 1991]. Dieses Beziehungsverhältnis nennt man Subsumtion, vgl. [Ortner 1983]. Der Umfang eines Begriffs kann sich im Laufe der Zeit ändern, wenn neue Unterbegriffe entstehen, vgl.

---

[38]Ein Unterbegriff ist der untergeordnete Begriff innerhalb eines hierarchischen Begriffssystems, das durch Abstraktionsbeziehungen gekennzeichnet ist [DIN 2330 1993, 2].

[Wüster 1991]. Für das Beispiel könnte man sich vorstellen, daß der Unterbegriff „Raumfahrzeug" hinzukommt.

In diesem Zusammenhang sei auch auf den Satz der Reziprozität von Inhalt und Umfang eines Begriffs hingewiesen. Dieser besagt, daß je größer der Umfang eines Begriffs ist, desto allgemeiner ist er, je inhaltsreicher, je mehr Merkmale er hat, um so individueller ist er. Das bedeutet, daß Inhalt und Umfang eines Begriffs umgekehrt proportional zueinander sind, vgl. z. B. [Rescher 1964]. Es läßt sich laut [Pawlowski 1980] auch leicht nachweisen, daß folgende Zusammenhänge zwischen Intension und Extension gelten, da beide Zusammenhänge Äquipollenzen charakterisieren, vgl. Kapitel 3.4.3:

(1) Wenn zwei Benennungen A und B intensionsgleich sind, dann sind sie auch extensionsgleich, aber nicht umgekehrt.

(2) Wenn zwei Benennungen A und B extensionsverschieden sind, dann sind sie auch intensionsverschieden, aber nicht umgekehrt.

Oft - auch in diesem Buch, vgl. Abbildung 11 - wird jedoch auch auf die Betrachtung des Begriffsumfangs verzichtet und damit werden unter „Extension" nur die unter einen Begriff fallenden Gegenstände, seine „Klasse" verstanden. Als Anschauungsbeispiel dafür, daß zwei intensionsverschiedene Benennungen extensionsgleich sein können, wird in der Literatur häufig das Wortpaar „Abendstern/Morgenstern" genannt. Die beiden Benennungen bezeichnen den Planeten Venus (Klasse), aber ihre intensionalen Bedeutungen weichen voneinander ab, und zwar in der Ausprägung des Merkmals „Zeit, in welcher der Himmelskörper am Himmel leuchtet". Frege verdeutlicht an diesem Beispiel, daß verschiedene Arten der Bedeutung unterschieden werden müssen, vgl. [Lohnstein 1996]. Einerseits bezeichnet die Benennung „Morgenstern" einen Stern, der morgens am Himmel leuchtet, und die Benennung „Abendstern" einen Stern, der abends am Himmel leuchtet. Diese Beschreibungen nennt Frege den „Sinn". Andererseits beziehen sich beide Beschreibungen auf ein und denselben Himmelskörper, so wie er tatsächlich im Planetensystem existiert. Dieses außersprachliche Objekt in der Welt nennt Frege die „Bedeutung". Die Benennungen „Morgenstern" und „Abendstern" charakterisieren die Venus also dem Sinne nach, während der real existierende Stern die Bedeutung dieser Benennungen ist. Carnap ersetzte die Benennungen „Sinn" und „Bedeutung" durch die erwähnten Benennungen „Intension" und „Extension", vgl. [Carnap 1972]. Daneben werden auch die aus der Handlungstheorie stammenden Termini „Schema" und „Aktualisierung" verwendet, vgl. [Wunderlich 1976].

Für die Informationsverarbeitung wurde ein ähnliches Begriffsmodell in [Wedekind/Ortner 1980] eingeführt. Die Benennung des Begriffs wird in der in [Ortner 1994] dargestellten neueren Version „Begriffswort" genannt. Die Intension eines Begriffs beschreibt die Merkmale eines Begriffs, d. h. Attribute, Beziehungen, Fähigkeiten, Einschränkungen usw. Die Extension eines Begriffs wird in diesem Modell in zwei Extensionen unterteilt. Als „Extension 1" werden die Gegenstände des Anwendungsbereichs bezeichnet. Dies entspricht im hier verwendeten Begriffsmodell der Extension. Der „Extension 2" werden die (Zeichen-)Repräsentanten der Gegenstände des Anwendungsbereichs zugeordnet, welche die Gegenstände des Anwendungsbereichs referenzieren und charakterisieren. Zusätzlich wird in dem in [Ortner 1994] vorgestellten Modell jedem Begriffswort noch ein Wahrheitswert zugewiesen, der durch die Ausprägungen „wahr" bzw. „falsch" darüber Auskunft gibt, ob die Zuordnung eines Begriffsworts (Benennung) zu einem Gegenstand korrekt ist oder nicht, denn laut Frege ist ein Begriff eine Funktion, deren Wert immer ein Wahrheitswert ist. Dies ist jedoch nicht in jedem Fall eindeutig möglich, vgl. [Schienmann 1997]. Die Verbindung von Begriff und Wahrheitswert wurde in [Frege 1966] eingeführt. In diesem Buch wird dem terminologischen Begriffsmodell der Vorzug gegeben, da auf ihm die zitierten DIN-Normen aufbauen und somit auch der Begriff des „Terminus" zur Handhabung der Einheit von Begriff und Benennung zur Verfügung steht.

3.4 Zuordnung von Begriffen und Benennungen

Einer möglichst eindeutigen Beziehung zwischen Begriff und Benennung kommt in den Fachsprachen eine besonders große Bedeutung zu. Die zentrale Zielsetzung der Rekonstruktion der Fachbegriffe besteht dementsprechend darin, für jeden Terminus eine eindeutige Beziehung zwischen Begriff und Benennung aufzubauen. Hierbei kann eine Reihe von Problemfällen auftreten, zu denken ist an

Synonymie, Homonymie, Polysemie, Äquipollenz sowie vage und nicht mehr korrekte Benennungen. Synonyme beziehen sich auf Bedeutungsrelationen zwischen Benennungen, wohingegen sich Homonyme und Polyseme, die als „lexikalische Ambiguität" zusammengefaßt werden können, auf die Relation zwischen Benennung und Extension beziehen. In [Ortner/Söllner 1989] werden die aufgezählten Problemfälle als „sprachliche Defekte" bezeichnet. Hermeneutische Verfahren sind besonders geeignet, problematische Zuordnungen zu erkennen, da mit ihrer Hilfe zunächst ein Verständnis des gesamten Texts angestrebt wird, das die Klärung einzelner Begriffe aus ihrem Kontext heraus erleichtert, vgl. Kapitel 3.4.3.

3.4.1 Synonymie

Synonymie liegt dann vor, wenn zwei oder mehr Benennungen einem Begriff zugeordnet sind, die - im Idealfall - beliebig ausgetauscht werden können, z. B. „Tierarzt/Veterinär", vgl. Abbildung 12. Ein Synonym ist somit eine Benennung, die denselben Begriff bezeichnet wie eine andere Benennung [DIN 2342 1992]. Synonymie stellt ein erhebliches Hindernis für die fachliche Verständigung dar. Grundsätzlich kann zwischen *partiellen Synonymen* (Quasisynonyme, Homoionyme) und *totalen Synonymen* unterschieden werden.

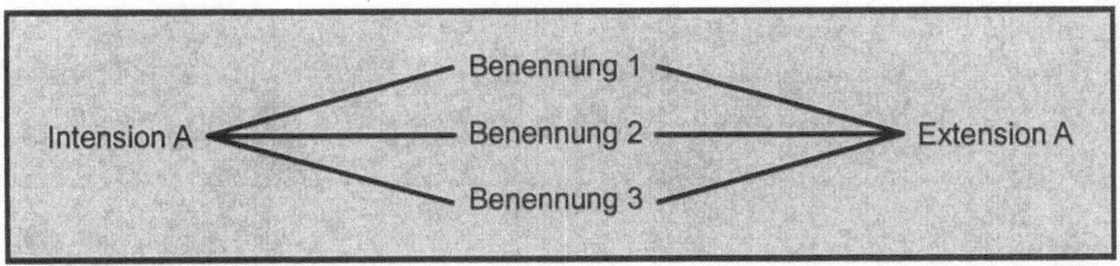

Abbildung 12: Synonymie

In Abbildung 13 werden eine Reihe von Synonymiearten zusammengefaßt, wobei der Grad der Synonymie zumindest tendenziell von links (Synonymie im weiteren Sinne, die bisweilen gar nicht als solche wahrgenommen wird) nach rechts (Synonymie im engeren Sinne) zunimmt. Die einzelnen Synonymiearten werden in den folgenden Abschnitten näher beschrieben.

3.4.1.1 Totale Synonymie

Totale Synonymie setzt uneingeschränkte Austauschbarkeit der entsprechenden Benennungen in allen Kontexten voraus und bezieht sich sowohl auf Intension als auch Extension eines Begriffs. Bei enger Auslegung dieser Definition und bei Beschränkung auf ein spezifisches Sprachsystem zeigt sich bei fast allen Beispielen, daß das Prinzip der Sprachökonomie totale Synonymie zumindest bei Wörterbucheinträgen (Basiselemente eines Wörterbuchs) nicht zuläßt, vgl. [Lorenzen 1980]. In [Lyons 1969] werden totale Synonyme sogar als „Irregularität der Sprache" bezeichnet. Unberührt von dieser engen Auslegung bleiben *allgemeine Synonyme* wie „schon/bereits". Dasselbe gilt für das Nebeneinanderauftreten einer fremdsprachlichen und einer deutschen Benennung, da hier zwei Sprachsysteme betrachtet werden. Auch in diesem Fall gibt es Beispiele („Grazie/Anmut", „Etage/Stockwerk"), die totale Synonymie repräsentieren.

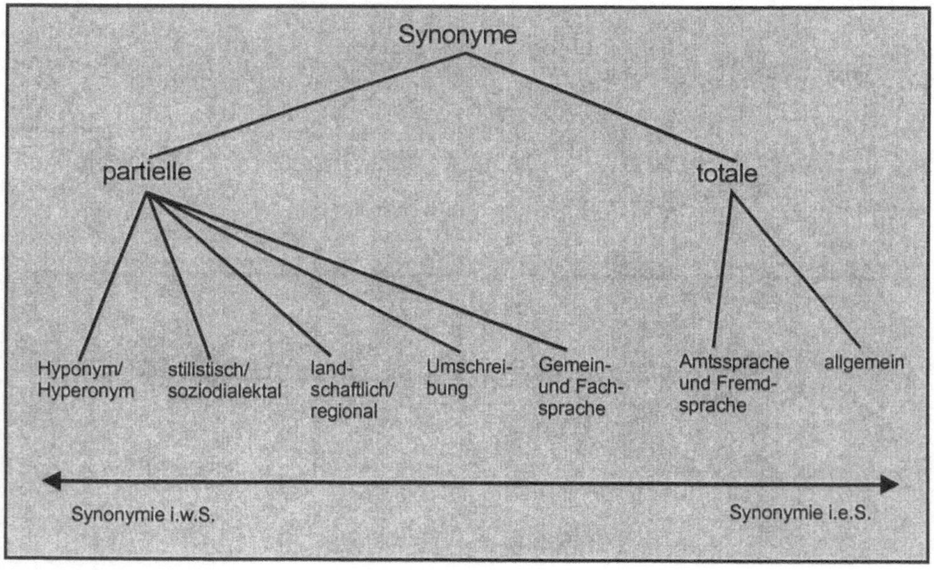

Abbildung 13: Synonymiearten

Grundsätzlich kann bei fremdsprachlichen Benennungen zwischen *Entlehnung* und *Lehnübersetzung* unterschieden werden. Man spricht bei der unveränderten bzw. weitgehend unveränderten Übernahme eines Wortes aus einer anderen Sprache von *Entlehnung*, vgl. hierzu [Arntz/Picht 1991; DIN 2332 1988]. Eine besonders wichtige Rolle spielt die Entlehnung in den Natur- und Ingenieurwissenschaften. Vielfach werden mit der Übernahme einer technischen Neuentwicklung die Benennungen aus dem betreffenden Sprachgebiet mit übernommen. So sind in den letzten Jahren eine ganze Reihe von englischen (Fach-)Wörtern in eine Vielzahl von Sprachen eingedrungen, insbesondere aus dem Gebiet junger, aufstrebender Disziplinen, man denke beispielsweise an „Computer", „Software", „Workflow". Daneben wird in starkem Maße auf die alten Sprachen zurückgegriffen, z. B. stellen „Diagnose" und „Analyse" angepaßte Übernahmen aus dem Griechischen dar. Die Übernahme aus einer anderen Sprache bedeutet allerdings keineswegs, daß die Begriffe in den beiden Sprachen völlig äquivalent - d. h. total synonym - verwendet werden. Vielmehr reicht das Spektrum von totaler Synonymie (vollständiger Äquivalenz) über eine Überschneidung sowie eine Inklusion bis hin zu keiner begrifflichen Äquivalenz. Der letzte Fall kennzeichnet den auch in Fachsprachen keineswegs seltenen Fall der *falschen Freunde*, dabei wird aus einer weitgehenden Benennungsähnlichkeit auf eine entsprechende Ähnlichkeit der Begriffe geschlossen, obwohl diese nicht oder nur in geringem Umfang gegeben ist, Beispiele: „académicien[39]" vs. „Akademiker"; „highschool[40]" vs. „Hochschule". Wüster bezeichnet Benennungen, die in derselben oder in ähnlicher Form in mehreren Sprachen existieren, als „Pseudointernationalismen", vgl. [Wüster 1991]. Dabei ist absehbar, daß durch die immer engere internationale Zusammenarbeit in Wissenschaft und Technik Internationalismen immer häufiger auftreten werden. Neben der Entlehnung stellt die *Lehnübersetzung* eine weitere Möglichkeit dar, Termini aus anderen Sprachen zu verwenden. Eine Lehnübersetzung überträgt die einzelnen Wortelemente in die Zielsprache, ohne die innere Struktur der Benennung zu verändern. Arntz und Picht nennen als Beispiel das Paar „machine aided translation"/„maschinengestützte Übersetzung". Oft werden die fremdsprachliche Benennung und die entsprechende Lehnübersetzung partiell synonym, zum Teil sogar total synonym wie bei. „Computer/Rechner" und „Monitor/Bildschirm" verwendet, vgl. [Arntz/Picht 1991].

---

[39]Mitglied der (französischen) Akademie

[40]weiterführende Schule

3.4.1.2 Partielle Synonymie

Von partieller Synonymie oder auch Quasisynonymie wird gesprochen, wenn die Begriffsinhalte weitgehend aber nicht vollständig identisch sind, d. h., partiell synonyme Benennungen sind nur in bestimmten Kontexten austauschbar, z. B. „eine Suppe kochen/zubereiten" versus „*ein Frühstück kochen/zubereiten".[41] Intension und Extension sind bei partieller Synonymie fast identisch. Die durch Quasisynonyme verkörperte partielle Synonymie wird auch als *Homoionymie* bezeichnet. Es lassen sich eine ganze Reihe von Arten partieller Synonymie unterscheiden (Kapitel 3.4.1.2.1). Besondere Formen partieller Synonymie, die mitunter gar nicht als solche wahrgenommen werden, stellt Kapitel 3.4.1.2.2 vor.

3.4.1.2.1 Arten partieller Synonymie

Neben der totalen Synonymie gibt es eine große Bandbreite partieller Synonymie. In Abbildung 13 sind fünf Arten genannt. (1) Benennungen der Fachsprache und der Gemeinsprache werden häufig synonym verwendet, z. B. „synonym" (fachsprachlich) und „bedeutungsgleich" (gemeinsprachlich). (2) Des weiteren gibt es synonyme Benennungen, die verschieden motiviert sind. Dies bedeutet, daß sie aus einer Sprachlenkung oder einer Tendenz zur Umschreibung resultieren. Politisch motiviert sind bzw. waren die Benennungspaare „Ostzone/DDR" sowie „Team/Kollektiv". Und abhängig von der individuellen Perspektive, der individuellen Wertschätzung und den äußeren Umständen, d. h. abhängig von der persönlichen Motivation, wird - um ein weiteres Beispiel zu nennen - eine der Benennungen „Putzfrau/Putzhilfe/Raumpflegerin" verwendet. In vielen Bereichen gibt es zudem eine Tendenz, bestimmte Sachverhalte nicht direkt wiederzugeben, sondern zu umschreiben, Beispiele hierfür sind „entlassen/freistellen", „sterben/entschlafen". Eine weitere Synonymart (3) bilden die landschaftlichen (regionalen) Synonyme. Sie treten nicht im gesamten Sprachraum auf. Nur in Überschneidungsgebieten werden mehrere dieser Benennungen synonym verwendet. Beispiele für diese Synonymart sind „Sonnabend/Samstag" und „Fleischer/Metzger/Schlächter/Fleischhauer". Verbreiteter

---

[41] Mit einem Asterisk (gr., kleiner Stern) werden in der Linguistik syntaktisch oder semantisch falsche Ausdrücke gekennzeichnet.

sind stilistische Synonyme (4), die auch als „soziodialektale Synonyme" bezeichnet werden, da sie häufig verschiedenen Sprachschichten angehören, z. B.
„Gesicht/Antlitz/Visage/Fresse", „Dame/Frau/Weib" oder „Geld/Moos/Piepen".
Schließlich sind (5) auch Hyponyme (Unterbegriffe) partiell synonym zum entsprechenden Hyperonym (Oberbegriff) und umgekehrt, siehe dazu Kapitel 3.4.1.2.

Eine besondere Form partieller Synonymie liegt im Fall der Nominalisierung von
Verben vor. In den Beispielen „zum Abschluß bringen" für „abschließen", „zur
Durchführung kommen" für „durchgeführt werden", „in Rechnung stellen" für
„berechnen" und „in Erwägung ziehen" für „erwägen" wird das Verb durch eine
Wortgruppe ersetzt, in der der sachliche Kern des Vorgangsbegriffs durch ein
Funktionsverb ausgedrückt wird, das durch präpositionale Fügung mit dem
Substantiv verbunden wird. Der Vorgangsbegriff „erwägen" wird somit aufgespalten in zwei syntaktische Glieder, und zwar in das Nomen actionis „Erwägung"
und in das Ersatzverb „ziehen". Diese Ersatzverben verlieren dabei ihre
eigentliche, konkrete Bedeutung und werden nur noch als rein formale Funktionen
des Satzbaus, als „Funktionsverben" benutzt. Diese Erscheinung wird schon seit
Ende des 19. Jahrhunderts als „Stilkrankheit"[42] gerügt, vgl. [Polenz 1963], und
kann nicht soziodialektal im Sinne von Punkt 4 der obigen Auflistung erklärt
werden. Die Nominalisierung von Verben ist im Zuge der methodenneutralen
Normierung (Kapitel 4) durch eine Einigung auf die Verben statt der Wortgruppen
als Vorzugsbenennungen leicht auf diejenigen Fälle zu begrenzen, in denen
Verbgefüge mit nominalem Bestandteil der näheren Bestimmung des Geschehens
dienen. Dies ist immer dann der Fall, wenn passende Vollverben fehlen.

Es kann festgehalten werden, daß ein Synonym eine bedeutungsähnliche (partiell
synonyme), selten eine bedeutungsgleiche (total synonyme) Benennung darstellt,
die für eine andere Benennung unter bestimmten Voraussetzungen und mit
entsprechenden Einschränkungen und Modifikationen verwendet werden kann,
sofern die Intensionen der zugehörigen Begriffe hinreichend ähnlich sind. Jedoch
besitzen die meisten Begriffe eine sehr komplexe Intension, so daß ihre

---

[42] Man nannte dies „Hauptwörterkrankheit", „Substantivitis", „Wortmacherei", „streckende
Umschreibung, „Aufblähung des Zeitwortes", „Verbalaufschwemmung", „Verbzerstörung" oder
„Entverbalisierung" [Polenz 1963, 11]

Benennungen in der Regel nicht als Ganzes synonym mit anderen Benennungen sind, sondern nur partiell, in bestimmter Hinsicht. Eine Benennung kann folglich in verschiedenen Synonymiereihen auftreten. Das Kriterium für die Synonymie ist dabei stets die Austauschbarkeit der fraglichen Benennungen unter Beibehaltung des gleichen Begriffskerns im Kontext. Wird vom Kontext abstrahiert, wie dies bei der normsprachlichen Rekonstruktion der Termini (Kapitel 4) der Fall ist, erweisen sich viele potentielle Synonyme als lediglich benachbarte Begriffe.

3.4.1.2.2 Hyponymie und Hyperonymie als Sonderfälle partieller Synonymie

Der von [Lyons 1963] vorgeschlagene Begriff der *Hyponymie* repräsentiert die Relation der Unterordnung, der Subordination im Sinne einer inhaltsmäßigen Spezifizierung. Es handelt sich um eine Abstraktionsrelation (generische Relation) und damit eine Form einer Hierarchierelation[43], vgl. [DIN 1463 Teil 1 1987]. Man kann diese Relation auch als Inklusion bezeichnen. Ein anschauliches Beispiel, entnommen aus [Duden 1984], handelt von Medikamenten und ihren Darreichungsformen. Es gibt dort die Benennungen „Medikament", „Tablette", „Kapsel", „Dragée", „Pille", „Tropfen", „Zäpfchen", die in einem synonymischen Zusammenhang stehen, wobei „Medikament" das Hyperonym (Oberbegriff) ist, während „Tablette", „Kapsel", „Dragée", „Pille", „Tropfen" und „Zäpfchen" Hyponyme (Unterbegriffe) sind. Gleichrangige Wörter in dieser Reihung nennt man Syn- oder auch Kohyperonyme bzw. -hyponyme. Dementsprechend sind „Tablette", „Kapsel", „Dragée", „Pille", „Tropfen", „Zäpfchen" Syn- bzw. Kohyponyme; „Arznei", „Arzneimittel" oder „Präparat" hingegen Syn- oder Kohyperonyme zu „Medikament". In der praktischen Anwendung können für die inhaltlich spezialisierten Synonyme „Tablette", „Kapsel", „Dragée", „Pille" usw. zwar die allgemeinen Oberbegriffe „Medikament", „Arznei[mittel]" oder „Präparat" ohne weiteres gewählt werden, umgekehrt ist dies aber nur sehr begrenzt möglich. Eine Übersicht der Beziehungen zwischen hierarchischen Benennungen über mehrere Stufen hinweg zeigt Abbildung 14. Bei Hyponymie können auch Verzweigungen „nach oben" auftreten, es werden in diesen Fällen keine echten Hierarchien aufgebaut, vgl. [Lutzeier 1995]. Beispielsweise sind „Mutter",

---

[43] Bestandsrelationen - auf der Basis von Aggregationsbeziehungen - stellen die zweite Form dar.

„Frau", „Elternteil" bezüglich des Aspekts „Familie" nicht über eine Hyponymie-Relation verbunden.

Die *Hyperonymie* repräsentiert die semantische Relation der lexikalischen Überordnung, der Superordination. Sie stellt die Umkehrung der Relation der Unterordnung, der Hyponymie, dar. Im Zusammenhang mit hierarchischen Begriffsbeziehungen wird selten von partieller Synonymie gesprochen, vielmehr werden die in dem obigen Beispiel veranschaulichten speziellen Termini herangezogen. Diese Termini sind selbst Hyponyme zu „Synonym".

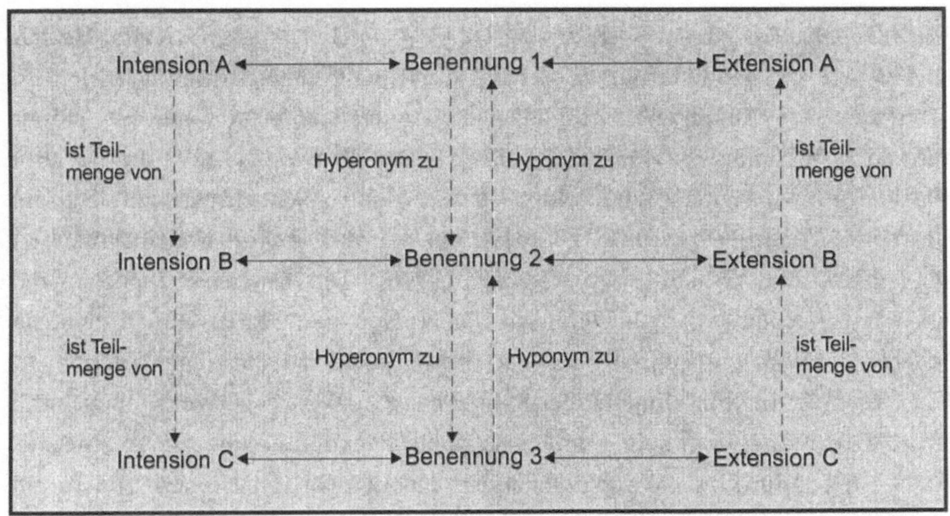

Abbildung 14: Hyponymie

3.4.2 Lexikalische Ambiguität

Ambiguität oder Mehrdeutigkeit ist eine Eigenschaft natürlicher Sprache. Sie bedeutet, daß einem Ausdruck - z. B. einem Wort oder einem Satz - mehrere Interpretationen zugeordnet werden können. Probleme bei der Zuordnung von Begriff und Benennung werden als lexikalische Ambiguität bezeichnet. Sie bezieht sich auf die Mehrdeutigkeit einzelner Wörterbucheinträge. Diese Art der Ambiguität ist kontextabhängig und tritt nach einer Normierung der natürlich-sprachlichen Aussagen nicht mehr auf, weil die kontextunabhängige Definition der Termini und die sich daran anschließende kontextunabhängige Formulierung der Aussagen grundlegend für die normsprachliche Rekonstruktion sind. Dagegen ist Mehrdeutigkeit in der Gemeinsprache und hier in besonderem Maße in der Literatur als eine unerschöpfliche Quelle für Wortspiele und andere stilistische Wirkungen keinesfalls unerwünscht. Vollständige Eineindeutigkeit des Wortschatzes einer Fachsprache ist ebenfalls nicht realisierbar, da die Zahl der Begriffe eines Fachgebiets bei weitem höher ist als die Zahl der Wortstämme, vgl. [Wüster 1991].

3.4.2.1 Homonymie

Ein *Homonym* ist gemäß [DIN 2342 1992, 3] eine Benennung für einen Begriff, die mit der Benennung für einen anderen Begriff übereinstimmt, vgl. dazu Abbildung 15. Homonyme sind gleichlautende, bedeutungsverschiedene Wörter, die durch phonologischen Wandel lautlich identisch wurden und - als Reaktion darauf - auch eine identische Schreibweise erhielten. Schuch nennt als Beispiel das mittelhochdeutsche „*kiver*: Teil des Mundes" und „*kinfer*: Nadelbaumart" zu neuhochdeutsch „Kiefer", vgl. [Schuch 1990]. Die unterschiedliche etymologische[44] Herkunft ist charakteristisch für Homonyme. Sie ist jedoch nicht bei jedem Homonym eindeutig der Fall und deswegen als Entscheidungskriterium für die Identifikation von Homonymen problematisch. Wenn ein Wörterbucheintrag durch Bedeutungsübertragung eine zusätzliche Funktion erwirbt, so hat dies aus Sicht einiger Sprachwissenschaftler bereits nichts mehr mit Homonymie zu tun, hier müßte vielmehr von Polysemie (Kapitel 3.4.2.2) gesprochen werden, denn Polyseme besitzen im Gegensatz zu Homonymen eine gemeinsame Grundbedeutung, vgl. [Schuch 1990].

Zur Erkennung von Homonymen kann zwischen einer *diachronistischen Sicht* und einer *synchronistischen Sicht* unterschieden werden. Die diachronistische Sicht bezieht sich auf die geschichtliche Entwicklung und identifiziert solche Wörter als Homonyme, die den gleichen Wortkörper haben, aber verschiedenen etymologischen Ursprungs sind, so wie dies im obigen Beispiel von „Kiefer" dargestellt worden ist. In synchronistischer Sicht - d. h. in bezug auf den gegenwärtigen

---

[44] Etymologie ist die Wissenschaft von der Herkunft, Grundbedeutung und Entwicklung einzelner Wörter, vgl. [Bußmann 1990].

Sprachgebrauch - sind Homonyme Wörter, die in der Lautung übereinstimmen, also den gleichen Wortkörper haben, aber aufgrund ihrer stark voneinander abweichenden Bedeutungen, ihrer bewußtseinsmäßig nicht verbundenen Inhalte und/oder aufgrund grammatikalischer Kriterien (vom Sprachgefühl) als verschiedene Wörter aufgefaßt werden, z. B. „Flügel: Körperteil des Vogels" und „Flügel: Klavierart", vgl. zur Vertiefung [Kanngiesser 1972].

Man erkennt hier einen Unschärfebereich bei der Identifikation von Homonymen und somit bei der Unterscheidung zwischen Homonymen und Polysemen. Unproblematisch sind die eindeutigen Homonyme, die [Wüster 1991] „Zufallshomonyme" nennt und welche sich aus diachronistischer Sicht und somit etymologisch begründet ergeben. Dagegen müßte bei allen anderen potentiellen Homonymen aus synchronistischer Sicht verallgemeinert werden können, ob das entsprechende Begriffspaar im Bewußtsein eines „durchschnittlichen" (Fach-)Sprachenbenutzers inhaltlich verbunden ist oder nicht. Dies erscheint schon deshalb unrealistisch, da dazu der „durchschnittliche Benutzer einer Fachsprache" exakt beschrieben werden können müßte. Als Unsicherheitsfaktor bei der Abgrenzung kann somit das Sprachbewußtsein der Sprachbenutzer identifiziert werden, vgl. [Weber 1974]. In [Felber/Budin 1989] wird vereinfachend festgelegt, daß Homonymie voneinander unabhängige, Polysemie dagegen voneinander abhängige Begriffe unter jeweils einer Benennung zusammenfaßt. Für die Behandlung von zwei gleichlautenden bedeutungsverschiedenen Begriffen im Rahmen der Begriffsrekonstruktion ist die genaue Klassifikation entweder als Homonym oder als Polysem allerdings unerheblich.

Neben dem Gesichtspunkt ihrer Entstehung stellt die Gestalt der Homonyme ein weiteres Klassifikationskriterium dar. Aus dieser Perspektive können folgende Arten der Homonymie unterschieden werden, vgl. [DIN 2342 1992; Wüster 1991]:

- *volle Homonyme* (Ganzhomonyme): Benennungen, die gleich geschrieben und gleich ausgesprochen werden, z. B. (1) Ton = Erde; (2) Ton = Klang.

- *Homophone* (Lauthomonyme): Benennungen, die gleich ausgesprochen, aber verschieden geschrieben werden (übereinstimmende Lautung), z. B. Wal - Wahl

- *Homographe* (Schreibhomonyme): Wörter, die gleich geschrieben, aber verschieden ausgesprochen werden (übereinstimmende Schreibweise), z. B. (1) Tenor = Sinn, Inhalt; (2) Tenor = Stimmlage

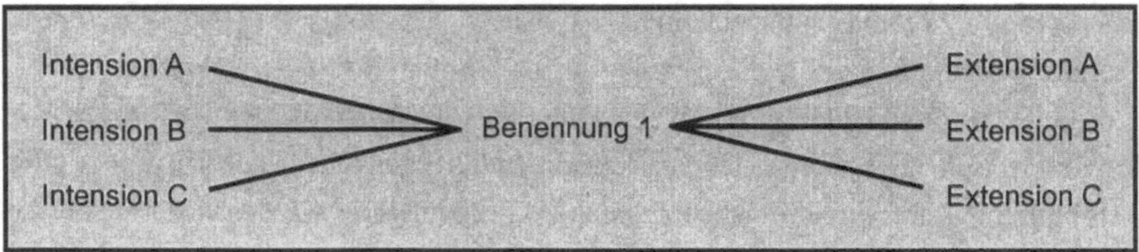

Abbildung 15: Homonymie

3.4.2.2 Polysemie

Polyseme sind Wörter, die zwei oder mehr Bedeutungen aufweisen, die allesamt etwas gemeinsam haben und sich aus einer Grundbedeutung ableiten lassen, vgl. z. B. [Lyons 1975]. Ihr Zusammenhang ist noch erkennbar, sie werden auch „Übertragungshomonyme" genannt, vgl. [Wüster 1991]. Das Verhältnis von Begriff und Benennung im Falle von Polysemie entspricht demjenigen bei Homonymie, vgl. Abbildung 16. Die Gründe hierfür wurden bereits diskutiert. Polysemie ist außerordentlich häufig. Nur sie ermöglicht es der Sprache, dem sehr großen Bedarf an Benennungen mit ihren relativ begrenzten Mitteln gerecht zu werden, vgl. [Arntz/Picht 1991]. Beispiele für Polyseme bietet jedes ein- oder mehrsprachige (gemeinsprachliche) Wörterbuch in großer Zahl an. Exemplarisch sei hier nur eines herausgegriffen [Duden 1993ff, 1193f]:

Fuß

1. durch das Sprunggelenk mit dem Unterschenkel verbundener unterster Teil des Beines beim Menschen und bei Wirbeltieren
2. Bein (süddt., österr., schweiz.)
3. letzter Teil der Gliedmaßen von Insekten

4. Fortbewegungsorgan bei Weichtieren
5. tragender Teil von [Einrichtungs]gegenständen
6. Sockel; unterer Teil, von dem etwas in die Höhe ragt
7. bedeckender Teil des Strumpfes
8. Längenmaß
9. Kurzform für Versfuß

Ungeachtet der erheblichen Bedeutungsunterschiede von „Fuß" ist in allen Fällen ein Bedeutungszusammenhang noch erkennbar, da einige wesentliche Merkmale des ursprünglichen Begriffs jeweils erhalten sind.

Darüber hinaus ist der Fall der *inneren Entlehnung* als besondere Form der Polysemie zu nennen. Innere Entlehnung bedeutet den Übergang einer Benennung aus einer Fachsprache in eine andere Fachsprache zur Bezeichnung eines verwandten Begriffs. So hat die Fachsprache der Betriebswirtschaft Fachwörter wie „Strategie", „Logistik" usw. aus der militärischen Fachsprache übernommen. Dies hat zwangsläufig zur Mehrdeutigkeit der entsprechenden Benennungen geführt. Aus dem jeweiligen Kontext heraus läßt sich jedoch in der Regel leicht feststellen, ob eine Benennung im Sinne der Betriebswirtschaftslehre oder aber im militärischen Sinne gebraucht wird, so daß kaum Mißverständnisse bei der Interpretation der Benennungen zu erwarten sind.

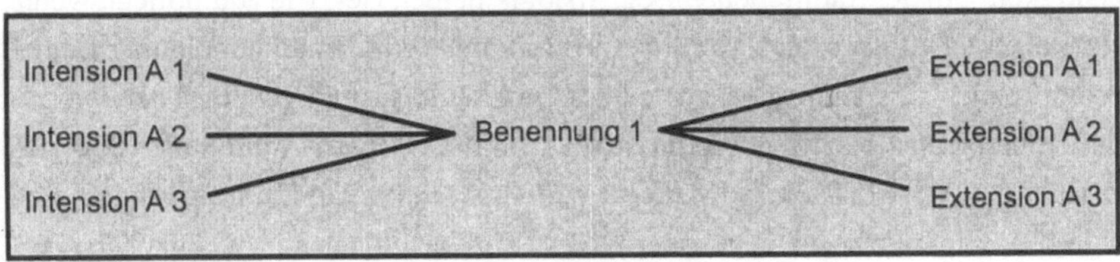

Abbildung 16: Polysemie

Die Kommunikation in der Gemeinsprache wird somit im allgemeinen durch Polyseme nicht beeinträchtigt, da die Mehrdeutigkeit durch den Kontext aufgelöst wird. Da jedoch der in diesem Buch propagierte normsprachliche Ansatz genau diese Kontextabhängigkeit zu beseitigen versucht, wird Polysemie zum Problem. Entsprechende Lösungen werden in Kapitel 4.2.4.2 dargestellt.

Die Trennung zwischen Polysemen und Homonymen ist - es wurde schon angesprochen - überhaupt nicht exakt durchführbar, vgl. [Dietze 1994; Fries 1980]. Ob Homonymie oder Polysemie vorliegt, ist letztendlich davon abhängig, wie die Sprecher einer Sprache identische Formen deuten und verstehen. Homonymie beginnt laut [Arntz/Picht 1991, 135] in dem Moment, in welchem die Sprecher nicht mehr in der Lage sind, verschiedene Bedeutungen eines Wortes als zusammenhängend zu erkennen. Die Grenzen hierbei sind jedoch fließend und vom Sprachgefühl jedes einzelnen abhängig. Beispielsweise dürften die meisten Sprachbenutzer bei den beiden wichtigsten Bedeutungen von „Schloß" (1. Einrichtung zum Verriegeln von Türen usw.; 2. Gebäude) Homonymie annehmen, obgleich beiden Bedeutungen das Verb „schließen" zugrunde liegt, so daß definitionsgemäß Polysemie vorliegt. Es liegt in ihrem Wesen bestimmt, daß Polysemie in der Gemeinsprache häufiger auftritt als in den Fachsprachen. Homonyme treten im Vergleich zu polysemen Benennungen in den Fachsprachen sogar sehr selten auf, vgl. [Arntz/Picht 1991]. Für eine vertiefte Auseinandersetzung mit der skizzierten Abgrenzungsproblematik sei auf [Zöfgen 1989] und die dort zitierte Literatur verwiesen.

3.4.3 Äquipollenz

„Äquipollenz" (lat. *aequipolens*) heißt übersetzt „Gleichgeltung", „Gleichmächtigkeit". In der traditionellen Begriffslogik heißen Begriffe äquipollent, wenn sie gleichen Umfangs sind, vgl. [Prechtl/Burkard 1996]. Ein äquipollenter Begriff ist somit nicht lediglich als Negation oder graduelle Ausprägung eines anderen zu ihm äquivalenten Begriffs aufzufassen, vgl. [Glück 1993]. Äquipollente Begriffe werden durch jeweils verschiedene *wesentliche* Merkmale definiert, so daß nicht jedem Kommunikationsteilnehmer in jedem Fall bewußt sein dürfte, daß sich zwei verschiedene, nicht synonyme Begriffe auf dieselbe Menge von Objekten beziehen. Folglich lohnt es sich, das Wesen der Äquipollenz noch etwas näher zu betrachten. Der Terminus „Äquipollenz" wird in der Fachliteratur sehr selten verwendet. Deshalb sei an dieser Stelle der Blick in ein Konversationslexikon gestattet. Leider widmet ihm beispielsweise die jüngste Auflage des „Großen Brockhaus" auch nur einen kurzen Eintrag. In der 15. Auflage desselben Werks wurde dem Lemma dagegen noch etwas breiterer Raum eingeräumt, hier heißt es unter anderem: „Äquipollenzen sind Begriffe, die gleichen Umfang aber ungleichen Inhalt haben (dies nur der Definition nach, im Ganzen müssen sie auch gleichen Inhalt haben), d. h. Begriffe, die durch jeweils verschiedene ihrer Merkmale bezeichnet werden [...]." [Brockhaus 1928ff, 579]. Somit fällt jeder Gegenstand, der unter einen Begriff fällt, auch unter einen zweiten Begriff, wenn dieser zu dem ersten äquipollent ist. Weiter heißt es, daß Äquipollenz oft nur eine Angelegenheit der Formulierung ist, etwa eine Metonymie[45] oder eine Synonymie im engeren Sinne (vgl. Kapitel 3.4.1), vgl. [Brockhaus 1928ff]. Im Zuge einer gründlichen Begriffsanalyse, einer Begriffsrekonstruktion, sollte die letztgenannte Situation leicht geklärt werden können, indem in diesen Fällen eben von Synonymen und nicht von Äquipollenzen gesprochen wird, denen die entsprechende Behandlung für Synonyme anzugedeihen ist. Das Gleiche gilt für Metonyme, die – es wurde bereits darauf hingewiesen – als spezielle Form partieller bzw. schwach ausgeprägter Synonymie eingestuft werden können und somit ebenfalls wie Synonyme behandelt werden können Damit bleiben nur noch Äquipollenzen im engeren Sinne als Betrachtungsgegenstände übrig, deren Charakteristika nun kurz betrachtet werden sollen.

Bezogen auf das vorgestellte Begriffsmodell sind Äquipollenzen zwei oder mehr Begriffe, die die gleiche Extension, aber eine ungleiche Intension, d.h. ungleiche wesentliche Merkmale, haben, vgl. Abbildung 17. Die Begriffsumfänge - die zugeordneten Unterbegriffe auf einer Hierarchiestufe - weichen folgerichtig voneinander ab. Beispiele für Äquipollenzen sind „Einwohner/Konsument", „Wiederkäuer/Paarzeher", bei ihnen weichen einige oder sogar alle wesentlichen Merkmale der Begriffe voneinander ab. Die Vereinigungsmengen aller wesentlichen und unwesentlichen Merkmale der einzelnen Begriffe unterscheiden sich allerdings nur in der jeweiligen Klassifikation in wesentliche und unwesentliche Merkmale voneinander. Wenn man von dieser Klassifikation abstrahiert, so besitzen die Begriffe einer Äquipollenz die gleichen Merkmale, vgl. [Brockhaus 1928ff]. Dies ist an sich nicht verwunderlich, da sie sich auf dieselben Objekte (Extension) beziehen und diese lediglich aus einer jeweils anderen Perspektive heraus betrachten, vgl. [Ortner/Söllner 1989], wobei „Objekt" in diesem

---

[45] Ein Metonym ist eine rhetorische Figur, die eine Benennung durch eine sachlich verwandte Benennung ersetzt.

Zusammenhang im weitesten Sinne zu interpretieren ist und gedanklich - z. B. im Fall von Personen - auch in Anführungszeichen gesetzt werden kann.

Äquipollenzen dienen vor allem der Komplexitätsreduktion von Begriffen. Beispielsweise müssen dank äquipollenter Begriffe nicht alle denkbaren Merkmale eines Menschen dem Begriff „Mensch" als wesentlich zugeordnet werden. Statt dessen werden verschiedene - nicht immer orthogonale - Sichten unterschieden und entsprechende Hyponyme (Unterbegriffe) gebildet, denen jeweils einige Merkmale eines Menschen als wesentlich zugeordnet werden. So kann ein Mensch beispielsweise als Abonnent, Angeklagter, Einwohner, Gemeindemitglied, Hotelgast, Kfz-Halter, Kreditnehmer, Lebewesen, Mieter, Mitarbeiter, Parteimitglied, Patient, Staatsbürger, Steuerpflichtiger, Verbraucher, Versicherter, Wahlberechtigter usw. betrachtet werden. Dem Hyperonym „Mensch" werden nur einige wenige zentrale Merkmale zugerechnet, so etwa „Geschlecht", „Alter". Alle anderen Merkmale sind spezifischer und werden zur Definition von Hyponymen verwendet, z. B. „Name der Krankenkasse" bei der Betrachtung eines Menschen als Patienten.

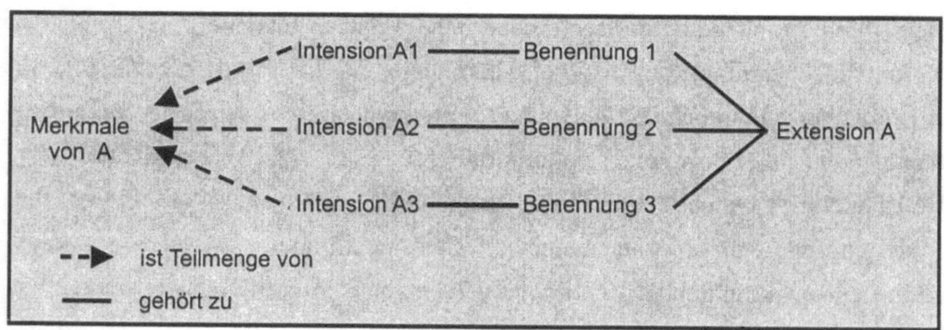

Abbildung 17: Äquipollenz

3.4.4 Vagheit (Randbereichsunschärfe)

In der linguistischen Fachliteratur wird ein breites Spektrum an Vagheitsarten diskutiert, z. B. in [Fries 1980; Hahn 1983; Pinkal 1981; Pinkal 1985]. In [Pinkal 1981] werden semantische Unbestimmtheiten in Mehrdeutigkeiten (Homonymie/Polysemie; syntaktische Ambiguität; referentielle Vieldeutigkeit; elliptische

Vieldeutigkeit; metaphorische Doppeldeutigkeit) und Vagheit im engeren Sinne (ontologische Vagheit; Porosität[46]; Relativität (ein- oder mehrdimensional); Inexaktheit; Randbereichsunschärfe) unterteilt. „Vagheit" ist damit der komplementäre Begriff zu „Ambiguität" (Mehrdeutigkeit). Ein Terminus ist vage bezüglich semantischer Merkmale, die er unspezifiziert läßt, beispielsweise ist „Person" nicht spezifiziert bezüglich der Merkmale „Geschlecht" und „Alter". Im übrigen gibt es mit der Fuzzy-Logik („unscharf begrenzte, fusselige Logik") eine spezielle Logik, die mit vagen (unscharfen) Aussagen operiert, vgl. [Bothe 1995].

Man erkennt schnell, daß die angedeutete Vielzahl an Typen und Graden von Vagheit auch einen Großteil der bisher dargestellten Probleme bei der Zuordnung von Begriffen und Benennungen umfaßt, ausgenommen hiervon sind lediglich totale Synonyme. Beispielsweise kann die Verwendung eines Hyperonyms oder eines Hyponyms als vage (vom Leser/Hörer) empfunden werden, obwohl der Verfasser/Sprecher nach eigener Auffassung sich angemessen genau artikuliert hat, vgl. [Mudersbach 1994]. Vagheit ist somit nicht immer intersubjektiv festzustellen, sondern muß im Sinne einer pragmatischen Interpretation einer Informationssituation beurteilt werden. Daran kann abgelesen werden, daß die Bezeichnung „vage Benennung" selbst als eher vage einzustufen ist. Insbesondere die Abgrenzung zwischen Vagheit und Ambiguität ist schwierig, vgl. [Eikmeyer/Rieser 1978]. Laut [Mudersbach 1994] ist Vagheit keine Eigenschaft von Begriffen, sondern eine falsche Interpretation von nicht-vagen Erscheinungen. Der Übergang zu falschen Benennungen, ist zudem als fließend einzustufen, denn es ist oftmals kaum möglich festzulegen, wo die Grenze zwischen einer sehr vagen Benennung und einer schon als falsch einzustufenden Benennung liegt.

Es würde zu weit führen, alle Arten von Vagheit hier detailliert zu betrachten. Für den Aufbau eines Unternehmensfachwörterbuchs ist insbesondere Vagheit im Sinne von Randbereichsunschärfe relevant. Es geht um die Frage der referentiellen Grenzen von Begriffen, Lyons macht dies folgendermaßen deutlich: „It is frequently the case that the ‚referential boundaries' of lexical items are indeterminate. For example, the precise point at which one draws the line between the reference of hill and mountain, of chicken and hen, of green and blue, and so on, cannot be specified." [Lyons 1969, 426]. Begriffe haben somit meist einen

---

[46] mit Hohlräumen und Öffnungen, Substantiv zu „porös"

eindeutigen Kernbereich, sind aber am Rand unscharf. Deshalb wird bisweilen statt des etwas unscharfen Begriffs „Begriff" der Begriff „Konzept" verwendet, z. B. das Konzept „Vogel", das auch Pinguine und Strauße einschließt, vgl. [Henkel/Taubert 1991, 76]. Allerdings muß betont werden, daß Vagheit bei Ausdrücken ganz selten nur durch ein einziges Vagheitskennzeichen ausgedrückt wird, vgl. [Hahn 1983] Selbst eine Einordnung in die oben genannte grobe Klassifikation von Mehrdeutigkeit auf der einen und Vagheit im engeren Sinne auf der anderen Seite ist nur im Idealfall möglich, da Mehrdeutigkeit und Vagheit im engeren Sinne in der Regel vermischt auftreten, vgl. [Pinkal 1985]. Gleichwohl erfolgt an dieser Stelle eine Beschränkung der Betrachtung auf das genannte Vagheitskennzeichen „Randbereichsunschärfe". Wenn von nun an von Vagheit oder einer vagen Benennung die Rede ist, so ist Vagheit in diesem eingeschränkten Sinne zu interpretieren. Eine vage Benennung in diesem Sinne bedeutet, daß keine klare Trennung zwischen den Begriffen erfolgt, so daß bei der Zuordnung von Objekten zu Begriffen Unklarheiten und Unsicherheiten auftreten, vgl. [Ortner/Söllner 1989]. Ein Terminus hat somit eine *vage Extension*, wenn nicht bei jedem möglichen Gegenstand entschieden werden kann, ob er zu dessen Extension gehört oder nicht, etwa ob ein kleiner Hügel noch zur Extension von „Berg" gehört, und damit immer auch, ob ein Gegenstand ein Beispiel oder ein Gegenbeispiel für einen Begriff darstellt, vgl. [Pawlowski 1980].

3.4.5 Bedeutungswandel

Fachsprachen unterliegen ebenso wie ihr Gegenstand, die Fachgebiete, einer ständigen Entwicklung. Besteht bei der Entstehung eines Begriffs eine relative Übereinstimmung zwischen seiner begrifflichen Struktur und der Struktur seiner Benennung, so kann der Grad dieser Übereinstimmung im Laufe der Zeit abnehmen, weil sich ein Begriff aufgrund neuer Erkenntnisse oder durch das Auftreten neuer Techniken in seiner Bedeutung wandelt. In diesem Zusammenhang wird oft das anschauliche Beispiel des Begriffspaars „Sonnenaufgang/Sonnenuntergang" genannt. Obwohl die Benennungen dieses Paars durch die Änderung der Intensionen „unlogisch" geworden sind, besteht in der Gemeinsprache offenbar kein Bedürfnis, die auf einer vorwissenschaftlichen Betrachtungsweise beruhenden, unlogischen Benennungen an die veränderte Situation anzupassen, vgl. [Arntz/Picht 1991]. Als weiteres Beispiel für einen

Bedeutungswandel im Zeitablauf kann die Benennung „Winker" für den Fahrtrichtungsanzeiger im Sinne eines herausspringenden kurzen Stabs an einem Kraftfahrzeug angeführt werden. Eine technische Neuerung, nämlich die Einführung einer Blinklampe, ließ die Diskrepanz zwischen der begrifflichen Struktur und der Benennung so groß werden, daß die Verwendung der Benennung „Winker" als nicht mehr adäquat einzustufen ist und statt dessen von „Blinker", „Blinkleuchte" oder eben neutral von „Fahrtrichtungsanzeiger" gesprochen werden muß.

In der Fachsprache eines Unternehmens ist darauf zu achten, daß die durch einen Bedeutungswandel veralteten Benennungen, welche streng genommen dann sogar falsche Benennungen darstellen, vgl. [Ortner/Söllner 1989], nicht mehr verwendet werden, vgl. Kap 4.2.4.5. Sie sind durch zeitgemäße, logisch stimmige Benennungen zu ersetzen. Am Rande sei bemerkt, daß neben dem Festhalten an veralteten Benennungen oftmals Verwechslungen die Ursache für falsche Benennungen sind. In [Seiffert 1992] werden verschiedene Arten von Verwechslungen unterschieden, auf sie soll hier jedoch nicht weiter eingegangen werden.

4 Methodenneutraler Fachentwurf

Das erste Geschäft einer jeden Theorie ist das Aufräumen der durcheinander geworfenen und, man kann wohl sagen, sehr ineinander verworrenen Begriffe und Vorstellungen.

Carl von Clausewitz[47]

Die unternehmensweite Verwendung einer einheitlichen Terminologie gewährleistet eine hohe Effizienz und Effektivität der Entwicklungsarbeit, z. B. beim Software Engineering. Somit ist es zur methodischen Entwicklung von Anwendungssystemen erforderlich, daß das Anwendungssystem und seine Benutzer mit denselben Termini operieren. Dazu ist eine eindeutige und verständliche Darstellung der Termini und ihrer Beziehungen in einem Unternehmensfachwörterbuch notwendig. Dieses ist, aufbauend auf einem Pflichtenheft, in der Entwicklungsphase „Fachentwurf" zu erarbeiten, vgl. [Ortner 1997a]. Im ersten Teil dieser Phase, dem methodenneutralen Fachentwurf, wird zunächst das Fachwissen des Anwendungsgebiets in Form einer Sammlung von Aussagen erhoben (Kapitel 4.1). Methodenneutral bedeutet hier keinesfalls, daß unmethodisch entworfen wird, vielmehr soll der erste Teil des Fachentwurfs unabhängig von speziellen Methoden (z. B. Diagramm-Methoden) erfolgen, welche zu einem späteren Zeitpunkt in der Anwendungssystementwicklung eingesetzt werden. In diesem Zusammenhang kann eine breite Palette von Erhebungstechniken zum Einsatz kommen. Die erhobenen Aussagen sind oftmals unscharf, unkorrekt oder widersprüchlich, eben weil die zugrundeliegenden Ausdrücke unscharf, unkorrekt oder widersprüchlich sind und einer Behebungsstrategie (Rekonstruktion) bedürfen, vgl. [Ortner/Söllner 1989]. Somit treten Probleme bei der Zuordnung von Begriff und Benennung auf. Die Bandbreite möglicher Zuordnungsprobleme wurde in Kapitel 3.4 vorgestellt. Das Kapitel 4.2 ist der Rekonstruktion der Termini und damit der Lösung der in Kapitel 3.4

---

[47] General und Philosoph, 1780-1831

aufgeworfenen Zuordnungsprobleme gewidmet. Auf der Basis der rekonstruierten Termini ist zudem ein Fachwörterbuch aufzubauen (Kapitel 4.3).

Damit die Vorgehensweise im Rahmen des methodenneutralen Fachentwurfs und später auch im methodenspezifischen Teil des Fachentwurfs besser nachvollzogen werden kann, wird das jeweilige Vorgehen an einem durchgängigen Beispiel demonstriert. Bei der Wahl dieses Beispiels wurde darauf geachtet, daß es noch überschaubar ist, denn es sollen die Vorgehensweise und Besonderheiten des methodenneutralen Fachentwurfs und nicht die Spezifika eines speziellen Anwendungsgebiets vertieft behandelt werden. Andererseits sollten möglichst alle wesentlichen Aspekte der Modellierung eines Workflows mit allen relevanten Konstrukten anhand dieses Beispiels verdeutlicht werden können. Das so gewählte Beispiel befaßt sich mit der Bearbeitung eines Urlaubsantrags. Es ist offensichtlich, daß es sich hierbei um keinen Geschäftsprozeß handelt, denn die Urlaubsantragsbearbeitung besitzt zweifelsohne keine strategische Bedeutung für ein Unternehmen und schafft auch keinen direkten Kundennutzen. Aber es genügt den obigen Anforderungen und kann als leicht verständlich eingestuft werden. Das Beispiel bezieht sich auf ein fiktives Unternehmen und stützt sich inhaltlich auf das [Bundesurlaubsgesetz 1996][48].

Zu Beginn der Phase Fachentwurf wird vorausgesetzt, daß erstens die vorhergehende Phase Voruntersuchung mit einem Pflichtenheft als Ergebnis abgeschlossen ist, daß zweitens in diesem Pflichtenheft der Bedarf für die Unterstützung des Anwendungsgebiets „Urlaubsantragsbearbeitung" dokumentiert wurde und daß drittens der Beschluß zum Einsatz eines geeigneten Anwendungssystems für dieses Gebiet von Seiten des Managements gefaßt worden ist. Einzelheiten, die das Anwendungsgebiet betreffen, sind zu Beginn des Fachentwurfs aus Sicht der Systementwicklung noch nicht bekannt, so daß auch an dieser Stelle auf eine nähere Erläuterung des Anwendungsgebiets bewußt verzichtet wird. Statt dessen wird im Zuge der Darstellung der einzelnen im Rahmen des methodenneutralen sowie des methodenspezifischen Fachentwurfs durchzuführenden Schritte das Anwendungsgebiet sukzessive erschlossen.

---

[48] abgekürzt: BUrlG

4.1 Aussagensammlung

Damit die Termini eines Anwendungsgebiets und ihre Beziehungen normiert bzw. in ihrer Verwendung überprüft werden können, sollte das Anwendungsgebiet natürlichsprachlich beschrieben werden. Dies bedeutet, daß von Seiten der Entwickler im Anwendungsgebiet Aussagen gesammelt werden. Entsprechende Erhebungstechniken, die die Anwender in unterschiedlichem Umfang einbeziehen, stellt Kapitel 4.1.2 vor. Zuvor werden in Kapitel 4.1.1 einige Grundlagen der Sammlung von Aussagen unabhängig von speziellen Erhebungstechniken diskutiert. Kapitel 4.1.3 beschäftigt sich mit der Auswahl der Erhebungstechniken. In Kapitel 4.1.4 wird mit der methodenneutralen grammatikalischen Normierung der Aussagen der erste Schritt hin zu einer umfassenden Normierung der erhobenen Aussagen getan, noch bevor die in den Aussagen enthaltenen Termini normiert worden sind. Die Normierung der Termini wird in Kapitel 4.2 behandelt.

4.1.1 Grundlagen der Aussagensammlung

Das Ziel der Aussagensammlung besteht in der Ermittlung gültiger Aussagen über Sachzusammenhänge in dem zu analysierenden Anwendungsbereich. Es werden natürlichsprachliche Aussagen gesammelt. Nicht gefragt sind an dieser Stelle Aussagen in einer formalen Sprache. Die Aussagen sollen auch nicht mit Blick auf einen bestimmten Anwendungssystemtyp erhoben oder selektiert werden. Eine auf den Anwendungssystemtyp und die von ihm eingesetzten Methoden abgestimmte Klassifikation der Aussagen erfolgt erst im zweiten Teil des Fachentwurfs, siehe dazu Kapitel 5.

Generell wird „Aussage" hier als Kurzform von „Aussagesatz" im Sinne der Satzartenklassifikation der deutschen Grammatik interpretiert. Ein Aussagesatz wiederum stellt die neutrale, nicht speziell charakterisierte Satzart dar, in Abgrenzung zu Aufforderungs-, Ausrufe-, Frage- und Wunschsätzen. Andere Satzarten sollen in der Aussagensammlung nicht auftreten. Charakteristisch für einen Aussagesatz ist, daß er - im Gegensatz zu den anderen Satzarten - entweder wahr oder falsch ist. Im übrigen existiert bis heute keine allgemein akzeptierte Definition eines Satzes. Dies liegt insbesondere an der lexikalischen Ambiguität der Benennung „Satz", denn mit „Satz" wird zum einen eine in der geschriebenen

Sprache durch Interpunktion und Großschreibung markierte Einheit, zum anderen eine grammatikalische Einheit, die meist auf einem Verb beruht, bezeichnet. Somit liegt Polysemie vor, vgl. Kapitel 3.4.2.2. Im übrigen kann ein „geschriebener Satz" bekanntlich mehrere „grammatikalische Sätze" enthalten.[49]

Die Sammlung der Aussagen im Rahmen der Entwicklung eines Anwendungssystems stellt keine einmalige Aufgabe dar, vielmehr ist sie iterativ zur Definition neu auftretender Termini und bei zu klärenden Sachverhalten durchzuführen. Im Bereich der Künstlichen Intelligenz (KI) wird die damit vollzogene Erhebung des Wissens der Anwender über das relevante Fachgebiet „Wissensakquisition" genannt, siehe z. B. [Boose 1993; Gudia/Tasso 1994; Karbach/Linster 1990; Kurbel 1989; Welbank 1983]. In der Künstlichen Intelligenz ist vorgesehen, daß ein „Wissensingenieur" über das Medium „Fachsprache" das Wissen bei Experten erhebt, indem er in epipraktischer Weise Fachtexte und -gespräche auswertet und die erhobenen Aussagen in geeignete Satzmuster umsetzt, die eine anwendungssystemtypadäquate Verwertung der Aussagen erlauben, vgl. [Gunia 1994]. Die Rolle des Wissensingenieurs ist im Rahmen der Entwicklung von Workflow-Management-Anwendungen von in der Terminologiearbeit erfahrenen Informationssystementwicklern zu übernehmen, die das erforderliche Wissen bei Experten und/oder Anwendern der berührten Fachgebiete, aber auch aus schriftlichen Quellen erheben.

Es genügt jedoch nicht, sich allein darauf zu verlassen, daß Anwender ihr Fachgebiet vollständig und korrekt beschreiben können. Somit müssen die Entwickler sich selbst mit dem Fachgebiet beschäftigen, nicht zuletzt deshalb, da im Zuge der Anwendungssystementwicklung aktiv in die Gestaltung der Arbeitsabläufe eingegriffen werden soll, um nicht suboptimalen Abläufen eine optimale Rechnerunterstützung angedeihen zu lassen, vgl. Kap. 2.2.5. Statt sich im Sinne eines empirischen Vorgehens auf eine Beobachtung und darauf aufbauende Verbesserungsmaßnahmen zu beschränken, soll im Sinne eines konstruktivistischen Vorgehens durch eine Rekonstruktion der Arbeitsabläufe eine nachhaltige Verbesserung der Ablauforganisation erreicht werden. Die

---

[49] In anderen Sprachen tritt dieses Problem nicht auf. So wird im Englischen von „sentence", im Französischen von „phrase" gesprochen, wenn man den „geschriebenen Satz" meint, sowie von „clause" (engl.) bzw. „proposition" (frz.) für einen „grammatikalischen Satz", vgl. [Duden 1984].

Rekonstruktion der Arbeitsabläufe findet primär auf einer sprachlichen Ebene statt und kann auch „Modellierung der Arbeitsabläufe" genannt werden. Dabei geht man von der Grundannahme aus, daß alles, was bewußt getan wird, z. B. das gemeinsame Handeln in Arbeitsabläufen, in Aussagen und Begriffen einer zur Verfügung stehenden Sprache festgelegt ist. Aus diesem Grund wird auf die Erhebung der Aussagen und die Rekonstruktion der Begriffe das Schwergewicht der Entwicklungsarbeit gelegt.

Zur Optimierung der Arbeitsabläufe können unter Umständen Methoden der Arbeitsvorbereitung, z. B. Arbeitspläne, Stücklisten aus dem Fertigungsbereich, man denke hier etwa an entsprechende REFA[50]-Ansätze oder das MTM[51]-Verfahren, vgl. Kapitel 5.3.3, auf die primär geistigen Arbeiten mit Informationsträgern und –objekten im Bürobereich übertragen werden. Folglich fällt den Entwicklern eines Anwendungssystems gemäß dem konstruktivistischen Ansatz auch die Rolle von Arbeitsorganisatoren zu, wobei sich die Frage aufdrängt, ob sie von ihrer Qualifikation und ihrer Sicht des Unternehmens her dieser Aufgabe gerecht werden können.

4.1.2 Erhebungstechniken

Es lassen sich eine Vielzahl von Erhebungstechniken, die zur Erhebung des Wissens (via Aussagen) eingesetzt werden können, unterscheiden. Man kann sie grob in die Klassen „Befragung", „Beobachtung", „Selbstaufschreibung" und „Schriftgutuntersuchung" aufteilen (siehe die folgenden Abschnitte). Es wird empfohlen, keine dieser Erhebungstechniken isoliert anzuwenden. Eine Kombination, die z. B. mit einer Schriftgutauswertung beginnt und mit Interviews fortgesetzt wird, gibt einen besseren Überblick, vgl. dazu auch Kapitel 4.1.3. Zur Vertiefung dieser Techniken, die eine Vielzahl von Varianten aufweisen, sei auf die umfangreiche Literatur der empirischen Sozialforschung verwiesen, z. B. [Atteslander 1995; Friedrichs 1990; Schnell et al. 1995], für den Bereich der Wissensakquisitionstechniken für das Software-Engineering zusätzlich auf [Boose

---

[50] REFA: Reichsausschuß für Arbeitsstudien, seit 1948 Verband für Arbeitstudien, REFA e. V.

[51] MTM: Methods-Time-Measurement, vgl. [Maynard et al. 1948]

1993] und die dort genannte Literatur, für die Wissensakquisition im Bereich der Expertensysteme auf [Karbach/Linster 1990; Welbank 1983].

Grundsätzlich muß jede Technik danach beurteilt werden, inwieweit sie zur Sammlung von Aussagen, zu deren Verfeinerung, d. h. zur Erhebung von Details, oder zur Verifikation und Validierung von erhobenen Aussageinhalten (Wissen) dienen kann, vgl. [Guida/Tasso 1994], und inwieweit sie dementsprechend situationsadäquat eingesetzt werden kann, abhängig davon, welche Art von Aussageinhalten in einer bestimmten Rekonstruktionssituation benötigt wird. Neben den Techniken der Befragung, der Beobachtung (einschließlich der Mitarbeit, die eine teilnehmende Beobachtung darstellt), der Selbstaufschreibung und der Schriftgutuntersuchung können zusätzlich Verfahren der Zeitermittlung (siehe Kapitel 5.3.3) bezüglich der Ausführung von Tätigkeiten sowie Verfahren zur Feststellung der eingesetzten Arbeitsmittel (siehe Kapitel 5.6) und der benötigten Daten zur Ausführung eines Arbeitsschritts (siehe Kapitel 5.4) eingesetzt werden, vgl. [Wittlage 1993].

4.1.2.1 Befragung

Grundsätzlich kann zwischen einer mündlichen und einer schriftlichen Befragung unterschieden werden. Die mündliche Befragung wird auch „Interview" genannt. Sie wird zur direkten Befragung von Mitarbeitern im Unternehmen angewendet. In einem Gespräch soll, gelenkt durch die Fragen des Interviewers, das Aufgabengebiet erfaßt werden. Die Befragung kann als Einzelinterview oder als Gruppeninterview durchgeführt werden. Sie kann strukturiert, d. h. auf der Basis eines festgelegten Fragenkatalogs, oder eher unstrukturiert, vergleichbar mit der durch Flexibilität geprägten Interviewführung eines guten Journalisten, erfolgen, vgl. [Lehner et al. 1991]. Speziellere Formen des Einzelinterviews werden z. B. in [Lenz 1991] vorgestellt. Bei der Durchführung als Gruppeninterview ist darauf zu achten, daß möglichst Mitglieder der gleichen Hierarchiestufe im Unternehmen befragt werden, um Hemmungen zu vermeiden, vgl. [Kargl 1990]. Ein Gruppeninterview bietet jedoch andererseits die Chance, daß sich fruchtbare Diskussionen entwickeln, vgl. [Wurch 1983]. Es stehen dazu verschiedenste Verfahren der Diskussionsführung zur Verfügung (z. B. Brainstorming, Metaplan-Technik). Wittlage nennt als Vorzüge einer Gruppenbefragung, daß die bewußte oder unbewußte Manipulation der abgegebenen Informationen ebenso wie Stockungen im Interview vermieden werden, daß der Interviewer geringeren Einfluß auf den einzelnen Befragten ausüben kann und daß insgesamt geringere Kosten anfallen. Dem stellt er als mögliche Nachteile gegenüber, daß Informationen aus Furcht vor möglichen späteren Sanktionen insbesondere im Falle „heikler" Fragen unterdrückt werden können, daß es zur Austragung von Meinungsverschiedenheiten zwischen den Beteiligten kommt, daß die befragte Gruppe eine selbsttragende Gruppe bildet, die den Interviewer abqualifiziert, daß sich ein Führer der Befragten herauskristallisiert, der bestimmt, welche Informationen in welcher Form weitergegeben werden und daß keine Kontrolle möglich ist, wer welche Informationen gegeben hat. Als Schlußfolgerung wird geraten, Gruppeninterviews nur in Ausnahmefällen zu veranstalten und statt dessen Einzelinterviews zu führen, vgl. [Wittlage 1993].

Die schriftliche Befragung mit Hilfe eines Fragebogens entspricht einem indirekten, strukturierten Interview. Das Fehlen des Interviewers wirkt sich „positiv, weil er die Befragungssituation nicht beeinflußt; negativ, weil er weder den Befragten zur Mitarbeit motivieren noch durch Erläuterungen Unklarheiten beseitigen kann" [Friedrichs 1990, 236] aus. Demzufolge ist eine sorgfältigere Vorbereitung als beim Interview erforderlich, jede Frage muß beispielsweise zweifelsfrei verständlich sein.

4.1.2.2 Selbstaufschreibung

Die Selbstaufschreibung ist eine besondere Form der schriftlichen Befragung. Durch Selbstaufschreibung können Tätigkeiten sowie Mengen und Zeiten von Tätigkeiten eines Aufgabengebiets, vgl. [Kargl 1990; Wittlage 1993], Stellungnahmen zu organisatorischen Gegebenheiten oder Schätzwerte zu Basisdaten, vgl. [Wurch 1983], oder Problemlösungswege, vgl. [Lenz 1991], erfaßt werden, die die Grundlage weiterer Auswertungen bilden. Lenz spricht dabei statt von „lautem Denken" bzw. „Introspektion", je nach dem, ob ein konkretes Problem gelöst oder ein abstrakter Lösungsweg skizziert wird. Im Hinblick auf die Zeitdauer der Selbstaufschreibung kann unterschieden werden zwischen dem Führen von Tätigkeitsberichten über einen längeren Zeitraum (Arbeits- bzw. Tagesberichte) und dem einmaligen Erstellen von Aufgaben- und Tätigkeitsberichten bzw. -listen. Häufig werden zur Selbstaufschreibung auch eigens entwickelte Formulare eingesetzt, vgl. [Wittlage 1993]. Die Erhebungstechnik der

Selbstaufschreibung kann insbesondere zu Beginn der Erhebungsphase sehr hilfreich sein um herauszufinden, welche Eigenschaften ein geplantes Anwendungssystem besitzen soll, vgl. [Goguen/Linde 1993].

4.1.2.3 Beobachtung

Bei der Beobachtung wird der Arbeitsablauf in einem Anwendungsgebiet protokolliert und anschließend vom Beobachter auf problematische Sachverhalte hin untersucht, vgl. [Kargl 1990]. Die Bandbreite der Beobachtungsformen reicht vom verdeckten Beobachten bis hin zum teilnehmenden Beobachten, d. h. der Mitarbeit des Beobachters im Anwendungsbereich. Die Erhebungstechnik der Beobachtung wird auch in klassischen arbeitsorganisatorischen Verfahren wie MTM, REFA eingesetzt, wobei dort auch von „Messung" gesprochen werden kann, da im produktionswirtschaftlichen Bereich sehr exakte Daten erhoben werden. Im Rahmen der Beobachtung bzw. Messung werden die Art, die Häufigkeit und die Dauer sinnlich wahrnehmbarer Tätigkeiten, Zustände, Abläufe und Verhaltensweisen erfaßt. Bei den im Bürobereich anfallenden Tätigkeiten ist eine derart exakte Messung von kleinsten Arbeitsschritten (z. B. „wie lange dauert das Ausfüllen von Feld x in Formular y?") bisher kaum in Erwägung gezogen worden, nicht zuletzt deshalb, weil diverse verzögernde (unter Umständen aber auch beschleunigende) Einflußfaktoren berücksichtigt werden müßten, wie etwa ein unerwartet auftretender, sich aus dem vorgesehenen Feldeintrag ergebender Klärungsbedarf.

Grundsätzlich kann zwischen offener und verdeckter Beobachtung unterschieden werden, je nachdem, ob sich der Beobachter als solcher zu erkennen gibt oder nicht, vgl. [Atteslander 1995]. Eine verdeckte Beobachtung spielt im Unternehmen jedoch kaum eine Rolle, vgl. [Lehner et al. 1991]. Orthogonal zu dieser Unterscheidung kann zwischen strukturierten und unstrukturierten Beobachtungen unterschieden werden. Eine unstrukturierte Beobachtung ist beispielsweise eine Begehung oder eine Besichtigung. Dagegen werden bei einer strukturierten Beobachtung alle zu erfassenden Merkmale vorher festgelegt, vgl. [Wurch 1983].

Außerdem kann nach dem Grad der Teilnahme des Beobachters am sozialen Geschehen zwischen einer teilnehmenden und einer passiven Beobachtung unterschieden werden, vgl. [Atteslander 1995]. Eine teilnehmende Beobachtung liegt dann vor, wenn der Beobachter im Anwendungsbereich für eine begrenzte Zeitdauer an der Aufgabenerfüllung mitwirkt, d. h. Aufgaben und Tätigkeiten eines Mitarbeiters des Anwendungsbereichs übernimmt, vgl. [Wittlage 1993]. Dem Beobachter obliegt damit das zielgerichtete und planmäßige Erfassen von sinnlich wahrnehmbaren Sachverhalten im Augenblick ihres Auftretens. Das teilnehmende Beobachten erleichtert das Verständnis von Arbeitsabläufen und die exemplarische Einführung von Begriffen. Verzerrungen der Realität während der Beobachtungsphase und aufgrund der subjektiven Wahrnehmung durch den Beobachter sind jedoch nicht auszuschließen. Im übrigen ist teilnehmendes Beobachten sehr zeitaufwendig. Dagegen ist passives Beobachten weniger zeitaufwendig und vermittelt ein distanzierteres Bild der Arbeitsabläufe.

4.1.2.4 Schriftgutuntersuchung

Zum Schriftgut werden alle schriftlichen und bildlichen Aufzeichnungen gezählt, d. h. Gesetze, Richtlinien, Vereinbarungen, Organisationsdokumente (z. B. Geschäftsordnungen), Statistiken, Sitzungsprotokolle, Arbeits- und Rechenschaftsberichte, Briefe, Projektdokumentationen, Software-Dokumentationen, Formulare, interne Berichte und andere Materialien, vgl. [Lehner et al. 1991; Wurch 1983], aber auch Organisationshandbücher, Lohn- und Gehaltslisten, Raumverteilungs- und Belegungspläne, Telefonverzeichnisse, Organigramme, Stellenbeschreibungen, Arbeitsablaufdarstellungen, vgl. [Wittlage 1993]. Auf der Basis dieses Schriftguts werden Aussagen über das Fachgebiet und seine Terminologie aufgestellt. Zur Erarbeitung der Terminologie können auch bestehende interne oder externe, gedruckte oder in elektronischer Form vorliegende lexikographische Quellen über das betreffende Anwendungsgebiet herangezogen werden, vgl. [Weber 1994]. Bei der Schriftgutuntersuchung handelt es sich um ein „non-reaktives Verfahren", bei dem der Analytiker und die Untersuchungsobjekte nicht miteinander in Kontakt treten, d. h., die Analyse beeinflußt im Rahmen dieser Erhebungstechnik weder das Verhalten der im Untersuchungsbereich Tätigen, noch reagieren diese auf seine Untersuchungen, vgl. [Friedrichs 1990].

Eine Analyse des Schriftguts ist besonders am Anfang der Aussagensammlung zur Vorinformation zu empfehlen, aber auch ergänzend zu anderen Erhebungstechniken, um beispielsweise die im Gespräch mit Anwendern und Experten gewonnenen Aussagen verifizieren zu können. Für diese Technik spricht, daß die Mitarbeiter und Arbeitsabläufe des betreffenden Anwendungsgebiets von der Untersuchung nicht tangiert werden, vgl. [Wittlage 1993]. Im Zuge der Schriftgutuntersuchung können auch Verfahren der Hermeneutik eingesetzt werden, die zur Interpretation von Texten eingesetzt werden und auf einem Vorverständnis des Interpretierenden aufbauen, siehe dazu auch Kapitel 4.3.

4.1.3 Auswahl der Erhebungstechniken

In einer konkreten Erhebungssituation müssen bei der Wahl der einzusetzenden Erhebungstechniken eine ganze Reihe von Einflußfaktoren berücksichtigt werden. Neben dem Ziel der Erhebung sind die Art und die Komplexität des Anwendungsbereichs, die Verfügbarkeit von Wissensquellen und der Wissensstand befragter Personen zu berücksichtigen, vgl. [Lenz 1991]. Auch ist zu bedenken, daß Fachexperten nicht in jedem Fall angemessen formulieren können (oder wollen), vgl. [Kurbel 1989; Laske 1989], und Anwender oft nur vage Vorstellungen von den Einsatzmöglichkeiten besitzen, die Anwendungssysteme bieten.

Für die Beschreibung von prozeduralem Wissen, dem bei der Entwicklung von Workflow-Management-Anwendungen eine zentrale Bedeutung zukommt, eignen sich insbesondere Techniken der Gruppenbefragung, der Selbstdokumentation, der Beobachtung und der Schriftgutuntersuchung, vgl. [Lenz 1991]. In [Schienmann 1997] werden als besonders geeignete Techniken für die Beschreibung prozeduralen Wissens die Mitarbeit im betreffenden Tätigkeitsfeld, die Protokollanalyse einer Beobachtung, das auf den Aspekt der Reihenfolgen und Wandlungen fokussierte Einzelinterview sowie eine Szenarienanalyse genannt. Zur gezielten Gewinnung von Aussagen in späteren Zyklen des Rekonstruktionsprozesses bieten sich demnach Workshops, Protokollanalysen und fokussierte Interviews mit Szenarien- oder Aufgabenanalysen an.

Workflows lassen sich unter sehr unterschiedlichen Gesichtspunkten beschreiben, vgl. dazu Kapitel 5. Deshalb liegt es nahe, ein entsprechend breites Spektrum an Techniken zur Erhebung von Aussagen zu Beginn des Fachentwurfs einzusetzen, die sich gegenseitig ergänzen, um eine quantitativ und qualitativ genügende Menge an Aussagen zu allen relevanten Aspekten zu gewinnen, denn jede einzelne Erhebungstechnik stößt schnell an ihre Grenzen, wenn sehr unterschiedliche Arten von Aussagen erhoben werden sollen, vgl. [Goguen/Linde 1993]. Beispielsweise kann eine Schriftgutuntersuchung mit einer Gruppenbefragung und einer Selbstaufschreibung aller beteiligten Mitarbeiter kombiniert werden, um Aussagen für ein Anwendungsgebiet wie die Urlaubsantragsbearbeitung zu erheben. Goguen und Linde plädieren außerdem dafür, bei der Erhebung von Anforderungen auch soziale Aspekte bei der Befragung oder Beobachtung von Anwendern zu berücksichtigen.

Das Ergebnis dieser Aussagensammlung zu Beginn des Fachentwurfs besteht dann aus einer Menge natürlichsprachlicher Aussagen, die auch Vagheiten, Widersprüche und Redundanz aufweisen können. Einige erhobene Aussagen für das Beispiel des Urlaubsantrags können z. B. lauten:

(1) „Ein Mitarbeiter hat keinen vollen Urlaubsanspruch, wenn sein Arbeitsverhältnis noch keine sechs Monate besteht, er hat jedoch Anspruch auf ein Zwölftel des Jahresurlaubs für jeden vollen Monat des Bestehens seines Arbeitsverhältnisses.“

(2) „Ein Mitarbeiter hat Anspruch auf 24 Tage Erholungsurlaub pro Jahr, die zusammenhängend oder in mehreren Teilurlauben gewährt werden können, einer der Teilurlaube muß mindestens 12 aufeinanderfolgende Werktage umfassen.“

(3) „Mitarbeitern ist Erholungsurlaub zu gewähren, sofern keine betrieblichen Belange dagegen sprechen.“

(4) „Ich prüfe die Beschäftigungsdauer des Mitarbeiters.“

(5) „Der beantragte Erholungsurlaub wird abgelehnt.“

(6) „Der Urlaubsanspruch könnte im Folgejahr verfallen.“

4.1.4 Grammatikalische Normierung (methodenneutral)

Die methodenneutrale grammatikalische Normierung muß in Zusammenarbeit von Entwicklern und Anwendern bzw. Experten des betreffenden Fachgebiets auf der Basis der zu Beginn des Fachentwurfs erhobenen Aussagen erfolgen. Insbesondere muß stets gewährleistet sein, daß die grammatikalischen Umformungen keine unbeabsichtigten Veränderungen der Inhalte der Aussagen nach sich ziehen. Es sind eine Reihe von Normierungsschritten möglichst unmittelbar nach der Erhebung der Aussagen als Vorarbeit für spätere Normierungs- und Klassifikationsschritte durchzuführen.

Die erhobenen natürlichsprachlichen Aussagen können sehr unterschiedliche grammatikalische Merkmale (Syntax, Wortform der Substantive und Verben) aufweisen. Die Häufigkeit und Bandbreite möglicher Abweichungen gegenüber einer präzisen, einfachen Formulierung von Aussagen ist tendenziell abhängig von der Erhebungstechnik. Beispielsweise haben es die mit der Aussagensammlung betrauten Personen selbst in der Hand, aus einer Schriftgutuntersuchung entweder direkt oder durch Extrahieren präzise, einfach formulierte Aussagen zu gewinnen. Dagegen sind im Rahmen von Befragungen, insbesondere aber von Selbstaufschreibungen eher unstrukturierte, verkürzt oder ad-hoc-formulierte Aussagen zu erwarten. Folglich kann nicht vorausgesetzt werden, daß ausschließlich präzise, einfach formulierte Aussagen zur weiteren Auswertung vorliegen. Deshalb wird unabhängig von der Erhebungstechnik empfohlen, die gesammelten Aussagen den nachfolgend dargestellten methodenneutralen syntaktischen Normierungsschritten G1 bis G8 zu unterziehen, vgl. Abbildung 18. Diese Abbildung wird später in zwei Stufen entsprechend der weiteren Aussagennormierung erweitert, vgl. dazu Abbildung 20 und Abbildung 24.

Die Normierungsschritte werden hier nicht in allen Einzelheiten erläutert, da es sich um einfache Umformungen handelt, die mit entsprechenden grundlegenden Kenntnissen der deutschen Grammatik leicht nachvollzogen werden können. Bei Bedarf können einschlägige Werke - z. B. [Duden 1984] - zu Rate gezogen werden. Diese Umformungen erleichtern die spätere Normierungsarbeit jedoch ungemein, da dann eine ganze Reihe von Normierungsschritten weniger erforderlich ist, und somit der Blick für die eigentlich wichtigen methodenspezifischen Normierungsaspekte nicht durch die nachfolgend genannten - für die methodenspezifische Anwendungssystementwicklung jedoch irrelevanten - und deshalb durch die methodenneutrale grammatikalische Normierung einzuschränkenden Ausdrucksmöglichkeiten der natürlichen Sprache verstellt wird. Aus diesem Grund sollte auch unmittelbar nach jeder weiteren Aussageerhebung überprüft werden, welche dieser Schritte zur syntaktischen Normierung vollzogen werden können. Es ist im übrigen zu erwarten, daß im Durchschnitt nur einige wenige Schritte je Aussage tatsächlich durchzuführen sind.

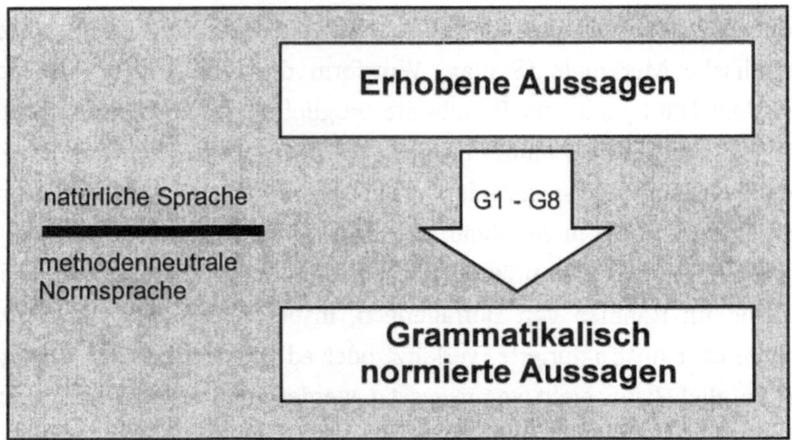

Abbildung 18: Grammatikalische Normierung (methodenneutral) der erhobenen
Aussagen

G1. Substitution von Pronomen durch die entsprechenden Substantive

Pronomen, die auch „Fürwörter" genannt werden, dienen häufig als Stellvertreter
für ein Substantiv (ein Nomen), sie werden somit pronominal gebraucht. In [De
Antonellis/Demo 1983] wird generell für deren Substitution durch die
entsprechenden Substantive plädiert. Es gibt jedoch verschiedene Gruppen von
Pronomen, die keine Stellvertreterfunktion für Substantive besitzen und demzufolge nicht zu substituieren sind. Eine Stellvertreterfunktion besitzen Personal-
pronomen, Demonstrativpronomen, Relativ- oder Interrogativpronomen sowie
Indefinitpronomen, bei ihnen ist eine Ersetzung durch das vertretene Substantiv
erforderlich. Zum Beispiel wird aus „Ein Mitarbeiter hat keinen vollen
Urlaubsanspruch, wenn sein Arbeitsverhältnis noch keine sechs Monate besteht, er
hat jedoch Anspruch auf ein Zwölftel des Jahresurlaubs für jeden vollen Monat
des Bestehens seines Arbeitsverhältnisses" nach der Ersetzung des Personal-
pronomens „Ein Mitarbeiter hat ... besteht, ein Mitarbeiter hat jedoch ...".

Im Gegensatz dazu können Reflexivpronomen und Possessivpronomen zu diesem
Zeitpunkt der Normierung unverändert bleiben, Relativpronomen sind zu ersetzen.
Die Ersetzung von Relativpronomen zieht die Umwandlung des betreffenden
Relativsatzes in einen Hauptsatz nach sich, zum Beispiel wird deshalb „Ein

Mitarbeiter hat Anspruch auf 24 Tage Erholungsurlaub pro Jahr, die zusammenhängend oder in mehreren Teilurlauben gewährt werden können, ..." transformiert in „Ein Mitarbeiter hat Anspruch auf 24 Tage Erholungsurlaub pro Jahr. Die 24 Tage Erholungsurlaub pro Jahr können zusammenhängend oder in mehreren Teilurlauben gewährt werden. ...".

Indefinitpronomen wie „alles", „etwas", „jemand", „man" sind generell durch präzisere Angaben zu ersetzen, die nicht unbedingt nur einzelne Substantive sein müssen. Sie werden gebraucht, wenn ein Sprecher bzw. ein Verfasser etwas nicht näher spezifizieren möchte. Eine genaue Spezifikation ist aber zur Umsetzung der Aussage in eine Norm- und später eine Diagrammsprache notwendig. Davon abgesehen deutet das gehäufte Auftreten dieser Pronomen auch auf organisatorische Mängel hin.

G2. Zerlegung komplexer Aussagen

Ein (geschriebener) Satz kann einfach oder zusammengesetzt sein. Einfachen Sätzen liegt grundsätzlich nur ein Verb bzw. nur eine zusammengesetzte Verbform zugrunde. Zur Klassifikation von Aussagen und ihre Transformation in Diagrammkonstrukte sollten die verwendeten Sätze so einfach wie möglich sein, deshalb sind zusammengesetzte Sätze möglichst in einfache Sätze zu zerlegen, vgl. [De Antonellis/Demo 1983], jedoch nur dann, wenn der in einem komplexeren Satz enthaltene Inhalt sich in mehreren einfacheren, voneinander unabhängigen Sätzen adäquat ausdrücken läßt. Dazu muß das Wesen der zusammengesetzten Sätze etwas näher betrachtet werden.

Unterschieden werden zum einen zusammengesetzte Sätze, die aus mehreren einfachen Sätzen bestehen, die jeder für sich allein stehen könnten und damit eine „Satzverbindung" bilden, und zum anderen zusammengesetzte Sätze, die aus Teilsätzen bestehen, von denen mindestens einer nicht für sich allein stehen könnte („Satzgefüge"). Eine Satzverbindung läßt sich stets ohne nennenswerten Aufwand in einfache Sätze umformen. Ein Satzgefüge kann dagegen nur in manchen Fällen und gegebenenfalls unter Wiederholung von Teilsätzen zerlegt werden. Zum Beispiel kann das Satzgefüge „Ein Mitarbeiter hat Anspruch auf 24 Tage Erholungsurlaub pro Jahr, die zusammenhängend oder in mehreren Teilurlauben gewährt werden können, einer der Teilurlaube muß mindestens 12 aufeinanderfolgende Werktage umfassen.", in folgende einfache Sätze zerlegt werden: „Ein Mitarbeiter hat Anspruch auf 24 Tage Erholungsurlaub pro Jahr. Die 24 Tage Erholungsurlaub pro Jahr können zusammenhängend oder in mehreren Teilurlauben gewährt werden. Einer der Teilurlaube muß mindestens 12 aufeinanderfolgende Werktage umfassen." Bei dieser Umformung wurde das Relativpronomen durch das entsprechende Substantiv ersetzt (gemäß G1) und damit das Satzgefüge aus Haupt- und Relativsatz in zwei einfache Sätze überführt. Der ursprünglich angehängte Hauptsatz „einer der Teilurlaube ..." wurde abgetrennt und bildet nun einen separaten Satz. Die Satzreihe wurde aufgelöst.

G3. Ersetzung mehrdeutiger Formulierungen

Schon auf Aussagenebene können mehrdeutige Formulierungen auftreten, z. B.: „Ein Junggeselle ist ein Mann, dem zum Glück die Frau fehlt." [Duden 1984, 564]. Der doppeldeutige Teil des Satzes ist durch eine eindeutige Formulierung zu ersetzen, d. h. entweder durch „glücklicherweise" oder durch „- um glücklich zu sein -". Es handelt sich um eine strukturelle Ambiguität, die bereits zu diesem Zeitpunkt der Normierung erkannt und ersetzt werden sollte. Generell ist eine syntaktische Ambiguität so frühzeitig wie möglich zu entfernen. Syntaktische Ambiguität ist keineswegs so selten, wie es das genannte Beispiel vermuten lassen könnte, nur ist sie nicht immer so leicht (und ohne Fachkenntnisse) zu erkennen.

G4. Umformung passiv formulierter Aussagen

Sätze, die das Genus verbi Passiv aufweisen, sind so umzuformen, daß sie anschließend das Genus verbi Aktiv besitzen. Dadurch können vorher unter Umständen fehlende Subjekte (implizite Elemente) als Fachbegriffskandidaten ermittelt (explizit gemacht) werden, siehe z. B. [De Antonellis/Demo 1983]. In [Duden 1984] werden die üblichen Verfahrensweisen erläutert, um aus einem passiv formulierten Satz einen aktiv formulierten Satz zu erzeugen. Hervorzuheben ist dabei, daß die in der Passivkonstruktion nur optionale Agensangabe (sie bezeichnet den Täter, den Urheber, die Ursache) zum obligatorischen Subjekt (im Nominativ) in den aktiv formulierten Sätzen wird und damit neue Fachbegriffskandidaten gewonnen werden. So wird aus dem passiv formulierten Satz „Der beantragte Erholungsurlaub wird abgelehnt." nach seiner Umformung in das Genus verbi Aktiv folgender Satz: „Der Vorgesetzte lehnt den beantragten Erholungsurlaub ab." Als neuer Fachbegriffskandidat ist hier „Vorgesetzter" hinzugekommen. Passiv-Formulierungen kommen in einer Fachsprache häufiger vor als in der Gemeinsprache, vgl. Kapitel 3.2.1.2.2, so daß dieser Umformungsschritt entsprechend oft durchzuführen ist.

G5. Substantivumformung

Substantive sind – soweit möglich – vom Plural in den Singular zu transformieren, um die Aussagen zu vereinfachen. Beispielsweise kann der Satz „Mitarbeitern ist Erholungsurlaub zu gewähren, sofern keine betrieblichen Belange dagegen sprechen." in „Einem Mitarbeiter ist Erholungsurlaub zu gewähren, sofern keine betrieblichen Belange dagegen sprechen." umgeformt werden. In diesem Beispiel wurde die Pluralform „Mitarbeitern" in den Singular transformiert, ohne die Satzaussage nennenswert zu verändern. Dagegen erscheint es nicht ratsam, die Pluralform „betrieblichen Belange" in die entsprechende Formulierung im Singular zu transformieren, da diese nicht gebräuchlich ist.

Der Aufwand, Verfahren der linguistischen Datenverarbeitung, wie sie beispielsweise in [Lenders/Willée 1986] vorgestellt werden, zur Normierung der Wortformen einzusetzen, erscheint im Rahmen des Aufbaus einer Unternehmens-fachsprache unangemessen hoch, so daß dem intellektuellen Verfahren sowohl bei der Substantivumformung als auch bei der Verbumformung der Vorzug gegeben werden sollte.

G6. Verbumformung

Die auftretenden Verben sind soweit wie möglich zu vereinfachen. Entsprechende Anpassungen sind in den Aussagen vorzunehmen. Allgemein ist eine Verbform gekennzeichnet durch die Merkmale Person, Numerus, Modus, Tempus und Genus. Diese sind in unterschiedlicher Art und Weise zu normieren:

(1) *Person*: Die dritte Person ist durchgängig zu verwenden, denn Verbformen in Aussagen, welche die erste oder zweite Person aufweisen, sind immer vom

Kontext abhängig, d. h. von demjenigen, der die Aussage trifft. Auch diese Art der Kontextabhängigkeit muß im Zuge der Normierung ausgeschlossen werden, entsprechende Transformationen haben zu erfolgen. Wenn beispielsweise ein Sachbearbeiter in einer Befragung angibt: „Ich prüfe die Beschäftigungsdauer des Mitarbeiters.", so ist die Transformation in die Aussage „Ein Sachbearbeiter prüft die Beschäftigungsdauer des Mitarbeiters." notwendig, um die Aussage später ohne Kenntnis des Aussagetreffenden überhaupt noch korrekt interpretieren zu können.

(2) *Numerus*: Aus Gründen der Vereinfachung ist als Numerus der Verbform der Singular zu verwenden. Der Numerus „Singular" ergibt sich für die Form des Verbs in der Regel bereits aus Schritt G5, der eine möglichst vollständige Transformation der Substantive in den Singular vorsieht.

(3) *Modus*: Durch verschiedene Verbformen wird das, was im Satz gesagt wird, in bestimmter Weise vom Sprecher bzw. Verfasser gekennzeichnet, modifiziert, der Satz bekommt eine bestimmte Aussageweise, einen bestimmten Modus. Mit dem Modus „Indikativ" wird etwas in sachlicher Feststellung als tatsächlich und wirklich gegeben dargestellt und ohne Bedenken anerkannt, vgl. [Duden 1984]. Dieser Modus gilt als der „Normalmodus". In ihn sind alle erhobenen Aussagen zu überführen, die einen anderen Modus (Konjunktiv oder Imperativ) besitzen. Das Auftreten anderer Modi beschränkt sich in der natürlichen Sprache generell, insbesondere aber im Zusammenhang mit der Sammlung von Aussagen für die Anwendungssystementwicklung, auf Ausnahmefälle. Konstrukte von Diagramm- oder anderen Spezifikationssprachen sind nicht geeignet, die mit Konjunktiv- oder Imperativ-Formulierungen verbundenen Intensionen abzubilden, so daß die Beibehaltung dieser Modi nicht sinnvoll ist. Dementsprechend wird aus dem (ergänzungsbedürftigen) Konjunktivsatz „Der Urlaubsanspruch könnte im Folgejahr verfallen." der Indikativsatz „Der Urlaubsanspruch kann im Folgejahr verfallen.", wobei zu prüfen ist, ob mit einer solchen Umformung eine Änderung des Aussageninhalts verbunden ist.

(4) *Tempus*: Als Tempus ist das Präsens zu verwenden. Andere Tempi, insbesondere Vergangenheitsformen, sind nur zulässig, wenn sie zur Darstellung von Reihenfolgebeziehungen unumgänglich sind.

(5) *Genus:* Als Genus verbi ist das Aktiv, die normierte, einfache Form zu verwenden. Sie ist durch Schritt G4 bereits gewährleistet.

Das Verfahren zur Erzeugung einer solchen Grundform ist der auf Verben bezogene Teil der Lemmatisierung, siehe dazu auch Schritt T2 in Kapitel 4.2.

G7. Satzlogik prüfen

Zur Wahrung der Satzlogik ist insbesondere sicherzustellen, daß die nebenordnenden Konjunktionen „und", „oder", „entweder oder" in den Aussagen korrekt im Sinne von logischen Operatoren (AND, OR, XOR) verwendet werden, da sie als Grundlage zur Festlegung von Ablaufkonstrukten wie „Alternative", „parallele Ausführung", aber auch zur Festlegung von Aufbaukonstrukten dienen, die im Sinne der angesprochenen logischen Operatoren und somit teilweise abweichend von ihrem Gebrauch in der Gemeinsprache definiert sind. Diese - an sich triviale - Überprüfung muß somit anhand der entsprechenden Wahrheitswertetafeln erfolgen. Dadurch wird beispielsweise aus „Der Urlaubsantrag wird genehmigt oder abgelehnt." die normierte Aussage „Der Urlaubsantrag wird entweder genehmigt oder abgelehnt.", d. h. das *inklusive oder* wird durch das *exklusive oder* ersetzt. Darüber hinaus ist generell zu prüfen, ob eine Aussage einen logischen Fehler im Satzaufbau aufweist; z. B. in Form eines Widerspruchs gegen eine andere logische Verknüpfung.

G8. Entfernung von redundanten Aussagen

Soweit zu diesem Zeitpunkt der Normierung bereits vollkommen redundante Aussagen zu erkennen sind, können diese - jeweils bis auf eine - gestrichen werden, vgl. [De Antonellis/Demo 1983]. In manchen Fällen verbirgt sich eine Redundanz jedoch hinter synonymen Formulierungen, die erst im Zuge der terminologischen Normierung aufgedeckt werden, so daß erst dann die betreffenden redundanten Aussagen gestrichen werden können.

Die acht genannten Schritte stellen eine erste methodenneutrale Normierung der natürlichsprachlichen Satzstrukturen dar, die der Vereinheitlichung und Vereinfachung von Syntax und Wortformen der Aussagen dient. Diese Normierung ist von der methodenneutralen Normierung der verwendeten

Terminologie (Kapitel 4.2) sowie von der methodenspezifischen Normierung der Aussagen mit Hilfe von Satzbauplänen (Kapitel 5) zu unterscheiden.

Mit zunehmender Erfahrung der am Rekonstruktionsprozeß beteiligten Personen dürften die meisten der Schritte G1 bis G8 schon bei der Aussagensammlung im Sinne einer intellektuellen Transformation der Originalaussagen aus dem Anwendungsbereich von vornherein berücksichtigt werden, so daß sich der mit der anschließenden methodenneutralen grammatikalischen Normierung verbundene Aufwand in Grenzen halten dürfte, eben weil die notierten Aussagen dann bereits in einer vornormierten Form vorliegen.

4.2 Rekonstruktion der Termini

> *Unerachtet ich deutsche Kunstwörter gebraucht, so werden doch dadurch meine Schrifften nicht dunckel und schwer zu verstehen. Denn ich habe alle Wörter vorher erkläret, ehe ich sie gebraucht, und dannenhero können sie zu keiner Zweydeutigkeit und Mißverständnis Anlaß geben. ... Hätte ich lateinische Kunst=Wörter gebraucht, so wäre eben dieses nöthig, woferne man nicht dieselben nach seinem eigenen Gefallen auslegen wolte.*
>
> *Christian Freiherr von Wolff*[52]

Im Mittelpunkt des methodenneutralen Fachentwurfs steht zweifelsohne die Regelung der Terminologie in dem betreffenden Anwendungsgebiet, dem Unternehmen, vgl. [Ortner 1997a; Schienmann 1997]. Hierunter fällt vor allem die Rekonstruktion der Termini. Bei ihr geht es darum, Mehrdeutigkeiten, Vagheiten und Widersprüche in den Benennungen zu beseitigen. Das Zitat von Wolff weist auch auf die besondere Notwendigkeit hin, Fremdwörter präzise zu definieren, da bei ihnen die Gefahr der beliebigen Verwendung besonders groß ist, wobei das seiner Zeit gemäße Beispiel der Latinismen heute durch das Beispiel der Anglizismen ersetzt werden kann. Somit gilt die Forderung nach einer genauen Erklärung als das Vorbildliche und Folgenreiche an Wolffs Verfahren,

---

[52] Philosoph, 1679-1754

gerade angesichts des bis dahin und noch lange Zeit danach üblichen unkritischen Sprachgebrauchs, vgl. [Eggers 1977], und kann als eine Wurzel der Idee der Rekonstruktion von Termini interpretiert werden.

Die Sammlung oder auch Bestandsaufnahme der Termini, d. h. der Fachwörter einer Unternehmensfachsprache, geschieht beim normsprachlichen Ansatz in Form der Auswertung der gesammelten Aussagen[53], die bereits einer ersten grammatikalischen Normierung unterzogen worden sind, vgl. Kapitel 4.1. Das Kapitel 4.2.1 behandelt Grundlagen der Normierung. Ein besonderes Augenmerk gilt dabei der Normierung der Terminologie. Danach werden in Kapitel 4.2.2 verschiedene Rekonstruktionsverfahren für Begriffe erörtert, die jeweils schwerpunktartig für einzelne Aspekte der Begriffsrekonstruktion eingesetzt werden können. In Kapitel 4.2.3 wird eine konkrete Vorgehensweise zur Beseitigung der in Kapitel 3.4 genannten Zuordnungsprobleme von Begriff und Benennung vorgestellt. Die im Rahmen dieser Vorgehensweise einzusetzenden Strategien zur Behandlung von Synonymie, lexikalischer Ambiguität usw. werden in Kapitel 4.2.4 ausführlich erläutert.

4.2.1 Grundlagen der Normierung

Rekonstruktion bedeutet Normierung von Sprachelementen (Wörter, Wortgruppen). Im ersten Teil der Normierung werden die Fachbegriffe eines Anwendungsgebiets rekonstruiert und damit normiert. Dieses Vorgehen ist strikt zu trennen von - unrealistischen - Bestrebungen, die Gemeinsprache normieren zu wollen und damit in ihrer freien Entwicklung zu beschränken, vgl. [Wüster 1991]. Einleitend ist die Frage zu klären, wie Normierung selbst definiert werden kann. Es muß vorangeschickt werden, daß in diesem Buch das bildungs- und damit gemeinsprachliche „Normieren" (bzw. „Normierung") statt dem fachsprachlichen „Normen" (bzw. „Normung") verwendet wird, da das Normen in Deutschland dem Deutschen Institut für Normung obliegt[54]. Gleichwohl ist die Definition von

---

[53] Wolff [zitiert nach Eggers 1977, 60f] nennt Fachwörter im obigen Zitat, in dem er zu seiner Vorgehensweise zur Erstellung von Texten Stellung bezieht, Kunstwörter.

[54] Seit der Gründung des Normenausschusses der Deutschen Industrie 1917 wird überhaupt erst von „Normung" gesprochen, vorher sprach man von „Normalisation", „normalisieren", „Normalien", vgl. [Beier 1960].

„Normung" des Deutschen Instituts für Normung auch für das hier verfolgte Normierungsvorhaben von grundlegender Bedeutung, entnommen aus [Arntz/Picht 1991, 143, nach DIN 820 Blatt 1 1977, 1]:

> Normung ist die planmäßige, durch die interessierten Kreise gemeinschaftlich durchgeführte Vereinheitlichung von materiellen und immateriellen Gegenständen zum Nutzen der Allgemeinheit. Sie darf nicht zu einem wirtschaftlichen Sondervorteil einzelner führen.
> Sie fördert die Rationalisierung und Qualitätssicherung in Wirtschaft, Technik, Wissenschaft und Verwaltung. Sie dient der Sicherheit von Menschen und Sachen sowie der Qualitätsverbesserung in allen Lebensbereichen. Sie dient außerdem einer sinnvollen Ordnung und der Information auf dem jeweiligen Normungsgebiet.

Überträgt man diese Norm auf die in diesem Buch propagierte Normierung der Unternehmensfachsprache, so läßt sich die damit verbundene Zielsetzung wie folgt charakterisieren:

> **Terminologienormierung im Unternehmen** ist die planmäßige, durch die Beteiligten aus den Fachabteilungen und der DV-Abteilung gemeinschaftlich durchgeführte Vereinheitlichung von Termini zum Nutzen des Gesamtunternehmens. Sie kann zu einem wirtschaftlichen Sondervorteil des Unternehmens führen.
> Sie fördert die Rationalisierung und Qualitätssicherung bei der Entwicklung von Anwendungssystemen in allen Unternehmensbereichen. Sie dient der Verbesserung der Kommunikation im Unternehmen. Sie dient außerdem einer sinnvollen Ordnung (Organisation) und der Information im jeweiligen Anwendungsgebiet.

Diese Charakterisierung soll etwas näher betrachtet werden. Zunächst einmal sollte die Normierung der Terminologie auch im Unternehmen planmäßig erfolgen. Als „interessierte Kreise" im Unternehmen, die gemeinschaftlich die Vereinheitlichung der Termini durchführen, können Vertreter der Fachabteilungen und der DV-Abteilung gelten, motiviert durch die Unterstützung der Unternehmensführung. Nutznießer der normierten Unternehmensfachsprache ist das gesamte Unternehmen. Im Gegensatz zur Terminologiearbeit des Deutschen Instituts für Normung oder vergleichbarer Institutionen ist es durchaus beabsichtigt, mit der Normierung der unternehmensspezifischen Terminologie einen wirtschaftlichen Sondervorteil des Unternehmens gegenüber seinen Wettbewerbern zu erlangen. Zumindest soll mit ihrer Hilfe verhindert werden, daß aus dem Fehlen einer normierten Terminologie dem Unternehmen dann Wettbewerbsnachteile entstehen, wenn die Konkurrenz über eine solche verfügt und von ihr bei der Entwicklung von Anwendungssystemen profitiert. Dies ist mit dem Nutzen, den die normierte Terminologie stiftet, zu begründen. Zu nennen sind in diesem Zusammenhang Rationalisierung und Qualitätssicherung, insbesondere bezogen auf die Entwicklung von Anwendungssystemen, aber auch bezogen auf die innerbetriebliche Kommunikation durch den weitgehenden Ausschluß von Mißverständnissen, die auf uneinheitlichen Benennungen beruhen. Schließlich dient die Normierung der Terminologie auch der fachgebietsinternen Reflexion über die verwendete Terminologie und ihre Systematik. Daraus resultiert eine klare und verständliche (optimale) Organisation der Arbeitsabläufe, denn Arbeitsabläufe werden begrifflich (durch Begriffe und Beziehungen) organisiert. Die zentralen Ziele der Terminologienormierung im Unternehmen sind damit aufgezählt. Bevor die Einzelheiten dieser Normierung vorgestellt werden, sollen jedoch noch einige Grundlagen der Normung erörtert werden, auf denen z. B. die Normung durch das Deutsche Institut für Normung e. V. basiert, um ein besseres Verständnis der vorgeschlagenen Normierungsschritte zu erreichen.

Nichtsdestotrotz können sich Fachsprachen nicht darauf beschränken, Wörter der Gemeinsprache mit fachlichen Inhalten zu füllen. Vielmehr müssen neu entstehende Begriffe häufig mit neuen Benennungen versehen werden. Die Mittel dazu sind allerdings begrenzt, denn eine Wortbildung greift in der Regel auf vorhandene sprachliche Elemente zurück, völlige Neuschöpfungen sind sehr selten. Falls es erforderlich ist, neue Benennungen einzuführen, so sind diese Benennungen

- angemessen kurz
- linguistisch korrekt
- genau

- einprägsam
- leicht sprechbar
- geeignet zum Bilden von Ableitungen

zu wählen, vgl. [DIN 2330 1993; ISO/DIS 704 1985]. Vor der Einführung neuer Benennungen muß jedoch unbedingt geprüft werden, inwieweit Vorbehalte seitens der Benutzer gegenüber möglichen neuen Benennungen existieren oder zu erwarten sind. Werden diese Vorbehalte ignoriert, so dürften erhebliche Akzeptanzprobleme auftreten. Die konsequente Durchsetzung der neuen Benennungen dürfte in diesem Fall sehr schwierig werden.

Folgende Verfahren stehen Fachsprachen zur Wortbildung grundsätzlich zur Verfügung, vgl. [Arntz/Picht 1991; DIN 2330 1993; Felber/Budin 1989]:

(1) *Terminologisierung*: Übertragung einer fachsprachlichen Bedeutung auf ein Wort des Allgemeinwortschatzes auf der Basis von erkannten Ähnlichkeiten, z. B. wurde dem gemeinsprachlichen Wort „Wurzel" in der Zahnmedizin eine ganz bestimmte Bedeutung zugeordnet.

(2) *Wortzusammensetzung bzw. Mehrwortbenennung*: Die Bildung zusammengesetzter Benennungen (Komposita) kann im Deutschen in vielfältiger Art und Weise erfolgen. Die Bedeutungen von Komposita lassen sich in einer Fachsprache dann sehr häufig aus Bedeutungskompositionen der Teile bestimmen, vgl. [Schnelle 1973], als Beispiel für eine Ausnahme sei hier „Heckenschütze" genannt. Die wichtigsten Komposita-Typen sind (jeweils mit Beispielen):

- Substantiv + Substantiv (Zahnrad, Glasfaser)
- Verb + Substantiv (Fräsmaschine, Schmelzofen)
- Adjektiv + Substantiv (Hochofen, Edelmetall)
- Adjektiv + Verb (hartlöten, kaltwalzen)
- Präposition + Substantiv (Durchmesser, Außentemperatur)

Für die Verwendung von Komposita spricht, daß sie eine inhaltliche Konzentration durch Umgehung syntaktischer Fügungen ermöglichen. Die praktische Verwendbarkeit von Wortzusammensetzungen setzt der Bildung überlanger Benennungen jedoch Grenzen, denn eine Zusammensetzung, die vier oder fünf Merkmale des Begriffs erfaßt, stellt eine inhaltliche und formale Verdichtung bis zur Unverständlichkeit dar, die kaum noch merkbar, kaum noch aussprechbar ist. Alternativ kann für systematische aber zu lange Zusammensetzungen auch eine neue Benennung eingeführt werden, wie dies im Falle der Einführung der Benennung „Güterwagen" für „Lastbahnwagen" geschehen ist, vgl. [Beier 1960]. Grundsätzlich gibt es aber auch im Deutschen die Möglichkeit der Mehrwortbenennung. Diese Aneinanderreihung von zwei oder mehr Wörtern ist z. B. für das Englische typisch, dabei werden Zusammenschreibung, Verbindung durch Bindestrich und Getrenntschreibung allerdings vielfach willkürlich gehandhabt, so daß die Abgrenzung zwischen beiden Benennungsarten schwerfällt (z. B. „term bank", „term-bank", „termbank").

(3) *Wortableitung*: Verbindung eines Stammworts mit mindestens einem Ableitungselement, z. B. *Prüf|er, Ver|bind|ung*. Ableitungselemente sind in diesen Beispielen : *-er, -ung* (Suffixe), *ver-* (Präfix).

(4) *Konversion*: Übergang von Wörtern aus einer Wortklasse in die andere, z. B. vom Infinitiv zum Substantiv („das Pflügen"), vom Adjektiv zum Substantiv („das Blau"), vom Partizip zum Substantiv („der Vorsitzende").

(5) *Entlehnung*: unveränderte oder weitgehend unveränderte Übernahme eines Wortes aus einer anderen Sprache („Workflow", „Software") oder aus einer anderen Fachsprache (innere Entlehnung), z. B. „Strategie" aus der militärischen in die betriebswirtschaftliche Fachsprache, vgl. Kapitel 3.4.1.

(6) *Lehnübersetzung*: Übertragung der einzelnen Wortelemente aus einer anderen Sprache, ohne die innere Struktur der Benennung zu verändern, z. B. *business process modeling* zu „Geschäftsprozeßmodellierung", vgl. Kapitel 3.4.1.

(7) *Wortkürzung*: Verwendung von Kurzformen aus Gründen der Sprachökonomie, die allerdings häufig mehrdeutig sind, wenn man sie auf mehrere Fachsprachen bezieht. Folgende Formen werden unterschieden:

- Abkürzung („zum Beispiel" wird zu „z. B.")

- Initialwort - Sprechkürzung: („light amplification by stimulated emission of radiation" wird zu „Laser")
- Initialwort - Buchstabierkürzung („Lastkraftwagen" wird zu „LKW")
- Silbenkurzwort („Transformator" wird zu „Trafo")

Bevor eine neue Benennung einem Begriff zugeordnet wird, muß unbedingt geprüft werden, ob bereits eine Benennung existiert. Sollte dies der Fall sein, so ist zu prüfen, ob diese Benennung den formulierten allgemeinen Anforderungen bezüglich Genauigkeit, Knappheit usw. entspricht. Trifft dies zu, so ist von einer Neubildung abzusehen und die schon eingeführte Benennung zu verwenden, vgl. [DIN 2330 1993]. Zuordnungsprobleme zwischen Begriffen und Benennungen (z. B. Synonymie, Homonymie) treten in der Gemeinsprache nur deshalb auf, weil die Benennung (Namengebung) der Gegenstände oftmals willkürlich oder aber zufällig und unkoordiniert stattfindet. Im Idealfall wird einem Gegenstand (Ding, Geschehnis, Sachverhalt usw.) genau ein Name eindeutig zugeordnet. Auch Wortfolgen sind „Namen", z. B. ist ein Satz der „Name" eines Sachverhalts.

4.2.2 Einteilung von Rekonstruktionsverfahren für Begriffe

In diesem Abschnitt wird eine Einteilung von Rekonstruktionsverfahren für Begriffe vorgestellt, die Ausführungen orientieren sich dabei an [Ortner 1994]. Einige der Verfahren sind im übrigen bereits als Erhebungstechniken für die generelle Aussagensammlung (Kapitel 4.1) vorgestellt worden. Die Einteilung hier gibt einen Überblick über Verfahren zur Erhebung von Aussagen über Begriffe, zur Klärung ihrer Benennung, ihrer Intension und ihrer Extension. Die drei vorgestellten Klassen von Verfahren sind nicht als überschneidungsfrei zu betrachten, d. h., die einzelnen Verfahren dienen nie ausschließlich zur Rekonstruktion der Intension eines Begriffs oder ausschließlich zur Rekonstruktion der Benennungen oder ausschließlich zur Rekonstruktion der Extension eines Begriffs. Die jeweils anderen Aspekte können nie ganz ausgeklammert werden. Dennoch können die Klassen einem Aspekt eines Begriffs schwerpunktartig zugeordnet werden, siehe dazu Abbildung 19.

Die Rekonstruktion eines Begriffs über die unter ihm subsumierten Objekte (Extension) kann in Form von Beobachtungen, Mitarbeit, einer Exemplaranalyse oder einer Präsentation von Gegenständen, die unter einen Begriff fallen, erfolgen. Das Verfahren der Beobachtung ist in Kapitel 4.1.2.3 bereits vorgestellt worden, und zwar einschließlich des Verfahrens der Mitarbeit, das auch als „teilnehmende Beobachtung" klassifiziert wird. Die Verfahren der Exemplaranalyse und der Präsentation von Gegenständen sind im Kern selbsterklärend. Alle diese Verfahren werden in [Ortner 1994] als sehr effektiv, aber auch sehr aufwendig bezeichnet, denn oftmals sind sie nur über Prototyping und Simulation (bei neu eingeführten Begriffen) anwendbar. Sie können in die Klasse der *exemplarischen Rekonstruktionsverfahren* eingeordnet werden. Für diese Klasse ist charakteristisch, daß primär die Extension der Begriffe betrachtet wird, über die die Verwendungsweise der Benennungen rekonstruiert werden kann.

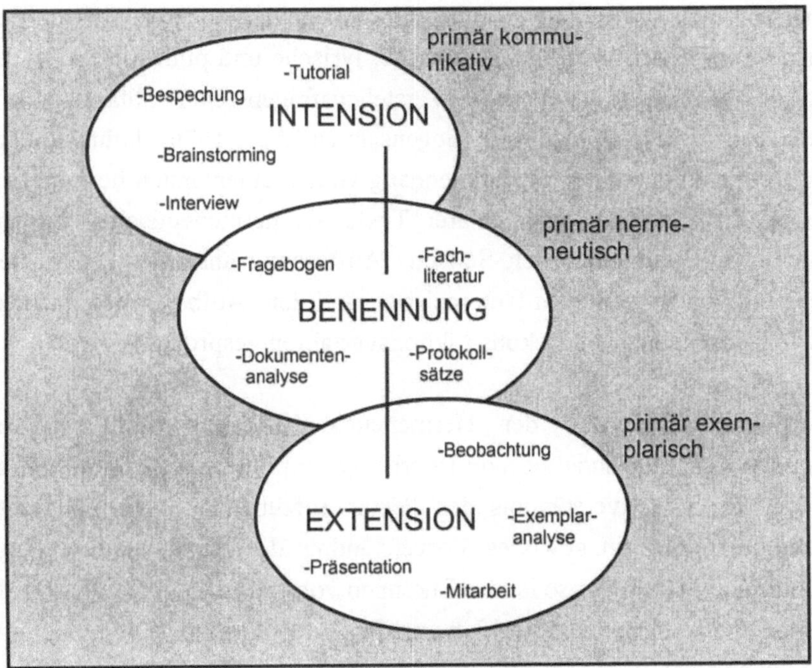

Abbildung 19: Einteilung der Rekonstruktionsverfahren für Begriffe [Ortner 1994, 575]

Die Auswertung von Fragebögen und Protokollsätzen, die Dokumentenanalyse und das Studium der Fachliteratur ermöglichen über die Analyse der in ihr auftretenden Benennungen einen methodischen Zugang zu Begriffen. Als Rekonstruktionsmethode wird dazu - z. B. von den Entwicklern - die Hermeneutik verwendet. Zielsetzung ist dabei, das den Texten vom jeweiligen Autor zugrunde gelegte Begriffssystem zu „rekonstruieren". Die genannten Verfahren gehören somit zur *Klasse der hermeneutischen Rekonstruktionsverfahren*.

An dieser Stelle ist es deshalb notwendig, etwas näher auf den Terminus „Hermeneutik" einzugehen. Hermeneutik kann als die „Lehre vom Verstehen" oder die „Lehre von der Interpretation" erklärt werden, vgl. [Seiffert 1992]. Hermeneutik steht in einem reichen Umfeld von bedeutungsähnlichen Termini, zu nennen sind „Verstehen", „Erklären", „Auslegen", „Interpretieren", „Übersetzen", „Dolmetschen", „Deuten" und „Exegese", diese Termini sind jedoch nicht sehr präzise gegeneinander abzugrenzen, vgl. [Hörich 1988; Seiffert 1992]. Es ist umstritten, ob die Lehre vom Verstehen nur auf schwierige Texte ohne eindeutige Lösungen - dies betrifft vor allem biblische, lyrische und philosophische Texte - oder auch auf eindeutig klärbare Verstehensfragen eher alltäglicher Texte anzuwenden ist. Seiffert plädiert im Gegensatz zu [Apel 1976] dafür, die Hermeneutik als einen allgemeinen Zusammenhang vom Elementarsten her aufzubauen, d. h. auch das Verstehen elementarer Texte als hermeneutische Aufgabe zu betrachten. Nur wenn man sich Seifferts Auffassung anschließt, kann bei der Klärung von Fachbegriffen im Unternehmen und dem Aufbau eines Fachwörterbuchs von hermeneutischen Rekonstruktionsverfahren gesprochen werden.

Rekonstruktion mit Hilfe der Hermeneutik bedeutet somit, das einem vorliegenden Text zugrundeliegende Begriffssystem zu ergründen und auf dieser Grundlage ein Gesamtverständnis des Textes aufzubauen. Prinzipiell setzt die Interpretation immer ein gewisses Vorverständnis des Fachgebiets voraus, vgl. z. B. [Bultmann 1988]. Nur so ist das Erkennen von Problemen bei der Zuordnung von Begriff und Benennung, die Überprüfung der korrekten Verwendung von Termini anhand des Wörterbuchs sowie die Ableitung von Definitionen denkbar. Bultmann charakterisiert das Interpretieren eines Textes als das subjektive Nachbilden, das subjektive Nachkonstruieren des Vorgangs der Texterstellung.

Abschließend ist auf die dritte Klasse von Rekonstruktionsverfahren einzugehen. Die *kommunikativen Rekonstruktionsverfahren* dienen der Klärung von Begriffen. Zum Einsatz kommen dabei Besprechungen, Brainstorming, Interviews/Befragungen, Seminare/Workshops und Tutorien als vorwiegend kommunikative, meist ohne „anschauliche" Extension praktizierte Form der Erarbeitung von Begriffsdefinitionen. Diese Verfahren werden im übrigen auf dem Gebiet des Software-Engineerings und bei der Wissensakquisition häufig eingesetzt.

4.2.3 Vorgehensweise der Rekonstruktion

In diesem Kapitel wird aufgezeigt, wie man bei der Rekonstruktion von Begriffen vorgehen kann, um die in Kapitel 3.4 diskutierten Zuordnungsprobleme von Begriffen und Benennungen zu lösen. Grundsätzlich ist hierbei das Rekonstruieren von Begriffen nicht als sequentielles Fortschreiten vom Vagen zum Präzisen, sondern als iterativer Prozeß mit häufigen Rücksprüngen zu den zugrundeliegenden Aussagen und zur weiteren Sammlung von begriffsklärenden Aussagen zu verstehen. Es handelt sich um eine vorwiegend intellektuelle Tätigkeit von Anwendungssystementwicklern, die dazu mit Experten und/oder Anwendern aus den Fachabteilungen zusammenarbeiten. Der Einsatz von Rechnern ist dabei nur partiell möglich, vgl. Kapitel 4.4.

Rekonstruktion der Termini bedeutet zunächst die nachträgliche Beseitigung der in den erhobenen Aussagen auftretenden Probleme der Zuordnung von Begriffen und Benennungen, in einigen Fällen verbunden mit der Schaffung neuer Benennungen, vgl. [Wüster 1993]. Dazu gehört, daß Homonyme, Synonyme, Polyseme und Verschiebungen ursprünglich festgelegter Benennungen (falsche Benennungen aufgrund einer Bedeutungsverschiebung) festgestellt und entsprechend behandelt werden, vgl. [DIN 2339 Teil 1 1987]. Die Festlegung (Rekonstruktion) ist gemäß der genannten Norm als das Vereinbaren der Beziehungen zwischen den Begriffen und zwischen Begriffen und Benennungen zu verstehen. Dabei wird festgelegt, wie die Benennungen zu verwenden sind. So werden beispielsweise Synonyme bewertet, eine Vorzugsbenennung für den betreffenden Begriff ausgewählt, die anderen abgelehnt oder daneben als Benennungen zugelassen. Unter Umständen wird auch eine völlig neue Benennung für einen Begriff eingeführt.

Nur bei einer kontrollierten Verwendung von Synonymen und der adäquaten Behandlung der anderen Zuordnungsprobleme, auf welche noch eingegangen wird, ist eine effektive Kommunikation im Unternehmen gewährleistet. Andernfalls sind allein aufgrund einer fehlenden normierten Terminologie Wettbewerbsnachteile zu erwarten, und zwar dann, wenn ein Unternehmen aufgrund interner Kommunikationsprobleme langsamer auf Veränderungen am Markt reagieren kann als Unternehmen, die dank einer rekonstruierten Unternehmensfachsprache auf eine zeitraubende Klärung der relevanten Fachausdrücke in den Anfangsphasen von Projekten verzichten können. Aber auch in anderer Hinsicht sind geklärte Termini für ein Unternehmen von Nutzen. Erfahrungsgemäß treten etwa im Bereich des Controllings Probleme uneinheitlicher oder fehlender Begriffsdefinitionen häufig auf, vgl. [Back-Hock et al. 1994]. Dies gilt gerade in Konzernen, in denen verschiedene Administrations-, Planungs- und Kontrollsysteme eingesetzt werden und in denen gleichzeitig einheitliche, konzernweit gültige Definitionen der Begriffe fehlen, so daß die Vergleichbarkeit der Berichtsdaten zwischen den Gesellschaften nicht ohne weiteres gegeben ist. Genauso erscheint die Aussagekraft konsolidierter Daten fraglich, wenn die Basisdaten nicht dieselbe Bedeutung haben. Ein noch gewichtigeres Argument für eine unternehmensintern normierte Terminologie sieht [Stieglbauer 1988] darin, daß sich in der eingesetzten Terminologie das Wissen (im Sinne von „Know-how" als Wettbewerbsvorteil) als häufig wichtigste Unternehmensressource artikuliert. Es kann geschlußfolgert werden, daß ohne eine normierte Terminologie Wissen im Unternehmen als eher diffus einzustufen ist und damit als Unternehmensressource geringeren Wert besitzt.

Eine Rekonstruktion der benutzten Termini mit dem Ziel des Aufbaus einer unternehmens- bzw. konzernweit normierten Fachsprache ist somit notwendig, um in der Anfangsphase von Projekten zeitraubende Klärungsgespräche zu vermeiden. Sie kann auf der in Kapitel 4.1.4 vorgestellten methodenneutralen grammatikalischen Normierung aufbauen, vgl. Abbildung 20. Für die Rekonstruktion einer Fachsprache sind gemäß den in Kapitel 3.2.1.2.3 vorgestellten Untersuchungen zur fachsprachlichen Phraseologie im wesentlichen Substantive, aber auch fachsprachlich verwendete Verben relevant. Deshalb sind alle potentiellen Benennungen von Fachbegriffen aus den erhobenen und (methodenneutral) syntaktisch normierten Aussagen herauszufiltern. Im Kern stellt die Rekonstruktion der Fachwörter einen intellektuellen Vorgang dar, der jedoch an einigen Stellen durch Rechner unterstützt werden kann. Dabei wird das

Unternehmensfachwörterbuch in zweifacher Hinsicht einbezogen. Zum einen dient es als Grundlage für die Prüfung der korrekten Verwendung der Termini in den erhobenen Aussagen, zum anderen wird es ausgehend von neu in Erscheinung tretenden Fachbegriffen erweitert und damit aktualisiert, vgl. dazu Abbildung 20, welche auf Abbildung 18 aufbaut. Im einzelnen wird für die nachfolgend dargestellte Schrittfolge T1 bis T5 plädiert.

T1. Selektion der Fachbegriffskandidaten

Es sind alle Substantive (auch: Wortgruppen) zusammen mit den sie näher charakterisierenden Adjektiven sowie alle fachspezifisch anmutenden Verben (bzw. Verbalphrasen) in den Aussagen als Fachbegriffskandidaten zu selektieren. Zumindest die Selektion von Substantiven kann, sofern geeignete Werkzeuge zur Verfügung stehen, rechnerunterstützt erfolgen. Das Ergebnis einer solchen Selektion kann beispielsweise folgendermaßen aussehen:

Ein Mitarbeiter hat keinen vollen Urlaubsanspruch, wenn das Arbeitsverhältnis des Mitarbeiters noch keine sechs Monate besteht. Ein Mitarbeiter hat jedoch Anspruch auf ein Zwölftel des Jahresurlaubs für jeden vollen Monat des Bestehens des Arbeitsverhältnisses des Mitarbeiters. Ein Mitarbeiter hat Anspruch auf 24 Tage Erholungsurlaub pro Jahr. Der Arbeitgeber gewährt dem Arbeitnehmer die 24 Tage Erholungsurlaub pro Jahr zusammenhängend oder in mehreren Teilurlauben. Einer der Teilurlaube muß mindestens 12 aufeinanderfolgende Werktage umfassen.

T2. Normierung der Flexion (Lemmatisierung)

Flexion ist die zusammenfassende Benennung für Deklination und Konjugation und wird synonym auch Beugung genannt. Deklination steht für die Formveränderung eines Substantivs, die mit der Kasusverschiebung verbunden ist. Bei den Verben wird die Formveränderung Konjugation genannt. Die Normierung der Flexion wird auch als „Lemmatisierung" bezeichnet, vgl. [Lenders/Willée 1986]. Darunter ist die Zusammenfassung von morphologisch zusammengehörigen Wortformen zu verstehen. Die notwendige Normierung der Verben wurde als Schritt G6 in Kapitel 4.1.4 bereits erläutert. Die in Schritt G6 mitunter notwendigen kontextbedingten Abweichungen vom Tempus Präsens sind jetzt überflüssig und können bereinigt werden. Als Normierung der Substantive wird der Kasus Nominativ („Wer-Fall") im Singular festgelegt. Im übrigen besitzen auch die später aufzubauenden Wörterbucheinträge diese normierten Grundformen der Lemmata. Bei den oben selektierten Fachbegriffskandidaten können folgende Vereinfachungen durch die beschriebene Normierung der Flexion erzielt werden: Mitarbeiters → Mitarbeiter, Monate → Monat, Jahresurlaubs → Jahresurlaub, Bestehens → Bestehen, Arbeitsverhältnisses → Arbeitsverhältnis, Tage → Tag, Teilurlauben → Teilurlaub, Werktage → Werktag.

Es gibt verschiedene maschinelle Verfahren zur Lemmatisierung. Bei diesen Verfahren wird gemäß [Lenders/Willée 1986] zwischen einer wortformbezogenen und einer satzformbezogenen Lemmatisierung unterschieden. Wortformbezogene Verfahren sehen vor, daß das Lemma entweder durch maschinelle Reduktion mittels *right-truncation* oder *left-truncation* aus der Wortform gewonnen wird oder aber über eine maschinelle Suche in einem elektronischen Wörterbuch gefunden wird. Hingegen beziehen satzbezogene Verfahren das syntaktische Umfeld einer Wortform mit ein, um die Wortklassenzugehörigkeit einer Wortform zu bestimmen. Dies ist wichtig bei Homographie (z. B. „ehe/Ehe", „sein/Sein" usw.), die jedoch im Rahmen der Normierung einer Unternehmensfachsprache zu vernachlässigen ist, so daß nur der Einsatz wortformbezogener Verfahren gegebenenfalls in Betracht zu ziehen ist.

T3. Anwendung einer Stoppwortliste

Eine Stoppwortliste enthält die nicht zu rekonstruierenden gemeinsprachlichen Wörter, welche in der Unternehmensfachsprache mit verwendet werden dürfen, weil ihre Bedeutung als allgemein bekannt vorausgesetzt wird und zu keinem nennenswerten Mißverständnis führen kann. Alle in der Stoppwortliste verzeichneten Fachbegriffskandidaten werden gestrichen. Dies kann rechnerunterstützt geschehen. Es sei in diesem Zusammenhang jedoch daran erinnert, daß die lexikographische Frage, wann ein Wort als gemeinsprachlich und wann als fachsprachlich anzusehen ist, nach wie vor ungelöst ist, vgl. [Fluck 1996]. Es ist für das obige Beispiel vorstellbar, daß eine bestehende Stoppwortliste unter anderem die Stoppworte „Tag", „Monat", „Jahr" enthält, so daß diese als Fachbegriffskandidaten wegfallen.

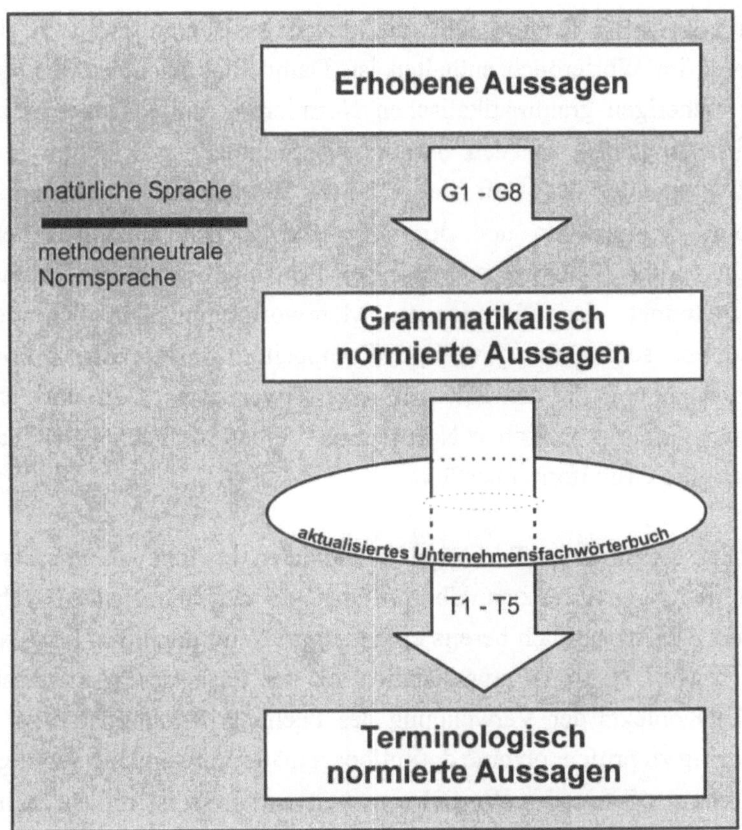

Abbildung 20: Methodenneutrale Normierung der erhobenen Aussagen

T4. Rekonstruktion der Fachbegriffskandidaten

Die verbleibenden Fachbegriffskandidaten sind zu rekonstruieren, dazu gehört auch der Aufbau entsprechender Einträge in das Unternehmensfachwörterbuch. Synonyme Benennungen in den Aussagen werden durch eine festzulegende Vorzugsbenennung ersetzt, Homonyme und Polyseme werden aufgelöst, Vagheiten und durch Bedeutungswandel falsch gewordene Benennungen werden korrigiert, Äquipollenzen werden transparent gemacht. Es resultieren terminologisch normierte Aussagen. Die Vorgehensweisen zur Behandlung der einzelnen Zuordnungsprobleme zwischen Begriffen und Benennungen werden nun erläutert, Abbildung 21 bietet hierzu einen Überblick.

Für jeden potentiellen Fachbegriffskandidaten ist zu Beginn jeweils zu prüfen ist, ob er bereits im Wörterbuch enthalten ist. Damit dies leichter fällt, wurden im Zuge der bisherigen grammatikalischen Normierung die Substantive unter den Fachbegriffskandidaten in den Numerus „Singular" sowie in den Kasus „Nominativ" transformiert, um die in einem Wörterbuch übliche grammatikalische Form zu erreichen und die auf verschiedenen Flexionen beruhenden Abweichungen der Wortform zu beseitigen. Prinzipiell ist es empfehlenswert, zu diesem Zeitpunkt der Normierung Mehrwortgruppen in Komposita zu transformieren, sofern das jeweilige Kompositum hochgradig synonym zur Mehrwortgruppe und als Vorzugsbenennung verwendet wird. Im übrigen wurden im Zuge der grammatikalischen Normierung Verben als Fachbegriffskandidaten ebenfalls in eine Grundform überführt.

Die Rekonstruktion eines Fachbegriffskandidaten beginnt somit stets mit der möglichst rechnerunterstützten Überprüfung, ob der betreffende Fachbegriffskandidat im Fachwörterbuch bereits enthalten ist. Wird daraufhin festgestellt, daß dies zutrifft (Fall 1), so ist grundsätzlich auf der Basis des Wörterbucheintrags anhand des Kontexts der Verwendung des Fachbegriffskandidaten als intellektuelle Leistung zu prüfen, ob eine definitionsgemäße Verwendung vorliegt. Wurde der Terminus im Sinne des Wörterbuchs verwendet, so ist die Betrachtung des betreffenden Kandidaten abgeschlossen (Fall 1a). Sofern der Fachbegriffskandidat nicht im Sinne der im Fachwörterbuch verzeichneten Definition verwendet wurde, kann es sich entweder um eine bisher noch nicht in Erscheinung getretene lexikalische Ambiguität (Fall 1b) oder aber um eine Verwechslung (Fall 1c) handeln.

Lexikalische Ambiguität (Fall 1b) liegt dann vor, wenn es sich bei der Benennung eines Fachbegriffskandidaten um eine gleichlautende Benennung für einen anderen als den im Wörterbuch zu der betreffenden Benennung verzeichneten Begriff handelt. Die lexikalische Ambiguität ist zu beseitigen, siehe Kapitel 4.2.4.2. Es muß dazu entschieden werden, welcher der beiden homonymen oder polysemen Begriffe oder ob gegebenenfalls beide eine neue Benennung erhalten sollen, um so die lexikalische Ambiguität aufzulösen. Sollte die bisher im Wörterbuch enthaltene Benennung geändert werden, so ist diese Änderung mit

Hilfe eines Metainformationssystems in allen betroffenen Anwendungen nachzuvollziehen, vgl. [Ortner/Schieber 1996]. Sehr wichtig ist dabei, daß vorab allen betroffenen Kommunikationsteilnehmern eine solche Änderung bekannt und möglichst auch plausibel gemacht wird. Falls eine Verwechslung (Fall 1c) vorliegt, so ist die falsche Benennung anhand des Kontexts durch die korrekte Benennung zu ersetzen, siehe Kapitel 4.2.4.5. Auch in diesem Fall ist der Austausch den Kommunikationsteilnehmern im Anwendungsbereich mitzuteilen. Sollte diese korrekte Benennung noch nicht im Wörterbuch enthalten sein, so ist deren Aufnahme nach der obligatorischen Rekonstruktion zu veranlassen.

Der Fall 2 umfaßt diejenigen Fachbegriffskandidaten, deren Benennungen noch nicht im Fachwörterbuch enthalten sind. Zunächst muß jeweils hinterfragt werden, ob ein Kandidat überhaupt der entsprechenden Fachsprache zuzurechnen ist oder ob es sich nicht in Wirklichkeit um einen Ausdruck der Gemeinsprache handelt, der lediglich noch nicht in der in Schritt T3 der terminologischen Normierung angewendeten Stoppwortliste enthalten war. Sollte dies zutreffen, so erübrigt sich eine Rekonstruktion, der betreffende Kandidat ist abzulehnen (Fall 2a).

In allen anderen Fällen sind für jeden Kandidaten zumindest im Groben Intension und Extension in Zusammenarbeit von Entwicklern und Anwendern zu bestimmen. Auf dieser Grundlage kann dann von ihnen geklärt werden, ob die Benennung des Fachbegriffskandidaten bezogen auf einen vorhandenen Terminus eine synonyme Benennung (Fall 2b), eine vage Benennung eines Begriffs (Fall 2c), eine falsche Benennung eines Begriffs wegen eines im Zeitablauf stattgefundenen Bedeutungswandels (Fall 2d), eine Äquipollenz bezüglich eines anderen Begriffs (Fall 2e) oder - als Regelfall - einen unabhängig von den vorhandenen Wörterbucheinträgen neu in das Wörterbuch aufzunehmenden Begriff (Fall 2f) repräsentiert.

Es handelt sich um eine synonyme Benennung (Fall 2b), wenn Intension und Extension des Kandidaten mit der Intension und der Extension eines Wörterbucheintrags (hinreichend genau) übereinstimmen. Es ist nicht einfach zu bewerkstelligen, Synonyme vorwiegend rechnerunterstützt zu suchen. Erforderlich ist stets ein iteratives Vorgehen sowie ein Zusammenwirken von Mensch und Maschine, vgl. [Brenner 1988], da die ad hoc festgelegten Intensionen und

Extensionen der Kandidaten von im Wörterbuch enthaltenen Definitionen abweichen können, obgleich in Wahrheit Äquivalenz vorliegt. Aus diesem Grund ist es ratsam, partielle und totale Synonyme in Zusammenarbeit mit Experten und Anwendern aus den Fachabteilungen zu bestimmen und für jedes potentielle Synonym zu entscheiden, ob ein genügender Grad an intensionaler und extensionaler Übereinstimmung festzustellen ist, der eine Einstufung als Synonyme rechtfertigt. In den Fällen, in denen Synonymie festgestellt wird, soll eine Einigung auf eine Vorzugsbenennung erfolgen. Alle weiteren Benennungen können optional als Verweis in den Wörterbucheintrag aufgenommen werden. Sollte eine im Wörterbucheintrag bereits enthaltene Benennung den Rang der Vorzugsbenennung an eine andere Benennung verlieren, so muß dies - unterstützt durch ein Metainformationssystem - in allen betroffenen Anwendungen nachvollzogen werden. Die genaue Behandlung der Synonyme ist auch abhängig von der jeweiligen Synonymieart und wird in Kapitel 4.2.4.1 näher erläutert. Sollte keine hinreichende intensionale und extensionale Übereinstimmung der Benennung eines Kandidaten mit einem Wörterbucheintrag vorhanden sein und deshalb die Einigung auf eine Vorzugsbenennung nicht ratsam sein, so ist der Fachbegriffskandidat als zwar verwandter, aber gleichwohl zusätzlicher Wörterbucheintrag in das Wörterbuch aufzunehmen.

Es ist für jeden Fachbegriffskandidaten zu prüfen, ob bei der Zuordnung von Objekten des Anwendungsbereichs zu einem Terminus Unklarheiten oder Unsicherheiten auftreten. Ist dies der Fall, so kann von einer vagen Benennung (Fall 2c) gesprochen werden. Aspekte der Vagheit und ihre Behandlung werden in Kapitel 3.4.4 bzw. in Kapitel 4.2.4.4 diskutiert. Kurzgefaßt besteht die erforderliche Behandlung einer vagen Benennung in der Präzisierung der Intension, um eine scharfe Abgrenzung der Extension zu erreichen.

Die Benennung eines Fachbegriffskandidaten kann aufgrund eines zwischenzeitlich stattgefundenen Bedeutungswandels nicht mehr angemessen und somit veraltet sein (Fall 2d). In diesem Fall muß ermittelt werden, ob die korrekte Benennung bereits im Wörterbuch enthalten ist. Handelt es sich bei der veralteten Benennung um ein partielles Synonym, so muß unbedingt die aktuelle Benennung verwendet werden. Es darf dann auch keinen Verweis auf die veraltete Benennung im Sinne einer alternativen Benennung neben einer Vorzugsbenennung geben, damit nicht weiterhin eine veraltete Benennung, z. B. „Winker" statt „Blinker", verwendet wird, vgl. Kapitel 4.2.4.5. Gegebenenfalls ist die korrekte Benennung neu in das Wörterbuch aufzunehmen.

Für den Fall, daß als Ergebnis der Prüfung auf Übereinstimmung zwischen der Benennung eines Fachbegriffskandidaten und vorhandenen Wörterbucheinträgen festgestellt wird, daß die Extension identisch, die Intension aber dennoch abweichend ist (Fall 2e), muß der Fachbegriffskandidat ebenfalls in das Wörterbuch aufgenommen werden. Bei dieser Konstellation handelt es sich um eine Äquipollenz, vgl. Kapitel 4.2.3. Es ist nicht einfach, Äquipollenzen aufzuspüren, da die Extension nur selten Bestandteil einer Definition ist, nämlich nur dann, wenn es sich um eine Umfangsdefinition handelt und daher ein Vergleich der Extension eines Fachbegriffskandidaten mit den teilweise erst zu bestimmenden Extensionen der vorhandenen Wörterbucheinträge nur mit großem Zeitaufwand und ohne nennenswerte Rechnerunterstützung möglich ist. Statt dessen muß auf die intensive Diskussion mit Anwendern oder Experten aus verschiedenen Fachgebieten vertraut werden, um Äquipollenzen zu erkennen und im Einzelfall über notwendige Hinweise auf äquipollente Benennungen zu entscheiden. Einzelheiten zur Behandlung von Äquipollenzen werden in Kapitel 4.2.4.3 diskutiert. Schlußendlich geht es dabei darum, Äquipollenzen den Sprachteilnehmern transparent zu machen. Alle zu einer Äquipollenz gehörenden Begriffe sind im Wörterbuch aufzuführen, Verweise auf die anderen Termini, die zusammen mit dem betreffenden Terminus eine Äquipollenz bilden, können erfolgen, sofern dies als nützlich für die Sprachteilnehmer erachtet wird.

Falls keiner der bisher genannten Fälle vorliegt, ist der Fachbegriffskandidat als neuer Wörterbucheintrag unabhängig von den vorhandenen Wörterbucheinträgen in das Fachwörterbuch aufzunehmen (Fall 2f). Seine Intension und seine Extension sind dabei festzulegen, seine Benennung ist zu hinterfragen. Außerdem ist eine Definition zu erstellen, siehe dazu Kapitel 4.3.

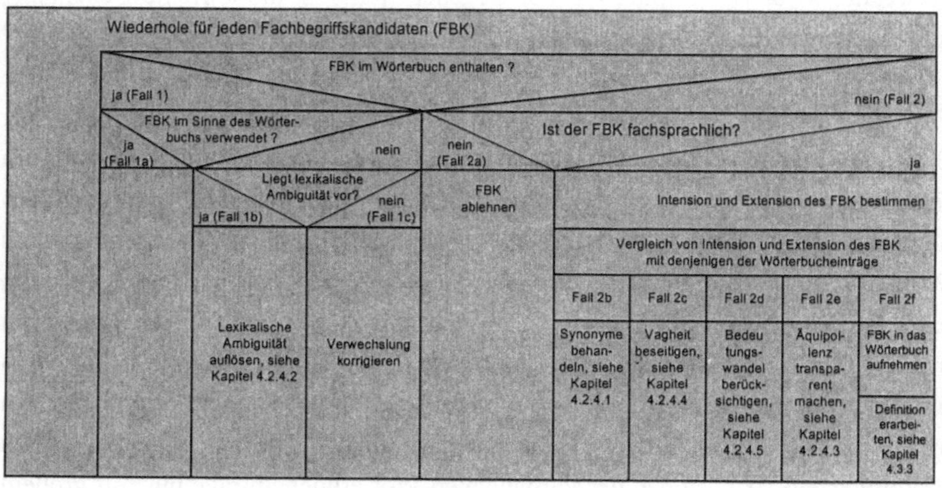

Abbildung 21: Vorgehensweise der Rekonstruktion im Überblick

T5. Ergänzung der Stoppwortliste

Die im Zuge der Rekonstruktion abgelehnten Fachbegriffskandidaten sind in die Stoppwortliste aufzunehmen. Für das Beispiel soll angenommen werden, daß „Anspruch" und „Zwölftel" in Schritt T4 (siehe Kapitel 4.2.3) als Fachbegriffskandidaten abgelehnt wurden und dementsprechend in die Stoppwortliste aufzunehmen sind. Nur in den Ausnahmefällen, in denen zunächst Zweifel über die Aufnahme eines Fachbegriffskandidaten in das Fachwörterbuch bestehen, ist von einer Klassifizierung als Stoppwort vorläufig abzusehen. Eine Entscheidung über die Klassifikation entweder als Fachbegriff oder aber als Stoppwort ist dann bei einem erneuten Auftreten zu fällen. In [Wirfs-Brock et al. 1993] wird eine vergleichbare, im Detail jedoch abweichende Vorgehensweise zur Bestimmung von Benennungen für Fachbegriffe beim objektorientierten Entwurf vorgeschlagen. Diese sieht allerdings keine so umfassende Rekonstruktion der Termini vor, wie sie hier durchgeführt werden soll (Kapitel 4.3).

Nach der Rekonstruktion der Termini werden mit Hilfe des unternehmensspezifischen Fachwörterbuchs die Aussagen terminologisch normiert. Dazu sind diejenigen Benennungen zu ersetzen, deren Gebrauch in der ursprünglichen Form nicht der normierten Terminologie entsprochen hat. Dies bildet den Abschluß des methodenneutralen Fachentwurfs unter Bezugnahme auf ihre praktische Verwendung in den Anwendungsbereichen.

4.2.4 Behandlung von Zuordnungsproblemen

Über die Notwendigkeit der Behandlung von Zuordnungsproblemen zwischen Begriffen und Benennungen gibt es unterschiedliche Auffassungen. Bei Brenner heißt es dazu: „Nicht die absolute Vermeidung von Homonymen und Synonymen ist das Ziel, es soll vielmehr verhindert werden, daß sie unkontrolliert auftreten" [Brenner 1988, 30]. Dagegen wird in [Ortner/Söllner 1989] gefordert, Homonyme unbedingt aufzulösen. Diese Positionen beziehen sich jeweils auf den im Vergleich zum Workflow-Bereich engen Bereich der Datenelemente. Angesichts der durch den umfassenden Charakter von Workflow-Management-Anwendungen bedingten größeren Zahl relevanter Fachtermini wird dafür plädiert, jegliche lexikalische Ambiguität zu vermeiden sowie die ausschließliche Verwendung einer Vorzugsbenennung bei Synonymen zu fordern. Darüber hinaus sind weitere Zuordnungsprobleme zu beheben (Vagheit, Bedeutungswandel) bzw. den Sprachbenutzern transparent zu machen (Äquipollenzen).

4.2.4.1 Behandlung von Synonymen

Synonyme in einer Fachsprache wirken verwirrend und sind unbequem zu handhaben. Sie müssen bekannt sein, da sonst die Gefahr des Nichterkennens besteht. Ein Nichterkennen von Synonymen wiederum führt auf längere Sicht fast zwangsläufig zu Konsistenzproblemen, denn das besondere Problem der Synonymie liegt darin, daß derjenige, der ein Fachgebiet nicht sehr gut kennt, hinter jeder anderen Benennung auch einen anderen Inhalt, einen anderen Begriff vermutet, vgl. [Arntz/Picht 1991]. Ein wichtiges Ziel der Rekonstruktion der Termini stellt deshalb die Zuordnung einer einzigen Benennung zu einem Begriff dar, um so das Auftreten von Synonymie zu verhindern. Die in Wörterbüchern übliche Form der Abgrenzung von Synonymen besteht in der Ergänzung der synonymen Benennungen durch verschiedene Arten von Zeichen: Länder- und Autoritätszeichen, Bewertungszeichen, Verkürzungsklammern, Zeichen für semantische Vergleichsbeziehungen (Unterbegriff, Teilbegriff usw.), vgl. [Wüster 1991]. Diese Möglichkeit der Abgrenzung bietet sich für anwendungsgebietsspezifische Fachwörterbücher (z. B. Unternehmensfachwörterbücher) zwar grundsätzlich in beschränktem Umfang ebenfalls an. Gleichwohl ist eine Einigung auf jeweils eine Vorzugsbenennung ratsam, vgl. [De Antonellis/Demo 1983; Klein 1989], um die Sprachbenutzung zu vereinheitlichen und damit zu vereinfachen. Aus einer Reihe von Synonymen ist deshalb die geeignetste Benennung auszuwählen. Für die Auswahl der geeignetsten Benennung sind folgende Gesichtspunkte maßgeblich, vgl. dazu [Beier 1960; Felber/Budin 1989]:

- sprachliche Richtigkeit
- Eineindeutigkeit
- Aussicht auf Durchsetzung bei den Sprachbenutzern
- Leichtfaßlichkeit
- Knappheit
- Einpassung in das gesamte sprachliche (begriffliche) Gefüge
- treffende Erfassung des Sachverhalts

Sprachliche Richtigkeit besagt, daß eine Benennung den Sprachnormen zu entsprechen hat. Dazu gehört z. B. die Aussprechbarkeit, die nicht zuletzt wegen den mit schwierig aussprechbaren Benennungen zwangsläufig verbundenen Akzeptanzproblemen seitens der Benutzer zu beachten ist. Der Punkt Eineindeutigkeit bringt zum Ausdruck, daß man in einer normierten Terminologie anstreben sollte, jedem Begriff nur eine Benennung und diese nur einem Begriff zuzuordnen, so daß keine Synonyme oder Homonyme innerhalb eines Fachgebiets auftreten. Ebenso wichtig ist, daß bei der Wahl einer Benennung stets im Vorhinein abgeschätzt wird, welche Aussicht auf Durchsetzung bei den Anwendern die verschiedenen Alternativen für eine Vorzugsbenennung eines Gegenstands jeweils besitzen. Leichtfaßlichkeit bedeutet, daß eine Benennung von einem Sprachbenutzer leicht erfaßt, d. h. einfach verstanden bzw. gelesen werden können muß. Eine Benennung soll deswegen auch so knapp wie möglich gehalten werden. Weiter soll sich eine Benennung in das vorhandene Gefüge der Benennungen von Termini einfügen. Die Wahl der Benennung eines Terminus soll dann für den Anwender nachvollziehbar sein, wenn er sie semantisch benachbarten Termini gegenüberstellt. Sie soll ferner den Sachverhalt treffen und die Intension des Begriffs zweckmäßig ausdrücken, d. h. weder zu kompliziert noch zu simplifiziert sein.

Betrachtet man die große Bandbreite an Synonymiearten, wie sie in Kapitel 4.1.1 vorgestellt worden ist, bieten sich auf die einzelnen Arten abgestimmte Präzisierungen der allgemeinen Auflösungsstrategie - nämlich der Wahl einer Vorzugsbenennung - unter Beachtung einer Reihe genereller Gesichtspunkte an. Es sei zunächst daran erinnert, daß totale Synonymie in Fachsprachen äußerst selten auftritt. Nennenswert sind lediglich die Fälle, in denen fremdsprachliche Benennungen im Sinne totaler Synonyme zu den deutschen Benennungen verwendet werden, wie z. B. „Monitor" und „Bildschirm". Die Wahl der Vorzugsbenennung sollte hier grundsätzlich auf die deutsche Benennung fallen, sofern nicht unüberwindbare Probleme bei der Durchsetzung der Benennung bei den Sprachbenutzern zu erwarten sind. Dies gilt sowohl für Entlehnungen als auch für Lehnübersetzungen. Man sollte allerdings nicht so weit gehen, jedes Fremdwort vermeiden zu wollen, wofür z. B. [Steche 1925] plädiert, da zu unübliche Eindeutschungen (etwa „veil" für „violett", wie es Steche vorschlägt) von den Benutzern kaum akzeptiert werden dürften.

Partielle Synonyme treten wesentlich häufiger als totale Synonyme auf. Grundsätzlich ist die Wahl einer Vorzugsbenennung dann sinnvoll, wenn die partiellen Synonyme durch entsprechende Definitionen äquivalent gesetzt werden. Dies bietet sich aus Gründen der Vereinfachung bisweilen an. Andernfalls geht man davon aus, daß es sich um zwei eng verwandte Begriffe handelt, die beide eigenständig im Wörterbuch aufzuführen sind und die dann aber auch sauber voneinander abzugrenzen sind. Darüber hinaus lassen sich je nach Art der partiellen Synonymie weitere Empfehlungen der Behandlung nennen. Werden eine gemeinsprachliche und eine passende fachsprachliche Benennung partiell synonym verwendet, so ist im Sinne einer hier angestrebten fachsprachlichen Rekonstruktion mit dem Ziel der Bildung normierter Termini stets die fachsprachliche Benennung vorzuziehen, sofern die gemeinsprachliche Benen-nung nicht ebenso kurz, prägnant und angemessen ist.

Unterschiedlich motivierte, partiell synonyme Benennungen sind in jenen Fällen vorstellbar, in denen ein Anwendungsgebiet zwei oder mehr Fachgebiete berührt, die jeweils unterschiedliche fachsprachliche Benennungen für sehr ähnliche Begriffe verwenden. Hier sollte so verfahren werden, daß die Wahl auf diejenige

Benennung fällt, die am ehesten von allen Sprachbenutzern aus den verschiedenen Fachgebieten akzeptiert werden kann. Die anderen Benennungen sollten dann zusätzlich als Einträge im Wörterbuch mit dem Verweis auf die Vorzugsbenennung aufgenommen werden. Hierbei werden jedoch auch die Grenzen einer fachgebietsübergreifenden Normierung deutlich. Wenn man das Beispiel des Bleisalzes der Kohlensäure betrachtet, so wird dieses von den Anorganikern „Blei(II)-carbonat", von den Pharmazeuten „Plumbum carbonicum" von Mineralogen und Hüttenchemikern „Cerussit" oder „Weißbleierz" und von Fachleuten für Farb- und Anstrichstoffe „Bleiweiß" oder „Kremserweiß" genannt, vgl. [Wolff 1971]. Statt sich auf eine dieser Benennungen zu einigen, wird fachgebietsübergreifend die auch international genormte Notation $PbCO_3$ verwendet, fachgebietsintern jedoch häufig an den fachspezifischen Benennungen festgehalten. Folglich eignet sich als Vorzugsbenennung ausschließlich die Notation, nicht aber eine der partiell synonymen Benennungen aus den Fachgebieten.

Regionale und soziodialektale Synonyme sind durch eine generelle Beschränkung auf Benennungen der Hochsprache leicht aufzulösen. Hyponyme und Hyperonyme sind in den entsprechenden Wörterbucheinträgen als solche zu kennzeichnen. Jede Definition sollte deswegen darüber Auskunft geben, wie ein Terminus hierarchisch einzuordnen ist, d. h. mit welchem Ober- und welchen Unterbegriffen der jeweilige Begriff in direkter Beziehung steht (vgl. Kapitel 3.4.1.2). Die Nominalisierung von Verben sollte immer dann rückgängig gemacht werden, wenn damit keine Bedeutungsverschiebung verbunden ist. Der Arbeitsgegenstand darf allerdings durch das Rückgängigmachen der Nominalisierung nicht verschwinden, die ausgeführte Verrichtung nicht verfälscht werden.

4.2.4.2 Behandlung lexikalischer Ambiguität

In Kapitel 4.2.2 wurde erläutert, daß Homonyme und Polyseme zwei Arten lexikalischer Ambiguität darstellen. Des weiteren wurde hervorgehoben, daß die Abgrenzung zwischen Homonymie und Polysemie in manchen Fällen umstritten und vom Standpunkt des jeweiligen Sprachbenutzers abhängig ist. In [Hahn 1983] heißt es zur Frage der Behandlung von Mehrdeutigkeit, daß Homonymie, Polysemie, syntaktische Ambiguität, referentielle Vieldeutigkeit, elliptische Vieldeutigkeit und Metaphorik als Fälle von Mehrdeutigkeit nur dann gravierend sind, wenn erstens die Mehrdeutigkeit innerhalb eines Fachgebiets auftritt und zweitens die Kommunikationsform so abstrakt ist, daß keine Vereindeutigung aus Situation, sprachlicher Umgebung oder aus Erläuterungen möglich ist. Betrachtet man diese Bedingungen für die Einstufung als Mehrdeutigkeit aus der Perspektive der normsprachlichen Rekonstruktion im Zuge der Entwicklung eines Anwendungssystems, so stellt man fest, daß die erste Bedingung je nach Anwendungsgebiet in manchen Fällen erfüllt ist und in manchen nicht. Dies hängt davon ab, ob in einem Anwendungsgebiet mehrere Fachgebiete aufeinandertreffen. Die zweite Bedingung ist beim Aufbau eines normierten Wortschatzes stets erfüllt, die Bedeutung einzelner Benennungen soll sich eben nicht nur aus dem Kontext erschließen lassen, sie muß eindeutig mit dem Begriff verbunden sein. Folglich sind Mehrdeutigkeiten stets aufzulösen, vgl. z. B. [De Antonellis/Demo 1983].

Die nachfolgend dargestellten Empfehlungen zur Auflösung dieser Mehrdeutigkeiten beziehen sich im Prinzip stets auf beide Ausprägungen der lexikalischen Ambiguität. Wenn dennoch meist von Homonymen gesprochen wird, so geschieht dies aus dem Grund, daß in allen zur Verfügung stehen Quellen das „Problem der Auflösung von Homonymen", nicht aber das „Problem der Auflösung lexikalischer Ambiguität" erörtert wird, ungeachtet der Tatsache, daß wenn schon nicht der Begriff der lexikalischen Ambiguität benutzt wird, so doch eher von dem „Problem der Auflösung von Polysemen" gesprochen werden sollte, da Homonymie als Sonderfall der Polysemie eingestuft wird (vgl. Kapitel 3.4.2.2.). Man erkennt hieran nebenbei, daß auch auf diesem Gebiet vielfach Rekonstruktionsbedarf bezüglich der verwendeten Termini besteht.

Es stellt sich nun die Frage, welche Vorgehensweisen konkret für die Behandlung von Homonymen geeignet sind. Ein einfacher Lösungsvorschlag aus dem Datenbankbereich sieht vor, Homonyme bzw. Polyseme so abzulegen, daß der Benutzer ungeachtet gleichlautender Einträge in einem Metainformationssystem ([Data] Dictionary, Repository) - das auch als besondere Art eines Wörterbuchs aufgefaßt werden kann - die Unterscheidung zwischen den verschiedenen Begriffen selbst treffen kann, vgl. [Arntz/Picht 1991]. Dazu wird vorgeschlagen, in der Datenbankstruktur ein Feld „Homonymerläuterung" vorzusehen und daneben einen geeigneten Klassifikationsschlüssel zur maschinellen Selektion von

Teildatenbeständen einzuführen, vgl. hierzu auch [DIN 1463 Teil 1 1987], ein Beispiel:

Stollen (1) (bergmännisch):	Klassifikation „Bergbau"
Stollen (2) (Gebäck):	Klassifikation „Lebensmittel"
Stollen (3) (am Sportschuh):	Klassifikation „Sport"

Ein weiteres Datenfeld kann die Anzahl der in der gesamten Terminologiedatenbank vorhandenen Homonyme enthalten, in diesem Beispiel „3". Eine vergleichbare Lösung schlägt [Wüster 1991] vor, er nennt Zeichen zur Abgrenzung von Homonymen im Wörterbuch und zwar Ziffern und Buchstaben als Hochzeichen zu den Benennungen für die Kennzeichnung von Homonymen und Polysemen, ebenso [DIN 2336 1979; Mudersbach 1994]. Auch in [Schnelle 1973] wird für die Methode des Indizierens plädiert, z. B. soll „$Salz_1$" durch das chemische Explikat NaCl und „$Salz_2$" durch das Explikat $MgCl_2$ erklärt werden. Durch das Indizieren wird die Mehrdeutigkeit einer Benennung zwar transparent gemacht, jedoch nicht aufgelöst. Folglich ist eine andere Vorgehensweise notwendig, um eine einfach handhabbare eindeutige Zuordnung von Begriff und Benennung im Sinne einer Normsprache zu erreichen.

Es wird vorgeschlagen, lexikalische Ambiguitäten statt dessen dadurch aufzulösen, daß verschiedene Benennungen für die unterschiedlichen Begriffe eingeführt werden, siehe z. B. [Beier 1960; De Antonellis/Demo 1983]. Dabei wird die bisherige Benennung entweder für einen bestimmten Begriff reserviert oder aber es kann ganz auf die bisherige Benennung verzichtet werden und für alle zum aufzulösenden Homonym oder Polysem zählenden Begriffe werden neue Benennungen eingeführt. Die Entscheidung darüber ist insbesondere von der Prognose abhängig, welche Lösung bei den Sprachbenutzern auf die größte Akzeptanz stoßen dürfte. Für die Datenmodellierung wird vorgeschlagen, mehrdeutige Benennungen durch Zusätze unterscheidbar zu machen, z. B. von „Wohnort" oder „Geburtsort" statt jeweils von „Ort" zu sprechen, vgl. [Ortner/Söllner 1989], und damit die mehrdeutige Benennung „Ort" nicht mehr zu verwenden. Diese Lösungsmöglichkeit kann generell im Rahmen der Rekonstruktion eines Begriffs in Erwägung gezogen werden. Differenziert man nach den verschiedenen Homonymarten (vgl. Kapitel 3.4.2.2), so gilt Folgendes:

- *Volle Homonyme* sind aufzulösen und durch verschiedene Benennungen zu unterscheiden.
- *Homophone* sind in Fachsprachen sehr selten und bedürfen bei der Auswertung schriftlicher Quellen keiner Behandlung. Da jedoch auch die mündliche Kommunikation durch die Verwendung eines normierten Wortschatzes von Mißverständnissen befreit werden sollte, empfiehlt sich – wenn möglich – auch hier die Auflösung.
- *Homographe* sind in einer Fachsprache ebenfalls sehr selten anzutreffen, sollte ein solcher Fall auftreten, so ist er ebenso wie ein volles Homonym zu behandeln.

Hieraus läßt sich klar ablesen, daß die Homonymart keinen nennenswerten Einfluß auf die Auflösungsstrategie hat. Es bleibt noch anzumerken, daß die Auflösung von Homonymen und Polysemen eine intellektuelle Aufgabe darstellt, die derzeit kaum durch einen Rechner unterstützt werden kann, denn „in der maschinellen Sprachanalyse [...] ist die Homonymie-/Polysemieauflösung – besonders im eig. semantischen Bereich [...] – weitgehend ungeklärt" [Zimmermann 1997, 390].

4.2.4.3 Behandlung von Äquipollenzen

Äquipollenzen sind zwei oder mehr Begriffe, denen die gleichen Gegenstände, Personen o. ä. zugeordnet werden (Extension), die aber in den wesentlichen Merkmalen (Intension) und den zugeordneten Unterbegriffen voneinander abweichen. Handelt es sich dabei um eine partielle Synonymie, vgl. [Brockhaus 1928ff], weil z. B. eine Gegenstandsklasse aus der Perspektive verschiedener Fachgebiete betrachtet wird, so ist eine Einigung auf eine Vorzugsbenennung ratsam, vgl. Kapitel 4.2.4.1. Für den Fall, daß es sich um eine Metonymie oder eine Hyponymie, vgl. [De Antonellis/Demo 1983], handelt, sind ebenfalls die bei der Diskussion der Behandlung der verschiedenen Arten partieller Synonymie genannten Maßnahmen durchzuführen, z. B. ist die metonyme (verwandte) Benennung durch die exakt zutreffende zu ersetzen. Wenn weder eine (partielle) Synonymie noch eine Metonymie, sondern, wenn man so will, eine „echte" Äquipollenz, d. h. Äquipollenz im engeren Sinne, vorliegt, wie es z. B. bei „Wiederkäuer/Paarzeher" der Fall ist, da beide Begriffe der Zoologie zuzurechnen

und gleichzeitig nicht enger miteinander verwandt sind, da sie auf unterschiedlichen Klassifikationsschemata beruhen, so ist diese Situation durch Verweise im
Fachwörterbuch den Sprachbenutzern transparent zu machen, vgl. [Ortner/Söllner
1989]. Eine Einigung auf eine der Benennungen ist nicht erforderlich. Da Fälle
„unechter" Äquipollenz (Metonymie, Synonymie im engeren Sinne) gemäß der in
Kapitel 4.2.4.1 gezeigten Strategie wie Synonyme zu behandeln sind, kann davon
ausgegangen werden, daß „echte" Äquipollenzen im Rahmen der Rekonstruktion
der Begriffe eines Anwendungsgebiets vergleichsweise selten zu berücksichtigen
sein werden. Hinweise auf die jeweils äquipollenten Begriffe stellen dann eine
benutzerfreundliche Lösung dar.

4.2.4.4 Behandlung vager Benennungen

Die Vagheit eines Ausdrucks im Sinne einer Randbereichsunschärfe wurde in
Kapitel 3.4.4 als einzige hier relevante Vagheitskategorie identifiziert. Ihr sollte
mit Hilfe einer Präzisierung der Intension des betreffenden Ausdrucks begegnet
werden. Diese Präzisierung führt dazu, daß leichter entschieden werden kann, ob
ein Gegenstand unter einen Begriff fällt (zu seiner Extension zählt) oder nicht,
z. B. ab welcher Höhe von einem Berg gesprochen werden kann. In einigen Fällen
bietet es sich hierbei an, die Extension eines vagen Begriffs durch die Angabe von
Maßeinheiten zu bestimmen, z. B. festzulegen (Intension), daß ein schweres Paket
aus Sicht der Post mehr als 20 kg wiegt, vgl. [Pawlowski 1980], oder daß ein Berg
sich mindestens n Meter über eine Ebene erheben muß.

Carnap plädiert für die Ersetzung von mehr oder weniger unscharfen Begriffen
durch exakte Begriffe, vgl. [Carnap 1962]. Dazu müßten jedoch für alle vagen
Begriffe exakte Begriffe zur Verfügung stehen. Grundsätzlich dient die Präzisierung der Intension auch dazu festzustellen, ob trotz Beseitigung von Vagheit
dennoch Probleme bei der Zuordnung von Begriff und Benennung auftreten, d. h.,
ob zusätzlich Synonymie, lexikalische Ambiguität oder Äquipollenz vorliegt. Es
sei daran erinnert, daß Vagheit im Sinne von Randbereichsunschärfe und
Mehrdeutigkeit bei Ausdrücken oftmals gleichzeitig auftreten, vgl. Kapitel 3.4.4.

4.2.4.5 Behandlung des Bedeutungswandels von Benennungen

Im Zuge einer Rekonstruktion muß für den Fall der Bedeutungsverschiebung, des Bedeutungswandels einer Benennung, vgl. Kapitel 3.4.5, erreicht werden, daß die vertraute Benennung aufgegeben und eine adäquatere Benennung konsequent verwendet wird. Beispielsweise wird heute zumindest im Bereich der Fachsprachen in der Regel von „Schraubendreher" statt von „Schraubenzieher" sowie von „Glühlampe" statt von „Glühbirne" gesprochen, zwei Beispielen dafür, daß die suggerierte Bedeutung einer Benennung nicht mit der Intension des Begriff übereinstimmte. In der Gemeinsprache hingegen wird zum Teil weiter an den „falschen" Benennungen festgehalten, zum Teil werden sie aber auch synonym mit den „richtigen" Benennungen verwendet, vgl. [Arntz/Picht 1991]. Fachsprachlich muß als Vorzugsbenennung unbedingt die logische, nicht veraltete Benennung gewählt werden. Es darf auch keinen Verweis auf die unlogische oder veraltete Benennung im Sinne einer alternativen Benennung neben der Vorzugsbenennung geben, damit nicht weiterhin die veraltete Benennung verwendet wird. Es sollte folglich vermieden werden, Benennungen für Begriffe zu verwenden, die andere als die tatsächlich vorliegenden Bedeutungen suggerieren, vgl. [Ortner 1997a].

4.2.5 Terminologienormung in der Praxis

Terminologienormung wird durch national oder international agierende Normungsinstitutionen betrieben. Angestrebt wird dabei, eine eindeutige Verständigung zwischen Fachleuten zu sichern, hierzu ist die Festlegung von Begriffen und Benennungen unerläßlich. Es ist jedoch keineswegs beabsichtigt, die Sprachbenutzer in ihren sprachlichen Möglichkeiten einzuengen. Dementsprechend sind die vielfach anzutreffenden Vorbehalte (von Sprachwissenschaftlern und Laien) gegen eine Sprachnormung im Falle der Terminologienormung unbegründet, vgl. [Arntz/Picht 1991]. Terminologiearbeit wird aber nicht nur in Normungsinstitutionen, sondern auch in größeren Unternehmen geleistet. In diesen Unternehmen wird nicht allgemein der Wortschatz eines Fachgebiets, sondern der firmenspezifische Fachwortschatz normiert, der durchaus aus mehreren Fachgebieten stammen kann. In diesem Zusammenhang werden auch unternehmensinterne Richtlinien für die Terminologiearbeit aufgestellt, die den spezifischen Bedürfnissen Rechnung tragen. Diese unternehmensinterne Terminologiearbeit steht nicht im Gegensatz zur Arbeit der Normungsinstitutionen, an der große Unternehmen meist ohnehin beteiligt sind, vielmehr wird deren Arbeit dort fortgeführt, vgl. [Arntz/Picht 1991]. Ein Beispiel hierfür ist die Arbeit der Terminologieausschüsse der Bundeswehr, welche die dort verwendete Terminologie unter Zuhilfenahme von Fachwörterbüchern für den internen Gebrauch normieren, vgl. [Pohla 1978; Wäsche 1982].

Da bisher leider nur wenig über Erfahrungen mit der unternehmensinternen Terminologienormierung publiziert wurde, bietet es sich an, auf entsprechende Erfahrungsberichte aus der allgemeinen Terminologiearbeit der Normungsinstitutionen zurückzugreifen und die dort gewonnenen Erkenntnisse auf die unternehmensinterne Terminologiearbeit zu projizieren, um so mögliche Problemfelder bei der Terminologienormierung frühzeitig zu erkennen und dementsprechend berücksichtigen zu können.

Die Durchsetzbarkeit von Terminologienormen des Deutschen Instituts für Normung ist nicht in jedem Falle gewährleistet. Das genannte Institut besitzt die Rechtsform eines Vereins, folglich können DIN-Normen nicht einfach „verordnet" werden. Normungsinstitutionen in anderen Staaten - z. B. in Frankreich - haben weitergehende Kompetenzen. Der empfehlende Charakter von DIN-Normen führt dazu, daß Terminologienormung in der Praxis nicht immer Erfolg hat[55]. Schwierig ist die Durchsetzung genormter Terminologien insbesondere dann, wenn diese von einem bereits bestehenden, gefestigten Sprachgebrauch abweichen. Denn die Sprachbenutzer - dies gilt auch für Fachleute - sind im allgemeinen nur sehr zögernd bereit, ihnen vertraute Benennungen mit einer neuen Bedeutung zu verwenden oder gar an die Stelle einer im Sprachgebrauch verankerten eine neue Benennung zu setzen. Hier ist von einer nicht unbeträchtlichen Beharrungskraft auszugehen, die stärker sein kann als die Güte der Systematik, vgl. [Arntz/Picht 1991]. Bekannte Beispiele sind die vom DIN genormten Benennungen „Schraubendreher" und „Glühlampe", vgl. Kapitel 4.2.4.5.

---

[55]Sachnormung findet hingegen im allgemeinen problemlos Anwendung, unter anderem deshalb, weil die Nichtbefolgung von Sachnormen im Wirtschaftsleben erhebliche finanzielle Nachteile mit sich bringen kann.

Wesentlich für die Einführung einer genormten Terminologie ist die institutionelle Verankerung und damit die Frage möglicher Sanktionsformen. Die Mitglieder einer Sprachgemeinschaft sollen in geeigneter Form zur ausschließlichen Verwendung der festgelegten Termini veranlaßt werden. In einem Unternehmen sind dabei andere Sanktionsmechanismen einsetzbar als auf nationaler oder internationaler Ebene, denn im Unternehmen können die Sprachbenutzer zur Verwendung der normierten Unternehmensfachsprache gezwungen werden, auf nationaler und internationaler Ebene sind Zwangsmaßnahmen eher selten, hier wird statt dessen auf eine mehr oder weniger freiwillige Anpassung gesetzt. Je schwächer jedoch die potentiellen Sanktionsmechanismen sind, die hinter der Durchsetzung von Normen stehen, desto mehr muß die sprachliche Form des Terminus überzeugen und damit den Ansprüchen der Sprachbenutzer entgegenkommen, vgl. [Ischreyt 1965]. Doch ist es illusorisch anzunehmen, daß jede sprachliche Form eines Terminus auf die Sprachbenutzer derart überzeugend wirkt, daß sie (bezogen auf eine Unternehmensfachsprache) sich freiwillig und konsequent der normierten Form bedienen. Dies erfordert nämlich in vielen Fällen, daß Menschen zur Aufgabe von altvertrautem Wortgut bewegt werden müssen. Die Betroffenen müssen sich der Anstrengung des Umlernens unterziehen und oft auch von einem festen geistigen Besitz trennen. Gerade letzteres fällt oft nicht leicht, vgl. [Beier 1960]. Damit aus Mitteln der Gemeinsprache eine Fachterminologie aufgebaut werden kann, sind tiefe Eingriffe notwendig. Die „Wörter" werden umgewandelt in „Termini", dies bedeutet, daß sie alleinstehend so viel für das Verständnis leisten müssen, wie die in einen Kontext eingebetteten Wörter der Gemeinsprache. Dabei müssen sie weitgehend auf die Unterstützung durch syntaktische Mittel und die Sprechsituation verzichten. Bei der Verwandlung von gemeinsprachlichen Wörtern in Termini müssen „Bedeutungskomponenten", die beim Aufbau der sprachlichen Inhalte im Einzelbewußtsein mitwirken, z. B. subjektive Assoziationen, ausgeschaltet werden, vgl. [Beier 1960]. Es ist folglich grundsätzlich sehr schwierig, den Sprachgebrauch, und zwar auch den fachlichen Sprachgebrauch, durch Vorschriften beeinflussen bzw. ändern zu wollen. Diese Schwierigkeiten sind schon auf nationaler Ebene groß, noch viel größer sind sie, wenn es darum geht, Terminologien auf internationaler Ebene zu vereinheitlichen, vgl. [Arntz/Picht 1991].

Schon die Formulierung von Definitionen stellt keine leichte Aufgabe dar. Terminologiearbeit muß als Gruppenarbeit durchgeführt werden, es müssen Spezialisten der betreffenden Fachgebiete sowie in der Terminologiearbeit erfahrene Personen - z. B. aus der DV-Abteilung - beteiligt sein, vgl. [DIN 2339 Teil 2 1987]. Neben reinem Fachwissen und der Vertrautheit mit der Theorie eines Gebiets sind linguistische Kenntnisse und grundsätzliche Überlegungen erforderlich, die über die Enge eines Anwendungsbereichs weit hinaus reichen und die in einem Unternehmen weder bei Anwendern noch bei Experten des Fachgebiets vorausgesetzt werden können. Folglich müssen zumindest einige Anwendungssystementwickler über entsprechendes Zusatzwissen verfügen, denn Sprache ist nicht logisch und nicht konsequent im Sinne einer möglichst einfachen und übersichtlichen Systematik, z. B. hat das Blei für den Bleistift nur historische Bedeutung und eine Wasserwaage ist überhaupt keine Waage, dies gilt im übrigen sowohl für die Gemeinsprache als auch für Fachsprachen, vgl. [Toeldte 1955]. Ein mögliches Ziel einer Begriffsnormung besteht dementsprechend in der Schaffung einer logisch konsequenten Fachsprache. Dies ist zwangsläufig mit Forderungen nach Umbenennungen von Begriffen verbunden. Toeldte stuft dieses Ziel aber als unerreichbar ein, weil es mit dem (inkonsequenten) Wesen der Sprache unvereinbar sei. Zwar könnten Unrichtigkeiten und Unklarheiten mit Hilfe der Normierung von Begriffen beseitigt werden, doch könnte mit ihrer Hilfe auf keinen Fall eine Art „Sprachreform" - und sei es auch nur in einem Anwendungsgebiet - durchgeführt werden.

Manche Begriffe des alltäglichen Lebens trotzen jeder scharfen Festlegung, jeder scharfen Abgrenzung gegenüber verwandten Begriffen. Wüster betont beispielsweise, „daß es noch niemandem gelungen ist, die volkstümliche Bedeutung von 'Arbeit' zu definieren" [Wüster 1931, 114] und hebt hervor, daß die erforderliche „Scharfdeutigkeit" nur durch gewaltsame Änderung des Begriffsumfangs erreicht werden kann, wie dies z. B. in der Mechanik für „Arbeit" geschehen ist. Am Beispiel von „Gewicht" wurde in Kapitel 4.2.1 gezeigt, wie die erforderliche Abgrenzung und Genauigkeit durch Eingriffe auf inhaltlicher Seite (Änderung der Intension) erreicht werden kann.

Ferner ist zu beachten, daß schwerfällige, weil besonders präzise Begriffe sich auch im fachlichen Sprachgebrauch nur schwer durchsetzen, zum Beispiel hat sich die genormte Benennung „Streuscheibenreinigungsanlage" gegenüber „Scheinwerfer-Waschanlage" bisher noch nicht durchgesetzt, vgl. [Arntz/Picht 1991]. Sprachverwendung ist ein sehr komplizierter, von psychologischen und soziologischen Faktoren beeinflußter Prozeß, der sich nicht immer beliebig regeln läßt, auch wenn gewichtige Gründe für eine Normierung sprechen sollten. Außerdem ist es grundsätzlich wesentlich leichter, genormte Benennungen für neue Begriffe einzuführen, als für solche, die bereits etabliert sind. Dementsprechend stößt die Normung der Terminologie neu entstehender Fachgebiete gemäß [Arntz/Picht 1991] im Prinzip auf weniger Widerstände. Doch muß dazu das entsprechende Fachgebiet bereits eine gewisse Stabilität aufweisen, um eine entsprechende Durchsetzung normierter Termini zu gewährleisten. Inwieweit dies auf den Bereich der Informationsverarbeitung inzwischen zutrifft, soll hier nicht diskutiert werden.

Nicht jeder Begriff muß in das Fachwörterbuch aufgenommen und somit definiert werden. Begriffe müssen dann nicht aufgenommen werden, wenn sie in ihrer gemeinsprachlichen Bedeutung verwendet werden und diese keinen Anlaß zur Fehlinterpretation bietet. In der Praxis der Terminologienormierung werden bisweilen diejenigen Begriffe als definitionsbedürftig erachtet, die einfach und schnell zu definieren sind - obgleich gerade solche Begriffe eine Definition benötigen, die nicht leicht zu definieren sind. Genauso werden diejenigen Begriffe definiert, deren Definition großer Wert von übergeordneter Stelle beigemessen wird, vgl. [Wäsche 1982]. Im übrigen gilt eine Definition als um so problematischer, je abstrakter der betreffende Begriff ist. Derartige Überlegungen dürfen bei der Bestimmung der Fachbegriffskandidaten für ein Unternehmensfachwörterbuch jedoch keine Rolle spielen.

Im Rahmen der Terminologiearbeit ist darauf zu achten, daß die Wahl unsinniger Benennungen vermieden wird. Pohla nennt als Beispiele „Begleitschutz" und „Geleitschutz", die wie ein „weißer Schimmel" in sich redundant sind und damit *Pleonasmen* darstellen, da im „Geleit" bereits die Schutzfunktion enthalten ist. Folglich genügt es in diesem Beispiel, von „Geleit" zu sprechen, vgl. [Pohla 1978]. Als Konsequenz daraus läßt sich ableiten, daß vor der Festlegung einer Benennung stets zu hinterfragen ist, welche Bedeutung die einzelnen Morpheme

(Teilworte) besitzen und ob ihre Kombination geeignet ist, einen Begriff auf Zeichenebene ohne innere Widersprüche oder Redundanz zu repräsentieren.

Schlußendlich ist auf die Gefahr der Ausgrenzung von Sprachteilnehmern aufgrund intellektueller Überforderung durch die restriktive Nutzung einer sehr umfangreichen Fachterminologie hinzuweisen, vgl. [Polenz 1980]. Es sollte verhindert werden, daß Ausgrenzungserscheinungen bzw. die negativen Seiten der Verwendung von „Fachjargon" im Zusammenhang mit der Verwendung einer unternehmensintern normierten Fachsprache zum Tragen kommen. Als geeignete Maßnahmen, um derartigen Entwicklungen entgegenzusteuern, bieten sich frühzeitige Information und gegebenenfalls Schulungen der Mitarbeiter an. Noch wichtiger ist in diesem Zusammenhang allerdings, daß die Normierung unter Beteiligung möglichst aller betroffenen Mitarbeitergruppen durchgeführt wird, daß bei der Festlegung und Definition der Termini großer Wert auf Verständlichkeit gelegt wird und daß den Sprachteilnehmern keine vermeidbaren Benennungsänderungen zugemutet werden.

Auch auf die kontinuierliche Pflege (Aktualisierung) des Unternehmensfachwörterbuchs ist zu achten. Nur so kann verhindert werden, daß für ein unternehmensinternes Fachwörterbuch gilt: „Die Lexika sind Friedhöfe verstaubter Wörter, die eines großen Autors harren, der sie in vollem Glanze auferstehen läßt".[56] Es ist nämlich nicht damit zu rechnen, daß sich nach einer Zeit mangelnder Pflege eines Fachwörterbuchs der „große Autor" finden läßt, der die Versäumnisse nachholt.

---

[56] Zitat von Antoine de Rivarol, frz. Schriftsteller, 1753-1801, er schrieb u. a. „Discours sur l'universalité de la langue française" [1784].

4.3 Aufbau eines Fachwörterbuchs

Wörterbücher sind wie Uhren, die schlechteste ist besser als gar keine, und von den besten kann man nicht erwarten, daß sie ganz genau gehen. Zumeist gehen die Wörterbücher etwas nach.

Samuel Johnson[57]

In diesem Kapitel werden einleitend einige grundsätzliche Betrachtungen über Wörterbücher angestellt, bevor der Aufbau eines Fachwörterbuchs für ein Unternehmen diskutiert wird. Zunächst ist im Sinne des einleitenden Zitats die grundsätzliche Bedeutung der Verwendung eines Wörterbuchs hervorzuheben. Dies gilt für den Fachentwurf, aber genauso für die Kommunikation im Unternehmen im allgemeinen. Der Auffassung, daß ein sich nicht auf dem neuesten Stand befindliches Wörterbuch besser sei als keines, kann für den Bereich der Anwendungssystementwicklung zwar beigepflichtet werden, jedoch muß nachdrücklich auf den sehr eingeschränkten Nutzen und die möglicherweise mit der Verwendung veralteter Termini verbundenen nachteiligen Auswirkungen hingewiesen werden. Aus diesem Grund sollte ein unternehmensspezifisches Fachwörterbuch niemals „nachgehen", d. h. neue Termini längere Zeit unberücksichtigt lassen.

Allgemein besitzen Wörterbücher (Lexika, Enzyklopädien) Ansehen und gelten als Werke, die nicht nur verläßliche, sondern auch im Zweifelsfalle maßgebliche Auskünfte geben. Ganz besonders gilt dies für Wörterbücher zur Normierung der Rechtschreibung[58]. So wurde dem Duden „Rechtschreibung der deutschen

---

[57] engl. Schriftsteller, 1709-1784, Verfasser des „Dictionary of the English Language" [1747-1755]

[58] Die Rekonstruktion der Termini setzt generell voraus, daß *Orthographie* und vor allem *Orthoepie* (Aussprachelehre) beherrscht werden. Ansonsten kann es trotz der Verwendung normierter Termini in der innerbetrieblichen Kommunikation zu Mißverständnissen kommen. Die Aussprachelehre ist terminologisch allerdings so gut wie bedeutungslos, von einzelnen Ausnahmen abgesehen, vgl. [Wüster 1993].

Sprache und der Fremdwörter" durch einen Beschluß der Kultusministerkonferenz vom 18./19.11.1955 amtlich attestiert, daß in Zweifelsfällen der Rechtschreibung die in diesem Wörterbuch gebrauchten Schreibweisen und Regeln verbindlich sind, vgl. [Schaeder 1988]. In Ländern mit staatlicher Sprachnormierung, z. B. in Frankreich, gibt es sogar Wörterbücher, die Wörter verzeichnen, welche als unerwünschte Fremdwörter gelten, zusammen mit den Vorschlägen der zuständigen Kommission für den richtigen Ersatz, vgl. [Haenelt/Heid 1990]. Als Definition für „Wörterbuch" nennt das Deutsche Institut für Normung [DIN 2342 1992, 4]:

> Wörterbuch: Geordnete Sammlung von Wortschatzelementen einer Sprache oder mehrerer Sprachen mit den ihnen zugeordneten Eintragsinformationen.

> Anmerkung: Die Benennungen „Lexikon", „Enzyklopädie" und „Glossar" werden im Sprachgebrauch teilweise synonym verwendet, teilweise werden den Benennungen unterschiedliche Begriffe zugeordnet. Ihr Gebrauch ist daher bei der Terminologiearbeit zu vermeiden und statt dessen „Wörterbuch" bzw. „Fachwörterbuch" zu bevorzugen.

In Einklang mit der zitierten Empfehlung wird deshalb für den Aufbau eines „Fachwörterbuchs" plädiert. „Ein Fachwörterbuch ist eine geordnete Sammlung von Benennungen der Begriffe eines Fachgebiets." [DIN 2333 1987, 1]. Sprachwissenschaftlich betrachtet umfaßt ein Wörterbuch die Gesamtheit der bedeutungstragenden Elemente einer Sprache (hier: die Termini einer Unternehmensfachsprache), d. h. den Wortschatz, im Unterschied zur Grammatik. Aus Sicht der rechnerunterstützten Informationsverarbeitung ist ein Wörterbuch eine Datenbank, auf die über Wörter zugegriffen wird.

Es sei an dieser Stelle darauf hingewiesen, daß der zu „Wörterbuch" verwandte Terminus „Thesaurus" eine im Bereich der Information und Dokumentation verwendete geordnete Zusammenstellung von Begriffen und ihren (vorwiegend natürlichsprachlichen) Benennungen darstellt, die in einem Dokumentationsgebiet zum Indexieren, Speichern und Wiederauffinden dient, vgl. [DIN 1463 Teil 1 1987]. In einem Thesaurus werden im Gegensatz zu einem Fachwörterbuch Synonyme möglichst vollständig erfaßt. Man einigt sich auf eine Vorzugsbenennung, und die Beziehungen zwischen den Termini werden - wiederum im

Gegensatz zu einem Fachwörterbuch - umfassend dargestellt. Homonyme bzw. Polyseme werden besonders gekennzeichnet, aber nicht aufgelöst.

Ein Fachwörterbuch setzt sich dagegen aus Wörterbucheinträgen als kleinsten selbständigen Einheiten zusammen, die selbst wieder jeweils aus Lemma (Stichwort) und Eintragsinformation bestehen, vgl. [DIN 2342 1992]. Jeder Wörterbucheintrag besitzt mindestens ein *idiosynkratisches Merkmal*. Dies besagt, daß auf jeden Wörterbucheintrag ein phonologisches, ein morphologisches, ein syntaktisches oder ein semantisches Merkmal zutrifft, das nicht auf Grund genereller Regeln aus anderen im Wörterbuch enthaltenen Einträgen abgeleitet werden kann, vgl. [Glück 1993]. Andernfalls kann auf einen Eintrag verzichtet werden. Die verschiedenen Bedeutungen einer Benennung sind demzufolge allein schon aufgrund unterschiedlicher semantischer Merkmale im Wörterbuch aufzulisten. Grundsätzlich sind im übrigen diejenigen Komposita aufzunehmen, deren Bedeutung sich nicht als Summe der Bedeutungen der einzelnen Elemente fassen lassen, z. B. „Heckenschütze". Zur Schreibweise (Wortform) heißt es in [DIN 1463 Teil 1 1987], daß die am meisten verbreitete Schreibweise einer Benennung zu benutzen ist. Sollte es jedoch Fälle geben, in denen mehr als eine Schreibweise einer Benennung üblich ist, z. B. „Fotografie" und „Photographie", sind diese wie (totale) Synonyme zu behandeln.

Im Vorfeld des Aufbaus eines Fachwörterbuchs ist das betreffende Fachgebiet genau festzulegen, vgl. [DIN 2333 1987]. Dies ist im Zusammenhang mit dem normsprachlichen Entwurf einer Workflow-Management-Anwendung in der Regel das Unternehmen mit seinen Geschäftsfeldern. In fast jedem (wissenschaftlichen) Fachgebiet werden viele fachübergreifende Termini verwendet. Dies trifft für das durch ein Unternehmensfachwörterbuch abzudeckende Gebiet in noch stärkerem Maße zu, da in jedem Unternehmen ab einer bestimmten Größe in aller Regel mehrere Fachgebiete zusammenkommen, mindestens jedoch die Betriebswirtschaftslehre, die Informatik, die Rechtswissenschaft und ein Anwendungsgebiet, wenn auch in unterschiedlichen Vertiefungsgraden.

In einer Reihe von Fachgebieten wurde seit Anfang des Jahrhunderts mit dem Aufbau eines rekonstruierten Fachwortschatzes begonnen, z. T. aber auch schon früher, man denke an das systematische Begriffssystem der neulateinischen Tier-

und Pflanzennamen von Linné aus dem Jahre 1735, das als Grundlage der modernen biologischen Systematik gilt. Die Beziehungen zwischen den einzelnen Begriffen eines Fachgebiets lassen sich durch ein Begriffssystem darstellen, das sich auf der Grundlage der Begriffsdefinitionen aufbauen läßt, vgl. [Arntz/Picht 1991]. Heute liegen für alle wichtigen Fachgebiete entsprechende Wörterbücher bzw. Datenbanken vor, es sei für den deutschsprachigen Raum insbesondere auf die Terminologiedatenbank des DIN, welche in DIN-Normen festgelegte Benennungen enthält, sowie die Terminologiedatenbank des Österreichischen Normungsinstituts (ON) verwiesen. Darüber hinaus kann das Internationale Informationszentrum für Terminologie (Infoterm) mit Sitz in Wien zu allen terminologischen Fragestellungen konsultiert werden.

Das Kapitel „Gestaltung eines Wörterbucheintrags" beschreibt die äußere Form, in die ein Eintrag eines Fachwörterbuchs zu bringen ist und welche Elemente ein solcher Eintrag umfassen kann. Darauf folgt das Kapitel „Definition von Termini", in dem das Wesen des Definierens, verschiedene Definitionsarten und allgemeine Anforderungen an Definitionen vorgestellt werden.

4.3.1 Gestaltung eines Wörterbucheintrags

Für die Gestaltung eines Eintrags in einem Wörterbuch wird in [DIN 2339 Teil 2 1986, 6] empfohlen, die in Abbildung 22 dargestellte Struktur zu wählen. Diese Struktur soll kurz betrachtet werden. Zunächst ist die Benennung hervorzuheben, um die einzelnen Wörterbucheinträge voneinander abgrenzen zu können. Wichtig ist, daß die Benennung in natürlicher Wortfolge in das Wörterbuch aufgenommen wird, z. B. „gelber Enzian" statt „Enzian, gelber". Zur besseren Einordnung eines Terminus kann das Fachgebiet angegeben werden, in das ein Terminus einzuordnen ist. Ebenso können fremdsprachige Äquivalente mit den entsprechenden genormten Sprachenzeichen mit aufgenommen werden. Daran anschließend sind – sofern es sich um eine Vorzugsbenennung handelt – die zusätzlich zulässigen synonymen Benennungen aufzulisten. Darüber hinaus können auch abgelehnte Benennungen in den Wörterbucheintrag aufgenommen werden. Dies ist insbesondere dann hilfreich, wenn Verwechslungsgefahr zwischen ihnen und der Vorzugsbenennung besteht. Eine eventuell vorhandene Kurzbezeichnung (Kurzform einer Benennung) ist ebenfalls aufzuführen. Den Abschluß bildet die

Definition des Terminus. Diese muß in (mindestens) einem vollständigen Satz erfolgen. Es genügen somit nicht einzelne Satzfragmente. Die Definition hat Bezug auf das entsprechende Hyperonym zu nehmen, indem der Begriff durch die Angabe (mindestens) eines spezifischen Merkmals von seinem Hyperonym abgegrenzt wird. Es wird dabei vorausgesetzt, daß das Hyperonym bereits im Wörterbuch aufgeführt wird. Falls dies nicht der Fall ist, so ist dies unverzüglich nachzuholen. Es ist nicht erforderlich, daß alle wesentlichen Merkmale eines Begriffs in die Definition aufgenommen werden, da alle nichtspezifischen wesentlichen Merkmale über die Definition des Hyperonyms schnell zu bestimmen sind. Als Definitionsart wird damit die „Inhaltsdefinition" vorgeschlagen. Andere Definitionsarten, die zur Definition eines Terminus alternativ oder ergänzend zur Inhaltsdefinition herangezogen werden können, stellt Kapitel 4.3.2.3 vor. Hervorzuheben ist hier insbesondere die Umfangsdefinition, welche alle zu einem Begriff gehörenden Unterbegriffe aufzählt, siehe Kapitel 4.3.2.2.2.

<**Benennung** in natürlicher Wortfolge, Adjektive in Kleinschreibung; Benennung halbfett gesetzt>
(<Angabe des Fachgebiets>)

(<Angabe eines fremdsprachigen Äquivalents mit Sprachenzeichen>)

auch: <zugelassene synonyme Benennungen>

nicht: <abgelehnte Benennung>

Kurzform: <Kurzform>

<Definition in einem vollständigen Satz>

Abbildung 22: Vorschlag für die Gestaltung eines Wörterbucheintrags [DIN 2339 Teil 2 1986]

Es gibt keinen wichtigen Grund, weshalb nicht auch ein Eintrag in einem Unternehmensfachwörterbuch sich an der in Abbildung 22 genannten Empfehlung orientieren soll. Allerdings erfordern die besonderen Charakteristika des normsprachlich fundierten Unternehmensfachwörterbuchs einige Modifikationen. So muß im Einzelfall entschieden werden, ob die Angabe des Fachgebiets oder die Angabe abgelehnter Benennungen überhaupt wünschenswert ist. Synonyme Benennungen sollen in dem anvisierten Unternehmensfachwörterbuch nicht als „auch zugelassene Benennungen" aufgeführt werden, da die Verwendung der gewählten Vorzugsbenennung obligatorisch sein soll. Zur Erhöhung der Akzeptanz und der korrekten Anwendung eines Unternehmensfachwörterbuchs kann es außerdem ratsam sein, ergänzend zu den bisher genannten Strukturelementen konkrete, möglichst repräsentative, einem breiteren Nutzerkreis verständliche und längerfristig gültige Einsatzbeispiele des Terminus aus dem Anwendungsgebiet in den Wörterbucheintrag mit aufzunehmen.

4.3.2 Definition von Termini

> *Das, was man so eine Definition nennt, ist in der Regel ein wenig mehr als eine willkürliche Festsetzung in Form einer Benennung und ein wenig weniger als eine Begriffs- bzw. Wesensbestimmung.*
>
> *D'Alembert[59]*

Eine Definition besitzt für die Bildung von Termini herausragende Bedeutung und gilt als das übliche Verfahren, um aus Wörtern Termini zu machen, vgl. [Ischreyt 1965]. Dabei muß überprüft werden, ob das Ziel einer Definition, den zu definierenden Begriff eindeutig zu bestimmen und gegen andere Begriffe abzugrenzen, erreicht wird, vgl. [DIN 2330 1993]. Die Definition eines Begriffs muß dementsprechend sorgfältig erfolgen. In diesem Kapitel werden der Terminus „Definition" selbst definiert, Anforderungen an Definitionen formuliert und die wichtigsten Arten von Definitionen vorgestellt.

---

[59] eigentlich *Jean-Baptiste le Rond*, frz. Philosoph, Mathematiker und Literat, 1717-1783

4.3.2.1 Einführung

Einträge in das Wörterbuch sollen in Form von Definitionen von Begriffen erfolgen. Die exakte Beschreibung seiner Fachbegriffe ist für jedes Fachgebiet wichtig, so daß die Erarbeitung von Definitionen für weite Bereiche von Wissenschaft und Technik selbstverständlich ist. „Eine Definition ist eine Begriffsbestimmung mit sprachlichen Mitteln." [DIN 2330 1993, 2], weiter heißt es [DIN 2330 1993, 6]:

> Beim Definieren wird ein Begriff mit Hilfe des Bezugs auf andere Begriffe innerhalb eines Begriffssystems festgelegt und beschrieben und damit gegenüber anderen Begriffen abgegrenzt. Die Definition bildet die Grundlage für die Zuordnung einer Benennung zu einem Begriff; ohne sie ist es nicht möglich, einem Begriff eine geeignete Benennung zuzuordnen.

Die Definition eines Begriffs stellt eine Bedeutungsgleichheit zwischen dem *Definiendum*, der kürzeren linken Seite der Definition, die das zu Definierende repräsentiert, und dem *Definiens*, der längeren, rechten Seite als dem, wodurch das Definiendum definiert wird, her. Dazwischen befindet sich der Definitor (Definitionskopula), der beide Seiten miteinander verbindet. Eine unbekannte Benennung auf der linken Seite wird so durch ihre Gleichsetzung mit schon Bekanntem auf der rechten Seite erklärt und an bereits existierendes Wissen angeschlossen. Zu definieren sind im übrigen ausschließlich Allgemeinbegriffe, da Individualbegriffe sich aufgrund ihrer individuellen Benennungen auf individuelle Gegenstände beziehen und mittels deren Raum-Zeit-Bindung mit ihren Merkmalen identifizieren, vgl. [Dahlberg 1976].

Beim Aufbau eines Unternehmensfachwörterbuchs stellt sich ein Anfangsproblem. Die Definition der ersten Wörterbucheinträge kann nicht auf bereits vorher definierten Fachwörtern einer Unternehmensfachsprache aufbauen. Es muß deshalb auf andere Formen der Einführung von Fachwörtern zurückgegriffen werden als die der Definition. „Einführung" bedeutet dabei die Überführung von den Sprachteilnehmern unbekannten Fachwörtern in ihnen bekannte, welche sie dann in der festgelegten Bedeutung einsetzen. Hierzu ist insbesondere das Instrument der Nennung der relevanten Fachwörter zu Handlungen und ihren Gegenständen unmittelbar aus praktischem Handeln heraus einzusetzen. Dem entspricht in der konstruktiven Wissenschaftstheorie das Zu- oder Absprechen von Prädikatoren (Themenwörtern), vgl. [Ortner 1995]. Grundsätzlich werden erste Wörter eines Fachgebiets an Beispielen und Gegenbeispielen, die im täglichen Leben eine Rolle spielen und die auch Artefakte sein können, eingeführt, vgl. [Janich 1996]. So werden immer dann, wenn eine solche exemplarische Bestimmung zu ungenau ist, entweder neue Exemplare für eine zusätzliche Sprachnormierung eingeführt (z. B. zitronengelb), oder es werden Regeln zur Verknüpfung schon exemplarisch bestimmter Prädikatoren angegeben, z. B. „Soda ist ein Salz". Dies gilt sowohl für Dinge als auch für Geschehnisse. In diesem Zusammenhang sei auch auf die Stereotypentheorie hingewiesen, die besagt, daß jedem Wort gewisse Kernfaktoren zugeordnet sind, welche für das Lernen des normalen Gebrauchs von Wörtern unbedingt notwendig sind und daher die Vermittlung dieser Kernfaktoren beim Einführen von Wörtern zumindest eine Approximation an den normalen Sprachgebrauch liefert, vgl. [Eikmeyer/Riester 1978]. Kernfaktoren bestehen aus bestimmten Charakteristika normaler Mitglieder eines Objekttyps. Es besteht hier jedoch auch die Gefahr, daß der sogenannte „normale Sprachgebrauch" falsche Vorstellungen über den Objekttyp einschließt, somit ist die Stereotypentheorie nur begrenzt einsetzbar zur Einführung erster Einträge in einem Wörterbuch.

Nachdem das Anfangsproblem gelöst ist, können die meisten weiteren Termini mit Hilfe von Definitionen eingeführt werden. Dazu kann z. B. auf Fragmente genormter Fachwortschätze zurückgegriffen werden. Für unternehmensspezifische Belange wird es jedoch häufig unvermeidbar sein, Fachwörter bei ihrer Einführung selbst zu definieren. Deshalb werden das Wesen und verschiedene Möglichkeiten zur Abfassung einer Definition in Kapitel 4.3.2.2 etwas näher betrachtet. In [Mönke 1978] werden dazu neun Grundtypen von Definitionen vorgestellt. Sie sind das Ergebnis einer Analyse von über 70 Definitionsarten. Eine vertiefende Einführung in das Gebiet der Definitionen bietet [Pawlowski 1980]. Die für den Aufbau einer Unternehmensfachsprache wesentlichen Definitionsarten sowie die grundsätzlich einzuhaltenden Regeln bei der Abfassung von Definitionen werden in Kapitel 4.3.2.3 behandelt.

4.3.2.2 Anforderungen an Definitionen

Generell sind die nachfolgend dargestellten Anforderungen bei der Formulierung von Definitionen zu berücksichtigen, vgl. [Arntz/Picht 1991; DIN 2330 1993].

a. *Einheitliche Verwendung von Benennungen:* Definitionen sollten - soweit möglich -Benennungen verwenden, die in demselben System vorkommen und definiert worden sind, auch sollte für ein und denselben Begriff immer dieselbe Benennung verwendet werden, auf eine Verwendung von Synonymen aus stilistischen Gründen ist zu verzichten.

b. *Fachbezogenheit:* Definitionen sind in der Regel fachbezogen. Aus diesem Grund müssen die in eine Definition aufzunehmenden Merkmale für das jeweilige Fachgebiet wesentlich sein und die Einordnung in das jeweilige Fachgebiet verdeutlichen, d. h., die Einordnung des Begriffs in das entsprechende Begriffssystem muß möglich sein. Unter Umständen kann es sinnvoll sein, den Gültigkeitsbereich einer Definition explizit anzugeben.

c. *Regelmäßige Aktualisierung:* Eine Definition ist nur so lange gültig, bis sich - je nach Definitionsart - ein Merkmal, ein Unterbegriff oder ein Gegenstand ändert. Eine solche Begriffsänderung macht eine neue Definition erforderlich. Folglich müssen Wörterbucheinträge in regelmäßigen Zeitabständen kontrolliert und auf den neuesten Stand gebracht werden.

d. *Genauigkeit von Definitionen:* Eine Definition muß den Inhalt des zu definierenden Begriffs hinreichend genau erfassen, ohne dabei die Forderung der Knappheit oder andere der hier aufgelisteten Anforderungen zu vernachlässigen.

e. *Knappheit von Definitionen:* Eine Definition soll nur diejenigen Merkmale enthalten. die zur Beschreibung und Festlegung eines Begriffs im betrachteten System notwendig sind, ohne dabei gegen die Forderung nach Genauigkeit der Definition oder andere Grundsätze zu verstoßen.

f. *Vermeiden von Zirkeldefinitionen:* Zirkelhaftigkeit stellt einen grundlegenden Mangel in einer Definition dar. Grundsätzlich kann Zirkelhaftigkeit sowohl in der Definition selbst als auch im Definitionssystem auftreten. Zirkelhaftigkeit in einer Definition selbst kommt häufig durch die Verwendung von Synonymen zustande, d. h., ein

Definiendum wird durch sich selbst erklärt, ist somit gleichzeitig Ober-
und Unterbegriff (Hyponym und Hyperonym). In einem Definitionssystem
- z. B. einem Fachwörterbuch - sollte die zu definierende Benennung nicht
als Definiens in einer anderen Definition erscheinen, ein schlechtes
Beispiel hierfür lautet.: (1) „Eine ISO-Norm ist eine Norm, die von der
ISO erarbeitet und herausgegeben wird". (2) „ISO ist eine Organisation,
die Normen erarbeitet und herausgibt." Die zweite Definition vermittelt
keine über die erste Definition hinausgehenden Informationen,
insbesondere wird nicht erklärt, welche Bedeutung hinter dem Akronym
steht. Aber auch die erste Definition ist zirkelhaft („Eine ISO-Norm ist
eine Norm, die von der ISO [...]", sie stellt eine tautologische Definition
dar.

g. *Vermeiden zu weiter Definitionen:* Eine Definition ist dann zu weit gefaßt,
    wenn das oder die einschränkenden Merkmale auch auf Gegenstände
    zutreffen, die durch die Definition ausgeschlossen werden sollten.

h. *Vermeidung zu enger Definitionen:* Die Verwendung zu enger Merkmale
    kann dazu führen, daß in fehlerhafter Weise eine oder mehrere Arten von
    Gegenständen, die unter einen zu definierenden Begriff fallen,
    ausgeschlossen werden.

i. *Vermeidung negativer Definitionen:* Negative Merkmale sollten zur
    Formulierung von Definitionen nur dann herangezogen werden, wenn der
    Begriff selbst negativ ist, z. B. „undeklinierbares Wort".[60]

j. *Vermeidung von Redundanz:* Eine Definition soll nur diejenigen Merkmale
    enthalten, die zur Beschreibung des betreffenden Begriffs im betrachteten
    System notwendig sind. Implizite Merkmale sind nicht explizit
    aufzuführen.

Die Einhaltung dieser generellen Regeln zur Abfassung von Definitionen muß
auch für ein Unternehmensfachwörterbuch vorausgesetzt werden können. Sie
stellen Rahmenbedingungen dar, der jede Definition eines Wörterbucheintrags
genügen muß, da sonst der Wert des Wörterbuchs und somit auch seine Akzeptanz

---

[60] Ein Wort ist undeklinierbar, wenn ihm die Eigenschaft des Wechsels der Endung in einzelnen
Fällen fehlt.

seitens der Benutzer eingeschränkt ist. Aus diesem Grund darf der Aufwand für das Abfassen der Definitionen nicht unterschätzt werden.

4.3.2.3 Ausgewählte Definitionsarten für ein Unternehmensfachwörterbuch

In diesem Kapitel werden die für die Definition von Termini wichtigsten Definitionsarten vorgestellt. Die Inhaltsdefinition stellt die gängigste, klassische Definitionsart dar und findet sich üblicherweise in Wörterbüchern. Es sind Inhaltsdefinitionen, die in [DIN 2330 1993] als in der Regel besonders leistungsfähig zur Anwendung empfohlen werden. Im Einzelfall kann es jedoch auch richtig sein, auf eine Umfangs-, eine Bestands- oder eine Nominaldefinition zurückzugreifen, z. B. weil eine Inhaltsdefinition nicht aufgestellt werden kann oder weil sie alleine für den Wörterbuchbenutzer nicht verständlich genug ist, vgl. [Dahlberg 1987]. Häufig werden auch Mischformen verschiedener Definitionsarten verwendet, beispielsweise werden in nicht wenigen Definitionen sowohl Elemente der Inhaltsdefinition als auch Elemente der Bestandsdefinition herangezogen.

4.3.2.3.1 Inhaltsdefinition

Die Inhaltsdefinition geht von einem bekannten bzw. bereits definierten Oberbegriff aus und gibt die einschränkenden Merkmale an, die den zu definierenden Begriff kennzeichnen und ihn von den anderen Begriffen derselben Reihe unterscheiden. Es werden somit nicht alle bekannten Merkmale eines Begriffs aufgezählt. Eine Inhaltsdefinition besitzt folgenden Aufbau: Definiendum[61]: *Definiens = Oberbegriff + einschränkende Merkmale*, vgl. [DIN 2330 1993]. Ein Beispiel dafür lautet: Eine Glühlampe ist eine elektrische Lampe (Oberbegriff, der bekannt oder bereits definiert ist), bei der feste Stoffe durch elektrischen Strom so hoch erhitzt werden, daß sie Licht aussenden (einschränkende Merkmale).

Die Inhaltsdefinition gilt als die „klassische" Definitionsart. Die Unterteilung in Oberbegriff (*genus proximum*) und einschränkende bzw. unterscheidende Merkmale (*differentiae specificae*) geht auf Aristoteles zurück, vgl. [Arntz/Picht 1991; Dubislav 1981], und wird auch im Zusammenhang mit Einträgen in [Data]

---

[61] Das Definiendum ist das zu definierende Zeichen (unbekannt), das Definiens das definierende Zeichen (bekannt).

Dictionaries herangezogen, so etwa bei [De Marco 1978]. Diese Art der Definition ermöglicht aufgrund der Angabe der einschränkenden Merkmale besonders gut die Abgrenzung gegenüber anderen Begriffen. Durch die Angabe des entsprechenden Oberbegriffs ist auch die Einordnung in ein Begriffssystem einfach möglich.

4.3.2.3.2 Umfangsdefinition

Umfangsdefinitionen beziehen sich auf den begrifflichen Umfang und nicht auf die unter einen Begriff fallenden Gegenstände, welche seine Extension bilden. Als Definition schlägt das DIN vor: „Umfangsdefinitionen definieren einen Begriff durch Aufzählung aller seiner Unterbegriffe, die innerhalb des betreffenden Begriffssystems auf derselben Abstraktionsstufe stehen" [DIN 2330 1993, 6]. Definitionen dieser Art sind dementsprechend nur dann änderungsbedürftig, wenn sich neue Unterbegriffe ergeben. Grundsätzlich gilt, daß Umfangsdefinitionen immer dann geeignet sind, wenn die Anzahl der aufzuzählenden Unterbegriffe überschaubar ist und diese durch Inhaltsdefinitionen geklärt oder allgemein bekannt sind, vgl. [DIN 2330 1993].

Für eine Kombination einer Inhalts- und einer Umfangsdefinition plädiert [Wüster 1971], er zitiert einen der „Benennungsgrundsätze der Internationalen Normungsorganisation (ISO)", der für jede Art von Terminologien festlegt [ISO/R 860 1968]:

> Wenn man einem neuen Begriff bildet oder definiert, muß man sorgfältig die Grenzen des Inhalts und des Umfanges des Begriffes und seinen Platz im System der bestehenden Begriffe festlegen. Man muß also seinen Oberbegriff, seine Unterbegriffe und seine Nachbarbegriffe ermitteln bzw. die Teile des betreffenden Gegenstandes und das Ganze, von dem er einen Teil bildet.

Die hier zitierte Definition schließt neben der Einordnung eines Begriffs in ein Begriffssystem auch die Ermittlung der Merkmale eines Begriffs ein, da von der sorgfältigen Festlegung des Inhalts eines Begriffs - der Intension - die Rede ist.

4.3.2.3.3 Bestandsdefinition

Eine Bestandsdefinition definiert einen Begriff durch Aufzählung aller seiner Teilbegriffe, zum Beispiel: „Ein Schachspiel besteht aus Schachbrett und Schachfiguren" [DIN 2330 1993, 7]. Definitionen dieser Art sind nur dann sinnvoll einsetzbar, wenn die Zahl der zugehörigen Teilbegriffe begrenzt ist. Dazu müssen die Teilbegriffe durch Inhaltsdefinitionen geklärt oder allgemein bekannt und die Wahrscheinlichkeit, daß sich Veränderungen in der Menge der zugehörigen Teilbegriffe ergeben, gering sein.

4.3.2.3.4 Nominaldefinition

In einer Nominaldefinition wird ein wenig bekanntes Wort durch ein besser verständliches Wort ersetzt, beispielsweise könnte „Opazität" durch die synonyme Benennung „Lichtundurchlässigkeit" erklärt werden. Über den Gegenstand selbst wird damit nur wenig oder gar nichts ausgesagt, deshalb wird die Sinnhaftigkeit dieser Definitionsart zuweilen angezweifelt, vgl. [Arntz/Picht 1991]. Nichtsdestotrotz kann eine Nominaldefinition zum besseren Verständnis einer Benennung beitragen.

4.3.2.4 Verankerung im semantischen Gefüge

Die vorgestellten Definitionsarten stehen in bestimmten Relationen zueinander. Mit diesen Relationen wird auch der Platz eines Begriffs im semantischen Gefüge aufzeigt, vgl. hierzu und zu den folgenden Ausführungen [DIN 1463 1987]. Synonyme und partielle Synonyme werden durch Äquivalenzrelationen repräsentiert, sie werden in Nominaldefinitionen verwendet. Hierarchierelationen liegen vor, sobald zwei Begriffe in einem Überordnungs- oder einem Unterordnungsverhältnis zueinander stehen. Dabei sind zwei Formen zu unterscheiden: die Abstraktionsrelation (generische Relation, Inklusion) und die Bestandsrelation (partitive Relation, Aggregation). Im Falle der Abstraktionsrelation weist der untergeordnete Begriff alle Merkmale des übergeordneten Begriffs sowie mindestens ein weiteres spezifizierendes Merkmal auf. Die Abstraktionsrelation ist Teil der Inhaltsdefinition (Kapitel 4.3.2.3.1) und der Umfangsdefinition (Kapitel 4.3.2.3.2). Bei einer Bestandsrelation entspricht der übergeordnete Begriff einem Ganzen und der untergeordnete, engere Begriff einem der Bestandteile dieses Ganzen, diese Relation wird in Bestandsdefinitionen (Kapitel

4.3.2.3.3) verwendet. Auch benachbarte Begriffe können über eine entsprechende Relation berücksichtigt werden. Dieses in den verschiedenen Relationen ausgedrückte semantische Gefüge kann auch als semantisches Netz dargestellt werden, denn in der Theorie der semantischen Netze können konzeptuelle Knoten (Begriffe) über im Prinzip beliebig festzulegende Relationstypen verbunden werden, vgl. [Kuhlen 1991]. Die Abbildung 23 stellt die wichtigsten möglichen Bestandteile einer Definition im Überblick dar und ordnet sie den entsprechenden Definitionsarten zu, wobei diese - wie erwähnt - auch kombiniert werden können.

4.3.3 Aspekte der Rechnerunterstützung

Zur Abrundung des Kapitels 4 soll hier kurz verdeutlicht werden, in welcher Art und Weise Rechner bei der Herstellung von gemein- und fachsprachlichen Wörterbüchern eingesetzt werden. Daran läßt sich abschätzen, in welchem Umfang der Einsatz von Rechnern bei der Erstellung von Unternehmensfachwörterbüchern denkbar ist.

Zunächst kann festgestellt werden, daß die Herstellung von Wörterbüchern - unabhängig von einem bestimmten Wörterbuchtyp - heute weitgehend rechnerunterstützt geschieht. Sie erfolgt jedoch nicht vollautomatisch, denn der zentrale Schritt der Wörterbucherstellung, die Definition eines Begriffs, bleibt weiterhin Aufgabe des Lexikographen, vgl. [Lenders 1990]. Im Fall der Erstellung von Unternehmensfachwörterbüchern dürfte diese Aufgabe vor allem von Anwendungsentwicklern wahrgenommen werden, sie kann prinzipiell nicht dem Rechner übertragen werden. Die automatische Erstellung von Wörterbüchern ist bisher zudem im wesentlichen auf dem Gebiet der automatischen Indexierung untersucht worden, vgl. dazu [Fuhr/Zimmermann 1997]. Dort werden Verfahren der automatischen Klassifikation dazu benutzt, aus einer Sammlung von Texten des betrachteten Anwendungsgebiets semantische Beziehungen zwischen den in der Sammlung vorkommenden Wörtern zu gewinnen und damit z. B. Thesauri aufzubauen.

Der Einsatz von Rechnern in der Terminologiearbeit hat zur Entwicklung der *rechnerunterstützten Terminographie* geführt, deren praktisches Ergebnis die terminologischen Datenbanken sind, vgl. [Felber/Budin 1989]. Die rechnerunterstützte Terminographie bringt eine Reihe von Vorteilen mit sich. So können ihre Produkte, z. B. elektronische Wörterbücher, stets auf dem letzten Stand gehalten werden. Korrekturen, Ergänzungen und das Tilgen überflüssiger Daten können jederzeit erfolgen, vgl. [Schaeder 1986], d. h., sie sind gegenüber den statischen, gedruckten Wörterbüchern durch ein hohes Maß an Dynamik geprägt. Die Verwendung terminologischer Datenbanken ermöglicht zudem eine an die Bedürfnisse der verschiedenen Benutzergruppen angepaßte Aufbereitung der Daten, vgl. [Felber/Budin 1989; Weber 1994]. Besonders hervorzuheben ist, daß eine terminologische Datenbank auch die konsequente Verwendung einer einheitlichen Terminologie - z. B. in einem Unternehmen - überwachen kann, vgl. [Felber/Budin 1989].

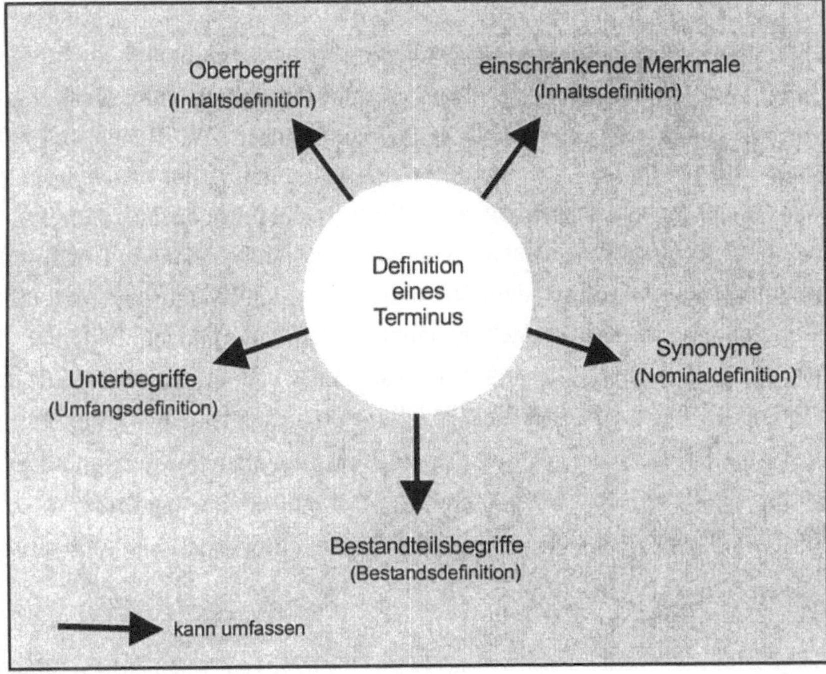

Abbildung 23: Mögliche Definitionskomponenten

Rechnerunterstützte Terminographie kann somit als Grundlage für die Erstellung elektronischer Wörterbücher betrachtet werden. Diese ist das Ziel der bis dato nicht klar definierten maschinellen Lexikographie, einer Teildisziplin der Computerlinguistik, vgl. [Weber 1996]. Quasisynonym hierzu wird jedoch auch von „maschinenunterstützter Lexikographie", „lexikographischer Datenverarbeitung" und „Wörterbuchinformatik" gesprochen, vgl. [Knowles 1990]. Elektronische Wörterbücher bieten neben den grundsätzlichen Vorteilen einer elektronischen Datenhaltung gegenüber gedruckten Wörterbüchern weitere Nutzungsmöglichkeiten, etwa die des schnellen und treffsicheren Zugriffs auf die gespeicherten Daten, denn es kann über jedes ausgewiesene Eintragssegment, z. B. Ausspracheangabe, grammatikalische Angabe oder Definition, zugegriffen werden. Dabei ist eine mehrdimensionale Suche möglich, vgl. [Bläser/Wermke 1990]. Es kann ebenfalls automatisch überprüft werden, ob ein Definitionsvorschlag für einen neuen Wörterbucheintrag selbsterklärend ist, d. h., ob die in ihm verwendeten Fachtermini selbst an entsprechender Stelle definiert worden sind, vgl. [Weber 1994].

Betrachtet man traditionelle (gedruckte) Wörterbücher, so läßt sich auch bei deren Herstellung ein umfangreicher Rechnereinsatz feststellen, man denke an das Scannen von Quellen, die Erstellung von Konkordanzen, Wortlisten und Häufigkeitslisten, die Nutzung von Retrievalmöglichkeiten oder Anwendungsprogrammen zur einfachen Erstellung von Wörterbucheinträgen auf dem PC usw., vgl. [Lenders 1990]. Es kann deshalb von einer semiautomatischen Erstellung von Wörterbüchern gesprochen werden. Die entsprechenden Systeme werden mitunter auch „Lexikonerstellungssysteme" genannt[62]. Semiautomatisch bedeutet dabei, daß der Einsatz intellektueller Arbeit nach wie vor erforderlich ist, da die Kernaufgabe des Lexikographen dem Rechner nicht übertragen werden kann. Ein solches System besteht aus den Komponenten Datenbanksystem und Lexikonbearbeitung, vgl. [Aurisch 1997]. Durch das Datenbanksystem werden die einzelnen Wörter und Wortbeziehungen abgespeichert, während die Lexikonbearbeitung

---

[62] Ein Beispiel für ein System zur semiautomatischen Erstellung von Wörterbüchern ist das an der Technischen Universität Berlin entwickelte System TEAS (Akronym für „Terminologie-Datenbank-Erfassungs- und Aufbereitungssystem"), das zur Erstellung der jüngsten Auflage des Lexikons für Informatik eingesetzt wurde, siehe dazu [Schneider 1997, 1057ff]. Das System bietet beispielsweise als Hilfsmittel zur Klassifizierung und zur Entscheidung über zusätzliche Einträge die Möglichkeit, die vorhandenen Einträge aufbereitet nach unterschiedlichen Kriterien auszugeben. Dagegen stellen die Abfassung der Definitionen und die Entscheidung über die Aufnahme eines Lemmas intellektuelle Leistungen dar.

die Anwenderprogramme zur Eingabe und Korrektur von Definitionen, zur terminologischen Bearbeitung einzelner Wörter und zur druckaufbereiteten Ausgabe des Wörterbuchs umfaßt. Die rechnerunterstützte Wörterbucherstellung minimiert den redaktionellen Aufwand insoweit, als daß Deskriptoren nach einer einmaligen intellektuellen Klassifizierung automatisch für alle Definitionen erzeugt werden, Tippfehler durch eine spezielle Wortverwaltung als unbekannte Wörter erkannt und gegebenenfalls global korrigiert werden können und Benennungen mit einem Befehl in allen Definitionen ausgewechselt werden können. Schließlich ist zu betonen, daß sich durch die semiautomatische Erstellung die Zeit von der Erfassung des Sprachzustands bis zur Drucklegung des Wörterbuchs erheblich reduziert.

Anhand dieser kurzen Ausführungen sollte deutlich geworden sein, daß die Annahme, ein Unternehmensfachwörterbuch quasi automatisch von Rechnern erzeugen lassen zu können, falsch ist. Nichtsdestotrotz muß das aufzubauende Unternehmensfachwörterbuch ein elektronisches Wörterbuch sein. Die entsprechenden Vorzüge eines solchen Wörterbuchs sind genannt worden. Zu diesem Zweck sind entsprechende Terminologiedatenbanken aufzubauen, in denen die Wörterbucheinträge verwaltet werden können. Auch die Verwaltung der erhobenen und in verschiedenen Stufen zu normierenden Aussagen ist aufgrund der zu erwartenden Fülle an Aussagen nur rechnerunterstützt vorstellbar. Auf der anderen Seite stellen fast alle Normierungsschritte und insbesondere die Abfassung der Wörterbucheinträge im Kern intellektuelle Leistungen dar, die nur punktuell vom Rechner unterstützt werden können. Gerade das Niveau der durch intellektuelle Arbeit geprägten Arbeitsschritte G1 bis G8 und T1 bis T5 im Rahmen des Aufbaus eines Unternehmensfachwörterbuchs ist jedoch für die Erzielung einer möglichst hohen Benutzerakzeptanz von entscheidender Bedeutung.

5 Methodenspezifischer Fachentwurf

Im methodenneutralen Teil des Fachentwurfs sind einige grundlegende grammatikalische Normierungsschritte (Schritte G1 bis G8) bezogen auf die erhobenen natürlichsprachlichen Aussagen und eine Normierung der Terminologie auf der Basis eines Wörterbuchs (Schritte T1 bis T5) durchgeführt worden. Im methodenspezifischen Teil des Fachentwurfs erfolgt nun eine Normierung der Syntax der terminologisch normierten Aussagen (Schritte M1 bis M7), die jeweils auf die zur Darstellung der Ergebnisse eingesetzte Methode abgestimmt ist, vgl. dazu Abbildung 24. Für die methodenspezifische Normierung der Aussagen werden Satzbaupläne konstruiert, die die Transformation der Aussagen in Konstrukte einer Spezifikationssprache (z. B. einer Diagrammsprache) erlauben. Voraussetzung für die Festlegung entsprechender Methoden, die im Rahmen des Fachentwurfs eingesetzt werden sollen, ist die Wahl eines Anwendungssystemtyps. Diese Wahl erübrigt sich in diesem Buch, denn der Titel gibt den Anwendungssystemtyp bereits vor.

An den Anwendungssystemtyp „Workflow-Management-Anwendung" werden bestimmte Methoden geknüpft, die zur Modellierung der einzelnen Aspekte eines Workflows eingesetzt werden können. Im Rahmen der Vorstellung einer Vorgehensweise zur Entwicklung von Workflow-Management-Anwendungen werden geeignete Methoden im Vorhinein festgelegt, abgestimmt auf die verschiedenen Aspekte der Workflow-Modellierung. Im Zuge der Erörterung der einzelnen Aspekte werden die gewählten Methoden kurz vorgestellt und ihre Wahl begründet. Grundsätzlich kann oftmals auch eine andere Methode (Vorgehensweise und Spezifikationssprache) eingesetzt werden, doch erfordert dies dann eine Modifikation des methodenspezifischen Teils der Entwicklung von Workflow-Management-Anwendungen. Deshalb beschränken sich die folgenden Ausführungen auf die Betrachtung jeweils einer geeigneten Methode.

In Kapitel 5.1 werden aspekteübergreifende Grundlagen des methodenspezifischen Fachentwurfs bezogen auf eine Workflow-Management-Anwendung diskutiert. Die normierten Aussagen werden vor der methodenspezifischen Normierung zunächst anwendungssystemtypspezifisch klassifiziert. Die Kapitel 5.2 bis 5.7 behandeln die weitere Klassifikation und die syntaktische Normierung der Aussagen mit Hilfe von Satzbauplänen jeweils für einen Aspekt (und seine Teilaspekte) der Workflow-Modellierung, orientiert an den eingesetzten Methoden.

5.1 Aspekteübergreifende Grundlagen

Die methodenneutral normierten Aussagen müssen zur methodenspezifischen Normierung zunächst anwendungssystemtypspezifisch klassifiziert werden, vgl. Kapitel 2.3.3. Bei Workflow-Management-Anwendungen ist hierfür ein aspekte-orientierter Klassifikationsansatz empfehlenswert. Gemäß eines solchen Ansatzes sind eine ganze Reihe von Aspekten bei der Entwicklung von Workflow-Management-Anwendungen separat zu betrachten, wodurch sich eine erhebliche Komplexitätsreduktion ergibt, vgl. Kapitel 5.1.1. Als aspekteübergreifende Grundlage wird die generelle Vorgehensweise für eine methodenspezifische Normierung, die für jeden Aspekt bzw. Teilaspekt im Prinzip gleich lautet, behandelt. Sie läßt sich wiederum in verschiedene Schritte unterteilen (M1 bis M7) und setzt auf den methodenneutral normierten Aussagen auf, vgl. Abbildung 24. Diese Abbildung stellt eine Erweiterung von Abbildung 20 dar und zeigt den vollständigen Weg der Aussagentransformation im Fachentwurf von der Erhebung bis zur methodenspezifischen Umsetzung der Aussagen. Es kann dabei an verschiedenen Stellen der Normierung notwendig sein, neue Aussagen zu erheben, etwa zur Klärung bestimmter Sachverhalte. Diese nachträglich erhobenen Aussagen müssen derselben Normierung unterzogen werden, wie die anfänglich erhobenen Aussagen, so daß das nachträgliche Erheben von Aussagen nicht gesondert in die Übersichtsdarstellung in Abbildung 24 aufgenommen werden muß.

Der Fachentwurf gliedert sich in einen methodenneutralen Teil mit grammatikalischer und terminologischer Normierung der natürlichsprachlich vorliegenden Aussagen unter Verwendung einer methodenneutralen Normsprache sowie in einen methodenspezifischen Teil, in dem methodenspezifische Normsprachen eingesetzt werden. Auf der Basis von Satzbauplänen werden die methodenneutral normierten Aussagen jeweils in eine bestimmte Diagramm- oder Spezifikationssprache transformiert. Die in Kapitel 5 maßgebliche methodenspezifische Normierung stellt Abbildung 27 im Überblick dar. Abgerundet wird dieses Kapitel durch die Betrachtung einer Klassifikation von Tätigkeiten nach ihren Geschehnisarten, die für die Identifikation von Workflows grundlegende Bedeutung besitzt (Kapitel 5.1.2).

5.1.1 Vorgehensweise

In diesem Kapitel wird die Vorgehensweise zur methodenspezifischen Normierung der Aussagen vorgestellt. Der erste Teil bietet eine überblicksartige Darstellung der Vorgehensweise (Kapitel 5.1.1.1), es folgt eine grob gegliederte, detailliertere Betrachtung der Schrittfolge zur methodenspezifischen Aussagennormierung, unterteilt in die aspekteorientierte Aussagenklassifikation (Kapitel 5.1.1.2), die methodenspezifische syntaktische Normierung (Kapitel 5.1.1.3) sowie die Umsetzung in eine Spezifikationssprache (Kapitel 5.1.1.4).

5.1.1.1 Überblick

Der methodenspezifische Fachentwurf beginnt mit der Entscheidung für einen Anwendungssystemtyp (Schritt M1). Die Wahl des Anwendungssystemtyps „Workflow-Management-Anwendung" ergibt sich aus dem Titel, so daß der Schritt M1 hier nicht näher betrachtet zu werden braucht. Es sei lediglich darauf hingewiesen, daß, falls die Wahl des Anwendungssystemtyps noch nicht - explizit oder implizit - vorgegeben ist, auf der Basis der Problemstellung und der Ergebnisse des methodenneutralen Fachentwurfs unter Abwägung der Stärken und Schwächen der verschiedenen Anwendungssystemtypen entschieden werden muß, welcher Anwendungssystemtyp am besten zur informationssystembasierten Lösung des gegebenen Anwendungsproblems geeignet ist. Dem Anwendungssystemtyp „Workflow-Management-Anwendung" wird dabei immer dann der Vorzug zu geben sein, wenn die Steuerung von Abläufen im Bürobereich eines Unternehmens im Mittelpunkt einer Aufgabenstellung steht.

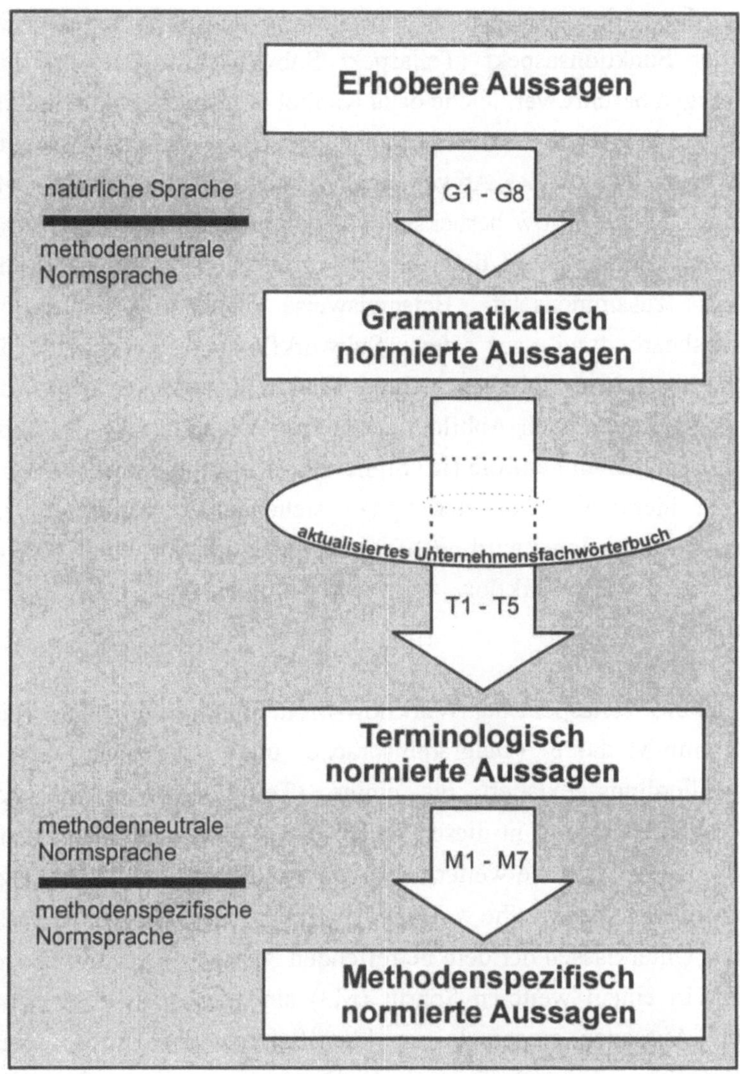

Abbildung 24: Schematische Darstellung der Aussagentransformation

Im Anschluß an die Wahl des Anwendungssystemtyps sind die methodenneutral normierten Aussagen gemäß einem anwendungssystemtypspezifischen Ansatz zu klassifizieren. Für eine Workflow-Management-Anwendung ist eine aspekteorientierte Klassifikation der Aussagen vorgesehen (Schritt M2), siehe dazu Kapitel 5.1.1.2. Da erfahrungsgemäß manche Aussagen nicht eindeutig nur einem Aspekt zugeordnet werden können, empfiehlt sich in Zweifelsfällen eine

Mehrfachzuordnung der Aussagen entsprechend der berührten Aspekte. Einer der Aspekte - der Funktionsaspekt (Teilaspekt Subworkflows) - wird durch die meisten Aussagen berührt, vergleiche dazu Kapitel 5.2, so daß ihm Duplikate aller Aussagen zugeordnet werden sollten, um sicherzustellen, daß jede Nennung einer potentiellen Funktionalität des Anwendungssystems und damit jeder potentielle Workflow bzw. Subworkflow berücksichtigt wird. Es sei in diesem Zusammenhang schon darauf hingewiesen, daß sich ein Workflow in der Regel aus mehreren Subworkflows zusammensetzt. Beispielsweise kann ein Workflow zur Urlaubsantragsbearbeitung aus den Subworkflows „Erfassen", „Prüfen", „Genehmigen" bestehen, wobei es mehrere Hierarchiestufen von Subworkflows geben kann, siehe dazu auch Abbildung 28. Zur Vereinfachung der nun häufig notwendigen Bezugnahme auf die (im Sinne der hier eingeführten Terminologie) seltenen - da hierarchisch an der Spitze stehenden - Workflows *und* die zahlreicheren Subworkflows wird nachfolgend ausschließlich von Subworkflows gesprochen, d. h., ein Workflow wird als Subworkflow auf der obersten Hierarchieebene interpretiert.

Jeder Aspekt bzw. Teilaspekt der Workflow-Modellierung wird idealtypisch mit einer Diagramm-Methode (Diagrammsprache und Vorgehensweise) veranschaulicht. Allerdings existiert für einige (Teil-)Aspekte keine geeignete Diagramm-Methode, so daß in diesen Fällen eine normsprachliche Fassung der Sachverhalte als Basis für die weitere Bearbeitung dienen muß. Jede Diagrammsprache setzt sich aus einer Reihe verschiedenartiger Sprachkonstrukte zusammen, für die jeweils Unterklassen der dem betreffenden Aspekt zugeordneten Aussagen relevant sind. In einem weiteren Schritt (M3) sind deshalb die einem Aspekt zugeordneten Aussagen nochmals zu klassifizieren und zwar gemäß der relevanten Sprachkonstrukte. Sollte sich die Diagrammsprache auf ein Konstrukt beschränken, so entfällt dieser Schritt.

Im nächsten Schritt (M4) werden die methodenspezifisch klassifizierten Aussagen syntaktisch normiert. Dazu werden auf die jeweilige Methode angepaßte Satzbaupläne, d. h. abstrakte Satzstrukturen, eingesetzt. Das Ergebnis dieses Schritts bilden syntaktisch - hinsichtlich der Modellierungsmethode (Diagrammsprache) - normierte Aussagen. In Kapitel 5.1.1.3 wird dies näher beschrieben. Auf der Basis der so normierten Aussagen ist daraufhin die Umsetzung der Aussagen in die jeweiligen diagrammsprachlichen Konstrukte (M5) möglich, vgl. Kapitel 5.1.1.4. Diese Umsetzung kann prinzipiell werkzeugunterstützt erfolgen, jedoch stehen bisher noch keine geeigneten Werkzeuge für die entsprechenden Umsetzungen im Rahmen der Entwicklung von Workflow-Management-Anwendungen zur Verfügung. Abschließend sind die resultierenden diagrammsprachlichen Konstrukte zusammenzufügen (M6) und auf Vollständigkeit und Widerspruchsfreiheit hin zu überprüfen (M7). Das resultierende Diagramm(-system) bzw. - falls eine andere Spezifikationssprache eingesetzt werden muß, z. B. eine Normsprache - die vollständige spezifikationssprachliche Beschreibung gelten als Ergebnis des Fachentwurfs und dienen als Grundlage für die folgende Phase Systementwurf. Wenn statt einer Diagrammsprache die betreffende methodenspezifische Normsprache, basierend auf den spezifischen Satzbauplänen einer in diesen Fällen textorientierten Darstellungsmethode, zur Spezifikation herangezogen werden muß, dann erübrigt sich Schritt M5, die Schritte M6 und M7 sind gleichwohl durchzuführen.

5.1.1.2 Aspekteorientierte Aussagenklassifikation (Schritte M1 und M2)

In Schritt M1 wird die Grundsatzentscheidung für eine Workflow-Management-Anwendung getroffen. Danach kann damit begonnen werden, die Aussagen anwendungssystemtypspezifisch zu klassifizieren. Diese erste Stufe der Klassifikation (Schritt M2) dient dazu, die erhobenen und normierten Aussagen nach bestimmten semantischen Gesichtspunkten zu gliedern. In [De Antonellis/Demo 1983; Ortner/Söllner 1989] wird dies jeweils für den Datenbankbereich vollzogen. Diese erste Stufe der Klassifikation (M2) darf nicht mit der zweiten Stufe der Klassifikation (M3) verwechselt werden, die der methodenspezifischen Umsetzung in Konstrukte der von dem Anwendungssystemtyp „Workflow-Management-Anwendung" eingesetzten Diagrammsprachen bzw. anderer Spezifikationssprachen dient.

Damit ein Workflow adäquat beschrieben werden kann, sind vielfältige Informationen bzw. Daten notwendig, vgl. [Curtis et al. 1992]. Es muß insbesondere festgelegt werden, welche Arbeitsschritte von wem in welcher Reihenfolge unter Einsatz welcher Anwendungsprogramme auf der Basis welcher Daten und aus welcher Veranlassung heraus auszuführen sind. Zur Reduktion der damit angedeuteten Komplexität werden aspekteorientierte Ansätze zur Beschreibung einer Organisation eingesetzt, wie sie z. B. in [Jablonski/Bußler 1996; Kosiol 1976; Scheer 1997; Sowa/Zachman 1992; Winter/Ebert 1996] vorgestellt werden. Diese Ansätze verwirklichen in unterschiedlichem Umfang das Orthogonalitätsprinzip, das eine möglichst vollständige Unabhängigkeit der einzelnen Aspekte voneinander verlangt. Synonym zu „Aspekt" wird auch von „Perspektive", z. B. [Curtis et al. 1992], oder „Sicht" , z. B. [Scheer 1997], gesprochen.

Allen diesen Ansätzen gemeinsam ist das Ziel der Dekomposition eines komplexen Modellierungsproblems. Die Beziehungen innerhalb eines Aspekts sind als sehr zahlreich, die Beziehungen zwischen den Aspekten hingegen als relativ einfach und lose einzustufen, denn nur so kann gemäß Scheer eine Zerlegung als sinnvoll erachtet werden. Man kann schlußfolgern, daß es eine absolute Unabhängigkeit der einzelnen Aspekte voneinander nicht geben kann. Dies gilt insbesondere für den Fall, daß ein Aspekt in Teilaspekte zerlegt wird. Teilaspekte eines Aspekts sind stets enger untereinander verbunden, so daß zwischen ihnen keine Unabhängigkeit besteht. Nichtsdestotrotz wird mit Hilfe der Orientierung an orthogonalen Aspekten die Flexibilität von Workflow-Management-Systemen - z. B. bei notwendigen Änderungen - wesentlich erhöht. Allerdings werden laut [Jablonski 1995b] in den Workflow-Meta-Schemata gängiger Workflow-Management-Systeme verschiedene Aspekte oft unsystematisch miteinander verzahnt, so daß sich als eine negative Auswirkung ein entsprechend schwerfälliger Änderungs- und Wartungsdienst ergibt.

Die einzelnen Ansätze zur Aspektegliederung verwenden hinsichtlich Art und Anzahl der berücksichtigten Aspekte unterschiedliche Klassifikationsschemata. Detailliert und speziell auf die Modellierung von Workflows bezogen wird in [Jablonski et al. 1997] zwischen einem Funktionsaspekt, einem Verhaltensaspekt, einem Informationsaspekt, einem Organisationsaspekt und einem Operationsaspekt unterschieden. Auf weitere mögliche Aspekte wie einen Sicherheitsaspekt, einen Kausalaspekt, einen Historikaspekt, einen Transaktionsaspekt, einen Qualitätsaspekt oder einen Autonomieaspekt bei der schrittweisen Spezifikation von Workflows wird in [Jablonski 1995a; Jablonski/Bußler 1996] hingewiesen. Als Kernaspekte, die für jede Workflow-Management-Anwendung Relevanz besitzen, gelten die zuerst genannten fünf Aspekte. Bei Bedarf können - abhängig vom Anwendungsgebiet - weitere Aspekte eingeführt werden können.

Die fünf Kernaspekte bilden zwangsläufig auch die Grundlage für die in diesem Buch verwendete Aspektegliederung, obschon nicht mehr nur steuerungsrelevante Aspekte modelliert werden sollen, wie dies [Jablonski et al. 1997] vorsehen. Es erweist sich außerdem als notwendig, bei einer ganzen Reihe von Aspekten jeweils verschiedene Teilaspekte zu unterscheiden, die in der Regel untereinander nicht mehr nur lose verbunden sind. Die diskutierten Modellierungsaspekte und ihre Teilaspekte werden in Abbildung 25 im Überblick dargestellt. Beispielsweise kann der Organisationsaspekt in den Teilaspekt Aufbauorganisation, den Teilaspekt Stellenbeschreibung und den Teilaspekt Zuweisung (der Aufgaben zu Personen) zerlegt werden, die über die Komponente „Rolle" miteinander verbunden sind, siehe dazu Kapitel 5.5. Auch werden für einige Aspekte andere Benennungen als z. B. bei [Jablonski et al. 1997] verwendet, wobei die Gründe dafür jeweils genannt werden.

Die Einführung von Teilaspekten als zusätzlicher Gliederungsebene bietet sich an, da zwischen diesen Teilaspekten eine stärkere Bindung möglich (und wahrscheinlich) ist, als dies bei den gemäß dem Orthogonalitätsprinzip weitgehend unabhängigen und deswegen höchstens lose verbundenen Aspekten der Fall sein darf. Folglich können Teilaspekte nicht ersatzweise als eigenständige Aspekte auftreten, da sie von bestimmten anderen Teilaspekten desselben Aspekts abhängig sind. Umgekehrt wäre es der Übersichtlichkeit und damit der Benutzerfreundlichkeit nicht förderlich, alle auftretenden Konstrukte der verschiedenen Teilaspekte eines Aspekts gemeinsam zu betrachten, d. h. nicht zwischen Teilaspekten zu differenzieren.

In diesem Buch werden generell nur denjenigen Aspekte näher betrachtet, deren Ausprägung bereits in der Phase „Fachentwurf" – und folglich in Zusammenarbeit von Anwendern, Experten des Fachgebiets und Entwicklern – grundsätzlich festgelegt wird. Diejenigen der oben genannten Aspekte, welche die Systemarchitektur oder die Implementierung betreffen, werden erst in späteren Phasen – und somit nicht direkt auf der Basis von im Anwendungsgebiet erhobenen Aussagen – festgelegt. Es ist im übrigen kein Zufall, daß für den Historikaspekt und andere systemtechnische Aspekte keine gängigen Diagrammsprachen bekannt sind, denn Diagrammsprachen werden meist zur

Unterstützung der Kommunikation zwischen Anwendern und Entwicklern verwendet, die sich bei systemtechnischen Fragen erübrigt, da Anwender in diese Fragen nicht involviert werden müssen. Nähere Erläuterungen zu den einzelnen Modellierungsaspekten und zu den eingesetzten Sprachen folgen in den Kapiteln 5.2 bis 5.7. Dabei wird vorausgesetzt, daß die Normierungsschritte M1 und M2 vorher durchgeführt worden sind.

Der beschriebene aspekteorientierte Klassifikationsansatz wird in Abbildung 26 in seiner Funktion als Einstieg in den methodenspezifischen Teil des Fachentwurfs schematisch veranschaulicht. Die Abbildung zeigt, wie auf Basis der gesammelten (erhobenen) methodenneutral normierten Aussagen der Übergang vom methodenneutralen Teil zum methodenspezifischen Teil des Fachentwurfs erfolgt, indem die Aussagen nach den verschiedenen Aspekten für den Anwendungssystemtyp „Workflow-Management-Anwendung" klassifiziert werden. Grundsätzliche Anmerkungen zur Notwendigkeit einer Zweiteilung des Fachentwurfs finden sich in Kapitel 2.3.3.

An dieser Stelle soll kurz diskutiert werden, wie der zweigeteilte Fachentwurf im Falle einer Workflow-Management-Anwendung ausgestaltet ist. Zunächst erfolgt die Sammlung der Aussagen über ein Anwendungsgebiet prinzipiell unabhängig von den im zweiten Teil des Fachentwurfs einzusetzenden Methoden. Ihr folgt - wie in Kapitel 4 ausführlich beschrieben worden ist - die Rekonstruktion der Termini, mit Hilfe und zur Vervollständigung eines methodenneutralen Unternehmensfachwörterbuchs, sowie eine grammatikalische Normierung der Aussagen auf der Basis einer methodenneutralen Grammatik, vgl. Abbildung 24. Am Übergang vom neutralen zum spezifischen Teil erfolgt die anwendungssystemtypspezifische Klassifikation der Aussagen (Schritt M2). Nach der Wahl des Anwendungssystemtyps „Workflow-Management-Anwendung" (Schritt M1) bietet sich dazu eine aspekteorientierte Klassifikation der Aussagen an, wobei jedem Aspekt bzw. jedem Teilaspekt jeweils eine Methode zugeordnet wird, an der sich der methodenspezifische Teil des Fachentwurfs orientiert.

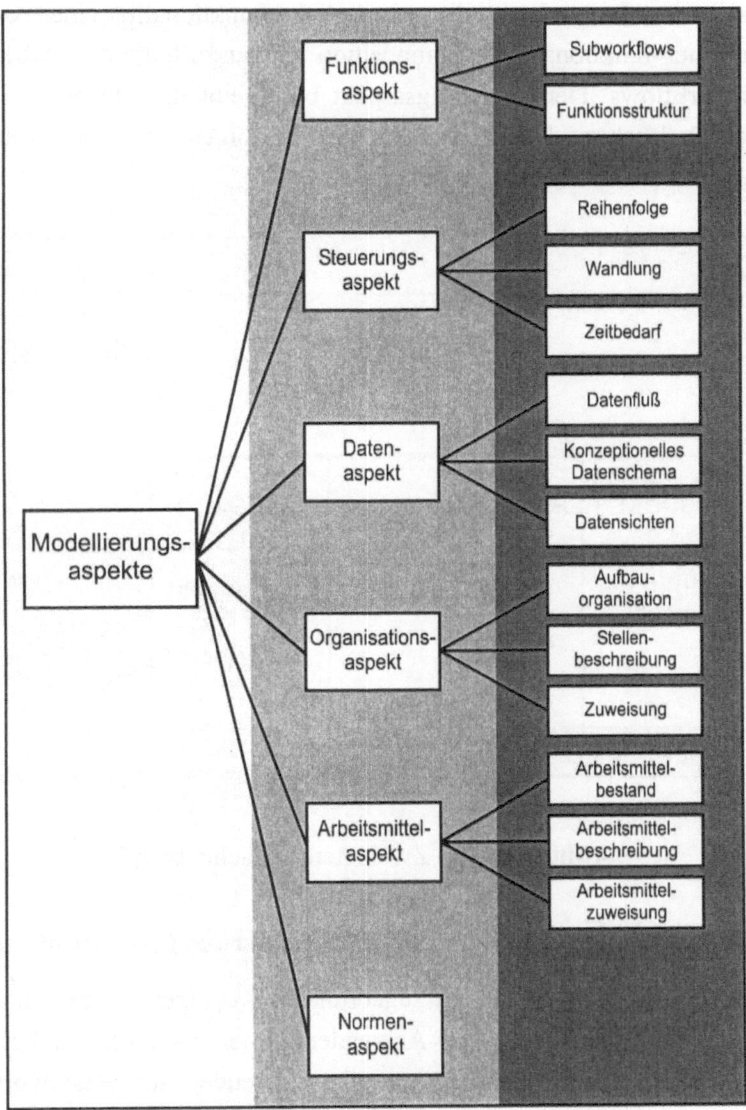

Abbildung 25: Überblick über die betrachteten Aspekte und Teilaspekte eines Workflows

Die in Abbildung 5 dargestellte Trennung zwischen einer Steuerungsebene und einer Ausführungsebene konkretisiert sich in Abbildung 26 in der Unterscheidung zwischen den beiden Aspekten Funktionsaspekt (Ausführungsebene) und Steuerungsaspekt (Steuerungsebene) einer Workflow-Management-Anwendung.

Der Funktionsaspekt beschreibt die erforderliche Funktionalität einer Anwendung mit Hilfe einer funktionalen Dekomposition der auszuführenden Arbeitsschritte bzw. Subworkflows. Der Steuerungsaspekt beschreibt die Steuerung (Kontrollfluß) der inhaltlich und zeitlich bedingten Abfolgen der Teilschritte. Beide Aspekte werden noch detaillierter betrachtet.

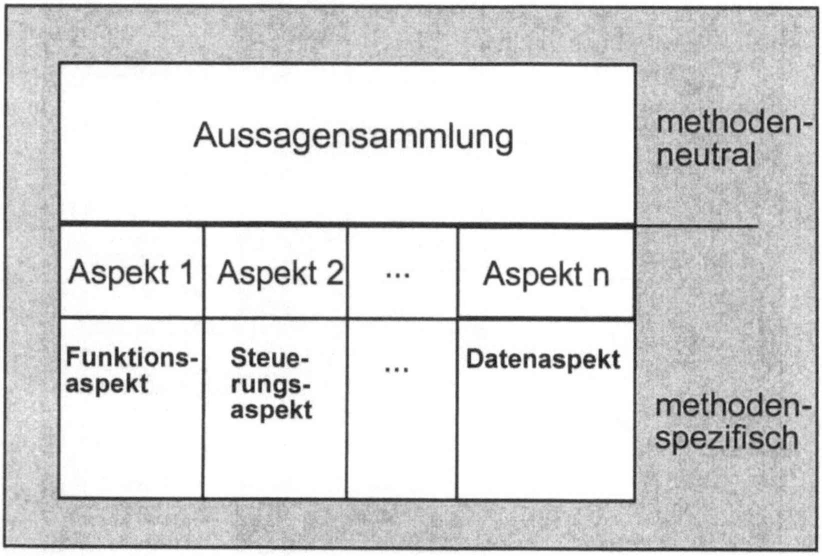

Abbildung 26: Zweigeteilter Fachentwurf

5.1.1.3 Methodenspezifische syntaktische Normierung (Schritte M3 und M4)

Die den einzelnen (Teil-)Aspekten zugeordneten Aussagen sollen syntaktisch so normiert werden, daß sie für den Anwender immer noch verständlich bleiben. Dies ist deshalb von Bedeutung, da die Anwender zur Beantwortung von Rückfragen, insbesondere zur Evaluierung der Aussagenklassifikation und -umsetzung in Satzbaupläne, weiterhin mit den Anwendungsentwicklern zusammenarbeiten müssen. Folglich soll der enge Bezug zur natürlichen Sprache auch in diesem Teil des Fachentwurfs gewahrt bleiben. Dazu werden bestimmte Muster für Sätze verwendet, die den in den Spezifikationssprachen verwendeten Konstrukten hinreichend genau entsprechen (M4). Diese Satzmuster werden als *Satzbaupläne* bezeichnet. Es ist dazu notwendig, daß vorher die einem Aspekt zugeordneten Aussagen weiter klassifiziert werden. Dies hat entsprechend der im

Rahmen der gewählten Methode einzusetzenden Sprachen und zwar gemäß der von ihnen vorgesehenen Konstrukte zu geschehen (M3).

Die einzusetzenden Spezifikationssprachen sind dabei abhängig von der gewählten Methode, denn eine solche Methode umfaßt eine Spezifikationssprache und eine Vorgehensweise, vgl. Kapitel 2.3.1. Aus der Vielzahl von Spezifikationssprachen wird für jeden betrachteten Aspekt eine geeignete Sprache zur Modellierung des betreffenden Aspekts eines Workflows ausgewählt. Als wichtiges Auswahlkriterium gilt dabei, daß eine Sprache möglichst nur *einen* Aspekt (bzw. Teilaspekt) eines Workflows abbildet, auch wenn dies in den meisten Fällen nicht in letzter Konsequenz möglich ist, da - es wurde bereits darauf hingewiesen - häufig zumindest der Funktionsaspekt (Teilaspekt Subworkflows) partiell mitbeschrieben wird.

Jede Spezifikationssprache umfaßt mindestens ein Konstrukt zur Konstruktion von Sprachprodukten, häufig jedoch eine ganze Reihe davon. Ein solches Sprachprodukt ist entweder eine diagrammbasierte oder eine spezifikationssprachliche Beschreibung eines Ausschnitts einer Anwendungslösung aus dem Anwendungsgebiet. Es ist nun erforderlich, die erhobenen und nach Aspekten klassifizierten Aussagen in die entsprechenden diagramm- oder spezifikationssprachlichen Darstellungen umzusetzen. In einem Zwischenschritt sind die Aussagen bestimmten Konstrukten einer Sprache zuzuordnen, um aus diesen danach ein komplettes Diagramm bzw. eine komplette spezifikationssprachliche Beschreibung zusammenfügen zu können. Aus diesem Grund sind die jeweiligen Konstrukte, die eine Sprache anbietet, zu ermitteln. In einem zweiten Klassifikationsschritt sind die einem Aspekt zugeordneten Aussagen gemäß den Konstrukten der Spezifikationssprache zu klassifizieren.

Es wird vorausgesetzt, daß für jeden (Teil-)Aspekt der Modellierung eines Workflows die obligatorische Verwendung einer bestimmten Methode unternehmensintern vorab festgelegt wird, so wie dies in diesem Buch geschieht. Andernfalls müßten je (Teil-)Aspekt mehrere Gruppen von Satzbauplänen und damit mehrere Klassifikationsschemata zur Verfügung stehen, die abhängig von der Wahl der Methoden und den mit ihnen verknüpften Spezifikationssprachen für einen   (Teil-)Aspekt   einzusetzen   wären.   Aus   Gründen   der

Komplexitätsbegrenzung und weil davon auszugehen ist, daß die dann notwendige Auswahl einer Methode aus einer Menge von „ähnlichen" Methoden, die zur Beschreibung eines bestimmten (Teil-)Aspekts geeignet sind, durch Zufallscharakter, bestenfalls durch ein in seiner Güte nicht vorher abzuschätzendes - da individuell und situativ verschiedenes - Maß an Intuition geprägt sein würde, erübrigt sich die Berücksichtigung mehrerer quasi gleichwertiger Methoden je (Teil-)Aspekt bei der anstehenden methodenspezifischen syntaktischen Normierung. Statt dessen soll vorab unternehmensintern festgelegt werden, welche Methoden zur Modellierung der verschiedenen (Teil-)Aspekte jeweils eingesetzt werden. Ohne trifftigen Grund sollte dabei die einmal getroffene Entscheidung zugunsten einer bestimmten Spezifikationssprache nicht aufgehoben werden.

Zur methodenspezifischen Normierung wird je Methode eine methodenspezifische Normsprache eingesetzt, vgl. dazu Kapitel 3.2.2.3. Diese stellt - es sei daran erinnert - wie erläutert eine Sonderform der methodenneutralen Normsprache dar. Sie dient als Zwischensprache zur Transformation der in ihr ausgedrückten Sachverhalte in diagrammsprachliche oder sonstige spezifikationssprachliche Darstellungen, vgl. Abbildung 27. Prinzipiell genügt allerdings allein die Konstruktsprachform (z. B. die Formelsprache der Mathematik, Logiksprachen) der Genauigkeit der Darstellung im höchsten Grade, vgl. [Schnelle 1973]. Bei komplexen Zusammenhängen könne demzufolge ein Höchstmaß an Genauigkeit der Darstellung nur dann erreicht werden, wenn die Form der Gemeinsprache radikal aufgegeben werde, und die Darstellungsmittel so konstruiert würden, daß sie einfach kombinierbar, übersichtlich und formal elegant handhabbar sind. Dementsprechend schwer seien die Konstruktsprachformen - als Konsequenz aus der radikalen Abkehr von der Gemeinsprache - zu verwenden, wenn keine intensive Schulung erfolge. In vielen Fällen, so Schnelle, sei es jedoch möglich, die Ausdrücke einer Konstruktsprachform schematisch in eine Sprachform zu übersetzen, die für jemanden, der eine Fachsprache beherrscht, fast ebenso leicht verständlich sei wie die Fachsprache selbst. Dies gelte ungeachtet der Tatsache, daß die entsprechenden Sprachformen „meist schwerfällig, monoton und von geringer stilistischer Eleganz sind" [Schnelle 1973, 80]. Schnelle nennt diese Sprachform „Standardsprachform". Abweichend davon wird im vorliegenden Werk statt dessen von „Normsprache" gesprochen, vgl. Kapitel 3.2.2.3.

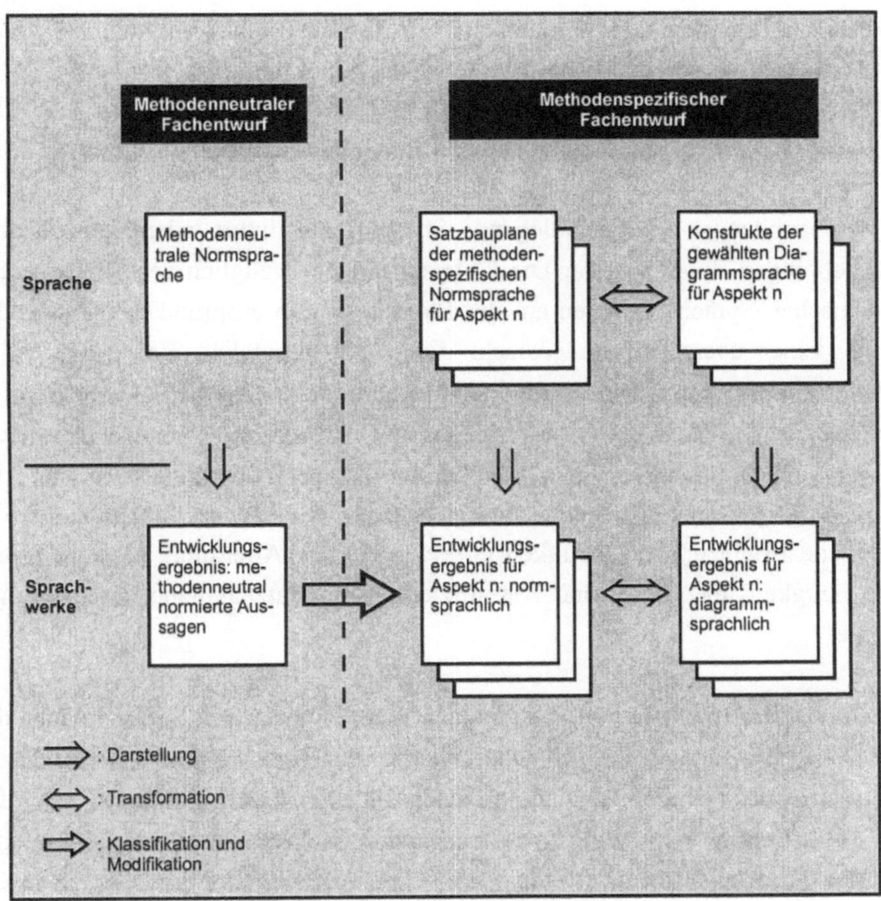

Abbildung 27: Sprachen und Sprachwerke im Fachentwurf

Eine Normsprache sollte so beschaffen sein, daß ihre Abweichung von der Gemeinsprache und den Fachsprachen so gering ist, daß sie, mit einigem guten Willen, ohne weiteres von jemandem verstanden wird, der die Gemeinsprache beherrscht, vgl. [Schnelle 1973]. Die Übersetzung aus einer Normsprache in eine Konstruktsprache (z. B. eine Diagrammsprache) soll schematisch möglich sein, dazu werden Satzbaupläne eingesetzt. Eine Normsprache unterscheidet sich somit grundsätzlich in ihren Wörtern (siehe Kapitel 4) und Konstruktionen nur so weit von der natürlichen Sprache, als dies zur Beseitigung von Vagheiten und Mehrdeutigkeiten in Terminologie und Grammatik notwendig ist, denn es ist einem Anwender nicht zuzumuten, sich einer formalen Sprache (Konstrukt-sprache) zu bedienen, vgl. [Schnelle 1973]. Zur Einordnung sei angemerkt, daß die Terminologie bereits im normsprachlichen Sinne normiert worden ist (siehe Kapitel 4). Die Grammatik wird dagegen erst hier in diesem Kapitel mit Hilfe geeigneter paraphrasierender Satzbaupläne methodenspezifisch normiert.

Ein Satzbauplan ist eine grundlegende Struktur, die hinter jedem ganzen Satz einer beliebigen Sprache steht. Die Untersuchungen bezüglich der Satzbaupläne der deutschen Sprache basieren auf der Hypothese, daß aufgrund der Valenz der Verben eine überschaubare Anzahl von fundamentalen Bauplänen allen möglichen konkreten Sätzen zugrundeliegt. Unter der Valenz eines Verbs ist seine Fähigkeit zu verstehen, seine syntaktische Umgebung vorzustrukturieren, insbesondere vorzugeben, wieviele Stellen im Satz noch besetzt sein müssen oder können und welchen Charakter diese besitzen. Die Valenz drückt somit die spezifische Ergänzungsbedürftigkeit eines Verbs aus. Allerdings herrscht bisher keine Einigkeit über Form und Klassifizierung der Satzbaupläne der deutschen Sprache.

Das Ziel dieses Buchs besteht jedoch nicht darin, sich mit den Satzbauplänen der deutschen Sprache, wie sie in [Duden 1984] beschrieben werden, auseinander zu setzen. Vielmehr werden Baupläne gesucht, die es gestatten, möglichst jeden für die Modellierung von Workflows relevanten Sachverhalt in eine normierte, einfache Form zu bringen, die dann die Transformation der Satzaussage in ein Konstrukt einer Diagramm- oder Spezifikationssprache ermöglicht. Folglich handelt es sich um keine empirische Vorgehensweise. Vielmehr werden ausgehend von den für den Anwendungssystemtyp „Workflow-Management-Anwendung" empfehlenswerten – je (Teil-)Aspekt unterschiedlichen – Methoden Satzbaupläne *konstruiert*, welche die durch die verschiedenen Konstrukte der eingesetzten Sprachen abgebildeten Sachverhalte für den Anwender in normierter, aber an die natürliche Sprache angelehnter und deshalb verständlicher Form beschreiben. Die Idee der Normsprache stammt aus der konstruktiven Wissen-schaftstheorie der Erlanger Schule (W. Kamlah, P. Lorenzen u. a.). Lorenzen kam in seinen Arbeiten zu dem Ergebnis, daß die Komplexität natürlicher Sprachen nicht vollständig im Sinne des Programms der analytischen Wissenschaftstheorie analysiert werden kann, vgl. [Lorenzen 1987]. Statt dessen plädiert er für die

Einführung einer künstlichen Sprache, die in ihrer Mächtigkeit der natürlichen
Sprache vergleichbar, jedoch präziser ist, die methodisch und zirkelfrei konstruiert
werden kann und den im Zusammenhang mit der Entwicklung von
Informationssystemen erhobenen Forderungen nach Eindeutigkeit und Präzision
genügt, vgl. Kapitel 3.2.2.3. Damit wird erreicht, daß die Umsetzung des in Form
von natürlichsprachlichen Aussagen erhobenen Fachwissens in ein Anwendungssystem präziser und leichter möglich ist.

Methodenspezifisch konstruierte Satzbaupläne werden in [Gunia 1994]
„Normalformen des Fachwissens" genannt. Diese Satzbaupläne bilden die Syntax
einer Normsprache als fachlicher Subsprache. Analog zur Logik (konjunktive,
disjunktive Normalform) und der Datenbanklehre (1. bis 3. Normalform) lassen
sich normierte Sätze leichter interpretieren und miteinander vergleichen, um z. B.
Redundanzen oder Widersprüche im Aussagenbestand zu ermitteln. Am
wichtigsten ist jedoch, daß mit Hilfe von Satzbauplänen normierte Sätze
überhaupt erst die Grundlage für eine anschließende Formalisierung (eine
Umsetzung in eine Diagrammsprache und die spätere Übersetzung in eine
symbolische Spezifikationssprache) darstellen. Das Fachwissen des Anwendungsbereichs wird so zunächst innerhalb seiner Fachsprache methodenneutral
strukturiert und erst danach in eine künstliche Sprache transformiert, vgl. [Gunia
1994]. In [Hartmann 1990; Lorenzen 1987] werden normsprachliche Satzbaupläne
auf der Basis einer rationalen Grammatik eingeführt, die nicht auf die Spezifika
bestimmter zum Einsatz kommender Methoden, d. h. die von ihnen unterstützten
Konstrukte, zugeschnitten sind. Diese generellen Satzbaupläne sind ausdrucks-
mächtiger und universeller einsetzbar. Sie eignen sich jedoch weniger für den
unmittelbaren und anschaulichen Übergang in ganz konkrete diagrammsprachliche Darstellungen, wie er hier angestrebt wird. Dieses Ziel wird verfolgt,
um die Kommunikation zwischen Anwendern und Entwicklern
natürlichsprachlich gestalten zu können. Gleichwohl können diese generellen
Satzbaupläne als Grundlage für die Festlegung von methodenspezifischen
Satzbauplänen dienen, insbesondere dann, wenn keine geeigneten Diagrammsprachen zur Visualisierung zur Verfügung stehen, die ganz bestimmte Konstrukte
vorgeben.

In den Kapiteln 5.2 bis 5.7 werden adäquate Satzbaupläne zur Normierung der relevanten Konstrukte je Aspekt (bzw. Teilaspekt) in Abhängigkeit von den gewählten Spezifikationssprachen vorgestellt. Zur Gewährleistung einer verständlichen, gut handhabbaren Syntax wurde versucht, möglichst einfache Satzbaupläne zu wählen, die gleichzeitig so ausdrucksmächtig sind, daß alle relevanten Konstrukte berücksichtigt werden. Komplexe Konstrukte werden daher nur dann separat betrachtet, wenn sie sich nicht aus elementaren bzw. einen geringen Komplexitätsgrad aufweisenden Konstrukten zusammenfügen lassen. Dementsprechend sind komplexe Aussagen in einfachere Aussagen so weit wie möglich zu zerlegen. Schritt G2 sieht dies bereits vor, vgl. Kapitel 4.1.4. Durch die Fokussierung auf einfachere Aussagen wird auch die eindeutige Zuordnung einer Aussage zu einem Aspekt erleichtert.

5.1.1.4 Umsetzung in eine Spezifikationssprache (Schritte M5 bis M7)

Die nach Aspekten klassifizierten - und mit Hilfe von auf die zum Einsatz kommenden Spezifikationssprachen abgestimmten Satzbauplänen normierten - Aussagen können mit sehr geringem Aufwand in die entsprechenden (z. B. graphischen) Sprachkonstrukte übersetzt werden (M5), schließlich sind die Satzbaupläne speziell zur Transformation in die verschiedenen Konstrukte einer Spezifikationssprache konstruiert worden. Sofern geeignete Werkzeuge zur Verfügung stehen, kann diese Transformation Rechnern übertragen werden. Statt durch Aussagen wird das Anwendungsgebiet nun z. B. durch graphische Konstrukte einer Diagrammsprache beschrieben. Sollte eine methodenspezifische Normsprache als Ergebnis gewählt werden, weil es für einige (Teil-)Aspekte keine geeigneten Diagrammsprachen gibt, so entfällt Schritt M5. Eine solche methodenspezifische Normsprache basiert dann auf der bereits normierten Terminologie und auf den Konstrukten (Elementen) der betreffenden Darstellungsmethode, z. B. einer Stellenbeschreibung oder einer Geschäftsregel, festgehalten in Satzbauplänen.

Die einzelnen Konstrukte als Ergebnis von M5 (bzw. die Ergebnisse von M4, falls der Schritt M5 entfällt) können daraufhin zu einem Gesamtkonstrukt zusammengefügt werden (M6). Die hierbei in aller Regel zunächst auftretenden Lücken und Unstimmigkeiten erfordern eine genauere Klärung der betreffenden Sachverhalte durch die Entwickler unter Hinzuziehung von Anwendern und/oder

Fachgebietsexperten (M7). Dabei handelt es sich um ein iteratives Verfahren, das damit angestoßen wird. Es sind neuerlich Aussagen zu erheben, die, wie alle anderen erhobenen Aussagen, vor ihrer weiteren Verwendung den beschriebenen Normierungsprozeß durchlaufen müssen. Diese zusätzlichen Aussagen sollen dazu beitragen, Lücken in Diagrammen zu schließen oder Widersprüche (Unvereinbarkeiten) bei den vorhandenen Konstrukten zu beseitigen, indem eine Alternative als die korrekte und die anderen als unzutreffend eingestuft werden. Dazu sind die Anwender bzw. Experten des Anwendungsgebiets mit den jeweiligen Problemfällen zu konfrontieren und zur Klärung der Sachverhalte mittels präziserer und gegebenenfalls revidierter Aussagen zu veranlassen.

5.1.2 Geschehnisarten

Für den Anwendungssystemtyp „Workflow-Management-Anwendung" ist die Gegenstandsart „Geschehnis" und mit ihr die Wortart der Verben von grundlegender Bedeutung, vgl. Abbildung 9. Diese Gegenstandsart beschreibt die zu steuernden Abläufe und läßt sich weiter untergliedern. Dazu gibt es eine Reihe von Ansätzen, von denen einige in diesem Kapitel genannt werden. Auf der Basis einer neueren Klassifikation von Geschehnissen können im Rahmen des methodenspezifischen Entwurfs weitere Ergebnisse abgeleitet werden. Diese Klassifikation dient dazu, Verben (bzw. Verbprojektionen[63] oder Sätze) nach ihren Geschehnisarten einzuteilen. Anhand der jeweiligen Geschehnisart kann für einen Ausdruck entschieden werden, ob er direkt einen Subworkflow beschreibt oder ob gegebenenfalls eine Präzisierung erforderlich ist, um einen Subworkflow daraus ableiten zu können. Genauso lassen sich Zustandsübergänge (Wandlungen) im Rahmen der Abarbeitung von Workflows identifizieren.

---

[63] Ausdruck, der aus mehr als einem Wort besteht und ein Verb enthält, jedoch noch keinen vollständigen Satz darstellt. Partiell synonym dazu sind „Verbalgruppe" bzw. „Verbalphrase", welche eine Wortgruppe bezeichnen, die aus einem Verb und den von ihm abhängigen Gliedern besteht.

5.1.2.1 Sprachkritische Rekonstruktion von Aktionsarten

Unter einer Aktionsartenzerlegung versteht man in der Linguistik traditionell eine semantische Klassifizierung der Verben, vgl. [Thieroff 1992]. Eine Aktionsart ist somit eine verbale Kategorie, die sich auf die zeitliche Struktur oder inhaltliche Aspekte von Verbbedeutungen bezieht. Sie drückt die Art und Weise aus, wie das durch ein Verb bezeichnete Geschehen (Geschehensweise, Verlaufsweise, Handlungsart) abläuft, vgl. [Erben 1980]. In der Organisationslehre wird dagegen unter „Aktionsart" die Art und Menge der durchzuführenden Verrichtungen bezüglich einer Aufgabe verstanden, vgl. [Krüger 1992]. In diesem Buch ist jedoch die linguistische Interpretation von „Aktionsart" maßgeblich.

Die Abgrenzung des linguistischen Terminus „Aktionsart" von dem linguistischen Terminus „Aspekt" ist in der einschlägigen Fachliteratur übrigens uneinheitlich, siehe etwa [Lohnstein 1996; Pollack 1967], zum Teil werden die entsprechenden Benennungen quasisynonym verwendet. Prinzipiell ist der Benennung „Aktionsart" der Vorzug zu geben, da in dem vorliegenden Buch die Benennung „Aspekt" bereits für die verschiedenen Teilbeschreibungen der Modellierung eines Workflows verwendet wird. Zur genauen Darstellung dieser partiellen Synonymie sei auf [Egg 1994] verwiesen. Es bietet sich jedoch an, statt von „Aktionsart" von „Geschehnisart" zu sprechen, um die Benennung mit der relevanten Gegenstandsrt der in Abbildung 9 eingeführten Gegenstandseinteilung in Einklang zu bringen. Für diesen Benennungswechsel spricht auch, daß „Geschehnis" weniger als „Aktion" (lat. *actio*, die Handlung) den Bezug zum Menschen ausdrückt. Dieser Unterschied ist wichtig, da einige der auszuführenden Arbeitsschritte von Menschen, andere dagegen von Maschinen ausgeführt werden sollen.

Lorenzen schlägt im Sinne einer rationalen Grammatik vor, Geschehnisse in ein „Tun" und in ein „Sich Bewegen" zu unterscheiden, wobei „Tun" weiter unterteilt werden kann in „Handeln" und „Sich Verhalten". „Handeln" bleibt dabei dem Menschen vorbehalten, der sich allerdings auch verhalten oder bewegen kann, wohingegen Tiere (und Maschinen) sich verhalten oder bewegen können. Pflanzen und Steine schließlich können sich lediglich bewegen bzw. können lediglich bewegt werden, vgl. [Lorenzen 1985].

Relativ häufig stößt man in der Literatur auf die Geschehnisartenklassifikation von [Vendler 1967], so z. B. in [Dahlgreen 1988; Dowty 1979; Lohnstein 1996], deren Arbeiten jeweils auf der Vendlerschen Klassifikation aufbauen. Vendler unterscheidet folgende vier Geschehnisarten:

1. Zustände (*states*), z. B. besitzen, glauben, hoffen, lieben, wissen
2. Aktivitäten (*activities*), z. B. essen, laufen, schwimmen, tanzen, trinken
3. Entwicklungen mit Resultat (*accomplishments*), z. B. besteigen, ein Bild malen, reparieren
4. punktuelle Ereignisse (*achievements*), z. B. blitzen, entdecken, erreichen, finden, gewinnen, platzen, sterben, verlieren

Zustandsverben bezeichnen Sachverhalte, die für eine längere Zeit in konstanter Form bestehen und zu jedem Zeitpunkt ihres Bestehens auch isoliert betrachtet zutreffend sind. Aktivitätsverben bezeichnen ungerichtete Handlungen, die sich über längere Zeiträume erstrecken, sie sind durativ, d. h., sie besitzen keine zeitliche Begrenzung. Das Merkmal „durativ" besagt, daß Aktivitäten ohne zeitliche Begrenzung ablaufen. Entwicklungen mit Resultaten (*accomplishments*) erstrecken sich ebenfalls über ein Zeitintervall und steuern zusätzlich auf einen Kulminationspunkt (Resultat) zu. Sobald dieser Punkt erreicht ist, endet das entsprechende Intervall. Die letzte Klasse bilden Verben, die punktuelle Ereignisse ohne zeitliche Ausdehnung bezeichnen.

Eine Anwendung einer Geschehnisartenklassifikation in der Informatik findet man in [Heinze et al. 1991]. Geschehnisarten werden dort als „Geschehnistypen" bezeichnet. Es wird zwischen Verlaufsgeschehen, inchoativem Geschehen, resultativem Geschehen und Zustandsgeschehen als Einteilung von Bewegungs- verben für die maschinelle Interpretation eines Verkehrsgeschehens in Bildfolgen unterschieden. In [Kollnig/Nagel 1993] werden diese Geschehnistypen in folgende Kategorien (Geschehnisarten) eingeteilt: (1) „perpetuatives Geschehen" (Geschehen, die ein Fortdauern betonen, z. B. „stehen", „an einem Ort parken"); (2) „mutatives Geschehen" (im Mittelpunkt dieser Geschehnisart steht eine Änderung oder deren Fehlen, z. B. „beschleunigen", „bremsen", „fahren mit konstanter Geschwindigkeit") sowie (3) „terminatives Geschehen" (diese Geschehnisrt betont Begrenzungen, sie faßt inchoatives Geschehen wie „Anfahren mit dem Gewicht auf dem Beginn des Geschehens und resultatives Geschehen wie „anhalten" mit dem Gewicht auf dem Ende des Geschehens zusammen). Dabei beschreibt ein Geschehen einen Ablauf mit einer Mindestdauer im Sekundenereich.

Weitere Klassifikationsansätze zur Gliederung des Verbsystems nach Geschehnisarten und verwandten Ordnungskriterien findet man in [Gerling/Orthen 1979] und [Thieroff 1992] im Überblick.

5.1.2.2 Klassifikation der Geschehnisarten nach Egg

In [Egg 1994] wird eine neue Klassifikation von Geschehnisarten eingeführt, die in Kapitel 5.2 als Basis für die Selektion von Ausdrücken zur Festlegung der zu modellierenden Subworkflows verwendet wird. Egg versteht unter „Aktionsart" (Geschehnisart) ein Kategorienschema, in dem in erster Linie Verben, aber auch Verbprojektionen und ganze Sätze nach bestimmten Eigenschaften klassifiziert werden. Verben, Verbprojektionen und Sätze werden unter dem Terminus „Prädikat" zusammengefaßt. Verbprojektionen und Sätze werden ebenfalls berücksichtigt, weil sie eigene Geschehnisarten besitzen können, die nicht mit den Geschehnisarten der in ihnen enthaltenen Verben übereinstimmen müssen, vgl. Tabelle 6. Die angesprochenen Eigenschaften beschreiben Zusammenhänge zwischen den von den Prädikaten denotierten Sachverhalten und dem Verlauf der Zeit. Es werden keine nicht-temporalen Merkmale betrachtet.

Der Eggsche Ansatz baut auf einem in [Dowty 1979] vorgestellten Forschungsprogramm auf, dessen Ziel es war, die Bedeutung von Prädikaten in einer geeigneten Struktur wiederzugeben, indem Einsichten aus der Generativen Grammatik und dem streng formalen Ansatz von [Montague 1974][64] verbunden wurden. Egg stellt nun eine neue Klassifikation von Geschehnisarten vor, deren wesentliche Neuerung gegenüber anderen Ansätzen in der Einführung der Geschehnisart „Intergressiv" zu sehen ist. Dabei handelt es sich um eine

---

[64] Die Montaguegrammatik beruht auf drei Grundpfeilern: einer Grammatik, einer Logiksprache und Übersetzungsregeln, die Ausdrücke der Grammatiksprache in Ausdrücke der Logiksprache überführt, die dann interpretiert werden, ohne daß durch die Übersetzung relevante Strukturierungen eingeebnet werden, vgl. [Egg 1994].

Geschehnisart, die durch eine Unterscheidung zwischen Begrenztheit und Telizität notwendig geworden ist. Die neue Geschehnisartenklassifikation beruht auf den Merkmalen „telisch" (zielorientiert), „begrenzt" und „intervallbasiert", welche hierarchisch angeordnet sind, d. h., wenn ein Prädikat „höhere" Merkmale besitzt, muß es auch die „rangniedrigeren" haben. Damit werden die Prädikate in vier disjunkte Gruppen, in *Zustände, Prozesse, Intergressive* und *Wechsel,* eingeteilt, vgl. Tabelle 6. Die Reihenfolge der Merkmale ist wichtig, die Hierarchie geht von links nach rechts. Jedes Prädikat hat einen Wert für jedes Merkmal. Egg weist ausdrücklich darauf hin, daß die Merkmale Eigenschaften von Prädikaten und nicht Eigenschaften von Sachverhalten sind, denn unterschiedliche Prädikate könen ein und denselben Sachverhalt aus verschiedenen Blickwinkeln beschreiben.

Betrachtet man die Merkmale im einzelnen, so kann das Merkmal „intervallbasiert" in der Weise charakterisiert werden, daß ein Prädikat mit diesem Merkmal jeweils Aussagen über mindestens zwei Zeitpunkte macht. Nicht-intervallbasierte Prädikate können dagegen in Relation zu einzelnen Zeitpunkten evaluiert werden, es handelt sich hierbei um *Zustände.* Das Merkmal „begrenzt" bedeutet die zeitliche Begrenzung der Gültigkeit eines Prädikats. Dieses Merkmal ist eine der wichtigsten Eigenschaften eines Prädikats. Es unterscheidet Interressive und Wechsel, auf die es zutrifft, von Zuständen und Prozessen, auf die es nicht zutrifft. Damit werden zwei Hauptgruppen von Prädikaten gebildet: Ereignisprädikate (Intergressive und Wechsel) sowie Nicht-Ereignisprädikate (Zustände und Prozesse). *Prozesse* sind intervallbasiert, jedoch nicht begrenzt. Das dritte Merkmal „telisch" (Antonym: atelisch) sagt etwas darüber aus, ob ein Prädikat einen intersubjektiv feststellbaren Endpunkt besitzt oder nicht. Prädikate sind mit anderen Worten genau dann telisch, wenn sie mit einem Zustandswechsel verbunden sind. Telizität trifft ausschließlich auf die Gruppe der *Wechsel* zu, wohingegen *Intergressive* zwar genau wie Wechsel intervallbasiert und begrenzt, nicht aber telisch sind.

Das Vorhandensein der einzelnen Merkmale kann - wie in der Linguistik üblich - mit Hilfe von Testverfahren überprüft werden, vgl. Tabelle 6, die hier nicht näher erörtert werden, da sie nicht in jedem Fall angewendet werden können. Das in einigen Klassifikationsansätzen, z. B. in [Dowty 1979; Thieroff 1992], verwendete Merkmal der „Punktualität" wird von Egg nicht herangezogen, da es orthogonal zu seiner Merkmalshierarchie und somit nicht relevant für seine Unterscheidung der Geschehnisarten ist. Er mißt ihm deshalb einen zweitrangigen Status bei.

	Geschehnisart			
	Zustand	**Prozeß**	**Intergressiv**	**Wechsel**
Merkmale: intervallbasiert begrenzt telisch		■	■ ■	■ ■ ■
Beispiele:	sehen, lieben, wach sein, krank sein, blond sein	sitzen, laufen, singen, schlafen, Birnen essen, viel Bier trinken,	es blitzte / blitzen, husten / Fritz hustete, eine Sonate spielen, Amelie sang fünf Stunden lang,	einschlafen, aufessen, erschießen, in die Stadt gehen, einen Apfel essen, ein Glas Wein trinken,
Testverfahren: (nicht allge- meingültig)	völlige Unzulässigkeit einer Progressiv- konstruktion; Beispiel: „*Er ist am sehen."	ohne Reinterpretation keine Kombinier- barkeit mit Adverbien wie „zweimal", „wiederholt"; Beispiel: „*Er steht zweimal."	Kombinierbarkeit mit Adverbien wie „zweimal", „wiederholt; keine Möglich- keit, einen Nachzustand zu spezifizieren; Beispiel: „*Er hustet zweimal und danach ist er krank."	Möglichkeit der Spezifikation des Nachzustands mit Durativadverbien (außer bei irreversiblen Prädikaten); Beispiel: „Er schläft ein und wacht zwei Stunden später auf."

Tabelle 6: Klassifikation der Geschehnisarten nach [Egg 1994]

5.2 Funktionsaspekt

Der Funktionsaspekt (Synonym: funktionsbezogener Aspekt) legt fest, welche Arbeitsschritte oder Tätigkeiten im Rahmen eines Workflows auszuführen sind. Er deckt somit die Ausführungsebene in Abbildung 5 ab. Damit steht der

Funktionsaspekt dem Steuerungsaspekt gegenüber, der im Kern der Steuerungsebene in der genannten Abbildung entspricht. Bei der Zerlegung des Funktionsaspekts und des Steuerungsaspekts in Teilaspekte sowie der späteren Modellierung ist die wechselseitige Verbundenheit stets zu berücksichtigen, ohne dabei das Prinzip der getrennten Spezifikation - die zu flexiblen Lösungen führt - aufzugeben. Dabei gehört die Spezifikation eines Geschehens (Handlung), einer Tätigkeit oder eines Arbeitsschritts zum Funktionsaspekt. Die Tätigkeiten, Handlungen usw. werden nicht afinal (z. B. „prüfen") sondern final (z. B. „Rechnung prüfen") definiert, vgl. [Jablonski et al. 1997]. Der Funktionsaspekt definiert ferner, welche funktionalen Strukturen vorliegen, d. h., welche Relationen zwischen den einzelnen Funktionen (Subworkflows) vorliegen. Aus diesem Grund wird er in die beiden Teilaspekte „Subworkflows" und „Funktionsstruktur" aufgespalten.

5.2.1 Teilaspekt Subworkflows

Ein Workflow setzt sich aus verschiedenen Abschnitten zusammen. Diese können „Arbeitsschritte", „Tätigkeiten", „Handlungen" oder im Prinzip auch „Funktionen" genannt werden. Statt dessen wird jedoch in Anlehnung an [Jablonski/Bußler 1996] bei diesem Teilaspekt für die Benennung „Subworkflow" plädiert und die Benennung „Elementarfunktion" für nicht mehr zu unterteilende Abschnitte von Subworkflows verwendet, vgl. Abbildung 28. Es lohnt sich nicht, eine Elementarfunktion weiter zu untergliedern, da diese nicht mehr verteilt ausgeführt werden kann. In der Literatur wird statt von „Elementarfunktion" auch von „Aktivität" gesprochen, vgl. [Amberg 1997]. Einige weitere bei Jablonski und Bußler genannte Klassifikationsgesichtspunkte zum Funktionsaspekt werden in diesem Buch beim Teilaspekt Funktionsstruktur mit berücksichtigt, auf andere wird hier bewußt ganz verzichtet, um die Anwender nicht zu überfordern und um die benötigte Grammatik (Syntax) nicht zu komplex werden zu lassen. Damit ist auch die Zuordnung von Aussagen zu den Konstrukten des Funktionsaspekts leicht möglich. Die hier unberücksichtigten Klassifikationsgesichtspunkte können bei Bedarf in einer späteren Phase der Anwendungssystementwicklung (z. B. dem Systementwurf) eingeführt werden.

Aus den ermittelten Workflow-Abschnitten unterschiedlicher Granularität kann eine Hierarchie mit dem Workflow auf oberster Ebene und darunter - auf mehreren Hierarchieebenen - den zugehörigen Subworkflows und Elementarfunktionen gebildet werden, vgl. Abbildung 28. Subworkflows auf der untersten Ebene sollen elementaren Aufgaben (Funktionen) für Menschen oder Maschinen, d. h. Handlungen, Arbeitsschritten oder Operationen, entsprechen. Subworkflows können als (hierarchisch angeordnete) Kontrollsphären in einem verteilten System zur Erfüllung von jeweils einer Teilaufgabe im Rahmen der Erfüllung einer Gesamtaufgabe interpretiert werden, vgl. [Wedekind 1994].

Grundsätzlich besteht die Möglichkeit, Subworkflows wiederzuverwenden. Damit soll verhindert werden, daß schon vorhandene Modellelemente neu entwickelt werden. Subworkflows sind allerdings nur dann in einem anderen Kontext wiederzuverwenden, wenn sie keine Annahmen über den Workflow treffen, dem sie zugeordnet sind. Ebenso dürfen keine anwendungsgebietsspezifischen Termini verwendet werden, wie dies bei manchen Workflow-Management-Systemen der Fall ist, vgl. [Jablonski 1996]. Dementsprechend ist eine strikte Unterscheidung zwischen der Definition und der Verwendung von Modellelementen zu fordern.

Bezogen auf die praktische Umsetzung der Identifikation von Subworkflow-Benennungen ist es ratsam, zunächst alle erhobenen Aussagen zu betrachten, um Kandidaten für Subworkflows berücksichtigen zu können. Zur Begründung kann angeführt werden, daß der Funktionsaspekt in nur wenigen der methodenneutral normierten Aussagen über das Anwendungsgebiet ausgeblendet werden kann. Andererseits ist es durchaus vorstellbar, daß in den Aussagen, die ausschließlich dem Funktionsaspekt zuzuordnen sind, nicht alle diejenigen potentiellen Subworkflows auftreten, die in anderen Aspekten zugeordneten Aussagen enthalten sind. Die Kandidaten für Subworkflow-Benennungen sollen vor ihrer weiteren Untersuchung in eine einheitliche Form gebracht werden. Dazu wird in Kapitel 5.2.1.1 eine Benennungskonvention für Subworkflows eingeführt. Auf dieser Grundlage wird in Kapitel 5.2.1.2 erläutert, welche Geschehnisarten - gemäß der Eggschen Klassifikation - für die Identifikation von Subworkflows unmittelbar relevant sind und welche nicht.

5.2.1.1 Einführung einer Benennungskonvention für Subworkflows

Bevor die geschehnisartenbasierte Identifikation von Subworkflow-Kandidaten vorgeführt wird, soll an dieser Stelle zunächst festgelegt werden, in welche äußere Form die Kandidaten zur Benennung von Subworkflows zu bringen sind, um auch von der Wortform her ihren Status als Subworkflow(-kandidat) zu unterstreichen. Dazu werden erneut Überlegungen hinsichtlich der Entwicklung einer rationalen Grammatik von [Lorenzen 1987] herangezogen. In der rationalen Grammatik entspricht „Geschehen" entweder einem Verb, das dann Hauptprädikator ist, oder einer Verbphrase, die sich aus einen hauptprädikativen Verb und einem zusatzrädikativen Kontext, z. B. einem „Ding", repräsentiert durch ein Substantiv, zusammensetzt, vgl. Abbildung 9. Kandidaten für hauptprädikative Verben sind stets Vollverben. Folglich werden alle anderen Verben, d. h. Hilfsverben, Modalverben und modifizierende Verben, nicht zur Benennung herangezogen.

Daraus läßt sich eine Benennungskonvention für Subworkflows ableiten: *Vollverb + Substantiv*. Es wird vorausgesetzt, daß sich der zusatzprädikative Kontext durch ein - unter Umständen auch unkonventionell im Sinne des üblichen Gebrauchs der natürlichen Sprache zusammengesetztes - Substantiv ausdrücken läßt, wozu gegebenenfalls eine Umformulierung notwendig ist. Das zusatzprädikative Substantiv (Arbeitsgegenstand) kann dabei als einschränkendes Merkmal zu den im Rahmen der Steuerung und Bearbeitung von Abläufen dominierenden Vollverben interpretiert werden. Gleichwohl prägt der durch das Substantiv verkörperte Arbeitsgegenstand einen Workflow, vgl. [Becker/Vossen 1996], und bestimmt diesen näher. Umgekehrt werden durch die Subworkflow-Benennung auch die relevanten Arbeitsgegenstände dokumentiert.

Da in der deutschen Sprache das einschränkende, näher bestimmende Merkmal bei Wortzusammensetzungen gemäß einem terminologischen Paradigma voranzustellen ist, vgl. [DIN 2330 1993], wird für das Bilden der Benennung eines Subworkflows in der Form „Substantiv + Vollverb" als Kompositum, z. B. „URLAUBSANTRAGablehnen", plädiert, um den Sprachbenutzern den Umgang mit diesen ungewohnten Komposita durch Beibehaltung der gewohnten Reihenfolge zu erleichtern. Unter Umständen muß dazu eine Substantivierung eines hauptprädikativen Verbs rückgängig gemacht werden, z. B., um aus der Aussage „Ein Sachbearbeiter führt die Prüfung des Urlaubsantrags durch", die

Workflow-Benennung „URLAUBSANTRAGprüfen" ableiten zu können. Die durch die Benennungskonvention erzielte besondere Form eines Kompositums entspricht einer Verbprojektion in der deutschen Grammatik. Zur besseren Unterscheidung von Strukturwörtern (z. B. *und, oder*) und zur Verdeutlichung des normativen, künstlichen Charakters der Benennung soll das substantivische Teilwort, das den Arbeitsgegenstand repräsentiert, in Majuskeln, und zwar grundsätzlich im Nominativ Singular, notiert werden. Die Wortform des Nominativ Singular ist durch Schritt T2 (Lemmatisierung von Substantiven) bereits gewährleistet. Das im Kompositum enthaltene Verb beschreibt die an dem Arbeitsgegenstand ausgeführte Verrichtung und nimmt folgende Grundform an, die bis auf die Umformung in den Infinitiv bereits im Zuge der methodenneutralen Normierung verwirklicht worden ist:

- Ausprägung des Merkmals *Person*:   keine (Infinitiv)
- Ausprägung des Merkmals *Numerus*:   Singular
- Ausprägung des Merkmals *Modus*:   Indikativ
- Ausprägung des Merkmals *Tempus*:   Präsens
- Ausprägung des Merkmals *Genus verbi*:   Aktiv

Damit wird die allgemeinste und einfachste Verbform als normierte Form eines Verbs in den Komposita verwendet. Es ist darüber hinaus darauf zu achten, daß präzise, aussagekräftige Benennungen gewählt werden. Eine Benennung „PRÜFUNGdurchführen" stellt ein Negativbeispiel hierfür dar, da in ihr der Prüfungsgegenstand nicht spezifiziert wird, eine Substantivierung eines Verbs nicht rückgängig gemacht worden ist und außerdem ein aussageschwaches Verb benutzt wird. Hingegen lauten akzeptable Beispiele: TELEFONGESPRÄCH-führen (Geschehnisart: Intergressiv); URLAUBSANTRAGabsenden (Geschehnisart: Wechsel).

5.2.1.2 Geschehnisartenabhängige Bestimmung von Subworkflows

In Abhängigkeit von der Geschehnisart, die einem Prädikat zugeordnet wird, kann bestimmt werden, ob sich aus der zugrundeliegenden Aussage ein Subworkflow als eine in der zu entwickelnden Workflow-Management-Anwendung zu berücksichtigende Funktion direkt ableiten läßt oder nicht. Dazu sind die in den

Aussagen enthaltenen Verben auf ihre Geschehnisart hin zu überprüfen, wobei jeweils der Gegenstand, auf den sich ein Verb bezieht, mit zur Analyse herangezogen wird, so daß Verbprojektionen die eigentlichen Untersuchungsgegenstände dieser anwendungssystemtypspezifischen Überprüfung bilden.

In diesem Zusammenhang stellt sich auch die Frage, welche Arten von Arbeitsgegenständen im Rahmen einer Workflow-Management-Anwendung auftreten können. Es herrscht hierbei Unklarheit darüber, ob eine Beschränkung auf „Dinge" (im Sinne der Gegenstandseinteilung in Abbildung 9) aus dem administrativen Bereich zwingend ist und wie administrative Tätigkeiten von anderen Tätigkeiten genau abzugrenzen sind. In der Literatur wird selten diskutiert, ob auf diesem Gebiet Restriktionen existieren, welche eine Beschränkung auf Informationsobjekte im weitesten Sinne (z. B. Dokumente, Informationen, Informationsleistungen) verlangen, oder ob auch physische Arbeitsprodukte als Arbeitsgegenstände von einem Workflow-Management-System gesteuert werden können. Derzeit beschränken sich die meisten Workflow-Management-Systeme - sei es aufgrund ihrer Ursprünge in Dokumentenmanagementsystemen, sei es aus Gründen der Abgrenzung zu PPS[65]-Systemen oder sei es aus Gründen einer Aufgabeneingrenzung auf Bürosysteme - auf die Betrachtung von Informationsobjekten als Arbeitsgegenstände. Die Diskussion darüber soll an dieser Stelle nicht vertieft werden. Grundsätzlich ist eine solche Beschränkung jedoch nicht notwendig, wie die Ansätze in [Borowsky et al. 1997; Hales 1997] zeigen.

Es ist darüber hinaus zu untersuchen, ob sich aus der Aussage (dem Satz) insgesamt oder Teilen davon eine andere Geschehnisart ergibt, die dann für die Bewertung (Geschehnisartenklassifikation) einer Aussage maßgeblich ist. Da sich ein Workflow stets auf einen Arbeitsgegenstand bezieht (siehe Kapitel 2), ist es besonders wichtig, die Geschehnisart eines Verbs nicht nur isoliert, sondern auch im Kontext der übrigen Satzglieder zu ermitteln.

Zur Feststellung der jeweiligen Geschehnisarten sind alle Aussagen dahingehend zu überprüfen, welche potentiellen Workflow-Benennungen sich aus Verben und

---

[65] PPS: Produktionsplanung und -steuerung

Arbeitsgegenständen ableiten lassen. Das weitere Vorgehen besteht in einer Überprüfung der jeweiligen Geschehnisart dieser Subworkflow-Kandidaten, sofern eine solche nicht bereits stattgefunden hat und das betreffende Kompositum als Subworkflow direkt oder nach einer Umformulierung bereits akzeptiert worden ist, vgl. Tabelle 7. Die Einordnung in die Workflow-Hierarchie ist dann abhängig von der Belegung der entsprechenden Satzbaupläne.

Methodenneutral normierte Aussagen	Identifikation und normierte Benennung von Subworkflow-Kandidaten	Geschehnisartenbasierte Subworkflow-Identifikation
Zunächst erfaßt der Sekretär den Urlaubsantrag.	URLAUBSANTRAGer-fassen	Wechsel → Subworkflow
Der Sachbearbeiter prüft den Urlaubsantrag.	URLAUBSANTRAGprü-fen	Wechsel → Subworkflow
Ein Sachbearbeiter verwaltet den Personalbestand.	PERSONALBESTAND-verwalten	Prozeß → kein Subworkflow
Wenn der Vorgesetzte Urlaub hat, dann vertritt ihn sein Stellvertreter.	URLAUBhaben VORGESETZTENvertre-ten	Zustand → kein Subworkflow
Ein Vorgesetzter prüft den Urlaubsantrag inhaltlich.	URLAUBSANTRAG-inhaltlich_prüfen	Wechsel → Subworkflow

Tabelle 7: Exemplarische Identifikation von Subworkflow-Kandidaten

Abhängig von dem Ergebnis der Geschehnisartenüberprüfung lassen sich Sub-workflows aus den Aussagen ableiten. Die verschiedenen Geschehnisarten (Zustand, Prozeß, Intergressiv und Wechsel) sollen nun der Reihe nach kurz betrachtet werden. *Zustände* können bei Egg als auf nur einen Zeitpunkt bezogen interpretiert werden und sind isoliert betrachtet statischer Natur. Demgegenüber verstehen [Ballmer/Brennenstuhl 1985, 32] sie als „Grenzfall von Prozessen [...], als zeitlich invariante Abläufe in der Zeit". Insbesondere gemäß der Eggschen Interpretation fehlt einem Zustand der Dynamikaspekt, so daß eine Gleichsetzung eines Zustands mit einem Subworkflow nicht in Frage kommt. *Prozesse* hingegen sind von ihrem Wesen her dynamisch. Sie sind jedoch nicht begrenzt in ihrer Dauer, sie besitzen keinen definierten Anfang und kein definiertes Ende. Genau dies wird jedoch für einen Workflow und damit für jeden seiner Abschnitte (Subworkflows) gefordert, vgl. [Heilmann 1994; Jablonski et al. 1997]. Folglich kann ein Prädikat, das die Geschehnisart „Prozeß" aufweist, nicht direkt als Subworkflow, sondern nur als näher zu spezifizierender potentieller Subworkflow betrachtet werden. Notwendig für die Einstufung als Subworkflow ist somit, daß das entsprechende Prädikat das Merkmal „begrenzt" besitzt. Demzufolge sind alle Prädikate mit den Geschehnisarten *Intergressiv* oder *Wechsel*, d. h. alle Ereignisprädikate, als Kandidaten zur Beschreibung einzelner Funktionen unterschiedlicher Hierarchiestufe - bezogen auf einen Funktionsbaum (statische Funktionsstruktur) - in einer Workflow-Management-Anwendung grundsätzlich zu akzeptieren. Hierbei spielt es keine Rolle, ob die - seltene - Geschehnisart „Intergressiv" oder die - häufige - Geschehnisart „Wechsel" vorliegt. Nach der Einstufung eines Kandidaten als Subworkflow ist die entsprechende Aussage auf der Basis der normierten Subworkflowbenennung umzuformulieren. In Tabelle 8 wird dies exemplarisch gezeigt. Es kann festgehalten werden, daß Intergressive und Wechsel von einem Workflow-Management-System als Subworkflows regelbar sind, Zustände und Prozesse es hingegen nicht sind. Zustände sind allerdings im Zusammenhang mit Zustandsübergängen (dem Wechsel von Zuständen) für die Modellierung von Workflows relevant und werden unter diesem Gesichtspunkt in Kapitel 5.3.2 betrachtet. Aussagen, welche die Geschehnisarten Zustand oder Prozeß aufweisen, können oftmals in Aussagen mit den Geschehnisarten Intergressiv bzw. Wechsel umformuliert und/oder präzisiert werden, um Subworkflows zu beschreiben.

Nachdem Duplikate quasi aller erhobenen Aussagen dem Teilaspekt Subworkflows des Funktionsaspekts zugeordnet worden sind, entfällt für diesen Teilaspekt der Schritt M3, da nur ein Konstrukt, nämlich das des Subworkflows selbst, zu identifizieren ist. In Tabelle 8 wird die syntaktische Normierung (M4) exemplarisch vorgeführt, d. h. die Normierung der Subworkflow-Benennung und die Modifikation der Aussagen auf der Basis der normierten Benennungen. Diese modifizierten Aussagen werden nicht in eine Diagrammsprache überführt. Die in Kapitel 5.1.1.4 genannten Schritte M5 bis M7 entfallen somit beim Teilaspekt Subworkflow, da dieser zwar das Ziel der Identifikation, nicht aber das der Strukturierung oder Beschreibung von Subworkflows verfolgt. Allerdings bilden die normierten Benennungen die „Blätter" eines Funktionsbaums, der das Modellierungsergebnis des Teilaspekts Funktionsstruktur darstellt, siehe dazu Kapitel 5.2.2. Vor allem aber sollen die so modifizierten Aussagen die Basis für die Betrachtung der anderen Aspekte und Teilaspekte bilden, um dort von Anfang an mit normierten Subworkflow-Benennungen arbeiten zu können. Aus diesem Grund ist es ratsam, den Teilaspekt Subworkflows bei der aspektespezifischen Normierung als ersten zu betrachten. Entsprechend wird bei den folgenden Betrachtungen zu allen anderen Aspekten und Teilaspekten die vorhergehende Normierung der Subworkflowbenennungen vorausgesetzt.

Methodenneutral normierte Aussagen mit den Geschehnisarten Intergressiv bzw. Wechsel	Normierte Benennungen der Subworkflows	Syntaktisch normierte Aussagen als Ergebnis von Schritt M4
Zunächst erfaßt der Sekretär den Urlaubsantrag.	URLAUBSANTRAGer-fassen	Das URLAUBSAN-TRAGerfassen führt der Sekretär durch.
Der Sachbearbeiter prüft den Urlaubsantrag nach formalen Gesichtspunkten.	URLAUBSANTRAG-formal_prüfen	Das URLAUBSAN-TRAGformal_prüfen führt ein Sachbearbeiter durch.
Ein Vorgesetzter prüft den Urlaubsantrag inhaltlich.	URLAUBSANTRAGin-haltlich_prüfen	Ein Vorgesetzter führt aus URLAUBSANTRAGin-haltlich_prüfen.

Tabelle 8: Syntaktische Normierung von Subworkflowbenennungen

Es wurde bereits darauf hingewiesen, daß ein und derselbe Sachverhalt (Situation) durch verschiedene Prädikate (Verben, Verbprojektionen oder Sätze) beschrieben werden kann. Diese Prädikate können unterschiedliche Geschehnisarten auf-weisen. Es läßt sich schlußfolgern, daß ein Nicht-Ereignisprädikat (Zustand oder

Prozeß) bei Bedarf so umformuliert werden kann, daß ein durch ein Workflow-Management-System regelbares Ereignisprädikat (Intergressiv oder Wechsel) entsteht, welches denselben Sachverhalt - z. B. einen zu steuernden Ablauf - aus einer anderen Perspektive beschreibt. Diese Umformulierung bedeutet eine genauere Festlegung (Spezifikation) des relevanten Sachverhalts. Tritt folglich eine der Geschehnisarten „Zustand" oder „Prozeß" auf, muß dies dazu veranlassen, auf eine nähere Spezifikation des relevanten Sachverhalts hinzuarbeiten. Dazu sind präzisere Aussagen nachträglich zu erheben, um entscheiden zu können, ob die zunächst zu allgemein gehaltene Formulierung einen Subworkflow kennzeichnete oder nicht.

Abschließend ist bezüglich der praktischen Umsetzung der geschehnisartenabhängigen Bestimmung der Subworkflows anzumerken, daß die Eggsche Klassifikation der Menge der Prädikate eine rationale Ordnung auferlegt, der bezüglich der Komplexität der (empirisch geprägten) natürlichen Sprachen die Erkenntnis gegenübersteht, daß „der Wortschatz einer Sprache [..] nicht so simpel strukturiert [ist], daß man Gruppen und Untergruppen bilden kann und so zum Porphyrschen Baum als dem Ziel aller Wünsche gelangt" [Heringer 1980, 189]. Damit soll ausgedrückt werden, daß nicht jedem Prädikat eindeutig eine Geschehnisart zugeordnet werden können muß, d. h., es ist nicht möglich, sich in jedem Fall sklavisch an das vorgegebene Schema zu halten. In Zweifelsfällen müssen besondere Lösungen gewählt werden, z. B. kann eine quasi synonyme Formulierung vorgezogen werden, der eine Geschehnisart eindeutig zugeordnet werden kann.

5.2.2 Teilaspekt Funktionsstruktur

Die in Kapitel 5.2.1 ermittelten Subworkflows repräsentieren die notwendige Funktionalität einer Workflow-Management-Anwendung und weisen verschiedenartige Beziehungen untereinander auf, die sich in einer Funktionsstruktur widerspiegeln. Grundsätzlich können Funktionen (Handlungen; Arbeitsschritte, Subworkflows) abstraktiv (Inklusion, Art/Gattung) und kompositiv (Aggregation, Teil/Ganzes) zerlegt werden. Dies wird allerdings selten so gesehen, d. h., die Zerlegungsart wird selten thematisiert. Das Ziel der Zerlegung besteht darin, die arbeitsteilige Ausführung der notwendigen Arbeitsschritte/Tätigkeiten zu ermöglichen, d. h. stets eine parallele Ausführung anzustreben, um besonders kurze Bearbeitungszeiten von Workflow-Instanzen realisieren zu können. In Kapitel 5.2.2.1 wird als geeignete Diagrammsprache der Funktionsbaum vorgeschlagen, der in Kapitel 5.2.2.2 gemäß der propagierten Vorgehensweise (Schrittfolge M3 bis M7) aufgebaut wird.

5.2.2.1 Gewählte Diagrammsprache: Funktionsbaum

Zur graphischen Darstellung der (statischen) Funktionsstruktur, die durch Workflow und Subworkflows definiert wird, werden Funktionsbäume gewählt, vgl. Abbildung 28. Sie stellen generell die Hierarchie von Funktionen übersichtlich und verständlich dar, und zwar im Gegensatz zu anderen Darstellungsarten auch über mehrere Dekompositions- bzw. Hierarchieebenen hinweg, vgl. dazu [Grupp 1990; Kargl 1990; Martin/McClure 1988; Schulz 1988]. Kargl spricht von „Vorgangsstrukturen in Form von Baumdiagrammen", in Martin/McClure wird von „Structure Charts" gesprochen. Die Eignung von Funktionsbäumen zur Überblicksdarstellung wird stets hervorgehoben. Die Grenzen der Darstellung mit Hilfe von Funktionsbäumen treten bei Mehrfach-verwendung und Duplizierung bestimmter Funktionen auf, welche eine Kennzeichnung der Funktionen erfordern würden. Funktionsbäume werden auch in komplexeren Diagrammsprachen verwendet, beispielsweise als eine von mehreren Diagrammsprachen, die in „HIPO" (Hierachical Input, Process Output) eingesetzt werden, vgl. [Martin/McClure 1988].

Die Grundelemente von Baumdiagrammen sind Rechtecke (rechteckige Symbole) und Verbindungslinien (Kanten) zwischen ihnen. Jedes Rechteck repräsentiert allgemein eine Funktion, in dem vorliegenden Buch folglich einen Subworkflow. In Abbildung 28 wird dies schematisch dargestellt. Die Kanten drücken entweder eine Teil-Ganzes-Beziehung (Aggregation) oder eine Art-Gattungs-Beziehung (Inklusion) aus. Es ist wichtig, hier sauber zu trennen. Nachfolgend wird nur der Fall der Aggregation betrachtet, Aussagen, die andere Relationstypen beschreiben, bleiben an dieser Stelle unberücksichtigt. Das kleinstmögliche Baumdiagramm besteht aus nur einem Rechteck. Damit kann ein Workflow abgebildet werden, der nicht in Subworkflows oder Elementarfunktionen unterteilt wird. Der oben im Diagramm angeordnete Workflow wird auch als „Wurzel" des Baumes bezeichnet, vgl. [Martin/McClure 1988].

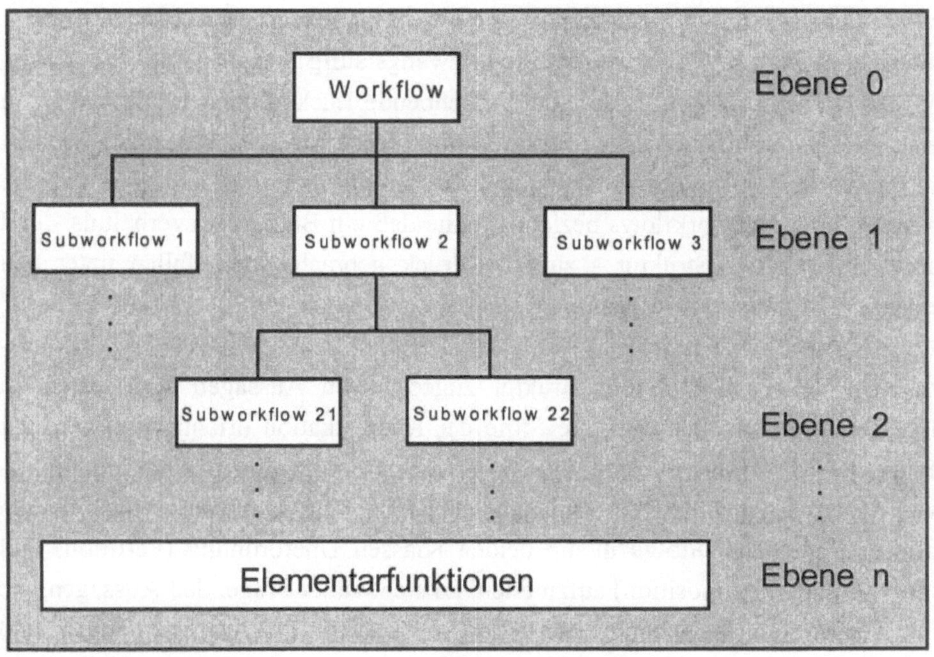

Abbildung 28: Grundsätzliche funktionale Struktur eines Workflows

Auf das bei Martin/McClure vorgesehene zusätzliche Eintragen von Datenflüssen sowie das von [Kargl 1990] vorgeschlagene Ergänzen von Ablaufstrukturen wird hier bewußt verzichtet, um das formulierte Ziel, je Aspekt genau eine Diagrammsprache einzusetzen, die möglichst nur den betreffenden Aspekt abbildet, nicht zu konterkarieren. Allerdings ist es in vielen Fällen unvermeidbar, daß in den für die anderen Aspekte (neben dem Funktionsaspekt) ausgewählten Diagrammsprachen auch Funktionen (Subworkflows) auftreten, da sie oftmals den Modellierungsgegenstand bilden, der aus unterschiedlichen Perspektiven und deswegen mit unterschiedlichen Diagrammsprachen abgebildet wird.

5.2.2.2 Methodenspezifische Normierung

Der Teilaspekt der Funktionsstruktur soll hier auf eine hierarchische Gliederung der Subworkflows und damit der zu modellierenden Funktionen (Tätigkeiten, Arbeitsschritte) beschränkt werden. Eine solche hierarchische Struktur wird durch Aussagen hinsichtlich der Überordnung sowie hinsichtlich der Unterordnung von Subworkflows beschrieben. Beziehungsrelation ist die Aggregation, ein Teil wird so zu einem Ganzen in Beziehung gesetzt bzw. umgekehrt. Überordnungs- bzw. Unterordnungsaussagen betreffen nicht zwangsläufig benachbarte Hierarchieebenen. Dementsprechend sind sich abzeichnende Lücken oder Widersprüche in der entstehenden hierarchischen Struktur durch Rückfragen zu beseitigen, dies ist in Schritt M7 vorgesehen. Diejenigen Aussagen, die sich lediglich auf die Existenz eines Subworkflows beziehen, ohne daß ein Beziehungsverhältnis - und damit ein Teil der Struktur - zum Ausdruck gebracht wird, fallen unter den Teilaspekt Subworkflows (Kapitel 5.2.1).

Die dem Teilaspekt Funktionsstruktur zugeordneten Aussagen sind weiter zu klassifizieren (M3). Diese zweite Stufe der Klassifikation orientiert sich an der Menge der Konstrukte, welche von der gewählten Diagrammsprache „Funktionsbaum" eingesetzt wird. Die erhobenen und dem Funktionsaspekt zugeordneten Aussagen sind demzufolge in die beiden Klassen Überordnung (Partition) und Unterordnung (Komposition) aufzuteilen. Es steht außer Frage, daß Aussagen, die eine Überordnungsbeziehung ausdrücken, so umformuliert werden können, daß darin eine Unterordnungsbeziehung zum Ausdruck kommt und umgekehrt. Angesichts der nicht unbeträchtlichen Zahl sonstiger Normierungsschritte erscheint diese Normierung allerdings entbehrlich. Zudem erleichtert die Möglichkeit der zweiseitigen Betrachtung einer Beziehung die Kommunikation mit den Anwendern, da diese nicht dazu gezwungen werden, einen Teil ihrer gewohnten Sichtweisen funktionaler Beziehungen zugunsten der jeweils inversen Sichtweisen aufzugeben. Deshalb werden die Aussagen in Aussagen zum Konstrukt der Überordnung und Aussagen zum Konstrukt der Unterordnung klassifiziert. Für das Beispiel des Urlaubsantrags wird dies exemplarisch in Tabelle 9 dargestellt. In einem der Beispiele wird zusätzlich die Zerlegung einer zusammengesetzten Aussage in drei einfache Aussagen vollzogen.

Die „Blätter" des Funktionsbaums wurden im Rahmen des Teilaspekts Subworkflow identifiziert und normiert, an dieser Stelle wird der Frage nach der Struktur des Baumes (dem „Geäst") nachgegangen, indem die Beziehungen zwischen den Subworkflows ermittelt werden. Zur methodenspezifischen Normierung (M4) sollen Satzbaupläne eingesetzt werden. Für jedes Konstrukt ist ein eigener Satzbauplan vorgesehen. Dementsprechend wird in Tabelle 10 die Transformation von konstruktspezifisch klassifizierten Aussagen in mit Hilfe von

Satzbauplänen normierte Aussagen vorgeführt. Zu beachten ist dabei, daß Aussagen, die sich auf mehr als zwei „Blätter" des Funktionsbaums beziehen, in entsprechend einfachere Aussagen aufgespalten worden sein müssen, damit die vorgestellten Satzbaupläne für alle zugeordneten Aussagen genügen. Somit hat eine Beschränkung auf Aussagen zur Überordnung (inverse Teil-Ganze-Beziehung, Partition) und Aussagen zur Unterordnung (Teil-Ganze-Beziehung, Komposition) von Subworkflows zu erfolgen.

Nachdem die dem Teilaspekt Funktionsstruktur zugeordneten Aussagen syntaktisch mit Hilfe von Satzbauplänen normiert worden sind, ist es ein Leichtes, die Aussagen in Konstrukte der Diagrammsprache, in diesem Fall in solche eines Funktionsbaums, zu überführen (M5). Dies wird in Tabelle 11 exemplarisch verdeutlicht. Zum Abschluß können die gewonnenen Konstrukte zu einem Funktionsbaum zusammengesetzt werden (M6). Dazu sind die vorliegenden Überordnungs- und Unterordnungsaussagen auf übereinstimmende Subworkflowbenennungen zu untersuchen und die einzelnen Konstrukte anhand dieser Verknüpfungspunkte zusammenzufügen, dabei auftretende Ungereimtheiten sind zu kennzeichnen. Es ist nicht zu erwarten, daß dabei auf Anhieb ein vollständiger und widerspruchsfreier Funktionsbaum entsteht, so wie er in Abbildung 28 dargestellt ist. Statt dessen ist eher ein unvollständiger, mit Widersprüchen behafteter Funktionsbaum zu erwarten, der weder unbedingt ein einzelnes Konstrukt darstellen noch streng hierarchisch gegliedert sein muß.

Die aufgetretenen Widersprüche und Lücken im Funktionsbaum müssen hinterfragt werden (M7). Es kann dann von Widersprüchen im Baum gesprochen werden, wenn ein hierarchisches Beziehungsverhältnis zwischen zwei Subworkflows und das entsprechende inverse Verhältnis gleichzeitig auftreten. Auch wenn ein „Blatt" mehrfach im Baum, - womöglich sogar auf verschiedenen Hierarchieebenen - auftritt, ist zu klären, ob diese Redundanz korrekt ist oder ob sich dahinter ein Widerspruch verbirgt. Lücken im Funktionsbaum sind einerseits daran zu erkennen, daß sich die Teilkonstrukte nicht zu einem vollständigen Baum zusammensetzen lassen, und andererseits daran, daß nicht alle identifizierten Subworkflows im Funktionsbaum auftreten. Eine entsprechende Prüfung dieser Sachverhalte, die zum Ziel hat, den Baum zu vervollständigen und die Ursachen überzähliger Subworkflows zu klären, muß unbedingt erfolgen. Gemäß obiger

Festlegung dürfen zudem nur Aggregationsbeziehungen auftreten, andere Beziehungstypen werden nicht berücksichtigt.

Aussagen zum Teilaspekt Funktionsstruktur	Klassifizierte Aussagen zum Konstrukt „Überordnung (Partition)"	Klassifizierte Aussagen zum Konstrukt „Unterordnung (Komposition)"
Zu URLAUBS-ANTRAGbearbeiten gehört URLAUBSENT-GELTfestsetzen.	Zu URLAUBSAN-TRAGbearbeiten gehört URLAUBSENTGELT-festsetzen.	
Das URLAUBSAN-TRAGerfassen ist Teil von URLAUBS-ANTRAGbearbeiten.		Das URLAUBSAN-TRAGerfassen ist Teil von URLAUBSAN-TRAGbearbeiten.
URLAUBSANTRAGgenehmigen schließt BETRIEBLICHE_BE-LANGEprüfen ein.	URLAUBSANTRAGgenehmigen schließt BETRIEBLICHE_BE-LANGEprüfen ein.	
URLAUBSANSPRUCHprüfen, URLAUBS-LÄNGEprüfen und KOPPLUNGprüfen sind Teilschritte von UR-LAUBSANTRAG-prüfen.		(1) URLAUBSAN-SPRUCHprüfen ist Teilschritt von URLAUBSANTRAG prüfen. (2) URLAUBSLÄNGE-prüfen ist Teilschritt von URLAUBS-ANTRAGprüfen. (3) KOPPLUNGprüfen ist Teilschritt von URLAUBS-ANTRAGprüfen.

Tabelle 9: Methodenspezifische Klassifikation von Aussagen zum Teilaspekt Funktionsstruktur

Methodenspezifisch klassifizierte Aussagen (M3)	Satzbaupläne zur Darstellung des Teilaspekts Funktionsstruktur mit einem Funktionsbaum	Normierte Aussagen (M4) (Belegungen der Satzbaupläne)
Überordnung		
• Zu URLAUBSAN-TRAGbearbeiten gehört URLAUBS-ENTGELTfestsetzen. • Das URLAUBS-ANTRAGge-nehmigen schließt das BETRIEB-LICHE_BELAN-GEprüfen ein.	**<Wf >[66] umfaßt <Wf>.**	• URLAUBSAN-TRAGbearbeiten umfaßt URLAUBS-ENTGELTfestsetzen. • URLAUBSANTRAG-genehmigen umfaßt BETRIEBLICHE_BE-LANGEprüfen.
Unterordnung		
• URLAUBSAN-TRAGerfassen ist Teil von URLAUBS-ANTRAGbearbeiten. • URLAUBSAN-SPRUCHprüfen ist Teilschritt von URLAUBSAN-TRAGprüfen. • URLAUBSLÄNGE-prüfen ist Teilschritt von URLAUBS-ANTRAGprüfen. • KOPPLUNGprüfen ist Teilschritt von URLAUBSAN-TRAGprüfen.	**<Wf> ist Teil von <Wf >.**	• URLAUBSANTRAG erfassen ist Teil von URLAUBSAN-TRAGbearbeiten. • URLAUBSAN-SPRUCHprüfen ist Teil von URLAUBS-ANTRAGprüfen. • URLAUBSLÄNGE-prüfen ist Teil von URLAUBSAN-TRAGprüfen. • KOPPLUNGprüfen ist Teil von URLAUBSAN-TRAGprüfen.

Tabelle 10: Methodenspezifische syntaktische Normierung von Aussagen zum Teilaspekt Funktionsstruktur

---

[66] <Wf> steht stellvertretend für die Benennung eines Workflows bzw. Subworkflows

Normierte Aussagen (M4) (Belegungen der Satzbaupläne)	**Konstrukte der Diagrammsprache** **(M5)** Bsp.: Statische Funktionsstruktur (Funktionsbaum)
Überordnung • URLAUBSANTRAGprüfen umfaßt URLAUBSENTGELTfestsetzen. • URLAUBSANTRAGgenehmigen umfaßt BETRIEBLICHE_BELANGEprüfen.	
Unterordnung • URLAUBSANTRAGerfassen ist Teil von URLAUBSANTRAGbearbeiten. • URLAUBSANSPRUCHprüfen ist Teil von URLAUBSANTRAGprüfen. • URLAUBSLÄNGEprüfen ist Teil von URLAUBSANTRAGprüfen. • KOPPLUNGprüfen ist Teil von URLAUBSANTRAGprüfen. • URLAUBSENTGELTfestsetzen ist Teil von URLAUBSANTRAGprüfen.	

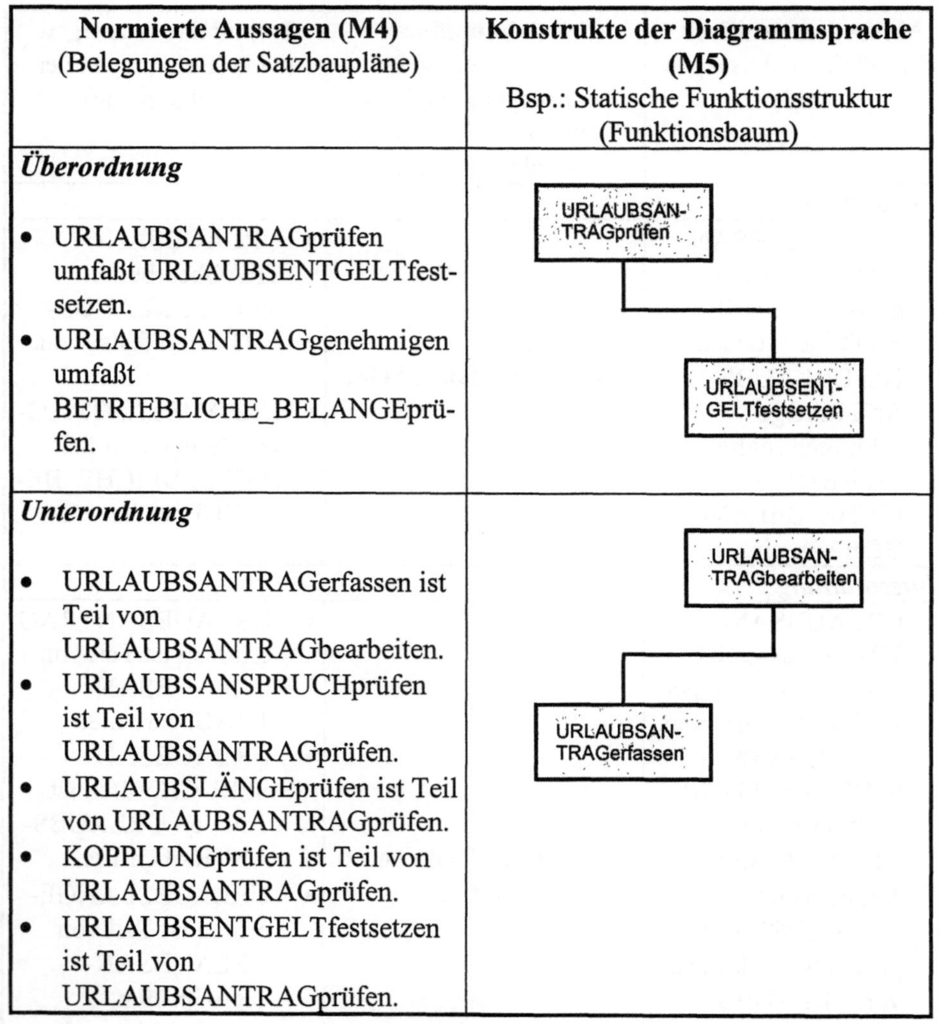

Tabelle 11: Umsetzung in Konstrukte der Spezifikationssprache (Funktionsbaum)

Sobald Lücken oder Widersprüche erkannt werden, sind im Anwendungsbereich erneut Aussagen zu erheben, die zur Klärung der festgestellten Ungereimtheiten dienen. Lücken sind durch gezieltes Nachfragen bezüglich der fehlenden Zusammenhänge zu schließen. Offensichtliche und potentielle Widersprüche sind den Anwendern vor Augen zu führen. Im Falle von offensichtlichen Widersprüchen ist auf die Entscheidung für eine der Alternativen zu drängen.

Vermutungen hinsichtlich potentieller Widersprüche können dadurch entkräftet werden, daß Experten des Anwendungsgebiets die Korrektheit des Sachverhalts noch einmal bestätigen, z. B. das mehrfache Auftreten eines „Blatts" als gewollt herausstellen. Dies geschieht wiederum über das Erheben neuer Aussagen. Bevor neue Aussagen verwendet werden können, müssen allerdings auch sie die verschiedenen Normierungsschritte (G1 bis G8, T1 bis T5, M1 bis M7) durchlaufen. Prinzipiell sind solange neue Aussagen zu erheben, bis ein vollständiger und widerspruchsfreier Funktionsbaum vorliegt, der gleichzeitig das Anwendungsgebiet korrekt und umfassend widerspiegelt. Ein mögliches Endergebnis von Schritt M7, bezogen auf das Anschauungsbeispiel, zeigt Abbildung 29.

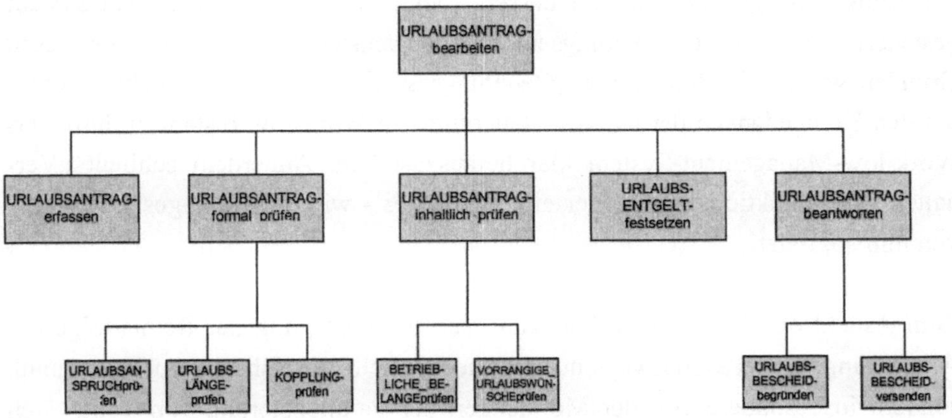

Abbildung 29: Funktionsbaum des Beispiels Urlaubsantrag

5.3 Steuerungsaspekt

Der Steuerungsaspekt ist für die Entwicklung einer Workflow-Management-Anwendung von herausragender Bedeutung. Er umfaßt die Modellierung der Steuerungsdaten und damit verbunden die Festlegung der Kontrollstrukturen, welche als das zentrale Ergebnis der Entwicklung einer Workflow-Management-Anwendung eingestuft werden können. Der Steuerungsaspekt repräsentiert - wie es die Benennung schon zum Ausdruck bringt - die Steuerung von Workflows und entspricht somit der Steuerungsebene in Abbildung 5. Er wird in [Jablonski et al. 1997] „Verhaltensaspekt" bzw. „verhaltensbezogener Aspekt" genannt, um auszudrücken, daß mit ihm das Verhalten von Workflow-Management-Anwendungen bei der Abarbeitung von Subworkflows beschrieben wird. „Verhalten" bezeichnet jedoch im allgemeinen Sprachgebrauch eine Art Benehmen, ein Sicheinstellen jemandem oder einer Situation gegenüber, vgl. [Duden 1985], und somit von seiner Grundbedeutung her weniger ein (pro)aktives Handeln, wie es das Steuern von Workflow-Instanzen darstellt. Ebenso ist „Verhalten" in den Sozialwissenschaften anders besetzt. Gemäß [Lorenzen 1985] können sich denn auch nur Menschen, Tiere und Maschinen verhalten, nicht jedoch Pflanzen und Steine, vgl. Kapitel 5.1.2.1. Arbeitsgegenstände (z. B. Dokumente) der Workflow-Instanzen können mit den Steinen in der Lorenzschen Klassifikation verglichen werden, die lediglich bewegt werden können, da sich ein Arbeitsgegenstand nicht von selbst bewegt, sondern statt dessen - vom Workflow-Management-System gesteuert - von einer Bearbeitungseinheit zur nächsten bewegt wird. Aus diesen Gründen wurde die Benennung „Steuerungsaspekt" für diesen Aspekt gewählt, um den Kerngedanken der aktiven Steuerung von Workflow-Instanzen durch das Workflow-Management-System klar herauszustellen. Außerdem schließt „Verhalten" den Funktionsaspekt eher ein, als daß es - wie es hier angestrebt wird - von ihm abgrenzt.

Zum Aspekt der Steuerung gehört zunächst die Festlegung der Reihenfolge der Ausführung, wobei keineswegs nur eine sequentielle Ausführung vorliegen muß, sondern insbesondere von der Möglichkeit der Parallelisierung von Tätigkeiten Gebrauch gemacht werden soll. Der Teilaspekt der Wandlungen (bezogen auf den Zustand des betreffenden Arbeitsgegenstands) sowie der Teilaspekt des Zeitbedarfs der einzelnen Subworkflows sind weitere Teilaspekte, die mit der Frage der Reihenfolge der auszuführenden Subworkflows - und damit auch dem Funktionsaspekt - eng verknüpft sind. Die durch den Steuerungsaspekt ausgedrückte Ablauforientierung stellt allerdings das zentrale Charakteristikum einer Workflow-Management-Anwendung dar, so daß ihm besondere Bedeutung zukommt, denn er deckt zentrale Inhalte der Ablauforganisation bezogen auf eine Workflow-Management-Anwendung ab. Die Ablauforganisation gilt dabei generell als die raumzeitliche Strukturierung von Arbeitsabläufen. Arbeit wird in der betriebswirtschaftlichen Organisationslehre als Erfüllung einer Aufgabe durch Personen und Sachmittel begriffen; die Aufgabenerfüllung vollzieht sich stets in Raum und Zeit in dem soziotechnischen System Unternehmen, vgl. [Kosiol 1980].

Zur Unterscheidung zwischen Aufbau- und Ablauforganisation als zwei Sichtweisen auf einen Gegenstand sei auf Kapitel 5.5.1 verwiesen. Das Wirtschaftlichkeitsziel der Ablauforganisation besteht bei der Reihenfolgeplanung in der Minimierung der Durchlaufzeit und der Maximierung der Kapazitätsauslastung, vgl. [Lehner et al. 1991], einem typischen Beispiel für konkurrierende Ziele.

Die Zeit als Ordnungskomponente für Arbeitsabläufe ist bei einer Workflow-Management-Anwendung in zwei Teilaspekten von Bedeutung. Der Teilaspekt Reihenfolge (zeitliche Abfolge) regelt die zeitliche Positionierung der Subworkflows (und Elementarfunktionen) innerhalb eines Workflows. Der Teilaspekt Zeitbedarf wiederum hält für jeden Subworkflow fest, welcher Zeitaufwand für die Ausführung eines Subworkflows prognostiziert wird. Dagegen bezieht sich der Teilaspekt der Wandlung auf die am Arbeitsgegenstand ausgeführten Verrichtungen und den aus ihnen resultierenden Veränderungen des Zustands des Arbeitsgegenstands.

5.3.1 Teilaspekt Reihenfolge

Der Teilaspekt der Reihenfolge beschreibt das zeitliche Aufeinanderfolgen der einzelnen Subworkflows. Neben dem rein sequentiellen Aufeinanderfolgen gibt es eine ganze Reihe verschiedener Konstrukte, die in Kapitel 5.3.1.2 vorgestellt werden und welche den Kontrollfluß, d. h. die Steuerung der Aufeinanderfolge der Subworkflows durch das Workflow-Management-System, festlegen können. Als Diagrammsprache wird das Kontrollflußdiagramm gewählt.

5.3.1.1 Gewählte Diagrammsprache: Kontrollflußdiagramm

In einigen Workflow-Management-Systemen werden Petri-Netze, vgl. [Petri 1962; Reisig 1986], zur Darstellung von Reihenfolgen in Form von Netzen eingesetzt, so z. B. in LEU [Dinkhoff/Gruhn 1996], oder aber Petri-Netz-Derivate wie in FlowMark [IBM 1996] oder WorkParty [SNI 1995]. Petri-Netze sind zur Netzanalyse gut geeignet, z. B. ermöglichen sie das einfache Aufspüren sogenannter „Deadlocks" (Netzverklemmungen), die die Abarbeitung eines Subworkflows zum Stillstand bringen und einen Fehler in der Reihenfolge der Abarbeitung offenbahren. Das Feststellen eines Deadlocks oder anderer Netzanomalien im Rahmen einer Netzanalyse muß stets zu einer Korrektur der Ablaufstruktur

(Reihenfolge) führen, vgl. [van der Aalst 1996]. Eine umfassende Darstellung der Einsatzmöglichkeiten von höheren Petri-Netzen in der Modellierung von Workflow-Management-Anwendungen findet man in [Oberweis 1996].

Da Petri-Netze jedoch sowohl Reihenfolgen als auch Wandlungen abbilden, wird hier Kontrollflußdiagrammen der Vorzug gegeben, wie sie beispielsweise auch in [Jablonski/Bußler 1996] verwendet werden. Kontrollflußdiagramme stellen eine Diagrammsprache dar, die nur den anvisierten Teilaspekt der Steuerung abdeckt, da sie zwar die Reihenfolgen der Abarbeitung von Subworkflows festlegt, nicht aber die damit verbundenen Zustandsübergänge abbildet. Aus einem Kontrollflußdiagramm kann beispielsweise abgelesen werden, ob Subworkflows gleichzeitig oder nacheinander ausgeführt werden. Dazu setzt sich ein Kontrollflußdiagramm aus verschiedenen Kontrollflußkonstrukten zusammen. Im Kern sind dies die Konstrukte „Sequenz", „Alternative" und „Parallelität". Darüber hinaus besteht die Möglichkeit der Schachtelung („Komposition"), d. h. der Vergröberung bzw. Verfeinerung von Abläufen. Alternativ zu Kontrollflußkonstrukten können auch Präzedenzgraphen eingesetzt werden, wie sie z. B. in [Martin/McClure 1988] beschrieben werden.

Kontrollflußdiagramme dienen somit der Kontrollflußdefinition, d. h., der Kontrollfluß (die Abarbeitungsreihenfolge) eines Workflows wird durch Zusammensetzung mehrerer Kontrollflußkonstrukte spezifiziert, welche die Ablaufstruktur einer Workflow-Management-Anwendung abbilden. Grundsätzlich kann zwischen formalen und materialen Kontrollflußkonstrukten unterschieden werden. Formale Kontrollflußkonstrukte bilden Ablaufstrukturen anwendungsgebietsunabhängig ab. Sie sind entweder elementar oder komplex. Komplexe Kontrollflußkonstrukte (z. B. „Sequenz") lassen sich auf elementare Kontrollflußkonstrukte (z. B. das Konstrukt „vor") zurückführen, vgl. [Jablonski et al. 1997].

Materiale Kontrollflußkonstrukte sind im Gegensatz zu formalen Konstrukten aus der Anwendungswelt heraus zu interpretieren und deshalb anwendungsgebietsabhängig. Zum Beispiel ist die Auskunft eines Bahnbediensteten „zwei Minuten sind kein Anschluß in Nürnberg" (bezogen auf die Möglichkeit des Umsteigens) als materiales Kontrollflußkonstrukt aus der Anwendungswelt heraus interpretierbar. Dieses besagt, daß grundsätzlich ein Reiseablauf per Bahn (von

Darmstadt) nach Erlangen - mit Umsteigen in Nürnberg - möglich ist, zwei Minuten dafür aber auf dem weitläufigen Nürnberger Hauptbahnhof als zu wenig eingestuft werden müssen, als daß eine entsprechende Lenkung der Reisenden vertretbar wäre, zumal ein um zwei Minuten verspätetes Eintreffen von Seiten der Bahn nicht als Verspätung gewertet wird. Folglich verbietet das Kontrollflußkonstrukt „Anschluß" die Verbindung von zwei Subworkflows „Mit-dem-Zug-A-nach-Nürnberg-fahren" und „Mit-dem-Zug-B-nach-Erlangen-fahren" immer dann, wenn lediglich die bewußten zwei Minuten (theoretisch) zum Umsteigen bleiben, die aber schon aufgrund der zurückzulegenden räumlichen Distanz auf dem Bahnhof kaum ausreichen werden, so daß den Reisenden ein anderer Anschluß empfohlen werden muß, d. h., sie müssen anders „gesteuert" werden. Das materiale Kontrollflußkonstrukt „Anschluß" besitzt im übrigen die Struktur des formalen Kontrollflußkonstrukts „Verzögerung" (bei sequentieller Ausführung zweier Vorgänge).

Neben den von der Diagrammsprache „Kontrollflußdiagramme" unterstützten Kontrollflußkonstrukten (Sequenz, alternierende Ausführung, parallele Ausführung, Synchronisation, Verschmelzung) werden in [Jablonski 1995a] weitere Konstrukte genannt, die zur Modellierung großer Workflow-Management-Anwendungen als unbedingt erforderlich eingestuft werden. Es ist demnach insbesondere an Schleifen (*while_do, repeat_until, for_do*), an Makros zur Beschreibung der optionalen Ausführung, der Wiederholung, der Reihe sowie an deskriptive Kontrollflußkonstrukte aus dem Bereich erweiterbarer Transaktionsmodelle wie Limitierung, Verzögerung und Existenzabhängigkeit zu denken. Eine detaillierte Darstellung von Kontrollflußkonstrukten findet sich auch in [Böhm et al. 1996].

5.3.1.2 Methodenspezifische Normierung

Alle diejenigen Aussagen, die Reihenfolgen ausdrücken, wurden dem Teilaspekt Reihenfolge zugeordnet und werden nun gemäß den verschiedenen Konstrukten, die ein Kontrollflußdiagramm vorsieht (Sequenz, alternative Ausführung, parallele Ausführung, Synchronisation, Verschmelzung) methodenspezifisch klassifiziert (M3). Es ist jedoch nicht ausgeschlossen, daß neben den genannten fünf Konstrukten weitere Konstrukte auftreten. Sollte dies der Fall sein und ist eine Transformation in diese fünf von Kontrollflußdiagrammen unterstützten Konstrukte nicht möglich, muß eine andere Spezifikationssprache gewählt werden. Da keine gängige Diagrammsprache bekannt ist, die alle denkbaren komplexen Kontrollflußkonstrukte vorsieht, muß eine andere Art einer Spezifikationssprache verwendet werden, die beispielsweise pseudocodebasiert sein kann. Es wurde erläutert, daß in diesem Fall eine ganze Reihe weiterer Kontrollflußkonstrukte berücksichtigt werden kann. Zugunsten einer übersichtlichen, anschaulichen Darstellung wird hier jedoch einer diagrammsprachlichen Variante der Vorzug gegeben, unter Verzicht auf bestimmte komplexe Kontrollflußkonstrukte.

Mit den Satzbauplänen in Tabelle 12 werden Satzbaupläne zur syntaktischen Normierung (M4) derjenigen Aussagen eingeführt, die Ausprägungen von Konstrukten eines Kontrollflußdiagramms beschreiben. Anhand einiger Beispielsätze wird in dieser Tabelle der Übergang von den klassifizierten Aussagen hin zu Belegungen der Satzbaupläne veranschaulicht. Die so normierten Aussagen lassen dann sich sehr einfach in die entsprechenden graphischen Konstrukte eines Kontrollflußdiagramms umformen. In Tabelle 13 wird dies exemplarisch veranschaulicht. Zur ihr ist noch anzumerken, daß der mit c markierte Pfeil bei dem Konstrukt „Synchronisation", welches gemäß der Terminologie der Workflow Management Coalition „OR-Join" [Lawrence/WfMC 1997] bzw. laut [Heeg/Meyer-Dohm 1994] „ODER-Zusammenführung" genannt wird, redundant zur entsprechenden Markierung bei einer oftmals vorausgegangenen alternativen Verzweigung (OR-Split) sein kann und somit gewöhnlich nicht in Kontrollflußdiagrammen verwendet wird. Damit die verschiedenen Konstrukte jedoch isoliert betrachtet werden können und um eine Verwechslung der graphischen Darstellung der Synchronisation (OR-Join) mit derjenigen der Verschmelzung (AND-Join) zu verhindern, wird diese ergänzende Markierung hier verwendet. Der nächste Schritt sieht ein Zusammenfügen der Konstrukte zu einem Gesamtkonstrukt vor (M6). Daran schließt sich die Überprüfung des Gesamtkonstrukts an (M7).

Methodenspezifisch klassif. Aussagen (M3)	Satzbaupläne (Kontrollflußdiagramm)	Normierte Aussagen (M4) (Satzbauplanbelegungen)
Sequenz		
Nach dem URLAUBSAN-TRAGerfassen durch einen Sekretär, folgt das URLAUBSANTRAGfor-mal_prüfen durch den Sachbearbeiter.	**Nach Ausführung von <Wf> ist auszuführen <Wf>.**	Nach Ausführung von URLAUBSANTRAGerfas-sen ist auszuführen URLAUBSANTRAG-formal_prüfen.
Bedingte Verzweigung		
Nach dem URLAUBS-ANTRAGinhaltlich_prüfen durch den Sachbearbeiter erfolgt entweder URLAUBSENTGELT-festsetzen oder URLAUBS-ANTRAGbeantworten.	**Nach Ausführung von <Wf> ist entweder auszuführen <Wf> oder auszuführen <Wf>.**	Nach Ausführung von URLAUBSANTRAGin-haltlich_prüfen ist entweder auszuführen URLAUBS-ENTGELTfestsetzen oder auszuführen URLAUBS-ANTRAGbeantworten.
Unbedingte Verzweigung		
Im Anschluß an das URLAUBSANTRAGfor-mal_prüfen werden BETRIEBLICHE_BE-LANGE prüfen und parallel dazu VORRANGIGE_UR-LAUBSWÜNSCHEprüfen durchgeführt.	**Nach Ausführung von <Wf> ist auszuführen <Wf> und auszuführen <Wf>.**	Nach Ausführung von URLAUBSANTRAG-formal_prüfen ist auszuführen BETRIEBLICHE_BE-LANGEprüfen und VOR-RANGIGE_URLAUBS-WÜNSCHEprüfen.
Synchronisation		
Vor dem URLAUBSAN-TRAGbeantworten muß entweder URLAUBSENT-GELTfestsetzen oder URLAUBSANTRAGfor-mal_prüfen (mit negativem Ergebnis) erfolgt sein.	**Vor Ausführung von <Wf> ist entweder auszuführen <Wf> oder auszuführen <Wf>.**	Vor Ausführung von URLAUBSANTRAG-beantworten ist entweder auszuführen URLAUBS-ENTGELTfestsetzen oder auszuführen URLAUBSAN-TRAGformal_prüfen.
Verschmelzung		
Vor URLAUBSENT-GELTfestsetzen ist es erforderlich, BETRIEB-LICHE_BELANGEprüfen und VORRANGIGE_UR-LAUBSWÜNSCHEprüfen durchzuführen.	**Vor Ausführung von <Wf> ist auszuführen <Wf> und auszu führen <Wf>.**	Vor Ausführung von URLAUBSENTGELT-festsetzen ist auszuführen BETRIEBLICHE_BE-LANGEprüfen und auszuführen VOR-RANGIGE_URLAUBS-WÜNSCHEprüfen.

Tabelle 12: Methodenspezifische Normierung von Aussagen zum Teilaspekt Reihenfolge

Normierte Aussagen (M4) (Belegungen der Satzbaupläne)	Konstrukte der Spezifikationssprache (M5); Bsp.: Kontrollflußdiagramm
Sequenz Nach Ausführung von URLAUBSANTRAGerfassen ist auszuführen URLAUBSANTRAGformal_prüfen.	
Bedingte Verzweigung Nach Ausführung von URLAUBSANTRAGinhaltlich_prüfen ist entweder auszuführen URLAUBSENTGELTfestsetzen oder auszuführen URLAUBSANTRAGbeantworten.	
Unbedingte Verzweigung Nach Ausführung von URLAUBSANTRAGformal_prüfen ist auszuführen BETRIEBLICHE_BELANGEprüfen und auszuführen VORRANGIGE_ URLAUBSWÜNSCHEprüfen.	
Synchronisation Vor Ausführung von URLAUBSANTRAGbeantworten ist entweder auszuführen URLAUBSENTGELTfestsetzen oder auszuführen URLAUBSANTRAGformal_prüfen.	
Verschmelzung Vor Ausführung von URLAUBSENTGELTfestsetzen ist auszuführen BETRIEBLICHE_BELANGEprüfen und auszuführen VORRANGIGE_URLAUBSWÜNSCHEprüfen.	

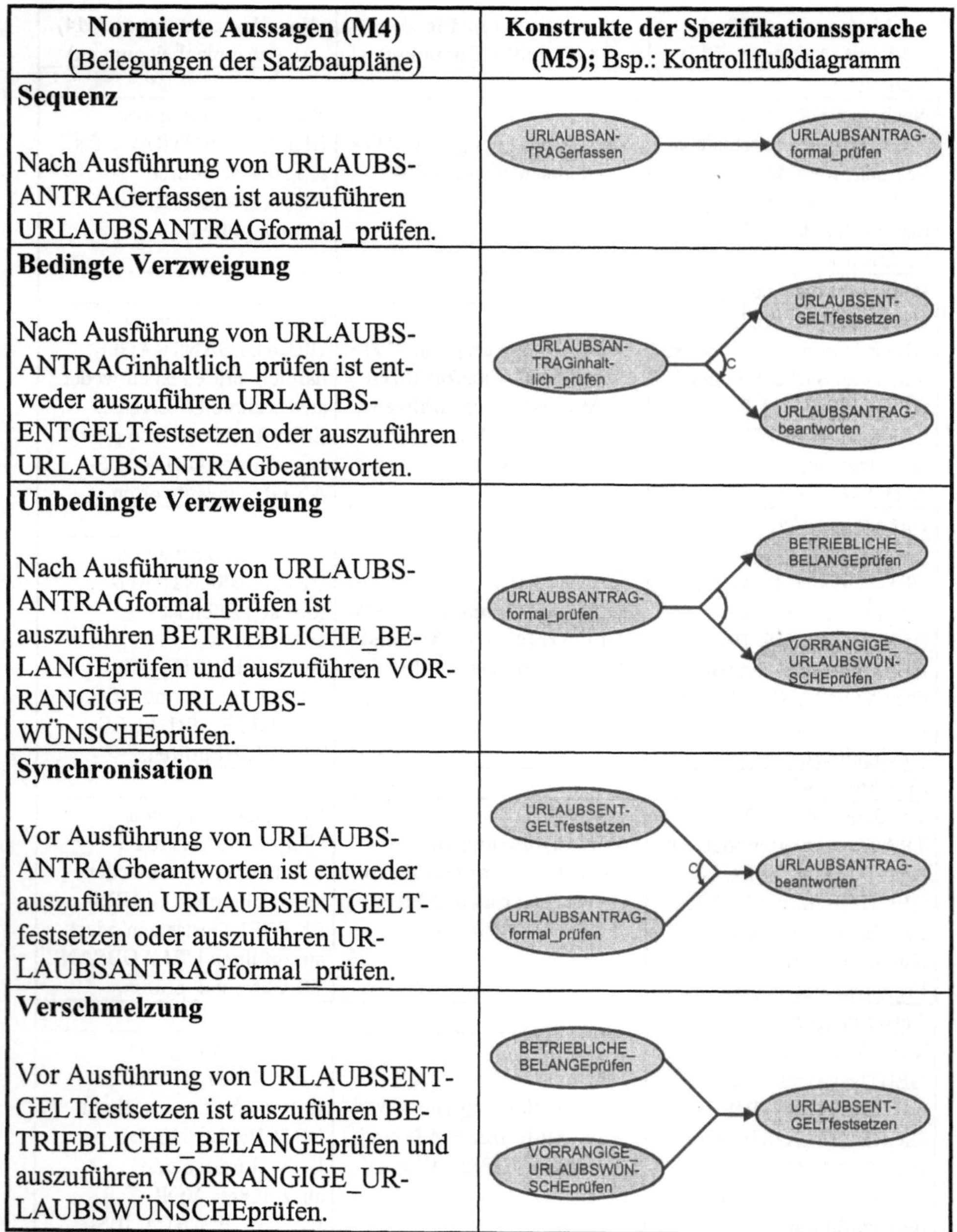

Tabelle 13: Transformation in Konstrukte eines Kontrollflußdiagramms

In Abbildung 30 wird ein bereits um Widersprüche und Lücken bereinigtes Ergebnis gezeigt. Es stellt die Reihenfolge der abzuarbeitenden Subworkflows für den Workflow „URLAUBSANTRAGbearbeiten" vollständig dar.

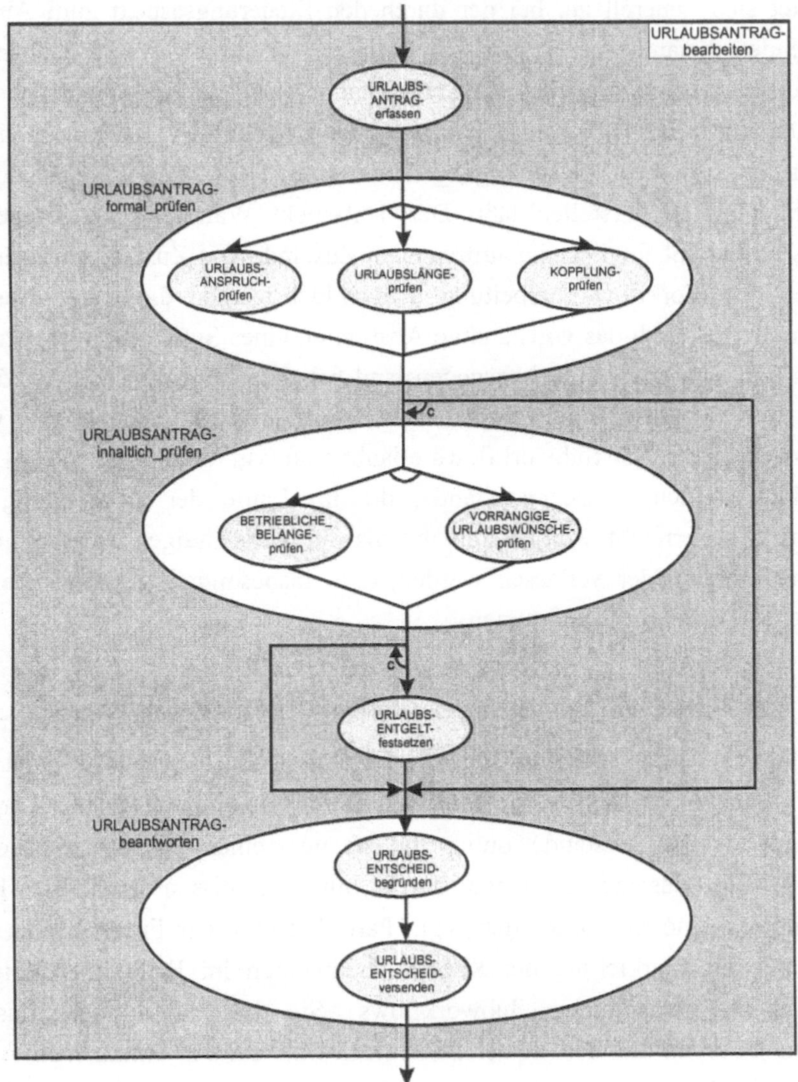

Abbildung 30: Kontrollflußdiagramm für das Beispiel
„URLAUBSANTRAGbearbeiten"

5.3.2 Teilaspekt Wandlung

Es bietet sich generell an, bei der durch den Steuerungsaspekt zum Ausdruck kommenden dynamischen Systemsicht zwischen Wandlungen und Reihenfolgen zu unterscheiden, so wie dies in [Schienmann 1997] für die dynamische Sicht eines Objektsystems vorgeschlagen wird. Unter Wandlungen ist demnach ein Netz von Zuständen und Zustandsübergängen zu verstehen, das sich mit Zustandsübergangsdiagrammen darstellen läßt. Der Teilaspekt Wandlung des Steuerungsaspekts beschreibt folglich die auftretenden Zustände und Zustandsübergänge im Rahmen der Workflow-Abarbeitung. Abgebildet werden diejenigen Zustandsübergänge, die durch das vollständige Abarbeiten eines Subworkflows verursacht werden und sich auf den Arbeitsgegenstand beziehen. Entsprechend werden die Vor- und Nachzustände festgehalten. Somit wird festgelegt, welche Zustandsübergänge für Subworkflows erlaubt sind, vgl. [Jablonski 1995a]. Nicht abgebildet werden Zwischenzustände, die im Laufe der Abarbeitung eines Subworkflows erreicht werden und die bis zur vollständigen Abarbeitung des Subworkflows wieder verlassen werden, d. h. insbesondere Zustandsübergänge auf Ebene der Elementarfunktionen.

5.3.2.1 Gewählte Diagrammsprache: Zustandsübergangsdiagramm

Als Diagrammsprache bieten sich Zustandsübergangsdiagramme (engl. *state transition charts*) an, siehe z. B. [Jablonski 1995a]. In einem Zustandsübergangsdiagramm werden Zustände durch die Knoten eines gerichteten endlichen Graphen und Zustandsübergänge durch mit Ereignissen markierte Kanten zwischen den Knoten repräsentiert, vgl. [Partsch 1991]. Die Funktion von Ereignissen bei der Markierung der Kanten übernehmen im Falle von Workflow-Management-Anwendungen Subworkflows. Sie bewirken einen Zustandsübergang bezogen auf den in der Subworkflowbenennung enthaltenen Arbeitsgegenstand. Die in [Harel/Pnueli 1985] vorgestellten State-Charts sind den Zustandsübergangsdiagrammen sehr ähnlich und könnten prinzipiell ebenfalls verwendet werden, obgleich ihre sich in zusätzlichen Konstrukten manifestierende größere Ausdrucksmächtigkeit für die Kommunikation mit den Anwendern eher hinderlich ist. State-Charts werden beispielsweise im Rahmen des Forschungsprojekts MENTOR[67] zur Spezifikation und Verifikation von Workflow-Schemata eingesetzt, vgl. [Weikum et al. 1997]. Dieses Projekt baut auf der formalen Fundierung von State-Charts auf.

5.3.2.2 Methodenspezifische Normierung

Den Ausgangspunkt für die Ermittlung von Wandlungen bildet die Menge der dem Steuerungsaspekt zugeordneten Aussagen. Diese Aussagen sind entweder über den zusätzlichen Zwischenschritt der weiteren Aussagenklassifikation gemäß der drei relevanten Teilaspekte oder aber direkt gemäß der Gesamtheit der von den drei Teilaspekten verwendeten Konstrukte zu klassifizieren. Für die vorgestellte Vorgehensweise mit den Schritten M3 bis M7 ist dies letztlich unerheblich. Nachfolgend werden ausschließlich Aussagen betrachtet, die für den Teilaspekt Wandlung relevant sind, der Selektionsprozeß, der zu ihrer Auswahl führte, ist hier zweitrangig.

Die Diagrammsprache der Zustandsübergangsdiagramme in der vorgestellten Form weist nur zwei Konstrukte auf, nämlich das des Übergangs von einem Zustand in den anderen (mit Nennung des Nachzustands), sowie das der Beschreibung des Vorzustands. Dementsprechend einfach gestaltet sich die methodenspezifische Klassifikation der Aussagen (M3). Die dem Zustands-übergangskonstrukt zugeordneten Aussagen sind unter Umständen weiter zu vereinfachen, bevor sie in Belegungen des entsprechenden Satzbauplans transformiert werden können (M4). Alternative Zustandsübergänge können nicht dargestellt werden, so daß beispielsweise statt der Aussage „ein formal geprüfter Urlaubsantrag wird entweder genehmigt oder abgelehnt" das Aussagenpaar „ein formal geprüfter Urlaubsantrag wird genehmigt", „ein formal geprüfter Urlaubsantrag wird abgelehnt" verwendet werden muß. Es ist an dieser Stelle unbedeutend, unter welchen Bedingungen der eine oder andere Zustandswechsel eintritt. Dies ist eine Frage, die subworkflowintern – im Sinne einer auf den Subworkflow beschränkten Kontrollsphäre, vgl. zu diesem Konzept [Davies 1978; Reinwald 1993; Wedekind 1994] – geregelt sein muß und die Steuerung des Workflows durch das Workflow-Management-System nicht direkt tangiert.

---

[67] MENTOR ist ein Akronym für *M*iddleware for *Ent*erprise-wide *W*orkflow Management.

Die Benennungen der Subworkflows legen die Benennung der entsprechenden Zustände oftmals nahe. Beispielsweise versetzt die Ausführung des Subworkflow „URLAUBSANTRAGformal_prüfen" den Zustand des Arbeitsgegenstands „Urlaubsantrag" in „formal_geprüft". Die Ausführung dieses Subworkflows hat dementsprechend nur dann Sinn, wenn der Zustand des betreffenden Arbeitsgegenstands nicht bereits „formal_geprüft" lautete. Die Aufgabe, Doppelarbeit bei der Ausführung von Subworkflows zu vermeiden, obliegt ebenfalls der Steuerung seitens des Workflow-Management-Systems, das nicht zuletzt aus diesem Grund stets über den Zustand eines Arbeitsgegenstands informiert sein muß, um dafür Sorge tragen zu können, daß ein Subworkflow nicht ungewollt mehrfach ausgeführt wird.

Die Satzbaupläne in Tabelle 14 weisen als Variable neben der Subworkflowbenennung auch jeweils eine Variable für den Arbeitsgegenstand sowie zur Beschreibung eines Zustands (Vorzustand, Nachzustand) auf. Die Benennung des Arbeitsgegenstands ergibt sich aus der entsprechenden Subworkflowbenennung. Tabelle 15 führt die Umsetzung in Konstrukte der Diagrammsprache vor (M5).

Es sind jeweils diejenigen Konstrukte zusammenzufügen (M6), die sich auf denselben Arbeitsgegenstand beziehen. Verknüpfungspunkte sind gleichlautende Zustände. Die Beispiele aus Tabelle 15 werden diesen Regeln entsprechend zusammengefaßt. Es zeigt sich, daß sich der Zustand „formal_geprüft" sowohl in den Zustand „genehmigt" als auch in den Zustand „abgelehnt" wandeln kann, und zwar jeweils aufgrund der Ausführung des Subworkflows „URLAUBSANTRAGinhaltlich_prüfen". Nur diejenigen Belegungen des Konstrukts „Vorzustand" sind für das Gesamtkonstrukt von Belang, die den Anfangszustand bzw. diejenigen Zustände beschreiben, zu denen eine passende Belegung des Zustandsübergangskonstrukts (noch) fehlt. Der letztgenannte Fall kann als provisorische Lösung betrachtet werden, die durch entsprechende Klärung des Sachverhalts bestätigt oder korrigiert werden muß (M7). Die Abbildung 31 zeigt das überprüfte Gesamtkonstrukt eines Zustandsübergangsdiagramms für das Urlaubsantragsbeispiel.

Methodenspezifisch klassifizierte Aussagen (M3)	Satzbaupläne (Zustandsübergangs-diagramm)	Normierte Aussagen (M4) (Belegungen der Satzbaupläne)
Vorzustand		
Zu Beginn der Bearbeitung des Urlaubsantrags ist der Urlaubsantrag nicht erfaßt.	**Vor Ausführung von <Wf> ist <ARBEITS-GEGENSTAND> im Zustand _<Zustand>_.**	Vor Ausführung von URLAUBSANTRAGerfassen ist URLAUBS-ANTRAG im Zustand _nicht_erfaßt_.
Zustandsübergang		
URLAUBSANTRAGin haltlich_prüfen führt dazu, daß der Urlaubsantrag danach entweder genehmigt oder abgelehnt ist.	**Durch Ausführung von <Wf> ist <ARBEITS-GEGENSTAND> anschließend im Zustand _<Zustand >_.**	• Durch Ausführung von URLAUBSAN-TRAGin-haltlich_prüfen ist URLAUBS-ANTRAG an-schließend im Zustand _genehmigt_. • Durch Ausführung von URLAUBSAN-TRAGinhalt-lich_prüfen ist URLAUBSAN-TRAG anschließend im Zustand _abgelehnt_.

Tabelle 14: Methodenspezifische Normierung von Aussagen zum Teilaspekt Wandlung

Normierte Aussagen (M4) (Belegungen des Satzbauplans)	Konstrukte der Diagrammsprache (M5) Bsp.: Zustandsübergangsdiagramm
Vorzustand Vor Ausführung von URLAUBS-ANTRAGerfassen ist URLAUBS-ANTRAG im Zustand *nicht_erfaßt*.	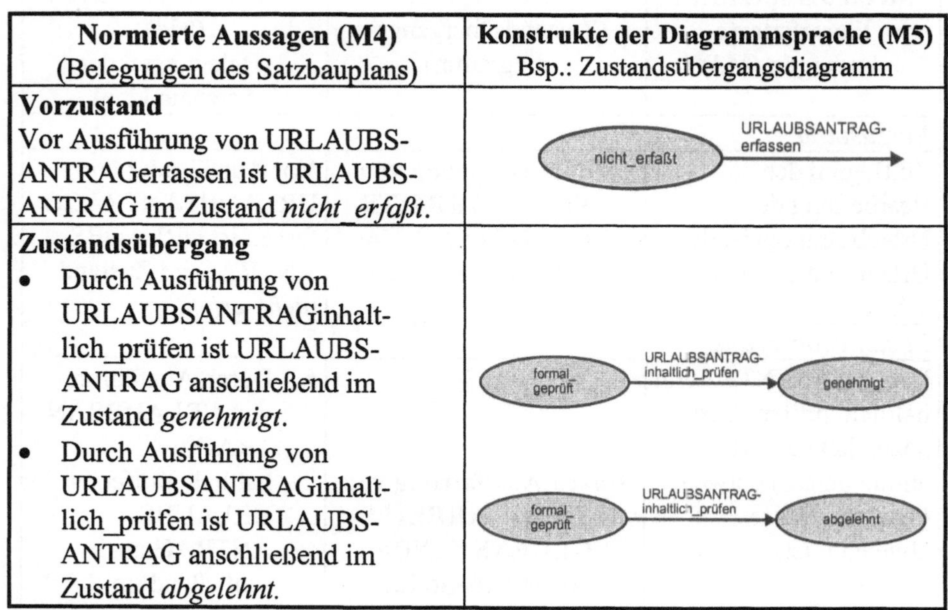
Zustandsübergang • Durch Ausführung von URLAUBSANTRAGinhaltlich_prüfen ist URLAUBS-ANTRAG anschließend im Zustand *genehmigt*. • Durch Ausführung von URLAUBSANTRAGinhaltlich_prüfen ist URLAUBS-ANTRAG anschließend im Zustand *abgelehnt*.	

Tabelle 15: Umsetzung in Konstrukte der Spezifikationssprache (Teilaspekt Wandlung)

5.3.3 Teilaspekt Zeitbedarf

Zur Bestimmung des Zeitbedarfs der Arbeitsgänge im Rahmen von Arbeitsabläufen können zunächst zwei grundsätzliche Vorgehensweisen unterschieden werden, vgl. [Ellinger/Haupt 1980]. Zum einen kann eine gleiche, konkrete Verrichtung im realen Ablauf beobachtet und zeitlich gemessen werden (Zeitaufnahme), d. h., es werden analytisch-experimentelle Methoden im Sinne von Systemen vorbestimmter Zeiten eingesetzt. Systeme vorbestimmter Zeiten sind Verfahren, mit denen SOLL-Zeiten für das Ausführen solcher Vorgangselemente bestimmt werden können, die vom Menschen voll beeinflußbar sind, vgl. [REFA 1987b]. Zum anderen kann versucht werden, vom einzelnen, konkreten Vorgang zu abstrahieren und die Dauer eines Arbeitsgangs durch Summation standardisierter Elementarverrichtungen, die auf frühere empirische Beobachtungen zurückgreifen, durch Vergleichen und Schätzen oder durch das Berechnen von Prozeßeinheiten bausteinartig die Wirklichkeit nachzubilden. Eine

Übersicht über Verfahren zur Ermittlung von Zeiten für Arbeitsabläufe bietet Abbildung 32.

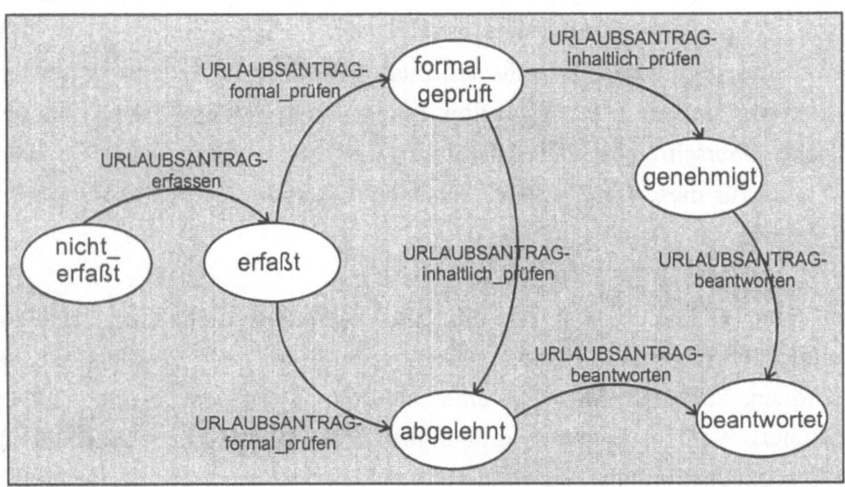

Abbildung 31: Zustandsübergangsdiagramm für das Beispiel
„URLAUBSANTRAGbearbeiten"

Exemplarisch soll das Methods-Time-Measurement-Verfahren (MTM-Verfahren) kurz betrachtet werden, vgl. [Wobbe 1993]. Dieses inzwischen international verbreitete Verfahren wurde in [Maynard et al. 1948] erstmals publiziert und dient als Regelwerk zur Anwendung von Bewegungsmodellen, mit der Absicht, Bewegungsabläufe und - dies ist an dieser Stelle von besonderem Interesse - Ausführungszeiten zu ermitteln. Allerdings ist das MTM-Verfahren auf die Analyse von manuellen Tätigkeiten beschränkt, geistige Tätigkeiten, wie sie bei der Bearbeitung von Workflows auch wichtig sind, können nicht analysiert werden, ebenso sind Erholungs- und Verteilzeiten mit anderen Verfahren zu erfassen. Besonders vorteilhaft am MTM-Verfahren ist, daß mit ihm eine Arbeitsablaufplanung für solche Arbeitssysteme möglich ist, die noch gar nicht existieren. Zur methodischen Entwicklung einer Workflow-Management-Anwendung kann das MTM-Verfahren allerdings nur zum Teil herangezogen werden. Während die Ausführung von Subworkflows durch Maschinen von der Vorhersehbarkeit des Zeitbedarfs mit der manuellen Ausführung von Arbeits-schritten durch Menschen vergleichbar ist, kann der Zeitbedarf für die intellektuell geprägte Ausführung von Subworkflows durch Menschen nur näherungsweise prognostiziert werden, so daß die zu erwartende Abweichung (Varianz) der tatsächlichen Ausführungszeit eines Subworkflows von der prognostizierten Durchschnittszeit (Erwartungswert) nicht zu vernachlässigen ist und damit keine so exakte Zeitplanung erlaubt, wie es von seiner Konzeption her das MTM-Verfahren eigentlich vorsieht. In diesem Zusammenhang ist auch zu betonen, daß die Steuerung seitens des Workflow-Management-Systems auch bei einer erheblichen Überschreitung der Ausführungszeit nicht aussetzen darf, vielmehr müssen auch für diese (und andere) Ausnahmesituationen Regelungen getroffen worden sein.

Sollten keine exakten Daten für die entsprechenden Elementarverrichtungen (Elementarfunktionen, Aktivitäten) vorliegen, muß auf der Grundlage stochastischer Größen, z. B. der Messung einer ähnlichen Verrichtung, der Zeitbedarf prognostiziert werden. Generell drohen bei Vernachlässigung des Zeitbedarfaspekts Kapazitätsprobleme, die wiederum zu Verzögerungen bei der Abarbeitung der Subworkflows führen. Die Modellierung des Teilaspekts Zeitbedarf ist im übrigen auch wichtig zur Simulation des geplanten Anwendungssystems.

5.3.3.1 Gewählte Diagrammsprache: Gantt-Diagramm

Als Diagrammsprache zur Darstellung der Zeit bieten sich *Gantt-Diagramme* an, die synonym auch „Balkendiagramme" oder „Zeitbänder" genannt werden, vgl. [Domschke/Drexl 1991; Wittlage 1993]. Sie gelten als bewährte Darstellungsformen zeitbezogener Ablaufprobleme, vgl. [Gaitanides 1983]. Gantt-Diagramme sind zweidimensionale Koordinatensysteme, bei denen die Zeit, gemessen in Zeitabschnitten der Abzisse, Vorgänge (Subworkflows) oder Kapazitäten von Aktionseinheiten bzw. Maschinen der Ordinate zugeordnet werden. Die Länge der Balken gibt den geplanten Zeitverbrauch an, die zuordbaren Abzissenwerte den Beginn bzw. das Ende der Subworkflows, vgl. [Wittlage 1993]. Die Lage der Balken zueinander bildet zeitliche Folgebeziehungen, aber auch sachliche Abhängigkeiten ab, vgl. [Liebelt 1992]. Gantt-Diagramme werden im übrigen sehr häufig in der Projektablaufplanung eingesetzt, vgl. [Schmidt 1996].

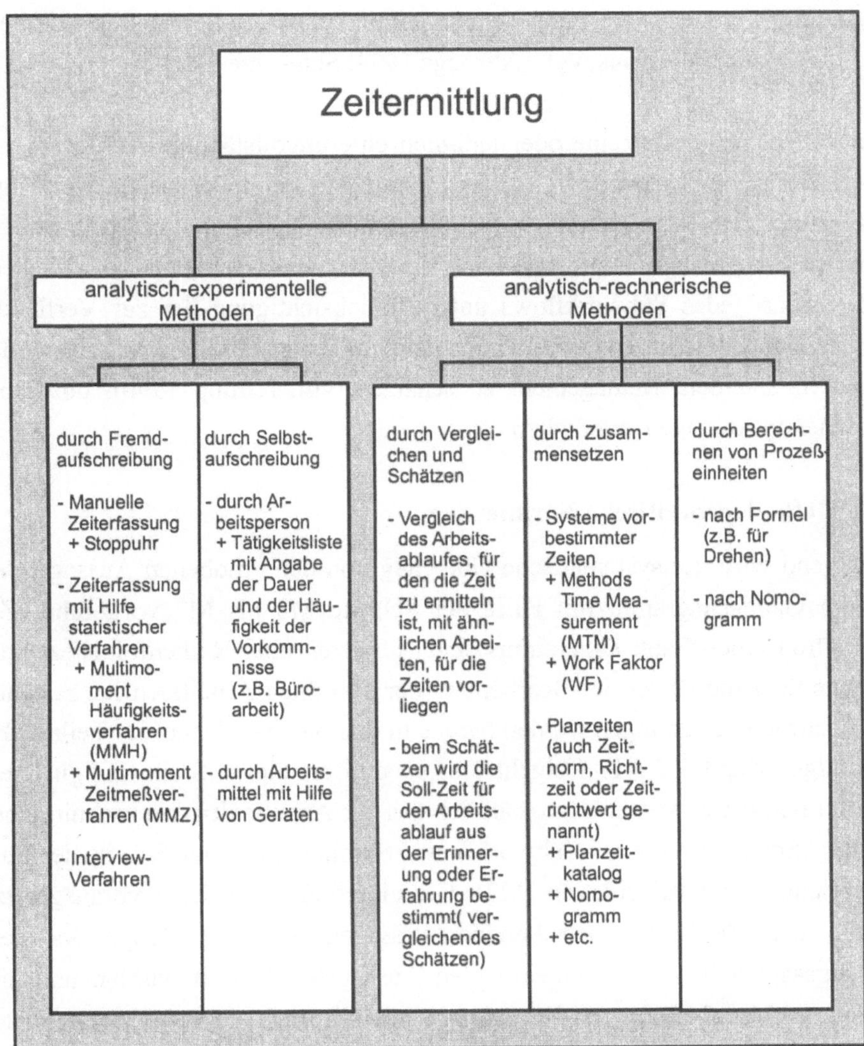

Abbildung 32: Verfahren zur Ermittlung von Zeiten für Arbeitsabläufe [Rohmert 1993]

Mit Gantt-Diagrammen verwandt sind die im Bereich der objektorientierten Anwendungssystementwicklung verwendeten „Ereignisdiagramme", vgl. [Jacobson et al. 1993; Mössenböck/Koskimies 1996; Rumbaugh et al. 1991] bzw. „Interaktionsdiagramme", vgl. [Booch 1994]. Netzpläne sind zur Darstellung prinzipiell auch geeignet, bieten jedoch mächtigere Darstellungs- und vor allem

Analysemöglichkeiten an und gehen somit über das hier erforderliche Darstellungspotential hinaus, vgl. [Altrogge 1994; Schwarze 1990].

In den Fällen, in denen keine oder lediglich eine unvollständige Aussagemenge zum Zeitbedarf eines Workflows vorliegt, wird als generelle Vorgehensweise zum Aufbau eines Gantt-Diagramms vorgeschlagen, zunächst die Subworkflows zu bestimmen (im Teilaspekt Subworkflows des Funktionsaspekt) und anschließend den Zeitbedarf jedes Subworkflows unter Berücksichtigung der zur Verfügung stehenden Kapazität und anderer Rahmenbedingungen in Zusammenarbeit mit den Anwendern und dem Management zu schätzen, vgl. [Grupp 1990], um damit entsprechende Aussagen zu erhalten.

5.3.3.2 Methodenspezifische Normierung

Nachfolgend wird der systematische Übergang von den erhobenen Aussagen hin zu einem Gantt-Diagramm mit Hilfe der Schritte M3 bis M7 vorgeführt. Zur Konstruktion eines Gantt-Diagramms sind Aussagen über Reihenfolgebeziehungen sowie über die Dauer der Bearbeitung der einzelnen Arbeitsschritte relevant. Die Reihenfolgebeziehungen werden bereits in den Satzbauplänen des Teilaspekts Reihenfolge (Kapitel 5.3.1) festgehalten, so daß an dieser Stelle lediglich ein Konstrukt betrachtet werden muß, nämlich das zur Angabe der durchschnittlichen Zeitdauer (Schätzwert) eines Subworkflows. Somit entfällt der Schritt der konstrukteorientierten Klassifikation (M3). Grundsätzlich wird dabei vorausgesetzt, daß alle den Zeitbedarf betreffenden Aussagen aus der Menge der dem Steuerungsaspekt insgesamt zugeordneten Aussagen selektiert wurden und hier zur weiteren Verarbeitung zur Verfügung stehen. Tabelle 16 zeigt exemplarisch die methodenspezifische Normierung mit Hilfe des entsprechenden Satzbauplans (M4).

Methodenspezifisch klassifizierte Aussagen (M3)	Satzbauplan zur Darstellung des Teilaspekts Zeitbedarf mit einem Gantt-Diagramm	Normierte Aussagen (M4) (Belegungen der Satzbaupläne)
Zeitdauer		
Das URLAUBSANTRAG-erfassen dauert im Schnitt 3 Minuten.	**<Wf> benötigt circa <Zeitdauer>.**	URLAUBSANTRAGer-fassen benötigt circa 3 *Minuten*.

Tabelle 16: Methodenspezifische Normierung von Aussagen zum Teilaspekt Zeitbedarf

Die Tabelle 17 skizziert den Übergang in ein Balkenkonstrukt eines Ganttdiagramms.

Normierte Aussagen (M4) (Belegungen des Satzbauplans)	Konstrukte der Diagrammsprache (M5) Bsp.: Ganttdiagramm
Zeitdauer URLAUBSANTRAGerfassen benötigt circa *3 Minuten*.	URLAUBSANTRAGerfassen ▭

Tabelle 17: Umsetzung in Konstrukte der Spezifikationssprache (Teilaspekt Zeitbedarf)

Auf der Basis der Belegungen des Satzbauplans für den Zeitbedarf und denjenigen der Satzbaupläne des Teilaspekts Reihenfolge, die auch parallele Ausführungen umfassen können, vgl. Kapitel 5.3.1, sind Anfangs- und Endtermine der Subworkflows zu bestimmen. Diese können in einem Gantt-Diagramm übersichtlich dargestellt werden (M6), siehe dazu Abbildung 33, die ein um Lücken und Widersprüche bereinigtes Gantt-Diagramm zeigt. Dies ist variabel möglich, da im Gegensatz zu einem Projektplan, zu dem Gantt-Diagramme häufig eingesetzt werden, kein bestimmter Startzeitpunkt vorgegeben werden kann.

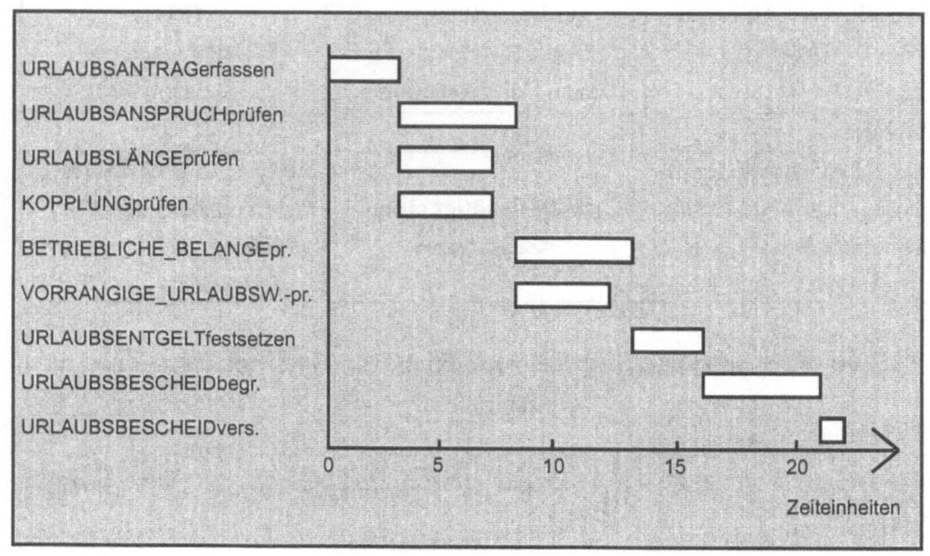

Abbildung 33: Gesamtkonstrukt eines Gantt-Diagramms

5.4 Datenaspekt

Eine wichtige Aufgabe des Workflow-Managements besteht in der Bereitstellung der von einem Subworkflow benötigten Daten zum richtigen Zeitpunkt, vgl. [Jablonski/Bußler 1996]. Gemäß dem in [Jablonski et al. 1997] verwendeten aspekteorientierten Ansatz zur Workflow-Modellierung ist diese Aufgabe dem Informationsaspekt (Synonym: informationsbezogener Aspekt) zuzuordnen. Der Informationsaspekt dient demnach der Definition von Parametern, von lokalen Variablen und von Datenflüssen innerhalb eines Workflow-Schemas. Es werden sowohl die in einem Workflow-Schema zur Verfügung stehenden Daten als auch ihr Fluß innerhalb des Workflow-Schemas modelliert, vgl. [Bußler/Stein 1997]. Dokumente werden als spezielle Art von Daten in allgemeiner Form und nicht im Sinne spezieller Modellierungsgegenstände wie bei Dokumentenmanagementsystemen interpretiert.

Genau betrachtet befaßt sich der Informationsaspekt allerdings mit Daten und nicht mit Informationen im eigentlichen Sinne. Der Unterschied zwischen Daten und Informationen wird offensichtlich, wenn der semiotische Zusammenhang der Begriffe „Daten", „Wissen" und „Information" betrachtet wird. Demnach bilden Daten materialisiertes, nach syntaktischen Regeln darstellbares Wissen. Korrekte Strukturen der Daten stellen hier die wesentliche Zielsetzung dar. Wissen wiederum gilt als der Untersuchungsgegenstand der Semantik. Die Bedeutung der dem Wissen zugrundeliegenden Daten wird hierbei geklärt und eine Wissensstruktur aufgebaut. Aus Wissen wird jedoch erst dann Information, wenn dessen Handlungsrelevanz, d. h. die subjektiven Benutzerinteressen und die objektiven Situationserfordernisse, im Rahmen der Informationsarbeit berücksichtigt werden, vgl. [Kuhlen 1989]. Genau dies trifft aber für den Informationsaspekt nicht in vollem Umfang zu, so daß die Umbenennung in „Datenaspekt" gerechtfertigt erscheint.

Grundsätzlich bietet es sich wegen der eingangs bereits skizzierten Modellierungsdimensionen an, den Datenaspekt in Teilaspekte zu zerlegen. Es wird vorgeschlagen, zwischen einem Datenfluß-Teilaspekt, einem Datensichten-Teilaspekt (externe Schemata, d. h. Sichten einzelner Anwendungen auf die Daten) und - um die Sicht des Gesamtunternehmens auf die Arbeitsgegenstände der Datenverarbeitung unabhängig von der dv-technischen Realisierung und neutral gegenüber Einzelanwendungen abzubilden - einem Konzeptionelles-Datenschema-Teilaspekt zu unterscheiden. Für jeden Teilaspekt kann eine eigene Diagrammsprache benutzt werden. Eine ähnliche Unterscheidung findet sich im übrigen bei [Göhner 1984] zur Beschreibung von Systemsichtweisen für den Fachentwurf.

Betrachtet man die innerhalb eines Workflow-Schemas fließenden Daten, so sind grundsätzlich Steuerungsdaten, Kommunikationsdaten sowie Produktionsdaten im Rahmen der Steuerung von Workflows durch ein Workflow-Management-System zu unterscheiden. *Steuerungsdaten* sind nur für die Steuerung von Workflows durch ein Workflow-Management-System von Belang. Sie werden im Zusammenhang mit dem Steuerungsaspekt betrachtet (Kapitel 5.3). Im Gegensatz dazu ist die Existenz von *Produktionsdaten* nicht von dem Einsatz eines Workflow-Management-Systems abhängig. Produktionsdaten stehen außerhalb eines solchen Systems, können aber von ihm benutzt werden. Sie werden oft von einem Datenbanksystem verwaltet. Falls Produktionsdaten von einem Workflow-Management-System benutzt werden, so werden sie als „workflowrelevante

Produktionsdaten" bezeichnet. Und nur workflowrelevante Produktionsdaten, z. B. Identifikatoren, werden zusammen mit den Steuerungsdaten von Subworkflow zu Subworkflow weitergereicht, nicht aber die eigentlichen Produktionsdaten selbst, vgl. [Jablonski 1995a]. *Kommunikationsdaten* dienen dem Austausch von Nachrichten (z. B. zur Abstimmung und Kooperation) zwischen den an einem Workflow beteiligten Akteuren (Applikationen, Personen). Insgesamt ergibt sich so eine Vierteilung in

(1) Steuerungsdaten,
(2) workflowrelevante Produktionsdaten,
(3) (sonstige) Produktionsdaten und
(4) Kommunikationsdaten.

Die Workflow Management Coalition spricht hier von Workflow Control Data (1), Workflow Relevant Data (2) und Application Data (3) [Lawrence/WfMC 1997]. Die Steuerung von (sonstigen) Produktionsdaten obliegt dabei stets anderen Systemen, z. B. einem Dokumentenmanagementsystem oder einem Datenbankmanagementsystem, vgl. [Jablonski/Bußler 1996]. Ebenso stellt die Definition von Produktionsdaten keine Aufgabe im Rahmen der Entwicklung einer Workflow-Management-Anwendung dar. Da Produktionsdaten jedoch für die vom Workflow-Management-System aufzurufenden Anwendungen wichtig sind, müssen sie auch aus der Perspektive einer Workflow-Management-Anwendung als relevant eingestuft und entsprechend modelliert werden.

5.4.1 Teilaspekt Datenfluß

Datenflüsse beschreiben, welche Daten (workflowrelevante Produktionsdaten und Steuerungsdaten) zur Abarbeitung eines Subworkflows (IN-Datenflüsse) benötigt werden und welche Daten auf der anderen Seite produziert und nach außen (OUT-Datenflüsse) gegeben werden. Auch die Möglichkeit des Verwendens und modifizierten Zurückschreibens von Daten ist gegeben (INOUT-Datenflüsse). Entsprechende Aussagen, die den Datenfluß zu oder von einem Subworkflow beschreiben, sind hier einzuordnen.

5.4.1.1 Gewählte Diagrammsprache: Datenflußdiagramm

Zur Darstellung von Datenflüssen bieten sich Datenflußpläne, z. B. [Balzert 1990; DIN 66001 1983], und Datenflußdiagramme an. Hier wird vorgeschlagen, Datenflußdiagramme aufgrund ihrer Einfachheit sowie ihrer weiten Verbreitung zu verwenden. Sie sind auch deshalb gut zur Darstellung des Datenflusses in einer Diagrammsprache geeignet, da sie keine Einzelheiten zu den Daten (Teilaspekt Datensichten, Teilaspekt Konzeptionelles Datenschema) und keine Reihenfolgen (Steuerungsaspekt) abbilden.

Datenflußdiagramme sind älter als die Informatik, ihre Wurzeln reichen bis in die ersten Jahre dieses Jahrhunderts zurück, vgl. [Pages-Jones 1988]. Sie sind nicht nur für die Darstellung von Informationssystemen sondern auch zur Darstellung ganzer Unternehmen geeignet und somit auch auf der Ebene der strategischen Planung einsetzbar, vgl. [Yourdon 1992]. Und auf Datenflußdiagrammen basieren eine Reihe neuerer Methoden der Software-Entwicklung, so die Strukturierte Analyse (SA), siehe z. B. [De Marco 1978], und *die Structured Analysis and Design Technique* (SADT), siehe z. B. [Ross 1985]. Umfassende Einführungen in Datenflußdiagramme geben [De Marco 1978; Martin/McClure 1988; McMenamin/Palmer 1988; Page-Jones 1988; Yourdon 1992].

Zur Darstellung von Datenflußdiagrammen werden die Komponenten Datenfluß (Pfeil), Prozeß (Kreis), Datenspeicher/Speicher (parallele Linien) und Terminator (Rechteck) verwendet. Dabei gibt es eine ganze Reihe von synonym verwendeten Benennungen für die verschiedenen Komponenten. Die Symbole selbst werden ebenfalls nicht immer einheitlich verwendet. In diesem Buch wird eine in der Literatur häufig zu findende Notation mit den genannten Symbolen und Benennungen herangezogen. Eine nennenswert abweichende Notation stellen z. B. [Gane/Sarson 1977] vor, die hier jedoch nicht weiter betrachtet werden soll.

Die einzelnen Komponenten eines Datenflußdiagramms werden nun kurz betrachtet. *Prozesse* werden in der Literatur auch als „Blasen", „Bubbles", „Funktionen" oder „Transformationen" bezeichnet, vgl. [Yourdon 1992]. Sie entsprechen Funktionseinheiten, folglich wird im Zusammenhang mit der Modellierung von Workflows statt von Prozessen von Subworkflows (vgl. Kapitel 5.2) gesprochen. Die in diesem Buch verwendete Benennungskonvention für

Subworkflows entspricht im übrigen fast derjenigen, die Yourdon für die Benennung von Prozessen in Datenflußdiagrammen (Verb + Objekt, z. B. „Berechne Steuersatz") vorgeschlagen hat. *Datenflüsse* repräsentieren Daten in Bewegung, wobei die Pfeilspitzen die Richtung des Datenflusses angeben. Daten können in einen Subworkflow hinein oder aus einem Subworkflow herausfließen, sie können aber auch in beide Richtungen im Sinne eines Dialogs fließen (Doppelpfeil). Datenflüsse können in einem Datenflußdiagramm konvergieren („zusammenfließen") und divergieren („auseinanderfließen"). Sie verbinden im Sinne einer fachlichen Entkoppelung möglichst entweder Subworkflows mit Speichern oder Subworkflows mit Terminatoren, vgl. [McMenamin/Palmer 1988; Yourdon 1992]. In manchen Fällen, insbesondere auf tieferen Hierarchieebenen, ist es gleichwohl empfehlenswert, zwei Subworkflows miteinander zu verbinden, um nicht nur aus formalen Gründen zusätzliche Speicher einführen zu müssen, vgl. [Raasch 1991]. Einen *Speicher* kann man sich als eine Sammlung von Daten vorstellen, z. B. eine Datenbank, eine Datei oder eine Kartei. Die Art des Speichermediums spielt dabei keine Rolle. Der *Terminator* kann eine Person, eine interne oder externe Personengruppe, eine externe Organisation, z. B. eine Behörde, oder auch ein anderes Informationssystem sein, z. B. eine andere Workflow-Management-Anwendung. Ein Terminator wird im übrigen auch „Endknoten" genannt, vgl. [Lehner et al. 1991]. Im Zusammenhang mit der Entwicklung einer Workflow-Management-Anwendung sind als Terminatoren beispielsweise die Geschäftsleitung, externe Kooperationspartner oder involvierte Behörden vorstellbar.

Datenflußdiagramme eignen sich gut für die Top-Down-Analyse. Sie ermöglichen die hierarchische Darstellung eines Systems auf mehreren Ebenen. Dieses Ebenenkonzept erlaubt sowohl Überblicksdarstellungen des Gesamtsystems als auch detaillierte Darstellungen von Systemausschnitten, vgl. [Martin/McClure 1988]. Das Prinzip der Hierarchisierung korrespondiert mit den verschiedenen Hierarchiestufen von Subworkflows bezogen auf einen Workflow.

5.4.1.2 Methodenspezifische Normierung

Die dem Datenfluß-Teilaspekt zugeordneten Aussagen sind gemäß den in einem Datenflußdiagramm möglichen Konstrukten zu klassifizieren (M3). Auf der Ebene der Modellierung von Datenflüssen zwischen Subworkflows ist es allerdings passender, von „Bestand" zu sprechen, statt den technischen Begriff „Speicher" zu verwenden. Auftreten können Datenflüsse zwischen einem Subworkflow und einem Bestand sowie zwischen einem Subworkflow und einem Terminator. Die Flüsse zwischen den genannten Diagrammelementen können jeweils typisiert werden in Flüsse mit den Flußrichtungen „IN", „OUT" sowie „INOUT", so daß insgesamt sechs Konstrukte zu berücksichtigen sind.

Die Satzbaupläne für den Teilaspekt Datenfluß (siehe Tabelle 18) weisen neben den Platzhaltern für Subworkflows weitere Variablen auf. Zum einen sind die Daten zu benennen, welche fließen. Dabei kann es sich neben beliebigen Daten in elektronischer Form auch um Dokumente als Agglomerationen von Daten handeln. Ferner sind die Senken bzw. Quellen der Datenflüsse als Variablen in den Satzbauplänen vorzusehen. Zu unterscheiden sind dabei Bestände und Terminatoren. In Tabelle 18 wird der Übergang von den nach Konstrukten klassifizierten Aussagen in Belegungen der entsprechenden Satzbaupläne exemplarisch verdeutlicht. Die Umsetzung der Satzbauplanbelegungen in Konstrukte der Diagrammsprache „Datenflußdiagramm" (M5) wird in Tabelle 19 exemplarisch verdeutlicht.

Methodenspezifisch klassif. Aussagen (M3)	Satzbaupläne (Datenflußdiagramm)	Normierte Aussagen (M4) (Satzbauplanbelegungen)
Datenfluß in Bestand		
Als Ergebnis von URLAUBSENTGELTfest-setzen werden die Höhe und der Zahlungstermin im Gehaltsbestand vermerkt.	**<Wf> gibt weiter <*Daten*> an <*Bestand*>.**	URLAUBSENTGELTfest-setzen gibt weiter *Urlaubs-geld* an *Gehaltsbestand*.
Datenfluß aus Bestand		
Zum URLAUBSAN-TRAG-formal_prüfen werden die Personalstammdaten aus dem Personalbestand benötigt.	**<Wf> erhält <*Daten*> von <*Bestand*>.**	URLAUBSANTRAGfor-mal_prüfen erhält *Personal-stammdaten* von *Personal-bestand*.
Datenfluß in/aus Bestand		
Zum URLAUBSAN-TRAGbeantworten werden inhaltlich geprüfte Urlaubsanträge benötigt, denen im Zuge der Beantwortung der Vermerk „beantwortet" gegeben wird.	**<Wf> tauscht aus <*Daten*> mit <*Bestand*>.**	URLAUBSANTRAGbeant-worten tauscht aus *Antrags-daten* mit *inhalt-lich_geprüfte Urlaubs-anträge*.
Datenfluß in Terminator		
URLAUBSANTRAGbe-antworten sendet den Urlaubsbescheid an den Antragsteller.	**<Wf> gibt weiter <*Daten*> an <*Terminator*>.**	URLAUBSANTRAGbeant-worten gibt weiter *Urlaubs-bescheid* an *Antragsteller*.
Datenfluß aus Terminator		
URLAUBSANTRAGerfas-sen erhält die Antragsdaten vom Antragsteller.	**<Wf> erhält <*Daten*> von <*Terminator*>.**	URLAUBSANTRAGerfas-sen erhält *Antragsdaten* von *Antragsteller*.
Datenfluß in/aus Terminator		
URLAUBSANTRAGin-haltlich_prüfen gibt den formal geprüften Urlaubsantrag an die Geschäftsleitung weiter.	**<Wf> tauscht aus <*Daten*> mit <*Terminator*>.**	URLAUBSANTRAGinhalt-lich_prüfen tauscht aus *Urlaubsantrag* mit *Geschäftsleitung*.

Tabelle 18: Methodenspezifische Normierung von Aussagen zum Teilaspekt
Datenfluß

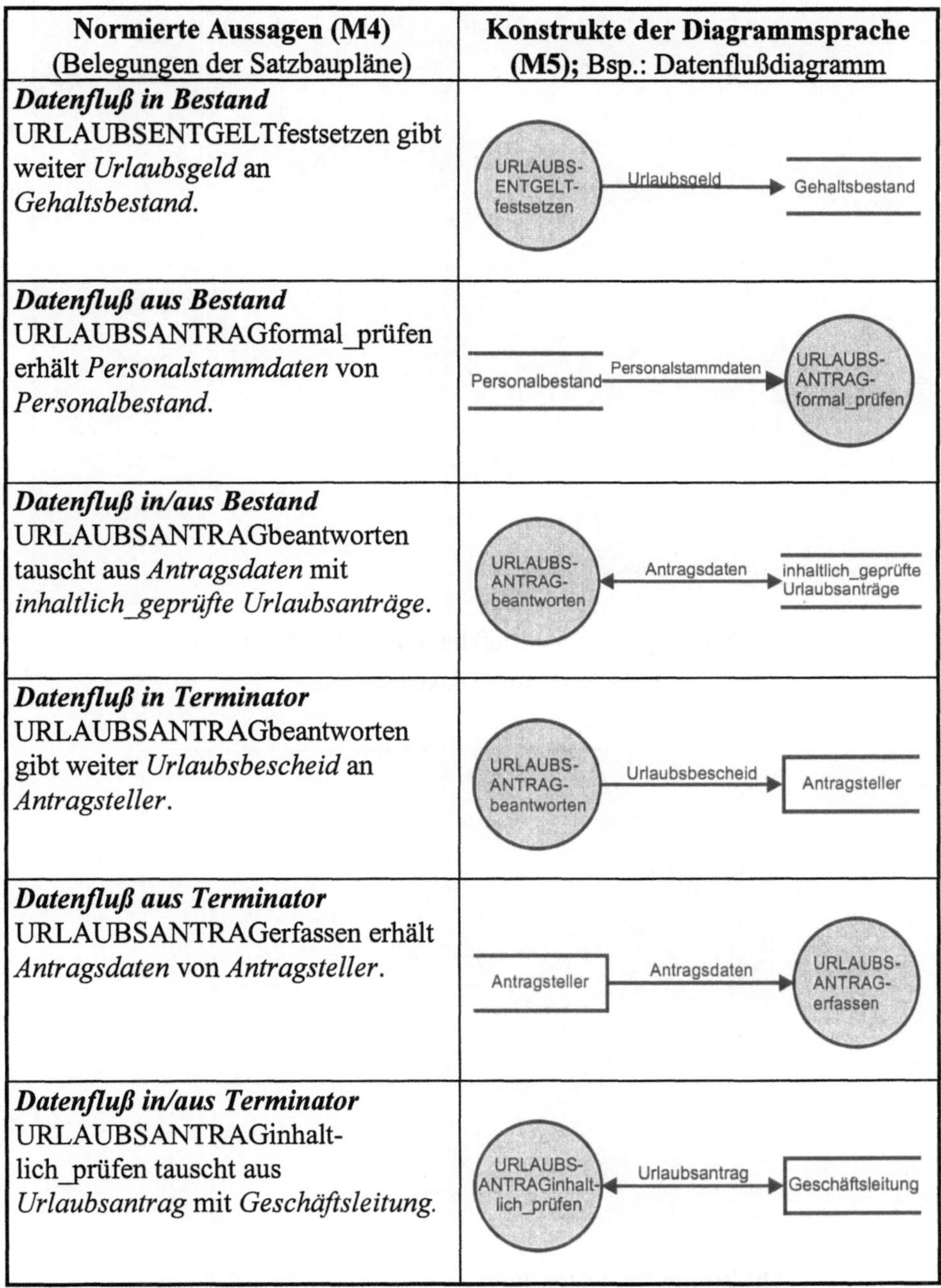

Tabelle 19: Umsetzung in Konstrukte der Spezifikationssprache (Teilaspekt
Datenfluß)

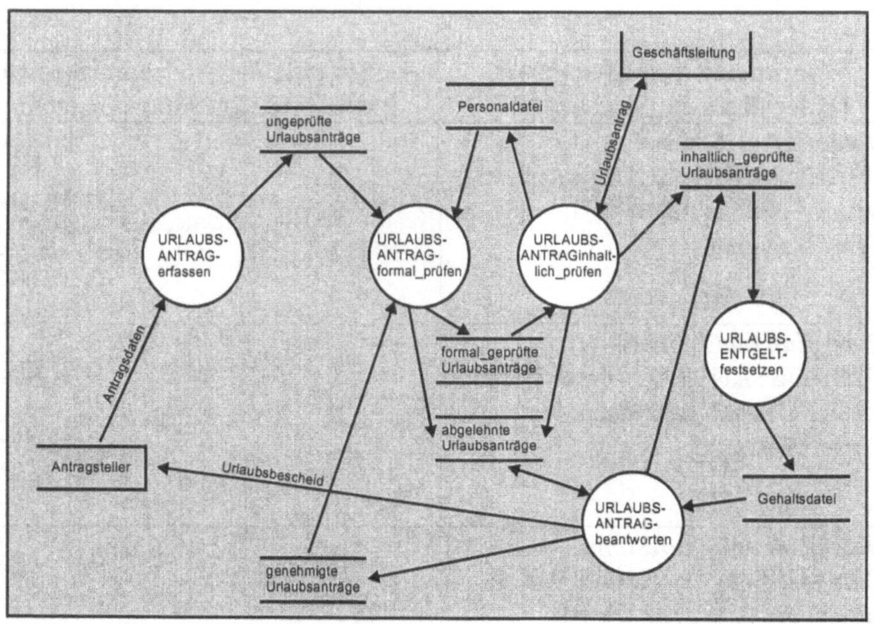

Abbildung 34: Datenflußdiagramm des Workflows
„URLAUBSANTRAGbearbeiten"

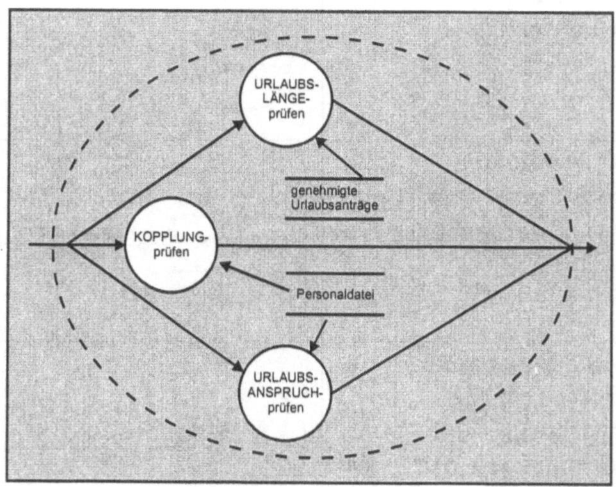

Abbildung 35: Datenflußdiagramm des Subworkflows
„URLAUBSANTRAGinhaltlich_prüfen"

Die resultierenden Konstrukte werden zusammengefaßt (M6), auf Lücken und Widersprüche hin überprüft und, sofern erforderlich, modifiziert bzw. ergänzt (M7), um schließlich ein Gesamtkonstrukt, wie in Abbildung 34 dargestellt, zu bilden. Die Abbildung 35 zeigt eine Verfeinerung des Subworkflows „URLAUBSANTRAGinhaltlich_prüfen", die sich aus darstellungstechnischen Gründen hier als separate Abbildung anbietet, im Prinzip aber auch in Abbildung 34 integriert werden könnte, wenngleich dadurch die Übersichtlichkeit der Darstellung Schaden nehmen würde.

5.4.2 Teilaspekt Konzeptionelles Datenschema

Während Datenflüsse beschreiben, welche Daten im Rahmen der Abarbeitung eines Subworkflows von einem Subworkflow zum anderen fließen, stellt der Teilaspekt Konzeptionelles Datenschema anhand von Aussagen über Daten, ihre Eigenschaften und ihre Beziehungen fest, welche Beziehungen die auftretenden workflowrelevanten Produktionsdaten bzw. Steuerungsdaten untereinander besitzen. Diese Beziehungen sind im Zusammenhang mit Workflow-Management-Anwendungen auch wichtig, um die geschlossene Zuordnung von Daten zu größeren Einheiten, die „Vorgangstypen", „Laufmappen" oder allgemein „Dokumente" genannt werden, herstellen zu können, vgl. [Galler 1995]. Datenbeziehungen dienen im übrigen der Strukturierung der Termini.

5.4.2.1 Gewählte Diagrammsprache: Objekttypenmethode

Zur Modellierung des Konzeptionellen Datenschemas als Basissicht des Gesamtunternehmens auf die Datenressourcen soll die „Semantische Datenmodellierung nach der Objekttypenmethode" verwendet werden. Die Objekttypenmethode stellt gemäß [Ortner/Söllner 1989] einen in der Praxis erprobten Ansatz einer semantischen Datenmodellierung dar, bei dem von Anfang an zwischen Datenobjekten (Objekttypen) und Objekteigenschaften (Attributen) unterschieden wird. Den Ausgangspunkt für die Modellierung nach der Objekttypenmethode bilden relevante Aussagen über Sachzusammenhänge aus den Anwendungsbereichen. Die Beziehungsinformationen - bezogen auf die Objekttypen - werden vollständig in den Kanten der Diagrammdarstellung ausgedrückt. Schließlich werden n:m-Beziehungen zwischen Objekttypen über die Einführung neuer Objekttypen in 1:n-Beziehungen aufgelöst. Für die Entwicklung des

Konzeptionellen Datenschemas wird eine aus sieben Schritten bestehende Vorgehensweise empfohlen, die nicht sequentiell, sondern iterativ zu durchlaufen ist.

Das Ergebnis der zur Objekttypenmethode gehörenden Datenmodellierungssprache bildet dann das Konzeptionelle Datenschema, das oft auch kurz „Konzeptionelles Schema" oder „unternehmensweites Datenmodell" genannt wird. Der Übergang von Aussagen zu diagrammsprachlichen Konstrukten eines solchen Modells ist bereits weitgehend systematisiert und kann werkzeugunterstützt erfolgen, vgl. [Vogler 1994]. Somit kann darauf zurückgegriffen und auf die einschlägige Literatur zur Vertiefung [Ortner 1983; Ortner/Söllner 1989; Ortner 1994] verwiesen werden, in der der Weg von der Aussagensammlung hin zu Konstrukten der Objekttypenmethode beschrieben wird.

5.4.2.2 Methodenspezifische Normierung

Ganz im Sinne eines normsprachlichen Ansatzes ist in der Semantischen Datenmodellierung nach der Objekttypenmethode im Anschluß an die Festlegung relevanter Aussagen die Rekonstruktion der verwendeten Termini vorgesehen. Diese in [Ortner/Söllner 1989] als Schritte 1 und 2 bezeichneten Tätigkeiten erübrigen sich an dieser Stelle im Rahmen des in diesem Buch vorgestellten Ansatzes zur Entwicklung einer Workflow-Management-Anwendung, da die Objekttypenmethode hier genau wie alle anderen Methoden, die zur Modellierung der einzelnen Aspekte eingesetzt werden, auf einer bereits rekonstruierten Terminologie (nach dem Durchlaufen der Schritte T1 bis T5, siehe dazu Kapitel 4.2) aufsetzen kann. Die terminologische Normierung deckt somit die Schritte 1 und 2 der Objekttypenmethode bereits ab. Die rekonstruierten Termini (Fachbegriffe) werden bei der Objekttypenmethode im übrigen als „Objekttypen" und „Attribute" klassifiziert.

Der methodenspezifische Einstieg erfolgt mit der Grobdatenmodellierung bei Schritt 3 der Objekttypenmethode, d. h. der Analyse der Beziehungen zwischen den Termini. In diesem Schritt geht es darum, die Fragen nach der *Beziehungswirkung* (Inklusion, Aggregation, Konnexion), nach dem *Beziehungsverhältnis* (1:1, 1:n, n:m) und nach der *Beziehungshäufigkeit* (einige:einige, alle:einige, alle:genau ein usw.) zwischen den einzelnen Termini (Objekttypen) zu klären. Von einem Terminus (Objekttyp) können mehrere Beziehungen (zu anderen

Termini) ausgehen. In einen Objekttyp können mehrere Beziehungen (aus anderen Termini) münden. Die über ein Beziehungssymbol – Dreieck (Inklusion), Trapezoid (Aggregation) und Raute (Konnexion) – in einem Datenmodell dargestellten Beziehungen werden zusammen mit ihren Termini (Objekttypen) *Beziehungskomplexe* genannt, vgl. [Ortner 1993b]. Zur Klärung der Beziehungen werden die Termini in einem iterativen Prozeß wechselseitig in Beziehung gesetzt und die daraus resultierenden Aussagen auf ihren Wahrheitswert hin überprüft bzw. mit den Einträgen im Wörterbuch abgeglichen, vgl. [Ortner/Söllner 1989]. Die Aussagen werden somit gemäß den relevanten Konstrukten klassifiziert (M3). Mit Hilfe geeigneter Satzbaupläne (M4), siehe z. B. [Ortner 1997a], werden die methodenspezifisch klassifizierten Aussagen in eine normierte Form gebracht. In Tabelle 20 wird dies exemplarisch verdeutlicht.

Man erkennt schon an dem Umstand, daß die entsprechenden Satzbaupläne die Variable <Wf> nicht enthalten, daß der Teilaspekt des Konzeptionellen Schemas für die Entwicklung einer Workflow-Management-Anwendung zwar grundlegend ist, jedoch im Zuge der Entwicklung einer Workflow-Management-Anwendung nicht vollständig aufgebaut werden kann, auch ist er für die Steuerung von Workflows nicht relevant. Vielmehr sollte das Konzeptionelle Datenschema möglichst in bereits rekonstruierter Form vorliegen, bevor eine Workflow-Management-Anwendung entwickelt wird, um dann entsprechende Aussagen mit ihm abgleichen zu können. Deshalb erscheint es gerechtfertigt, hier nur exemplarisch das (einfache) Beziehungsverhältnis „Inklusion" zwischen Objekt-typen aus Aussagen heraus abzuleiten. Bezüglich aller weiteren Beziehungs-verhältnisse sei auf die genannte Literatur verwiesen. Da hier keine Vollständig-keit angestrebt wird, entfällt zwangsläufig auch die Darstellung der Schritte M6 und M7 für den Teilaspekt Konzeptionelles Datenschema, die sich mit dem Aufbau und der Verifikation des Gesamtkonstrukts beschäftigen würden. Die Bildung eines Gesamtkonstrukts orientiert sich dabei an mehrfach auftretenden Objekttypen. Ebenso exemplarisch wie in Tabelle 20 wird in Tabelle 21 die Übersetzung der methodenspezifisch normierten Aussagen in die entsprechenden Diagrammkonstrukte der Objekttypenmethode vorgeführt (M5).

Methodenspezifisch klassifizierte Aussagen (M3)	Satzbaupläne (Objekttypenmethode)	Normierte Aussagen (M4) (Belegungen der Satzbaupläne)
Inklusion (top-down)		
Sowohl ein Urlaub als auch eine Kur sind geplante Erholungszeiträume.	**Ein/e *<Hyperonym>* ist entweder ein/e *<Hyponym1>* oder ein/e *<Hyponym2>*.**	Ein *geplanter Erholungszeitraum* ist entweder ein *Urlaub* oder eine *Kur*.
Inklusion (bottom-up)		
• Jeder Urlaub ist ein geplanter Erholungszeitraum. • Jede Kur ist ein geplanter Erholungszeitraum.	**Jede/r/s *<Hyponym>* ist ein/e *<Hyperonym>*.**	• Jeder *Urlaub* ist ein *geplanter Erholungszeitraum*. • Jede *Kur* ist ein *geplanter Erholungszeitraum*.
...	...	...

Tabelle 20: Methodenspezifische Normierung von Aussagen zum Teilaspekt Konzeptionelles Datenschema

Der vierte Schritt der Objekttypenmethode sieht als Abschluß der Grobdatenmodellierung die Integration der rekonstruierten Termini (Objekttypen) mit ihren Beziehungen in das bereits existierende Konzeptionelle Schema der Unternehmensdaten vor. Dazu ist die vorhergehende Durchführung der Schritte M6 und M7, die Verbindung der einzelnen Konstrukte und die Überprüfung des Gesamtkonstrukts auf Vollständigkeit und Widerspruchsfreiheit erforderlich. Das Konzeptionelle Schema wird auch als Unternehmensdatenmodell oder Begriffsschema sämtlicher Datenressourcen einer Organisation bezeichnet, vgl. [Ortner 1993b]. Eine solche Abstimmung mit aus anderen Projekten zur Anwendungssystementwicklung entstandenen Datenstrukturen ist auch für die in einer Workflow-Management-Anwendung verwendeten workflow-relevanten Produktionsdaten wichtig. Steuerungsdaten - gegebenenfalls auch die Kommunikationsdaten, wenn sie nicht zu den Datenressourcen eines Unternehmens gerechnet werden - können hingegen unabhängig vom existierenden Konzeptionellen Schema strukturiert werden, da sie nur für die Steuerung bzw. Kommunikation durch das Workflow-Management-System relevant sind.

Normierte Aussagen (M4) (Belegungen der Satzbaupläne)	**Konstrukte der Diagrammsprache (M5)** (Objekttypenmethode)
Inklusion (top-down) Ein *geplanter Erholungszeitraum* ist entweder ein *Urlaub* oder eine *Kur*.	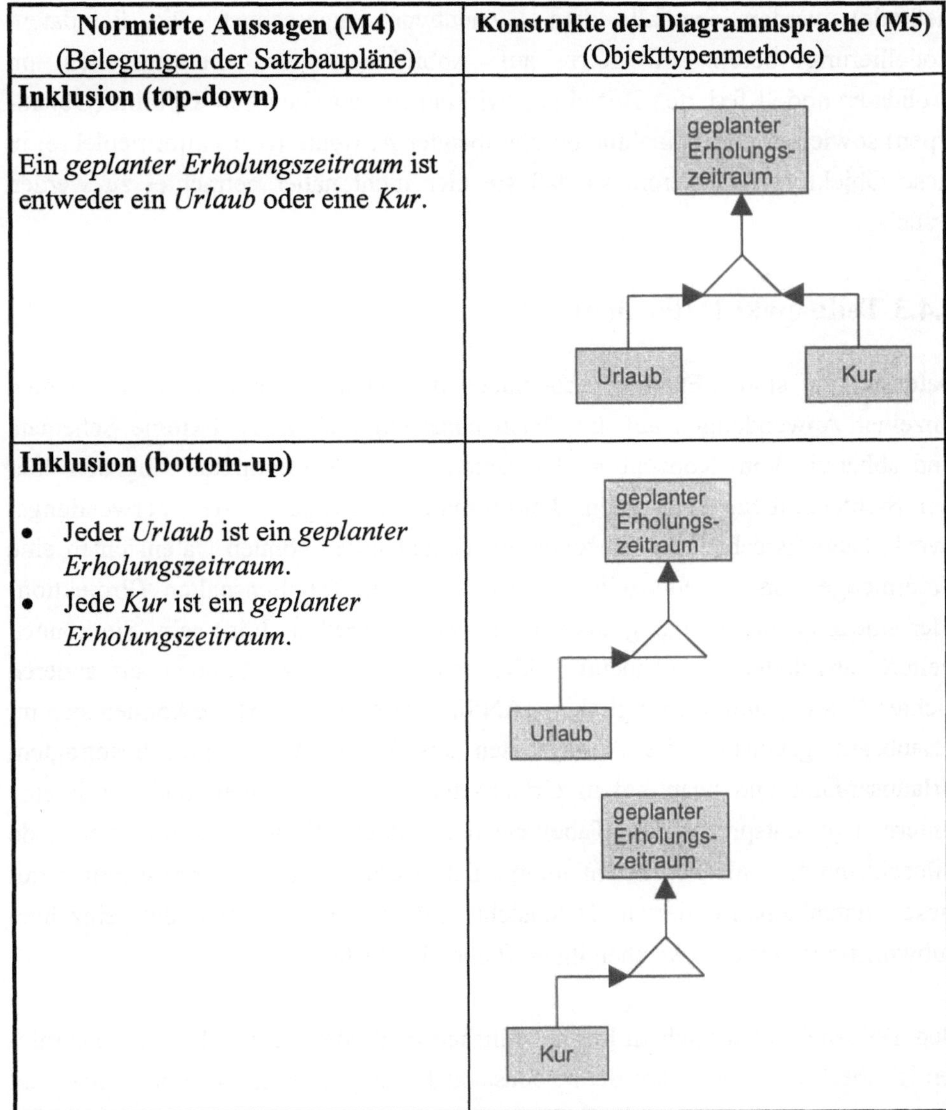
Inklusion (bottom-up) • Jeder *Urlaub* ist ein *geplanter Erholungszeitraum*. • Jede *Kur* ist ein *geplanter Erholungszeitraum*.	

Tabelle 21: Umsetzung in Konstrukte der Spezifikationssprache (Teilaspekt Konzeptionelles Datenschema)

Die auf die Grobdatenmodellierung folgende Feindatenmodellierung (Schritte 5 und 6 der Objekttypenmethode) als die eigentliche Sammlung und Verwaltung von Daten über Objekttypen und deren Eigenschaften auf der Basis von Attributen sowie die Behandlung von Integritätsbedingungen (Schritt 7 der Objekttypenmethode) werden ebenfalls dem Fachentwurf zugerechnet. Die Feindatenmodellierung beruht im Kern auf Abbildungsregeln, die auf den im Grobdatenmodell fixierten Beziehungswirkungen zwischen den Termini (Objekttypen) sowie auf der Aufnahme beschreibender Attribute (Normalformenlehre) in diese Objekttypen basieren, so daß sie hier nicht näher betrachtet zu werden braucht.

5.4.3 Teilaspekt Datensichten

Datensichten sind „Externe Schemata" der Datenressourcen, d. h. Sichten einzelner Anwendungen auf die Daten eines Unternehmens. Externe Schemata sind abhängig vom Konzeptionellen Datenschema. Sie enthalten Angaben über den Sichtenaufbau, Feldnamen, Feldformate, zulässige Werte, Verwendungszweck, Zugriffsrechte usw. Bezogen auf Datenbanken können Datensichten eine Untermenge von Tabellenzeilen (Selection) oder Tabellenspalten (Projektion) oder eine Zusammensetzung aus verschiedenen Tabellen (Join) sein. Sie können weitere, abgeleitete (errechnete) Felder enthalten, und sie können auf anderen Sichten (Views) aufbauen, vgl. dazu [ANSI/X3/SPARC 1975]. So können sich im Urlaubsantragsbeispiel die Antragsdaten aus Mitarbeiternummer, beantragtem Urlaubsanfang und beantragtem Urlaubsende zusammensetzen und damit eine Untermenge entsprechender Tabellenzeilen bilden. Generell kann auch jede Bildschirmmaske als Datensicht interpretiert werden. Nicht übereinstimmen mit dieser datenbankorientierten Datensicht müssen die Sichten der einzelnen Subworkflows auf die zwischen ihnen fließenden Daten.

Den Teilaspekt Datensichten hier ausführlich methodenspezifisch zu rekonstruieren ist überflüssig, da er auf dem Teilaspekt Konzeptionelles Schema basiert und jeweils Ausschnitte desselben darstellt, so daß auf die entsprechenden Ausführungen in Kapitel 5.4.2 verwiesen werden kann.

5.5 Organisationsaspekt

Mit Hilfe des Organisationsaspekts (Synonym: organisationsbezogener Aspekt) werden zum einen Organisationsstrukturen abgebildet und damit die Aufbauorganisation definiert, zum anderen werden Zuordnungsregeln spezifiziert. Die

Organisationsstruktur eines Unternehmens setzt sich im Kern aus einer Aufbau- und einer Ablauforganisation zusammen. Während die Ablauforganisation in Kapitel 5.3 im Vordergrund stand, wird hier im Rahmen des Organisationsaspekts die Aufbauorganisation definiert (Kapitel 5.5.1). Betrachtet wird dabei im Sinne der Organisationslehre der Mensch als Aufgabenträger eines Unternehmens, vgl. [Hoffmann 1992]. Es kann jedoch auch Aufgabenträger geben, die keine Menschen sind. Dabei handelt es sich insbesondere um teil- oder vollautomatisch gesteuerte technische Einrichtungen, die Grochla „Maschinen-Aktionseinheiten" nennt, vgl. [Grochla 1983; Heeg/Meyer-Dohm 1994]. Sie werden dem Arbeitsmittelaspekt (Kapitel 5.6) zugerechnet.

Jeder Mitarbeiter kann eine oder mehrere (fachliche) Rollen einnehmen, die in Stellenbeschreibungen (Kapitel 5.5.2) den Stelleninhabern zugeordnet werden. Umgekehrt werden den Rolleninhabern bestimmte Aufgaben (Subworkflows) zur Ausführung zugewiesen (Kapitel 5.5.3). Dazu muß über Zuordnungsregeln festgelegt worden sein, welches Organisationsmitglied als Aufgabenträger welchen laufenden Subworkflow bearbeiten kann. Somit bietet sich eine Unterteilung des Organisationsaspekts in die Teilaspekte Aufbauorganisation, Stellenbeschreibung und Zuweisung an. Diese können z. B. durch die Diagrammsprachen Organigramm (Aufbauorganisation), Stellenbeschreibung und Aufgabenverteilungsplan (Zuweisung) beschrieben werden, welche unter dem Oberbegriff „schriftliche Festlegung der Organisationsstruktur" [Schwarz 1988, 13] zusammengefaßt werden können.

Hinzu kommt im Prinzip noch der Teilaspekt der Synchronisation, der Zugriffe von mehreren Aufgabenträgern auf Workflows regelt, vgl. [Bußler 1997]. Entsprechende Synchronisationsregeln können jedoch nicht Gegenstand der Kommunikation zwischen Entwicklern und Anwendern sein. In den meisten auf dem Markt befindlichen Systemen wird zudem nur die Regel „einer aus mehreren" unterstützt, nach der ein beliebiger Aufgabenträger die Bearbeitung eines Subworkflows übernimmt, währenddessen alle anderen Aufgabenträger nicht mehr auf den Subworkflow zugreifen können, vgl. [Jablonski/Bußler 1996]. Die Beschränkung auf diese eine simple Synchronisationsregel schränkt die Möglichkeiten eines Workflow-Management-Systems bezüglich der Unterstützung flexibler Abläufe stark ein.

5.5.1 Teilaspekt Aufbauorganisation

Die in der deutschen Organisationslehre übliche Unterscheidung zwischen Aufbau- und Ablauforganisation besitzt nur analytischen Charakter, denn Aufbau und Ablauf sind verschiedene Betrachtungsweisen des gleichen Gegenstands, vgl. [Kosiol 1980], „beide bilden die bewußt geplante, formale, aus sachrationalen, generellen und dauerhaften Regelungen bestehende Organisationsstruktur der Unternehmung" [Hoffmann 1992, 208]. Der Kern der Aufbauorganisation ist die Festlegung von Organisationsstrukturen (die Kosiol Gebildeorganisation nennt), dazu gehören im einzelnen die jeweilige Festlegung von Aufgabenbeziehungen (Stellen), Leitungsbeziehungen (die Hierarchie im Unternehmen) und Kommunikationsbeziehungen, vgl. [Joschke 1980]. Die Aufbauorganisation beschäftigt sich vor allem mit institutionalen Problemen wie dem Leitungszusammenhang und hat damit eher statischen Charakter, wohingegen sich die Ablauforganisation mit der raumzeitlichen Strukturierung der Arbeitsabläufe auseinandersetzt und damit eher dynamischen Charakter besitzt, vgl. [Kosiol 1976]. Die Trennung in Aufbau- und Ablauforganisation dient der besseren Durchdringung des Untersuchungsgegenstands und wird - wenn man so will - im Workflow-Management-Bereich durch die dort zum Einsatz kommenden aspekteorientierten Ansätze noch verstärkt, da dabei nicht nur zwischen einer aufbau- und einer ablauforganisatorischen Sichtweise, sondern zwischen einer ganzen Reihe weiterer Sichtweisen (Aspekte) unterschieden wird.

Kosiol sieht als Ausgangspunkt des Organisationsprozesses zur Entwicklung der Aufbauorganisation die *Aufgabenanalyse* (z. B. Workflows und Subworkflows im Funktionsaspekt), durch die die betriebliche Gesamtaufgabe schrittweise in Elementaraufgaben (Elementarfunktionen) zerlegt wird, die dann auf die verschiedenen Organisationseinheiten verteilt werden müssen. Dabei ist der Feinheitsgrad der Aufgabenanalyse abhängig vom gewünschten Grad der Aufgabenteilung. Als Folge der *Aufgabensynthese* werden dann im Hinblick auf die Aufbauorganisation die zuvor identifizierten Elementaraufgaben zu *Stellen* zusammengefaßt, die mit Aufgabenträgern zu besetzten sind. Analog und parallel dazu müssen Arbeitsanalyse (z. B. Elementarfunktionen, Funktionsaspekt) und Arbeitssynthese zur Festlegung der Ablauforganisation erfolgen, vgl. [Kosiol 1976]. Die durch die Stellenbezeichnung zum Ausdruck kommende generelle

Funktion einer Stelle sowie ihre hierarchische Einordnung, die mit Hilfe der Diagrammsprache „Organigramm" auch abgebildet werden kann, sind aus aufbauorganisatorischer Sicht vorrangig wichtig. Die Beschreibung der einer Stelle obliegenden Aufgaben erfolgt in der Stellenbeschreibung, vgl. Kapitel 5.5.2.

Ein besonderes Defizit derzeitiger Workflow-Management-Systeme ist in der inflexiblen Abbildung aufbauorganisatorischer Strukturen einschließlich der entsprechenden Vertretungsregeln zu sehen, vgl. dazu [Rosemann/zur Mühlen 1997b], eine umfassende Analyse von verfügbaren Workflow-Management-Systemen aus dem Blickwinkel des Organisationsaspekts findet sich in [Bußler 1997]. Demnach kann heute kein System flexibel an alle denkbaren Aufbauorganisationsformen angepaßt werden. Statt dessen muß sich die Aufbauorganisation an den aufbauorganisatorischen Restriktionen bzw. Festlegungen seitens des eingesetzten Workflow-Management-Systems orientieren. Es ist jedoch angesichts der vielfach erhobenen Forderungen nach Wandlungs- und Anpassungsfähigkeit der Unternehmen wenig erstrebenswert und deshalb unwahrscheinlich, daß dies geschieht. Darüber hinaus sind aufbauorganisatorische Änderungen während des Betriebs einer Workflow-Management-Anwendung bei auf dem Markt befindlichen Workflow-Management-Systemen in der Regel bis dato nicht vorgesehen.

5.5.1.1 Gewählte Diagrammsprache: Organigramm

Organigramme dienen der konkreten Abteilungs- und Stellengliederung eines Unternehmens oder eines Unternehmensbereichs, d. h. zur Darstellung der Leitungsbeziehungen (Hierarchie) im Unternehmen. Partielle Synonyme zu „Organigramm" sind „Organisationsplan", „Organisationsschaubild", „Stellenplan", „Strukturplan" und „Betriebsgliederungsplan", vgl. [Joschke 1980; Wittlage 1993]. Organigramme geben den Ist- oder Sollzustand der Gliederung eines Unternehmens in Teilbereiche (z. B. Hauptabteilungen, Abteilungen, Gruppen, Stellen) zu einem bestimmten Zeitpunkt wieder. Für die Darstellung der einzelnen Elemente werden verschiedene Symbole verwendet. Die einzelnen Elemente werden durch Verbindungslinien so miteinander verknüpft, daß aufbauorganisatorische Beziehungen zwischen ihnen sichtbar werden, vgl. [Joschke 1980].

Grundsätzlich können eine ganze Reihe von Organigramm-Varianten unterschieden werden. Als wesentliche Erscheinungsformen werden in [Hub/Fischer 1977; Wittlage 1993] genannt:

- vertikale Pyramidenform eines Organigramms (vertikales Organigramm)
- horizontale Pyramidenform eines Organigramms (horizontales Organigramm)
- astförmiges Organigramm
- säulenförmiges Organigramm
- kreisförmiges Organigramm (Sonnenorganigramm)
- Ringsegmentorganigramm
- Blockorganigramm

Welche Form im Einzelfall gewählt werden sollte, hängt von einer ganzen Reihe von Faktoren ab. Es ist insbesondere zu beachten, wieviele hierarchische Ebenen zu berücksichtigen sind und für welche Zielgruppe das Organigramm mit welcher Zielsetzung erstellt wird, vgl. [Schmidt 1989]. Es ist nicht unüblich, Kombinationen aus verschiedenen Formen zu wählen, um ihre Vorzüge zu vereinen.

Weit verbreitet ist die vertikale Pyramidenform, da mit dieser Form die Kompetenzverteilung im Unternehmen und damit der „Dienstweg" von oben nach unten und von unten nach oben wiedergegeben werden kann, vgl. [Joschke 1980]. Diese Form der Darstellung genügt zwar nicht in vollem Umfang den Anforderungen an die Abbildung flexibler Organisationsstrukturen. Andererseits ist es schwierig, komplexere aufbauorganisatorischen Aspekte wie Vertretungsregelungen, Mehrfachunterstellung usw. diagrammtechnisch übersichtlich darzustellen. Deshalb wird die vertikale Pyramidenform des Organigramms den weiteren Ausführungen zugrunde gelegt.

Als Symbole für Organigramme, insbesondere für Organigramme in vertikaler Pyramidenform, werden häufig Rechtecke, die Leitungsstellen (sogenannte Instanzen, vgl. [Thom 1992]) verkörpern, gleichseitige Dreiecke, die Ausführungsstellen verkörpern, sowie Kreise oder Rechtecke mit abgerundeten Ecken für Stabsstellen, vgl. Abbildung 36, verwendet. Es besteht grundsätzlich die Möglichkeit, durch eine Umrandung eines Symbols eine Pluralinstanz zu erzeugen, vgl. [Joschke 1980]. Die genannten Symbole beruhen im Kern auf [Kosiol 1976], sie sind allerdings nicht normiert.

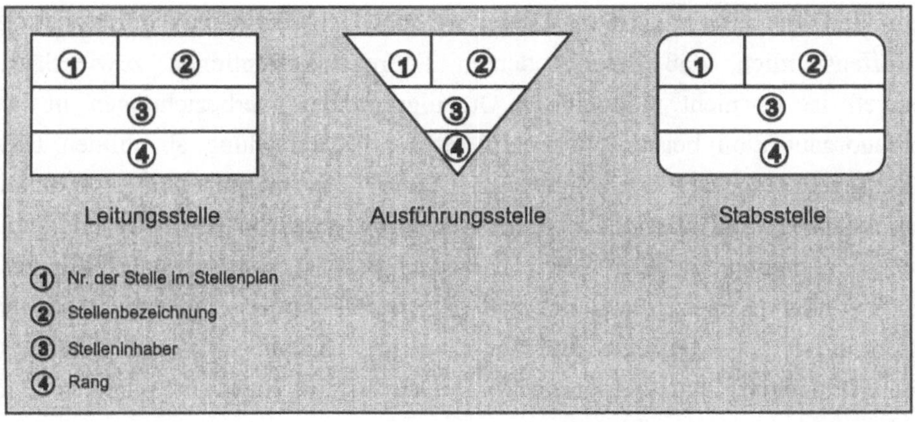

Abbildung 36: Symbole für Organigramme

In die Symbole können neben der Bezeichnung der Stelle beispielsweise noch folgende Angaben eingetragen werden, vgl. [Hub/Fischer 1977; Wittlage 1993]:

- Anzahl der Aufgabenträger
- Stellennummer im Stellenplan
- Kurzzeichen der Stelle
- Name des Stelleninhabers
- Rang des Stelleninhabers

Für die hier verfolgten Ziele genügt es, in den verschiedenen Stellensymbolen zusätzlich zur Stellenbezeichnung die Angabe von Stellennummer, Rang und Stelleninhaber vorzusehen. Die Nennung des Stelleninhabers ist optional und erfolgt häufig nur bei Leitungsstellen, vgl. [Wittlage 1993], um den durch die Fluktuation der Mitarbeiter verursachten Änderungsaufwand gering zu halten. Aus Gründen der Systematik soll jedoch hier für jede Stelle der Inhaber angegeben werden können, siehe Abbildung 36. Der Rang des Stelleninhabers ist dabei im Sinne von hierarchischer (disziplinarischer) Funktion des Betreffenden zu interpretieren, z. B. als Abteilungsleiter oder als Bereichsleiter. Linien in Organigrammen stellen die Über-, Unter- und Zuordnungen der Stellen zueinander dar. Diese Linien können sowohl vertikal als auch horizontal verlaufen.

Vertikale Organigramme stellen das hierarchische Denken in den Vordergrund. Es ist offensichtlich, daß dies modernen Führungskonzeptionen zuwiderläuft. Generell ist es nicht möglich, in Organigrammen Querbeziehungen in der Aufbauorganisation, beispielsweise eine Mehrfachunterstellung, abzubilden. Dies stellt einen Mangel dieser Diagrammsprache dar, der im Einzelfall dazu führen kann, daß von einer Darstellung der Aufbauorganisation in einem Organigramm Abstand genommen werden muß. In diesem Fall ist dann zwangsläufig eine andere methodenspezifische Klassifikation und Normierung der Aussagen notwendig, d. h., es wird eine andere methodenspezifische Normsprache benötigt. Die im folgenden Kapitel erläuterte Vorgehensweise orientiert sich gleichwohl an den Konstrukten der gewählten Diagrammsprache „Organigramm".

5.5.1.2 Methodenspezifische Normierung

Diejenigen Aussagen, welche dem Teilaspekt Aufbauorganisation zugeordnet werden können, müssen gemäß den in der gewählten Variante von Organigrammen möglichen Konstrukten klassifiziert werden (M3). So kann zum einen eine Typisierung der Stelle durch Aussagen erfolgen (Leitungsstelle, Stabsstelle, Ausführungsstelle), zum anderen kann ein hierarchisches Über- oder Unterordnungsverhältnis zweier Stellen ausgedrückt werden. Des weiteren können die verschiedenen Symboleinträge aus Aussagen abgeleitet werden.

Prinzipiell könnte auch im Organigramm - und nicht nur in der Stellenbeschreibung - die Vertretung einer Stelle angegeben werden. Im Zusammenhang mit dem Einsatz einer Workflow-Management-Anwendung ist dabei ausschließlich die Angabe der fachlichen Vertretung von Belang. Schließlich wird die Steuerung von Subworkflows aus gutem Grund nicht so weitreichend sein, daß es einen Subworkflow „DISZIPLINARISCHE_MASSNAHMENergreifen" gibt, der unter bestimmten Ablaufbedingungen vom Workflow-Management-System aufgerufen wird und den disziplinarisch Vorgesetzten (bzw. seinem Stellvertreter in disziplinarischer Hinsicht) zu eben solchen Maßnahmen veranlaßt. Eine beabsichtigte Einführung einer Anwendung, welche derartige Subworkflows vorsieht, würde ohne Zweifel am Widerstand sowohl der ausführenden

Mitarbeiter als auch der Vorgesetzten bzw. den jeweiligen Interessensvertretern scheitern. Damit die Überschaubarkeit der Darstellung gewahrt bleibt und da die zusätzliche Betrachtung des Vertretungsgesichtspunkts in der geschilderten Form keine besondere Herausforderung darstellt, wird im Folgenden darauf verzichtet, diesen Gesichtspunkt weiter zu verfolgen. Unbestreitbar ist jedoch auch, daß komplizierte Vertretungsregeln denkbar sind, deren normierte Darstellung mehr als einen Satzbauplan erfordern würde.

Die syntaktische Normierung der Aussagen (M4) erfolgt mit Hilfe von Satzbauplänen für die Konstrukte Stelle, Unterordnung, Überordnung, Art der Stelle, Zuordnung des Rangs und Stelleninhaber, vgl. Tabelle 22.

In Tabelle 23 wird die Transformation von normierten, methodenspezifisch klassifizierten Aussagen in die Diagrammsprache „Organigramm" gezeigt (M5). In der rechten Spalte werden die aus den Aussagen abgeleiteten Konstrukte in der vorgestellten Notationsvariante eines Organigramms dargestellt.

Methodenspezifisch klassifizierte Aussagen (M3)	Satzbaupläne (Organigramm)	Normierte Aussagen (M4), (Satzbau- planbelegungen
Stelle		
Die Geschäftsleitung hat die Stellennummer 1.	**<Stelle> trägt die Bezeichnung <Stellenbezeichnung>**	*Stelle 1* trägt die Bezeichnung *Geschäftsleitung*.
Unterordnung		
Der Sachbearbeiter Außendienst-Personal (Stellenplan-Nr. 134) untersteht dem Leiter Personal (Stellenplan-Nr. 13).	**<Stelle> ist unmittelbar untergeordnet <Stelle>.**	*Stelle 134* ist unmittelbar unter- geordnet *Stelle 13*.
Überordnung		
Der Leiter Personal (Stellenplan-Nr. 13) ist der direkte Vorgesetzte des Sachbearbeiters- Personal A-K (Stellenplan-Nr. 131).	**<Stelle> ist unmittelbar übergeordnet <Stelle>.**	*Stelle 13* ist unmittelbar übergeordnet *Stelle 131*.
Art der Stelle		
Die Stelle des Leiters Personal (Stellenplan Nr. 13) ist eine Leitungsstelle.	**<Stelle> ist eine <Stellenart>.**	*Stelle 13* ist eine *Leitungsstelle*.
Zuordnung des Rangs		
Der Stelle des Leiters Personal (Stellenplan Nr. 13) kommt die Funktion eines Managers zu.	**<Stelle> besitzt den Rang <Rang>.**	*Stelle 13* besitzt den Rang *Manager*.
Stelleninhaber		
Herr Dr. Albert Müller ist der Leiter Personal (Stellenplan Nr. 13).	**<Stelle> ist besetzt durch <Name>.**	*Stelle 13* ist besetzt durch *Dr. Albert Müller*.

Tabelle 22: Methodenspezifische Normierung von Aussagen zum Teilaspekt Aufbauorganisation

Normierte Aussagen (M4) (Belegungen der Satzbaupläne)	Konstrukte der Diagrammsprache (M5), Bsp.: Organigramm
Stelle *Stelle 1* trägt die Bezeichnung *Geschäftsleitung* .	1 Geschäftsleitung
Unterordnung *Stelle 134* ist unmittelbar untergeordnet *Stelle 13.*	13 / 134
Überordnung *Stelle 13* ist unmittelbar übergeordnet *Stelle 131.*	13 / 131
Art der Stelle *Stelle 13* ist eine *Leitungsstelle.*	13
Zuordnung des Rangs *Stelle 13* besitzt den Rang *Manager.*	13 / Manager
Stelleninhaber *Stelle 13* ist besetzt durch *Dr. Albert Müller.*	13 / Dr. Albert Müller

Tabelle 23: Umsetzung in Konstrukte der Spezifikationssprache (Teilaspekt Aufbauorganisation)

Ohne im einzelnen auf die verschiedenen Belegungen der dem Teilaspekt Aufbauorganisation zugeordneten Satzbaupläne einzugehen, zeigt Abbildung 37 ein mögliches Ergebnis der Schritte M6 und M7. Es steht im Zusammenhang mit dem Beispiel der Urlaubsantragsbearbeitung, obgleich hier keine Subworkflows zu berücksichtigen sind. Statt dessen werden die aufbauorganisatorische Einordnung und die Gliederung der für die Urlaubsantragsbearbeitung wichtigen Personalabteilung dargestellt. Die Abkürzung „SB" steht dabei für „Sachbearbeiter".

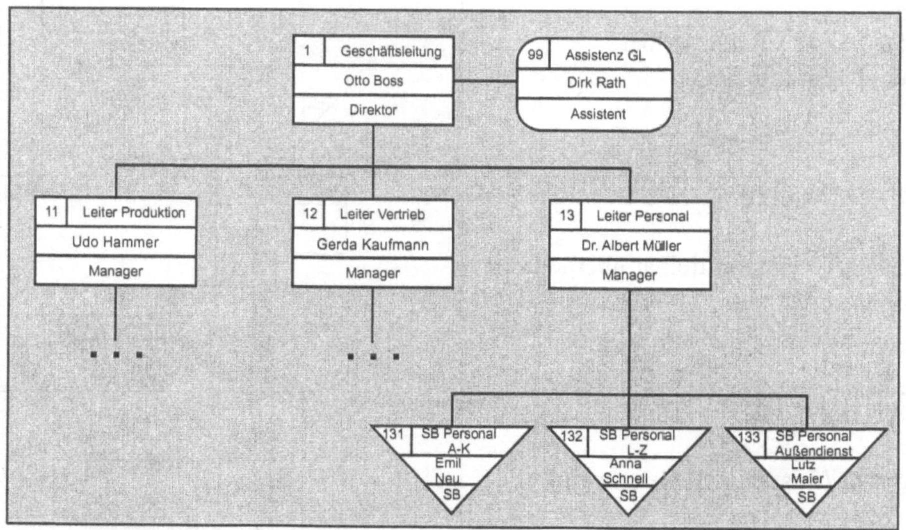

Abbildung 37: Organigramm

5.5.2 Teilaspekt Stellenbeschreibung

Stellen gelten als Grundelemente (Basiseinheiten) der Aufbauorganisation. Stellenbildung bedeutet, Teilaufgaben zu Aufgabenkomplexen zusammenzufassen vgl. [Hoffmann 1992; Thom 1992]. Im Sinne Kosiols wird hierbei von Aufgabensynthese gesprochen. Es werden Stellen gebildet, deren Aufgabenumfang von einer gedachten, durchschnittlich leistungsfähigen Person in der vorgesehenen Arbeitszeit unter Berücksichtigung des durchschnittlichen Leistungsstands der Technik auf Dauer bewältigt werden kann, d. h., die Stellenbildung ist von der Stellenbesetzung unabhängig. Eine Stelle und die mit ihr verbundenen Aufgaben müssen auf Dauer angelegt sein und von anderen Stellen abgegrenzt werden können.

Zur detaillierten Beschreibung einer Stelle dienen (textuelle) Stellenbeschreibungen (Funktionsbeschreibungen, Aufgabenbeschreibungen, Pflichtenhefte), die alle wesentlichen Bestandteile für die Aufgaben-, Verantwortungs- und Kompetenzverteilung einer Stelle enthalten, vgl. [Joschke 1980]. Stellenbeschreibungen sind im Gegensatz zu Organigrammen nicht formgebunden und auch nicht begrenzt. Ihnen bleibt die Dokumentation all jener Einzelheiten und Beziehungen der Stellen vorbehalten, die in Organigrammen nicht dargestellt werden können.

5.5.2.1 Gewählte Spezifikationssprache: Normsprache

Stellenbeschreibungen werden stets in Prosa verfaßt, eine graphische Darstellungsmöglichkeit mit Hilfe einer Diagrammsprache ist nicht bekannt. Somit ist als Ziel der Normierung wiederum eine normsprachliche Darstellung vorgesehen. Die konsequente Einführung einer normierten Unternehmensfachsprache bedeutet, daß auch Stellenbeschreibungen vollkommen normsprachlich zu verfassen sind.

Stellenbeschreibungen sind innerbetrieblich verbindliche Dokumentationen personenbezogener Aufgabenkomplexe, zugehöriger Befugnisse sowie der organisatorischen Einordnung des Stelleninhabers. Sie werden unabhängig von einem bestimmten Stelleninhaber erstellt. Im einzelnen können sie beispielsweise folgende Angaben enthalten, vgl. [Schmidt 1989; Wittlage 1993]:

- die Bezeichnung der Stelle (einschließlich der Stellen-Nr., sofern vorhanden)
- den Rang des Stelleninhabers (den Stellentyp)
- die Stellenbezeichnungen der fachlichen und disziplinarischen Vorgesetzten
- die Stellenbezeichnungen der unmittelbar unterstellten Mitarbeiter
- Angaben über die Stellvertretung des Stelleninhabers bei Abwesenheit oder hauptamtlich unter Angabe des Umfangs und der Vertretungsgebiete
- die Angabe der Stellvertretungsfunktionen des Stelleninhabers für andere Stellen unter Angabe des Umfangs und der Vertretungsgebiete
- die Zielsetzung der Stelle
- Einzelaufgaben der Stelle (Fachaufgaben, Sonderaufgaben)

- Befugnisse des Stelleninhabers (Vertretungsbefugnisse, Verfügungs-befugnisse, Unterschriftsbefugnisse)
- die Zusammenarbeit mit anderen Stellen
- die Mitarbeit in Ausschüssen, Kollegien usw.
- Informationsrechte und –pflichten der Stelle
- die Anforderungen an den Stelleninhaber

Eine Stelle wird im Regelfall von einer Person, unter Umständen (Teilzeitarbeit, Schichtarbeit) aber auch von mehreren Personen besetzt. Mit einer Stelle ist ein bestimmter Rang verbunden, z. B. der eines Managers, eines Sachbearbeiters oder eines Sekretärs. Bezogen auf eine Stelle kann dabei von einem Stellentyp gesprochen werden, vgl. [Rosemann/zur Mühlen 1997b]. Stellen können außer-dem zu Organisationseinheiten, z. B. Abteilungen, zusammengefaßt werden.

Nicht unproblematisch ist die Abgrenzung der Begriffe „Stelle" und „Rolle", denn der Begriff der Rolle wird in der Literatur zum Thema „Workflow-Management" zwar häufig, jedoch auch facettenreich verwendet, z. B. quasisynonym zu Stelle, vgl. [Rosemann/zur Mühlen 1997b]. In die Organisationstheorie hat er erst in jüngster Zeit Eingang gefunden, bei Kosiol etwa erfolgt der Schritt von der Aufgabe zur Stelle direkt und somit ohne ein Rollenkonzept, das beispielsweise einer Stelle bestimmte Rollen im Sinne von Kompetenzen zuordnet. In [Fischer 1992] wird die mangelnde Klarheit des Begriffs „Rolle" aus organisations-theoretischer Sicht umfassend dokumentiert. Angesichts dieser Unschärfe des Rollenbegriffs ist eine präzise Festlegung des nachfolgend verwendeten Rollen-begriffs besonders wichtig. Dazu gehört insbesondere die Abgrenzung zum Stellenbegriff.

Eine Stelle kann laut Krickl durch die Summe der einem Stelleninhaber zugewie-senen Rollen sowie die mit den betreffenden Rollen verknüpften Subworkflows beschrieben werden, vgl. [Krickl 1995], häufig wird einer Stelle jedoch auch genau eine Rolle zugeordnet, vgl. [Rupietta 1992]. Ein solches – im Bereich des Workflow-Managements verbreitetes und auch diesem Buch zugrundegelegtes – Rollenkonzept bedeutet, daß jedem Subworkflow eine Rolle, z. B. die Rolle „Sachbearbeiter Personal", die mit entsprechenden Kompetenzen ausgestattet ist, als Aufgabenträger zugeordnet wird und umgekehrt jedem Mitarbeiter

(Aufgabenträger) eine oder mehrere Rollen zugewiesen werden, siehe z. B. [Karbe 1994]. Dies bedeutet auch, daß die obige Auflistung von in Stellenbeschreibungen möglichen Angaben um den Punkt „der Stelle zugewiesene Rollen" zu ergänzen ist, wobei diese Rollen teilweise bereits implizit durch den einen oder anderen Punkt beschrieben werden, vor allem in der Beschreibung der Einzelaufgaben der Stelle, in den ihr zugeteilten Befugnissen und in der an sie geknüpften Mitarbeit in Ausschüssen, Kollegien usw.

5.5.2.2 Methodenspezifische Normierung

Einer Stelle können u. a. bestimmte Rollen und Befugnisse zugewiesen werden. Insbesondere die Zuordnung von Rollen ist für die Entwicklung einer Workflow-Management-Anwendung von Bedeutung. Darüber hinaus können eine ganze Reihe weiterer Angaben in eine Stellenbeschreibung aufgenommen werden, vgl. Kapitel 5.5.2.1. Die Stellennummer, die Stellenbezeichnung, der Name des Stelleninhabers, der Rang der Stelle (Stellentyp) sowie die Über- und Unterordnungsbeziehungen einer Stelle sind bereits durch Satzbaupläne, die den Teilaspekt „Aufbauorganisation" abdecken, eingeführt worden. Sie normieren somit bereits einen Teil der auch für eine Stellenbeschreibung relevanten Aussagen, sie brauchen hier nicht noch einmal explizit aufgeführt werden. Bezüglich der Über- und Unterordnungsverhältnisse könnte auch noch nach fachlichen und disziplinarischen Beziehungen differenziert werden. Dies gilt ebenso hinsichtlich der entsprechenden Vertretungsregelungen.[68] Hierauf wird in beiden Fällen zugunsten einer übersichtlichen Darstellung verzichtet. Es können weitere Satzbaupläne hinzugefügt werden, sofern zusätzliche Angaben in die Stellenbeschreibung aufgenommen werden sollen, z. B. die generelle Zielsetzung einer Stelle oder die Informationsrechte und –pflichten einer Stelle. Die syntaktische Normierung der Aussagen (M4) erfolgt dann mit Hilfe der in Tabelle 24 genannten Satzbaupläne.

---

[68] Derzeit verfügbare Workflow-Management-Systeme sind allerdings nicht flexibel genug, um differenzierte Stellvertretungsregelungen oder die Besetzung einer Stelle durch mehrere Personen aufgrund von Teilzeit- oder Schichtarbeitsregelungen zu modellieren, vgl. [Rosemann/Zur Mühlen 1997b].

Methodenspezifisch klassifizierte Aussagen (M3)	Satzbaupläne zur Darstellung des Teilaspekts Stellenbeschreibung	Normierte Aussagen (M4) (Belegungen der Satzbaupläne)
Stelle/Rolle		
Der Leiter der Produktion ist Vorstandsmitglied.	**<Stelle> umfaßt die Rolle <Rolle>**	*Stelle 11* umfaßt die Rolle *Vorstandsmitglied*.
Befugnis		
Der Inhaber der Stelle 13 ist befugt, Arbeitsverträge zu unterzeichnen.	**<Stelle> umfaßt das Befugnis <Befugnis>.**	*Stelle 13* umfaßt das Befugnis *Arbeitsvertrag_unterschreiben*.
...	...	...

Tabelle 24: Methodenspezifische Normierung von Aussagen zum Teilaspekt Stellenbeschreibung

Der Schritt M5 entfällt, da keine Transformation in diagrammsprachliche Konstrukte erfolgt. Allerdings müssen die Belegungen der methodenspezifischen Satzbaupläne („Methode": Stellenbeschreibung) dennoch zusammengestellt (M6) und sowohl auf Widersprüchlichkeit als auch auf Vollständigkeit hin überprüft werden (M7).

5.5.3 Teilaspekt Zuweisung

Die Zuweisung von Workflows zu Aufgabenträgern bedarf Zuweisungsregeln. Die Aufgabe von Zuweisungsregeln besteht darin, zu einem gegebenen Subworkflow abhängig von bestimmten festgelegten Bedingungen Aufgabenträger aus der Organisationsstruktur zu ermitteln. Es muß sich dabei nicht um Menschen als Aufgabenträger handeln, Subworkflows können auch Maschinen oder Serverprozessen zugewiesen werden. In [Grebner/Bodendorf 1997] werden deshalb drei Typen von Aktoren (Aufgabenträgern) unterschieden: menschliche Aktoren, Softwareaktoren und Hardwareaktoren. Die Zuweisung einer Aufgabe zu einem Software- oder Hardwareaktor wird als Teil des Arbeitsmittelaspekts untersucht, siehe dazu Kapitel 5.6.3.

Menschen als Aufgabenträger in einer Workflow-Management-Anwendung lassen sich die ihnen zugeordneten Subworkflows durch eine Arbeitsvorratsliste anzeigen, vgl. [Bußler 1997]. Da eine solche Arbeitsvorratsliste die Subworkflows für einen bestimmten Aufgabenträger umfaßt, muß festgelegt sein, welcher Aufgabenträger diese Arbeitsvorratsliste verwendet und auf welche Art und Weise das Workflow-Management-System Subworkflows der Arbeitsvorratsliste eines bestimmten Aufgabenträgers zuweist.

Grundsätzlich sind mehrere Lösungsmöglichkeiten zur Prüfung der Zugriffsberechtigung eines Benutzers denkbar. So kann sich ein Benutzer beim Betriebssystem durch Kennung und Paßwort anmelden, damit das Betriebssystem weiß, welcher Benutzer am System arbeitet. Anhand der Kennung des Benutzers kann dann die zugehörige Arbeitsvorratsliste aufgerufen werden. Problembehaftet ist dabei, daß von einer Kennung und einem Paßwort nicht auf einen Menschen geschlossen werden kann, da ein Paßwort weitergegeben werden kann. Mitunter werden auch Gruppenkennungen eingerichtet, so daß auf keinen Fall direkt ermittelt werden kann, welches Gruppenmitglied einen Subworkflow ausführt. Die dargestellte Problematik läßt sich prinzipiell auch auf andere als menschliche Aufgabenträger übertragen. Maschinen oder Serverprozesse als Aufgabenträger werden wie Menschen durch Kennung angemeldet (oder melden sich selbst an) und bearbeiten ihre Subworkflows aufgrund ihrer Arbeitsvorratsliste, auf die sie durch eine Aufrufschnittstelle zugreifen.

Es können eine ganze Reihe von Zuweisungsarten unterschieden werden, die dann jeweils in der Arbeitsvorratsliste kenntlich zu machen sind. Die Spannbreite reicht von einer Zuweisung im Sinne eines Gebots, die dem ausgewählten Aufgabenträger die Ausführung des betreffenden Subworkflows mit Nachdruck abverlangt, über eine Zustellung in Form einer Freistellung, die es dem Belieben des Aufgabenträgers überläßt, ob er einen Subworkflow ausführt, über die Zuweisung in Form einer Erlaubnis, die dem Aufgabenträger überhaupt erst gestattet, einen Subworkflow auszuführen, bis hin zu einer Zuweisung in Form eines Verbots, das ein Nichterscheinen eines Subworkflows in einer Arbeitsvorratsliste zur Folge haben sollte, vgl. [Bußler 1997].

5.5.3.1 Gewählte Spezifikationssprache: Normsprache

Ein früher Ansatz für die Darstellung der Zuweisung von Arbeitsaufgaben zu Aufgabenträgern in einer Organisation wird in [Nordsieck 1928] vorgestellt. Wie viele andere Diagrammsprachen beschränkt sich die dort verwendete Sprache allerdings nicht auf die Abbildung des Organisationsaspekts. Sie bildet zusätzlich Reihenfolgen (Steuerungsaspekt), Funktionen (Funktionsaspekt) und Datenflüsse (Datenaspekt) ab. Eine reine Diagrammsprache, die nur den Teilaspekt Zuweisung neben dem in diesem Fall unumgänglichen Funktionsaspekt (Teilaspekt Subworkflows) aufweist, ist nicht bekannt. Als mögliche graphische Darstellung bietet sich die Erstellung eines Funktionendiagramms an, wie es in [Menzl/Nauer 1974] vorgestellt wird. Dabei handelt es sich um eine Matrixdarstellung, wobei jede Zeile eine Sachaufgabe, jede Spalte eine Stelle repräsentiert. Die spezifischen Tätigkeiten (Funktionen) werden durch einzelne Buchstaben symbolisiert, die in die Matrix eingetragen werden. Während die horizontale Lesart die Arbeitsteilung bei der Aufgabenerfüllung zeigt, können vertikal die Aufgaben (Funktionen) eines Stelleninhabers abgelesen werden. Grundsätzlich lassen sich die Matrixeinträge aus den normierten Aussagen ableiten, da die Zuweisung von Aufgaben bzw. Subworkflows häufig in Prosa festgehalten wird, insbesondere in der Stellenbeschreibung (siehe Kapitel 5.5.2).

Für die Modellierung von Workflows muß das vorgestellte Funktionendiagramm, das laut [Menzl/Nauer 1974] nur die oberen und mittleren Führungsebenen sowie einzelne Experten aus den Fachabteilungen berücksichtigen soll, etwas modifiziert werden. Insbesondere kann nicht darauf verzichtet werden, ausführende Arbeiten verrichtende Mitarbeiter mit in die Darstellung aufzunehmen, ohne ihre Integration wäre eine solche Darstellung für die Modellierung von Workflows wertlos. Im Bedarfsfall sind mehrstufige Diagramme aufzubauen. Statt Stellen werden Rollen berücksichtigt, vgl. Kapitel 5.5.2. Ferner werden Subworkflows statt Aufgaben als Zeileneinträge verwendet, die die Art der Verrichtung (Tätigkeit) bereits durch ihre Benennung beschreiben, so daß die Tätigkeiten nicht differenziert in die Matrix eingetragen werden müssen. Damit eine klare Abgrenzung vom Funktionsaspekt erreicht wird, soll statt von „Funktionsdiagramm“ von nun an die quasisynonyme Benennung „Aufgabenverteilungsplan“, vgl. [Wittlage 1993], verwendet werden, um keine unerwünschten Assoziation von „Funktionsdiagramm“ mit „Funktionsaspekt“ zu provozieren.

5.5.3.2 Methodenspezifische Normierung

Eine methodenspezifische Klassifikation der Aussagen (M3) für den Teilaspekt Zuweisung erübrigt sich, da der in Tabelle 25 vorgestellte Satzbauplan jede Art der Zuweisung direkt oder indirekt abdeckt. „Indirekt" bedeutet, daß auch Gruppen, die sich in der Regel aus mehreren Stelleninhabern zusammensetzen, wie beispielsweise ein mehrköpfiger Vorstand, eine teilautonome Arbeitsgruppe oder ein unternehmensinterner Arbeitskreis, für die Variable „Rolle" (Rolle als Element einer Stellenbeschreibung) eingesetzt werden können. In diesen Fällen ist es dann autonome Angelegenheit der Gruppe festzulegen, von welchen Gruppenmitgliedern der zugewiesene Subworkflow bearbeitet wird. Es erscheint wichtig, die zunehmend bedeutsamere Arbeitsorganisationsform „Gruppenarbeit" im Rahmen der Steuerung von Workflows durch ein Workflow-Management-System ebenfalls zu berücksichtigen, ohne daß auf die aktive Steuerung des Workflows zugunsten einer passiven Unterstützung im Sinne von Groupware (siehe dazu Kapitel 2.2.4) verzichtet wird. Die Gruppenautonomie soll sich hier lediglich auf die Ausführung des betreffenden Subworkflows beziehen. Komplexere, gleichzeitig aber nicht eindeutige Zuständigkeitsregeln wie „Für <Wf> ist entweder ein Sekretär oder ein Sachbearbeiter_Personal zuständig." werden hier nicht weiter betrachtet, zumal ihre Daseinsberechtigung in jedem Einzelfall zu hinterfragen ist.

Der Schritt M5, die Überführung in Konstrukte der Diagrammsprache, entfällt, da ein Aufgabenverteilungsplan keine graphischen Konstrukte im eigentlichen Sinne aufweist. Ein Aufgabenverteilungsplan läßt sich statt dessen direkt aus den normierten Aussagen ableiten (M6). Es lassen sich einzelne Zeilen- und Spalteneinträge ableiten, die wiederum widersprüchlich oder lückenhaft sein können. Insbesondere läßt sich feststellen, ob bestimmte Aufgaben überhaupt keinem Aufgabenträger zugeordnet werden und umgekehrt (M7). Die Tabelle 26 zeigt den zum Beispiel passenden Aufgabenverteilungsplan. Es wurde eine einfache Variante gewählt, optional könnte die jeweilige Funktion der beteiligten Personen (z. B. Initiative, Planung, Entscheidung, Ausführung, Kontrolle) durch Eintragen entsprechender Kürzel statt des einheitlichen „X" angedeutet werden.

Methodenspezifisch klassifizierte Aussagen (M3)	**Satzbauplan** zur normierten Darstellung des Teilaspekts Zuweisung	**Normierte Aussagen (M4)** (Belegungen des Satzbauplans)
Zuweisung		
Das URLAUBSANTRAGS-erfassen obliegt einem Sekretär.	**Für die Ausführung von <Wf> ist zuständig ein *Rolle*.**	Für die Ausführung von URLAUBSANTRAG-erfassen ist zuständig ein *Sekretär*.

Tabelle 25: Methodenspezifische Normierung von Aussagen zum Teilaspekt Zuweisung

5.6 Arbeitsmittelaspekt

Die von Gutenberg eingeführte, in der Literatur verbreitete Einteilung der Produktionsfaktoren unterscheidet zwischen objektbezogener und dispositiver Arbeitsleistung von Menschen sowie zwischen Werkstoffen und Betriebsmitteln. Die auf Menschen bezogenen Produktionsfaktoren, nämlich die objektbezogene menschliche Arbeitsleistung sowie die dispositive menschliche Arbeitsleistung, wurden im Rahmen der Betrachtungen zum Organisationsaspekt bereits untersucht.

Arbeitsmittel zählen zum Produktionsfaktor Betriebsmittel. Sie sind Gegenstände, die unter Ausnutzung physikalischer, chemischer, biologischer oder sonstiger Naturgesetze technische Arbeit verrichten. Sie sind damit Betriebsmittel im engeren Sinne, vgl. [Gabler 1993]. Arbeits- und Betriebsmittel werden meist gemeinsam betrachtet, dabei wird als Kurzbezeichnung häufig „Betriebsmittel" gewählt, vgl. [Gallus 1979]. Gutenberg spricht allerdings ausdrücklich von „Arbeits- und Betriebsmitteln", vgl. [Gutenberg 1975]. Für die Benennung des betreffenden Aspekts zur Workflow-Modellierung wurde die Benennung „Arbeitsmittel" gewählt, um zu betonen, daß es sich um Gegenstände handelt, die für die Abarbeitung von Subworkflows oder Elementarfunktionen unmittelbar herangezogen werden. Die Modellierung von nur mittelbar zur Abarbeitung von Subworkflows genutzten Betriebsmitteln, etwa bebauter Grundstücke, auf denen

Subworkflows ausgeführt werden, würde zu weit führen und muß deswegen außer Acht gelassen werden.

Aufgabe (Subworkflow)	Personal- sachbearbeiter	Sekretär	Vorgesetzter des Antragstellers
URLAUBSANTRAGerfassen		X	
URLAUBSANSPRUCHprüfen	X		
URLAUBSLÄNGEprüfen	X		
KOPPLUNGprüfen	X		
BETRIEBLICHE_BELANGEprüfen			X
VORRANGIGE_URLAUBS- WÜNSCHEprüfen			X
URLAUBSENTGELTfestsetzen	X		
URLAUBSENTSCHEIDbegründen	X		
URLAUBSENTSCHEIDversenden	X		

Tabelle 26: Aufgabenverteilungsplan für die Bearbeitung eines Urlaubsantrags

Betriebsmittel dienen mit zur Beschreibung von Arbeitssystemen. Sie sind die Subjekte, welche die Arbeitsgegenstände verändern, vgl. [REFA 1987a]. In der Betriebswirtschaftslehre stellen Betriebsmittel den Sammelbegriff für die heterogene Menge aller Einrichtungen und Anlagen dar, welche die technische Voraussetzung betrieblicher Leistungserstellung bilden. Hierzu gehören insbesondere bebaute und unbebaute Grundstücke, Maschinen, Transportmittel, Fördereinrichtungen, Aggregate, Werkzeuge, Meßgeräte sowie das gesamte Büro- und Betriebsinventar, z. B. Büromaschinen und Kommunikationseinrichtungen, vgl. [Beuermann 1996; Bloech 1993; Gutenberg 1975]. Betriebsstoffe wie Schmieröle, Heizstoffe und Papier werden von Gutenberg und anderen Autoren ebenfalls zu den Betriebsmitteln gezählt, wohingegen eine Reihe von Autoren sie den Werkstoffen zurechnen, vgl. [Bloech 1993]. Grundsätzlich hat der Produktionsfaktor „Betriebsmittel" mit zunehmender Technisierung und Automatisierung, d. h. zunehmender Durchdringung eines Unternehmens mit Informationstechnologie, an Bedeutung gewonnen, da die menschliche Arbeit durch sie teilweise substituiert worden ist.

Der Produktionsfaktor Werkstoff umfaßt die verwendeten Rohstoffe und Zwischenfabrikate, welche zur Erzeugung von Sachgütern eingesetzt werden. Dazu gehören auch Hilfsstoffe wie Nägel, Farben, Kleinteile usw., vgl. [Bloech 1993]. Im Bürobereich können z. B. Formulare als „Rohstoffe" betrachtet werden. Wie bereits angedeutet worden ist, zählen einige Autoren auch Betriebsstoffe zu den Werkstoffen. Betriebsstoffe werden bei der Produktion verbraucht, gehen aber nicht in die Produkte ein. Es sei noch angemerkt, daß in der REFA-Terminologie nicht von Werkstoffen, sondern umfassender von Arbeitsgegenständen gesprochen wird, vgl. [Wöhe 1990]. In Anlehnung daran wird eine Subworkflow-Benennung aus Arbeitsgegenstand und Tätigkeit zusammengesetzt, so daß die entsprechenden Arbeitsgegenstände, d. h. das sich im Arbeitsfluß befindliche Material, durch die Benennung der Subworkflows (Funktionsaspekt) bereits eingeführt wurden[69], vgl. dazu auch Kapitel 5.2.1.1.

Im übrigen entspricht der Arbeitsmittelaspekt vom Grundsatz her dem Operationsaspekt in der Aspektegliederung von [Jablonski 1995a]. Deshalb soll kurz betrachtet werden, wie der Operationsaspekt in [Jablonski 1995a; Jablonski/Bußler 1996] charakterisiert wird. Er beschreibt demnach die Einbindung anderer Arbeitsmittel in das Arbeitssystem. Diese Arbeitsmittel stehen dem Workflow-Management-System als Hilfsmittel zur Abarbeitung von Workflows zur Verfügung. Sie werden auch „Applikationen" genannt und können Anwendungsprogramme (z. B. ein Fakturierungsprogramm zur Rechnungsschreibung) oder physische Werkzeuge zur manuellen Erledigung von Arbeitsschritten sein. Der Operationsaspekt beschreibt somit die Zuordnung von Arbeitsmitteln zu Subworkflows bzw. Elementarfunktionen, womit sich die Wahl der abweichenden Benennung „Arbeitsmittelaspekt" begründen läßt. Er beschreibt aber nicht den Aufgabenträger, der z. B. ein Mensch, eine Maschine oder ein Serverprozeß sein kann und der durch den Organisationsaspekt (Teilaspekt Zuweisung) beschrieben wird. Das Workflow-Management-System hat im übrigen keinen direkten Einfluß auf die Ausführung mancher Applikationen, d. h., die Verwendung bestimmter Arbeitsmittel zur Abarbeitung des betreffenden Subworkflows geschieht bisweilen außerhalb direkter Steuerungsmöglichkeiten

---

[69] Bei Bedarf kann ein Materialaspekt zur Beschreibung der Materialstruktur (bezogen auf physisches Material) ergänzt werden. Die Struktur geistigen Materials wurde bereits im Rahmen des Datenaspekts untersucht.

seitens des Workflow-Management-Systems. Es bleibt anzumerken, daß es grundsätzlich verschiedene Grade der gegenseitigen Beeinflussung von Workflow-Management-System und Anwendungsprogramm gibt, diese reichen von völliger Unabhängigkeit bis hin zu einer weitreichenden Abhängigkeit, erkennbar gerade bei Systemabstürzen. Zur Einbindung von Arbeitsmitteln in eine Workflow-Management-Anwendung werden spezielle Applikationen, sogenannte „Hüllen" (*Wrapper*), erstellt, die zum einen die Integration der Anwendungssoftware bewerkstelligen und zum anderen eine einheitliche Schnittstelle zum Aufruf der Arbeitsmittel durch das Workflow-Management-System darstellen. Es ist nicht möglich, daß das Workflow-Management-System Arbeitsmittel direkt - ohne Einschaltung einer Hülle - aufruft.

Der Arbeitsmittelaspekt thematisiert die im Zusammenhang mit der Abarbeitung von Workflows relevanten Arbeitsmittel. In [Jablonski 1995a] werden zwei Arten solcher Arbeitsmittel, die dort Applikationen genannt werden, vorgestellt: Anwendungsprogramme und freie Anwendungsprogramme. Anwendungsprogramme können z. B. TP-Monitor-Anwendungen sein, aber auch einzelne Programmteile. Unter den Anwendungsprogrammen können grundsätzlich zwei Arten unterschieden werden. Zum einen gibt es „adaptierbare Programme", die sich einfach an die Schnittstellen eines Workflow-Management-Systems anpassen lassen. Zum anderen gibt es sogenannte „Legacy-Programme", dabei handelt es sich um bestehende Systeme, die sich nicht ohne weiteres in eine Workflow-Management-Anwendung integrieren lassen. Neben diesen beiden Arten von Anwendungsprogrammen wird als besondere Art eines Anwendungsprogramms die mögliche Einbindung von Groupware angesprochen. Damit wird eine Verbindung zwischen der in Workflow-Management-Anwendungen realisierten asynchronen Kooperation und dem großen Spektrum an Kooperationsformen aus dem CSCW-Bereich geschaffen, bezogen auf die Ausführung des betreffenden Subworkflows.

Bei der zweiten Art von Arbeitsmitteln, sogenannten „freien Anwendungsprogrammen", handelt es sich um Arbeitsmittel, die nicht speziell auf das Anwendungsgebiet einer Workflow-Management-Anwendung zugeschnitten sind, etwa Standard-Software wie Textverarbeitungs- oder Tabellenkalkulationsprogramme, aber auch andere technische oder nichttechnische Geräte, die manuelle, nicht computergestützte Arbeitsformen ermöglichen. Unter Umständen stellt die erforderliche Hülle die einzige softwaretechnische Komponente dar, über die dann auch Parameter zwischen dem Workflow-Management-System und dem mit freien Arbeitsmitteln operierenden Ausführenden ausgetauscht werden können, vgl. [Jablonski 1995a].

Die Gliederung des Arbeitsmittelaspekts in Teilaspekte orientiert sich an derjenigen des Organisationsaspekts, da zur Aufgabenausführung in einem Arbeitssystem Menschen und Betriebsmittel gleichermaßen in einen Arbeitsablauf eingebunden sind, vgl. [REFA 1978]. Dies bedeutet, daß zwischen einem Teilaspekt Arbeitsmittelbestand, einem Teilaspekt Arbeitsmittelbeschreibung und einem Teilaspekt Arbeitsmittelzuweisung unterschieden wird. Der Arbeitsmittelbestand beschreibt, welche Arbeitsmittel vorhanden sind und in welcher Beziehung diese untereinander stehen. Die genauere Beschreibung der Arbeitsmittel ist dem Teilaspekt Arbeitsmittelbeschreibung vorbehalten – und zwar dort vergleichbar einer Stellenbeschreibung. Von besonderer Bedeutung für die Entwicklung einer Workflow-Management-Anwendung ist der Teilaspekt der Arbeitsmittelzuweisung. Dieser Teilaspekt ordnet Arbeitsmittel einzelnen Subworkflows zu, um deren Ausführung zu gewährleisten.

5.6.1 Teilaspekt Arbeitsmittelbestand

Im Mittelpunkt des Teilaspekts Arbeitsmittelbestand steht die Frage, welche Arbeitsmittel zur Ausführung eines Subworkflows (oder Elementarfunktionen) prinzipiell zur Verfügung stehen. Die konkrete Zuordnung wird allerdings erst unter dem Teilaspekt Arbeitsmittelzuweisung betrachtet. Es sei nochmals darauf hingewiesen, daß bei Workflow-Management-Anwendungen oftmals Akten, Antragsformulare usw. die relevanten Arbeitsgegenstände (Werkstoffe) darstellen, man denke z. B. an den Urlaubsantrag im Fallbeispiel.

Für den Teilaspekt Arbeitsmittel existiert keine universell einsetzbare Diagrammsprache, die als Basis für die Kommunikation zwischen Entwicklern und Anwendern dienen könnte. Vielmehr sind die Arbeitsmittel im Inventar eines Unternehmens in der Regel verzeichnet, ihr Bestand wird im Rahmen der Inventur (welche zu einem Stichtag oder permanent durchgeführt werden kann) festgestellt.

Als Grundlage für die Kommunikation sowie als Ausgangsbasis für die implementierungstechnische Umsetzung soll deswegen abermals die normsprachliche Fassung der entsprechenden Aussagen dienen.

Es wurde bereits dargestellt, daß Arbeitsmittel fast ebenso vielgestaltig sein können wie Betriebsmittel. Im Zusammenhang mit der Entwicklung von Workflow-Management-Anwendungen ist insbesondere an den vielfältigen Einsatz von Applikationssoftware zu denken. Der in Tabelle 27 präsentierte Satzbauplan versucht, diese Vielfalt in eine einheitliche Form zu bringen, indem die vielfältigen Arbeitsmittel stets einer Organisationseinheit – z. B. dem Unternehmen insgesamt – zugeordnet werden.

Methodenspezifisch klassifizierte Aussagen (M3)	Satzbauplan zur normierten Darstellung des Teilaspekts Arbeitsmittelbestand	Normierte Aussagen (M4) (Belegungen des Satzbauplans)
Arbeitsmittelbestand		
Die Personalabteilung setzt das Textverarbeitungssystem XY ein.	**Die Organisationseinheit** *<Org.einheit>* **verfügt über das Arbeitsmittel** *<Arbeitsmittel>*.	Die Organisationseinheit *Personalabteilung* verfügt über das Arbeitsmittel *XY.*

Tabelle 27: Methodenspezifische Normierung von Aussagen zum Teilaspekt Arbeitsmittelbestand

Auf der Basis der so normierten Aussagen kann der Bestand an Arbeitsmitteln im Sinne von Inventarlisten dokumentiert werden. Da sich eine graphische Darstellung erübrigt, entfällt wiederum der Schritt M5. Die Schritte M6 und M7 sind in gewohnter Form durchzuführen.

5.6.2 Teilaspekt Arbeitsmittelbeschreibung

Die Beschreibung der Arbeitsmittel erfolgt in einem Unternehmen auf verschiedene Art und Weise. So werden Software–Applikationen beispielsweise in einem Repository eines Unternehmens beschrieben. In einem Repository können dabei Angaben zur Funktionalität der einzelnen Software-Komponenten, zu ihren Einsatzmöglichkeiten im Unternehmen, zum benötigten Betriebssystem, zu ihrer Version, zu ihrer Verwendung im Unternehmen (Verwendungsnachweis) sowie über ihre Zusammensetzung im Sinne einer Stückliste enthalten sein. Die mögliche Unterstützung der Entwicklung einer Workflow-Management-Anwendung durch ein Repository wird in [Böhm et al. 1997] beschrieben. Andere Arbeitsmittel können in anderer Form oder auch überhaupt nicht beschrieben sein.

Methodenspezifisch klassifizierte Aussagen (M3)	Satzbauplan (Arbeitsmittelbeschreibung)	Normierte Aussagen (M4) (Belegungen des Satzbauplans)
Funktionalität		
Das Anwendungsprogramm PPA-06 dient der Berechnung des Urlaubsgelds eines Mitarbeiters.	*<Arbeitsmittel >* **dient dem** *<Ablauf>* **.**	*PPA-06* dient dem URLAUBSGELDberechnen.
Arbeitsmitteltyp		
Das Textverarbeitungssystem XY ist auf dem Arbeitsplatzrechner des Sekretärs des Leiters der Personalabteilung installiert.	*<Arbeitsmittel>* **ist ein** *<Arbeitsmitteltyp>.*	*XY* ist ein *Textverarbeitungssystem.*
Ort		
Das Textverarbeitungssystem XY ist auf dem Arbeitsplatzrechner des Sekretärs des Leiters der Personalabteilung installiert.	*<Instanz>* **von** *<Arbeitsmittel >* **ist zugeordnet** *<Stelle>.*	*Lizenz Nr. 21* von *XY* ist zugeordnet *Stelle 111.*
...	...	...

Tabelle 28: Methodenspezifische Normierung von Aussagen zum Teilaspekt Arbeitsmittelbeschreibung

Gleichwohl können und sollen Aussagen über die Merkmale von Arbeitsmitteln erhoben werden. Die in Tabelle 28 präsentierten Satzbaupläne normieren stellvertretend für andere mögliche Beschreibungsaspekte von Arbeitsmitteln Aussagen über die Funktionalität und die räumliche bzw. logische Zuordnung eines Arbeitsmittels zu einer Stelle. Die Variable „Ablauf" soll durch Benennungen belegt werden, die entsprechend der Benennungskonvention für Subworkflows gebildet werden, nur eben ohne Beschränkung auf die für einen Subworkflow relevanten Geschehnisarten „Wechsel" oder „Intergressiv", vgl. Kapitel 5.2.1.

5.6.3 Teilaspekt Arbeitsmittelzuweisung

Mit Hilfe des Teilaspekts Arbeitsmittelzuweisung soll festgehalten werden, für welchen Subworkflow welche Arbeitsmittel verwendet werden. Eine methodenspezifische Klassifikation (M3) erübrigt sich, da es für die Kommunikation mit Anwendern genügt, ein Konstrukt und damit einen Satzbauplan zu verwenden, um die Art des Arbeitsmittels zur Ausführung eines Subworkflows zu dokumentieren. Eine Typisierung der Arbeitsmittel mit Hilfe verschiedener Satzbaupläne stellt eine Aufgabe für die Entwickler, nicht für die Anwender dar. Sie ist dann ratsam, wenn aus der Typisierung unmittelbare Konsequenzen für die jeweilige Implementierung abgeleitet werden können. Somit kann direkt die syntaktische Normierung mit Hilfe von Satzbauplänen (M4) erfolgen. Der dazu in Tabelle 29 präsentierte Satzbauplan weist als optionale Angabe (in eckigen Klammern) den Aufgabenträger auf, der im Rahmen der Betrachtung des Organisationsaspekts (Teilaspekt Zuweisung) bezogen auf den betreffenden Subworkflow bestimmt worden sein muß.

Der Schritt M5 entfällt auch hier, da zur Darstellung der eingesetzten Arbeitsmittel (Anwendungsprogramme, Werkzeuge usw.) keine Diagrammsprachen bekannt sind. Es muß betont werden, daß es nicht sinnvoll erscheint, hier oder zu anderen (Teil-)Aspekten, für die keine geeignete Diagrammsprache bekannt ist, in diesem Buch eine neue Diagrammsprache um ihrer selbst Willen zu entwickeln. Statt dessen wird erneut für die der natürlichen Sprache noch genügend nahe methodenspezifische normsprachliche Darstellung (Belegungen des Satzbauplans in Tabelle 29) als Kommunikationsbasis zwischen den an den frühen Phasen der Systementwicklung beteiligten Personengruppen plädiert. Die

Schritte M6 und M7 weisen hier keine Besonderheit auf und werden deshalb nicht explizit dargestellt.

Methodenspezifisch klassifizierte Aussagen (M3)	Satzbauplan (Arbeitsmittelzuweisung)	Normierte Aussagen (M4) (Belegungen des Satzbauplans)
Hilfsmittel		
Ein Sekretär setzt zum URLAUBSANTRAGerfassen das Textverarbeitungssystem „Microsoft Word" ein.	**Zur Ausführung von <Wf> wird [von *<Rolle>*] das Arbeitsmittel *<Arbeitsmittel>* eingesetzt.**	Zur Ausführung von URLAUBSANTRAGerfassen wird von *Sekretär* das Arbeitsmittel *Microsoft Word* eingesetzt.

Tabelle 29: Methodenspezifische Normierung von Aussagen zum Teilaspekt Arbeitsmittelzuweisung

5.7 Normenaspekt

Der Normenaspekt faßt die für die Ausführung von Workflows im Rahmen einer Workflow-Management-Anwendung relevanten Normen zusammen. Unter einer Norm wird hier gemeinsprachlich ein Maßstab, eine Regel bzw. eine Vorschrift für etwas verstanden. In einem Unternehmen sind beim Einsatz einer Workflow-Management-Anwendung eine Reihe sehr unterschiedlicher Normen zu berücksichtigen, auf die noch einzugehen ist. „Norm" ist dabei im weitesten Sinne zu interpretieren. In [Heeg/Meyer-Dohm 1994] wird in diesem Zusammenhang statt von Normen von Steuerungsinformationen gesprochen, welche die Art und Weise der Aufgabenerfüllung festlegen und Arbeitsanweisungen, Richtlinien, Dienstvorschriften oder Ähnliches sein können. Alle genannten Ausprägungen werden in diesem Buch unter dem Oberbegriff „Norm" zusammengefaßt.

Im Kern entspricht der Normenaspekt dem Kausalaspekt in der Aspektegliederung von [Jablonski 1995a]. Die Wahl einer anderen Benennung ist jedoch ratsam, da „kausal" bei Jablonski anders verwendet wird, als es in vielen Disziplinen üblich ist. Er verwendet „kausal", um zu beschreiben, welche Abhängigkeiten zwischen

Subworkflows existieren bzw. welche Abhängigkeiten Workflows von den in einem Unternehmen geltenden Normen aufweisen. In der neuzeitlichen Philosophie beschreibt Kausalität dagegen das Verursachungsverhältnis zwischen Ereignissen, d. h. den Zusammenhang zwischen Ursache und Wirkung. Es gilt die Annahme, daß jedes Ereignis in gesetzmäßiger Weise von einem anderen Ereignis abhängt (Kausalprinzip) und die Gesamtheit des Geschehens als eine geschlossene Reihe (Kausalkette) anzusehen ist. Andererseits kann jedoch nicht jedes regelmäßige Aufeinanderfolgen von Ereignissen als Ursache-Wirkungsverhältnis interpretiert werden, vgl. [Wright 1991], beispielsweise wird das Fallen des Barometers gemeinhin nicht als Ursache eines darauffolgenden Unwetters gedeutet. Man erkennt, daß „Kausalität" in etablierten Disziplinen anders belegt ist und die Benennung „Normenaspekt" unmißverständlicher auf den Zusammenhang der Workflow-Ausführung mit Normen (Regelungen, Vorschriften, Integritätsbedingungen usw.) hinweist, bei denen nicht in jedem Fall ein wirkursächlicher Handlungszusammenhang vorliegen muß.

Es kann nun der Frage nachgegangen werden, welche Arten von Normen für eine Workflow-Management-Anwendung relevant sind. Grundsätzlich existieren in jedem Unternehmen intern oder extern festgelegte Regeln für die Aufgabenerfüllung, welche zulässige Vorgehensweisen festlegen oder mindestens eingrenzen. Sie werden in [Knolmayer/Herbst 1993] „Geschäftsregeln" genannt. Geschäftsregeln können auf ethischen und kulturellen Normen, auf rechtlichen Vorgaben oder auf innerbetrieblichen Festlegungen beruhen. Sie können gesellschaftlich bedeutsam sein, aber sie müssen es nicht unbedingt. Sie betreffen häufig interne Verwaltungsabläufe (z. B. auch Schutz- und Sicherheitsaspekte) und sind nur teilweise explizit (z. B. in Organisationshandbüchern) dokumentiert. Ihnen gemeinsam ist jedoch ihr regulierender Charakter.

Geschäftsregeln enthalten Aussagen über Daten, doch ebenso Aussagen über Anforderungen an Abläufe in der Organisation, so daß Geschäftsregeln „als Aussagen über die Art und Weise der Geschäftsabwicklung, d. h. über Vorgaben und Restriktionen in Bezug auf Zustände und Abläufe in einer Organisation" [Herbst/Knolmayer 1995, 150] definiert werden können. Ihre Auswirkungen sind noch nicht auf Schema-Ebene fixiert. Sie schließen alle Gesichtspunkte ein, die als Begründung für die Ausführung von Subworkflows dienen können, die noch nicht auf Schemaebene fixiert wurden, wenn der Begriff der „Geschäftsregel" nur weit genug gefaßt wird. Geschäftsregeln können im übrigen zu Abläufen verkettet und als Basis zur konzeptuellen Modellierung eines Unternehmens verwendet werden, vgl. [Herbst 1997].

Grundsätzlich kann zwischen Geschäftsregeln aus unternehmensexternen Quellen und Geschäftsregeln aus unternehmensinternen Quellen unterschieden werden. Erstere sind durch ein Unternehmen nicht oder nur sehr eingeschränkt beeinflußbar, sie können weiter in Geschäftsregeln aus naturgegebenen Fakten (Naturgesetze) sowie in Geschäftsregeln aus rechtlichen, ethischen oder kulturellen Normen (Kulturgesetze) untergliedert werden. Dagegen sind Geschäftsregeln aus unternehmensinternen Quellen („Unternehmensgesetze") unter Berücksichtigung ihrer Gültigkeitsdauer und eventueller Interdependenzen beliebig veränderbar, vgl. [Herbst/Knolmayer 1995]. Jablonski nennt dafür als Beispiel die - vermutlich nicht dokumentierte - Geschäftsregel, daß ein Unternehmen einen Mitarbeiter mit dem Besuch eines Zulieferers beauftragen muß, um über mögliche Erweiterungen der Geschäftsbeziehungen zu sprechen, sobald ein potentieller Kunde eine umfangreiche Anfrage an ein Unternehmen stellt. Wegen der Anfrage des potentiellen Kunden wird der Workflow „Reisebearbeitung" somit erst in Gang gesetzt. Ebenso wird der Normenaspekt durch Aussagen über die allgemeinen rechtlichen oder unternehmensspezifischen Grundlagen eines Workflows, z. B. die Unternehmensvorschrift, daß mindestens zwei Manager den Dienstreiseantrag eines Mitarbeiters genehmigen müssen, vgl. [Jablonski 1995a], beschrieben. Eine Geschäftsregel eines Verlags kann z. B. lauten: „Each paper must be refered at least by three referees" [De Antonellis/Demo 1983, 16].

Aufgrund des Normenaspekts können somit Workflows und Workflow-Schemata miteinander verbunden werden, die vorher völlig unabhängig voneinander waren. Diese Abhängigkeiten müssen vor der Ausführung eines Subworkflows stets überprüft werden, um die Integrität der Workflow-Ausführung zu gewährleisten, vgl. [Jablonski/Bußler 1996]. Eine denkbare Folge fehlender Berücksichtigung von Geschäftsregeln ist beispielsweise das Einstellen eines Mitarbeiters für ein Projekt, das während der Ausführung des betreffenden Workflows abgebrochen worden ist. Dies hätte durch das Wissen über den Zusammenhang „dieser Einstellungsvorgang bezieht sich auf Projekt x" verhindert werden können, da dann alle dazugehörigen Workflows beendet worden wären, vgl. [Jablonski 1995b].

Auch Integritätsbedingungen zählen zum Normenaspekt. Integritätsbedingungen sind in erster Linie datenbezogen zu interpretieren. In [Steinbauer/Wedekind 1985] werden eine ganze Reihe möglicher Klassifikationsansätze von datenbezogenen Integritätsbedingungen genannt. Grundsätzlich unterscheiden sie zwischen physischer/technischer, struktureller, semantischer und pragmatischer Datenintegrität. Für den Normenaspekt sind insbesondere die über Speicherkonsistenz und Schemadefinition hinausgehende semantische und pragmatische Integrität in dieser Klassifikation von Bedeutung. Semantische Datenintegrität bedeutet laut Steinbauer und Wedekind, die durch das Konzeptionelle Schema syntaktisch möglichen Datenbankzustände durch die Angabe weiterer Bedingungen auf eine anwendungsspezifisch eingeschränkte Menge an sinnhaftigen Zuständen einzuengen. Davon abzugrenzen sind unzulässige (verbotene) Zustände, die zwar sinnhaftig sein können, jedoch im Widerspruch zu den im Unternehmen (und zum Teil darüber hinaus) geltenden Normen stehen. In diesem Fall, in dem Normen dazu auffordern, einen bestimmten Zustand zu erzeugen oder zu vermeiden, wird von pragmatischer Integrität gesprochen. In [Herbst/Knolmayer] wurde in diesem Zusammenhang die Benennung „Integritätsregel" für diese spezielle Form einer Geschäftsregel bzw. einer Norm geprägt.

Geschäftsregeln und Integritätsbedingungen können im übrigen in unterschiedlicher Art und Weise voneinander abgegrenzt werden. Folgt man dem Vorschlag von Knolmayer und Herbst, so stellen Integritätsbedingungen eine Untermenge der in einem Unternehmen bestehenden Geschäftsregeln dar, vgl. [Knolmayer/Herbst 1993]. Zur Abgrenzung heißt es, daß die Überprüfung von Integritätsbedingungen die Untersuchung, ob ein bestimmter Zustand (einer Datenbank) zulässig ist oder nicht, einschließt. Die Reaktion auf eine Unzulässigkeit sei dann trivial und oftmals durch einfache Mechanismen systemseitig vorgegeben. Dagegen seien zur Berücksichtigung von Geschäftsregeln, die beispielsweise auf unternehmensinternen Richtlinien oder gesellschaftlichen Normen beruhen, wesentlich mächtigere Mechanismen erforderlich.

5.7.1 Gewählte Spezifikationssprache: Normsprache

Die Spezifikation von Geschäftsregeln (als Gegenstand des Normenaspekts) kann prinzipiell in einer natürlichen Sprache, in Pseudocode oder in einer formalen Logik-Sprache erfolgen, vgl. dazu [Knolmayer/Herbst 1993]. Für die Kommunikation zwischen Anwendern und Entwicklern bietet es sich an, Geschäftsregeln normsprachlich und damit in Anlehnung an die natürliche Sprache zu formulieren, und zwar ohne eine Transformation in eine Diagrammsprache vorzusehen. Auf eine solche Transformation ist zu verzichten, da keine Diagrammsprache bekannt ist, die in der Lage ist, das breite Spektrum möglicher Geschäftsregeln so präzise wie eine normierte Fachsprache und gleichzeitig anschaulicher als sie darzustellen. Die Implementierung der Geschäftsregeln muß somit auf der Basis der grammatikalisch normierten Aussagen erfolgen, die prinzipiell auch eine besondere Art von Pseudocode darstellen und somit wesentlich einfacher in programmiersprachliche Konstrukte umzusetzen sind, als dies bei unnormierten natürlichsprachlichen Aussagen der Fall wäre.

Damit die Menge der Geschäftsregeln (im Sinne von Normen) einschließlich Integritätsbedingungen und eher technischen Normen wie Zugriffsregelungen etwas strukturiert werden kann, wird für die Unterteilung des Normenaspekts in die Konstrukte *konstitutive*[70] *Geschäftsregel* und *regulative*[71] *Geschäftsregel* plädiert. Eine konstitutive Geschäftsregel ist grundlegend für die Existenz eines Gegenstands, sie bestimmt das Bild seiner Gesamterscheinung. Demgegenüber dienen regulative Geschäftsregeln allgemein der Aufforderung etwas zu tun im Sinne allgemeiner Handlungsorientierung. Regulative Geschäftsregeln sind folglich für die Herstellung bzw. Aufrechterhaltung eines regelgerechten Ablaufs verantwortlich.

5.7.2 Methodenspezifische Normierung

Die methodenspezifische Klassifikation der Aussagen (M3) teilt die zugeordneten Aussagen in Aussagen über konstitutive Geschäftsregeln sowie in Aussagen über regulative Geschäftsregeln. Es folgt die syntaktische Normierung mit Hilfe von

---

[70] *konstitutiv* im Sinne von grundlegend

[71] *regulativ* im Sinne von regulierend

Satzbauplänen (M4). Die Geschäftsregel selbst ist auf der Basis der vorliegenden normierten Terminologie zu bilden und sollte möglichst im Sinne einer logischen Verknüpfung formuliert sein, um die in einer späteren Phase erforderliche Umsetzung in ein Konstrukt einer Programmiersprache zu erleichtern. In dem Beispiel einer konstitutiven Geschäftsregel in Tabelle 30 wird eine Subjunktion verwendet. Der Schritt M5 entfällt wie stets beim Einsatz einer Normsprache als Spezifikationssprache. Die Schritte M6 und M7 dienen der Zusammenstellung und Verifizierung der Ergebnisse der Normierung.

Aussagen, die dem Normenaspekt zugeordnet werden (M3)	Satzbauplan zur normsprachlichen Darstellung des Normenaspekts	Normierte Aussagen (M4) (Belegungen des Satzbauplans)
konstitutive Geschäftsregel		
Das URLAUBS-LÄNGEprüfen ist notwendig, weil §7 Abs. 2 , Satz 1 BUrlG verlangt, daß einer der Urlaubsteile eines Arbeitnehmers mindestens zwölf aufeinanderfolgende Werktage umfassen muß, sofern der Arbeitnehmer Anspruch auf Urlaub von mehr als zwölf Werktagen hat.	**<Wf > erfolgt wegen einer Norm, die besagt: *<Geschäftsregel>*.**	URLAUBSLÄNGEprüfen erfolgt wegen einer Geschäftsregel, die besagt: *Wenn der Arbeitnehmer Anspruch auf Urlaub von mehr als zwölf Werktagen hat, dann muß einer der Urlaubsteile des Arbeitnehmers mindestens zwölf aufeinander-folgende Werktage umfassen.*
regulative Geschäftsregel		
Nach §7 Abs. 1 Satz 2 BUrlG ist Urlaub zu genehmigen, wenn er im Anschluß an eine medizinische Vorsorgemaßnahme beantragt wird.	**Wegen *<Geschäftsregel>* folgt auf die Ausführung von <Wf> die Ausführung von <Wf>.**	*Wegen §7 Abs. 1 Satz 2 BUrlG* folgt auf die Ausführung von BE-TRIEB-LICHE_BELAN-GEprüfen die Ausführung von URLAUBSENT-GELTfestsetzen.

Tabelle 30: Methodenspezifische Normierung von Aussagen zum Normenaspekt

6 Ausklang

In einigen abschließenden Bemerkungen werden die Hauptgedanken dieses Buchs kurz zusammengefaßt (Kapitel 6.1), bevor es in den größeren Kontext verwandter normsprachlicher Arbeiten eingeordnet wird (Kapitel 6.2). In einem Ausblick (Kapitel 6.3) werden notwendige Entwicklungstendenzen im Workflow-Bereich angesichts mancher Unzulänglichkeiten derzeitiger Workflow-Management-Systeme aufgezeigt.

6.1 Resümee

Es wurde ein normsprachlicher Ansatz zur Entwicklung von Workflow-Management-Anwendungen vorgestellt. Dieser Ansatz konzentriert sich auf die für die Zusammenarbeit zwischen Entwicklern und Anwendern und damit für den Erfolg der Entwicklungsarbeit maßgebliche Phase Fachentwurf im Rahmen der Entwicklung eines Anwendungssystems. Er verkörpert einen materialen Entwicklungsansatz und unterscheidet sich damit von anderen Ansätzen zur Entwicklung von Workflow-Management-Anwendungen. Der materiale Charakter drückt sich darin aus, daß der Ansatz sowohl auf einer Grammatik als auch einem Wörterbuch beruht. Die Grammatik besteht im Kern aus einer methodenspezifischen Festlegung der Syntax in Form von Satzbauplänen. Das Wörterbuch dient dem Aufbau und der Pflege einer unternehmensspezifisch normierten Terminologie, aber auch der Kontrolle der obligatorischen Verwendung der normierten Termini. Ein Vorgehensmodell für den Weg von der Erhebung natürlichsprachlicher Aussagen zur Beschreibung des Anwendungsgebiets bis hin zur Umsetzung in Konstrukte einer Diagramm- oder einer anderen Spezifikationssprache, die dann als Grundlage der späteren Phasen der Anwendungssystementwicklung dienen, wurde in Form einer detaillierten Schrittfolge vorgestellt, so daß von einem methodischen Vorgehen - auf der Basis des Einsatzes dokumentierter Vorgehensweisen und jeweils festgelegter, geeigneter Sprachen - gesprochen werden kann. Der vorgestellte Ansatz ist unabhängig von den Spezifika eines bestimmten Workflow-Management-Systems

und beschränkt sich deshalb auf die frühen Phasen der Anwendungssystementwicklung. Als Klassifikationsansatz zur Strukturierung des Anwendungsgebiets wurde ein auf orthogonalen Aspekten basierender Ansatz gewählt.

Die in dem vorgestellten Ansatz berücksichtigten Aspekte (mit ihren Teilaspekten), vgl. Abbildung 25, können um weitere Aspekte ergänzt werden. Zu
denken ist vor allem an einen *Produktaspekt*. Ein Produktaspekt ist dann
notwendig, wenn durch Workflow-Management-Systeme auch der Arbeitsfluß
materieller Objekte gesteuert werden soll. Bisher wurde dies kaum in Erwägung
gezogen, zukunftsweisende Ausnahmen bilden [Borowsky et al. 1997; Loos
1996]. Überdies fehlen plausible Gründe für die Beschränkung auf immaterielle
Objekte (insbesondere Dokumente im weitesten Sinne). Die Beschränkung läßt
sich zwar leicht aus den Wurzeln zahlreicher Produkte (Dokumentenmanagement,
elektronische Postsysteme usw.) und Forscher (Datenbanken, Dokumenten-
management usw.) in diesem Bereich erklären, zwingend notwendig wird sie
dadurch nicht. Im übrigen ist der Fluß materieller Objekte bisher vor allem
Gegenstand von Produktionsplanungs- und –steuerungssystemen (PPS). Der PPS-
Bereich und der Workflow-Bereich könnten nun aber wechselseitig voneinander
profitieren, wenn eine Integration beider Systemarten vollzogen wird. Falls zur
Modellierung von Workflows ein Produktaspekt eingeführt wird, so könnte seine
Modellierung auf Arbeitsstudien im Sinne von REFA und MTM fußen.

Aus der Perspektive der Informatik stellen Workflow-Management-Anwendungen
eine Art Dachthema dar, vgl. [Wedekind 1997]. Sie integrieren zahlreiche bereits
vorhandene Ansätze, die der Verwaltung von Daten, der Festlegung von Abarbeitungsreihenfolgen, dem Aufruf von Anwendungsprogrammen, der Benach-
richtigung von Benutzern, der Historienverwaltung usw. dienen. Hinzu kommen
workflowspezifische Ansätze. Insgesamt gesehen bildet eine Workflow-Management-Anwendung in Bezug auf die vorhandenen Anwendungssysteme eine Art
„Übersystem", das im Rahmen der Steuerung von Workflows diese
Anwendungssysteme aufruft und deren Ergebnisse weiterleitet. Aus diesem Grund
hat der Einsatz von Workflow-Management-Anwendungen weitreichendere
Konsequenzen als der Einsatz anderer Typen von Anwendungssystemen. So ist
der geplante Einsatz von Workflow-Management-Anwendungen immer auch in
andere Maßnahmen der Unternehmensgestaltung und Organisationsmodellierung,

insbesondere in ein Reorganisieren der Geschäftsprozesse und Arbeitsabläufe, einzubetten. Deswegen, aber auch wegen der vielfältigen Facetten, die bei der Modellierung eines Workflows zu berücksichtigen sind, stellen Workflow-Management-Anwendungen sowohl ein Thema interdisziplinärer Forschungsarbeit als auch abteilungsübergreifender Zusammenarbeit in Unternehmen dar.

Es sollte deutlich geworden sein, daß es unvermeidlich ist, den „Faktor Mensch" in die Überlegungen zur Entwicklung einer Workflow-Management-Anwendung einzubeziehen. Dies liegt insbesondere darin begründet, daß Workflow-Management-Systeme zur Steuerung von Abläufen eingesetzt werden, an denen auch Menschen als Aufgabenträger in verschiedenen Funktionen beteiligt sein können. Menschen als Aufgabenträger unterscheiden sich in ihren charakteristischen Merkmalen erheblich von Maschinen (z. B. Rechnern) als Aufgabenträgern, so daß der Betrieb einer Workflow-Management-Anwendung nichts anderes ist als die partielle Steuerung des soziotechnischen Systems Unternehmen. Die Notwendigkeit der Berücksichtigung soziotechnischer Aspekte sollte dabei nicht als lästiges Übel, sondern als Chance begriffen werden, die sich in dieser umfassenden Form bei keinem anderen Anwendungssystemtyp bietet. Von der Güte der Berücksichtigung des Faktors Mensch ist der Wert der Workflow-Management-Anwendung für das Unternehmen, ausgedrückt z. B. in der Akzeptanz des Systems durch die Anwender, abhängig. Dazu sind Erfordernisse, aber auch Wünsche und Ängste, die im Bereich der von Workflow-Management-Systemen zu steuernden menschlichen Aufgabenträger existieren, zu erforschen und angemessen zu berücksichtigen. Anwendungen müssen flexibel an sich im Zeitablauf verändernde Rahmenbedingungen hinsichtlich der Ablauforganisation, aber auch der Aufbauorganisation angepaßt werden können. Dies ist als besonders wichtig einzustufen, da zum einen die mit der Einführung einer Workflow-Management-Anwendung verbundenen organisatorischen Veränderungen von den Anwendern mitgetragen werden müssen und zum anderen sich fast jedes Unternehmen in einem dynamisch geprägten Wettbewerbsumfeld bewegt, so daß theoretisch permanent organisatorische Veränderungen erforderlich wären. Letzteres stellt eine Maximalforderung dar, die einen nicht zu vertretenden Aufwand bedeuten und eine Organisation - bei konsequenter Erfüllung - oftmals handlungsunfähig machen würde. Es ist jedoch genauso verkehrt, ins andere Extrem zu verfallen und bestimmte organisatorische Veränderungen von vornherein auszuschließen, wie dies bei einer Reihe von auf dem Markt befindlichen Workflow-Management-Systemen notwendig ist, die z. B. eine Berücksichtigung aufbauorganisatorischer Strukturveränderungen nicht unterstützen. Solange kein genügendes Maß an schnell und einfach handhabbarer Flexibilität bei Workflow-Management-Systemen geboten wird, werden erfolgreiche Workflow-Management-Anwendungen, die über ein kleines Anwendungsfeld bzw. Dokumentenmanagement im engeren Sinne hinausgehen, selten bleiben.

Ein zentrales Element des vorgestellten Ansatzes bildet das Unternehmensfachwörterbuch. Bei seinem Aufbau und bei seiner Einführung müssen im Sinne einer pragmatischen Betrachtung der Situation die möglichen Wirkungen auf die Unternehmensangehörigen berücksichtigt werden. Auf diese möglichen Wirkungen konnte im Rahmen dieses Buchs nicht vertieft eingegangen werden, deshalb einige Anmerkungen an dieser Stelle dazu, welche weiterführenden Überlegungen angestellt werden müßten. Zunächst muß bei der Einführung eines Unternehmensfachwörterbuchs verhindert werden, daß die gemeinhin Wörterbüchern gegenüber aufgebrachte Wertschätzung ins Gegenteil umschlägt, denn „mit dem Museum und der Bibliothek teilt das Wörterbuch den zweifelhaften Vorzug, als Friedhof zu gelten" [Hausmann 1989, 20]. Beim Wörterbuch steht demnach die Faszination oftmals hart neben der konträren Reaktion, der Allergie gegen das Wörterbuch als einem zutiefst langweiligen und uninteressanten Gegenstand, vgl. [Hausmann 1989]. Diese verbreiteten negativen Einstellungen gegenüber Wörterbüchern im allgemeinen müssen in einem Unternehmen auf das Unternehmensfachwörterbuch bezogen überwunden werden. Dessen Wert für die innerbetriebliche Kommunikation, als Grundlage für die Entwicklung von Anwendungssystemen usw. sowie die daraus resultierende Notwendigkeit seiner Nutzung müssen jedem Benutzer der Unternehmensfachsprache vor Augen geführt werden, wobei auch auf die im Gegensatz zu gedruckten Wörterbüchern stets zu gewährleistende Aktualität des Unternehmensfachwörterbuchs hingewiesen werden kann. Hierfür müssen entsprechende Überzeugungsarbeit geleistet und unter Umständen Schulungen durchgeführt werden, ergänzt durch Sanktionsandrohungen bei durchgängigem Nichtgebrauch normierter Termini.

Hinsichtlich der Bedeutung eines Unternehmensfachwörterbuchs für ein Unternehmen läßt sich festhalten, daß es - bei konsequenter Verwendung - in allen

Unternehmensbereichen im Sinne eines umfassenden Terminologiemanagements in vielfältiger Weise von Nutzen sein kann, nicht nur im Bereich der Anwendungssystementwicklung. Es erleichtert – zusammen mit einem entsprechenden Repository – die effiziente Nutzung des Produktionsfaktors „Information", vgl. [Hagemeyer/Rolles 1997]. Mit dem zunehmenden Einsatz der Unternehmensfachsprache und dem damit verbundenen Umfang des Unternehmensfachwörterbuchs sinkt der Rekonstruktionsbedarf – vorausgesetzt, daß Modifikationen der Wörterbucheinträge restriktiv gehandhabt werden. Andererseits können Termini nicht ein für alle Mal festgeschrieben werden. Der Wandel der Bedeutung der Termini im Zeitablauf ist überdies selbst in den Naturwissenschaften üblich, auch wenn dies dem einzelnen Wissenschaftler gar nicht in jedem Fall bewußt ist, vgl. [Weizsäcker 1972]. Um so mehr gilt dies für die in einem Unternehmen wichtigen Termini, denn die Unternehmensterminologie ist in besonderem Maße der Dynamik des Marktgeschehens und sonstigen vielfältigen äußeren Einflüssen unterworfen. Man muß sich außerdem bewußt sein, daß an der Schwelle zur Gemeinsprache die Einflußmöglichkeiten des Unternehmens enden und der Terminus hier wieder zum „Wort" wird, vgl. [Beier 1960], so daß es nicht Ziel sein kann, die Gemeinsprache in einem Unternehmen normieren zu wollen. Andererseits ermöglichen allein die Rekonstruktion der (fachsprachlichen) Termini und ihre Verwaltung in einem elektronischen Wörterbuch die unternehmensintern sinnvolle Wiederverwendung von Termini. Es soll nämlich gerade verhindert werden, daß eine unkontrollierte Wiederverwendung von Benennungen stattfindet, die darin bestehen könnte, daß vorhandene Benennungen im Sinne einer Entlehnung zusätzlich auf neue Gegenstände projiziert und hierdurch Polyseme oder in Ausnahmefällen sogar Homonyme erzeugt werden.

6.2 Verwandte Ansätze

Zum vorgestellten Ansatz der normsprachlichen Entwicklung einer Workflow-Management-Anwendung gibt es eine Reihe verwandter Ansätze, die in Tabelle 31 aufgelistet sind, wobei kein Anspruch auf Vollständigkeit erhoben wird. Den aufgelisteten Ansätzen ist gemeinsam, daß sie materialsprachlichen Charakter haben, d. h. auf einer festgelegten Syntax und einem Wörterbuch im weiteren Sinne beruhen. Einige der genannten Arbeiten können als direkt verwandt zum vorgestellten Vorgehensmodell bezeichnet werden, andere sind lediglich vom Ansatz her vergleichbar.

Anwendungsgebiet	Normsprachlicher Ansatz (im weiteren Sinne)
Datenbankanwendungsentwicklung	[Wedekind 1981] [Ortner 1983] [De Antonellis/Demo 1983] [Ortner/Söllner 1989] [Vogler 1994] [Hars 1997]
Entwicklung von Expertensystem-Anwendungen	[Gunia 1994] [Schwitter/Fuchs 1996]
Objektorientierte Anwendungsentwicklung	[Wedekind 1992] [McDavid 1996] [Schienmann 1997]
Workflow-Management-Anwendungsentwicklung	[Harnisch 1997] [Lehmann 1998][72]
Anwendungsentwicklung generell	[Ortner 1995] [Hars/Marchewka 1997] [Ortner 1997a]

Tabelle 31: Arbeiten zur normsprachlichen Entwicklung von
Anwendungssystemen

Das konstruktive Entwickeln von Datenbank-Anwendungen wurde in [Wedekind 1981] erstmals vorgestellt. Der entsprechende Entwicklungsprozeß basiert dabei auf drei Abstraktionsebenen (der fachlichen Ebene, der konstruktiven Ebene und der Schema-Ebene). Ohne auf Einzelheiten des Entwicklungsprozesses eingehen zu wollen sei darauf hingewiesen, daß auf der konstruktiven Ebene die zentralen Fachbegriffe normsprachlich („orthosprachlich") rekonstruiert und als Objekt-typen festgelegt werden, vgl. [Ortner 1997a]. In [Ortner 1983] wird auf dieser Dreiteilung aufbauend eine Methodologie zur normsprachlichen („sprach-kritischen") Entwicklung von Datenbankanwendungen vorgestellt, die auf philosophischen und formallogischen Annahmen der konstruktiven Wissen-schaftstheorie beruht. Es wird gezeigt, wie aus natürlichsprachlichen Aussagen

---

[72] die vorliegende Arbeit

mit Hilfe einer Rekonstruktion der Fachbegriffe und entsprechend normierten Aussagen schrittweise integrierte Datenbankanwendungen entwickelt werden können. Diese Methodologie dient in [Ortner/Söllner 1989] als Grundlage für die Implementierung eines Vorgehensmodells zur Datenmodellierung nach der Objekttypenmethode. Im Sinne des normsprachlichen Ansatzes werden dabei zunächst relevante, natürlichsprachlich formulierte Aussagen in den Anwendungsbereichen gesammelt. Es schließt sich die Rekonstruktion der Fachbegriffe an, wobei Regeln zur Behandlung der „sprachlichen Defekte" Synonymie, Homonymie, Äquipollenz, Vagheit und falscher Bezeichner aufgestellt werden. Auf der Basis der rekonstruierten Fachbegriffe werden die gesammelten Aussagen modifiziert. Die auf diese Weise normierten Aussagen werden dann im Hinblick auf ihre Satzstrukturen analysiert, um aus ihnen die Ergebnisse der Grobdatenmodellierung und später der Feindatenmodellierung ableiten zu können. Für die Objekttypenmethode wird in [Vogler 1994] ein automatischer Übersetzer auf der Basis der UNIX-Werkzeuge LEX und YACC zur Transformation der normierten Aussagen in graphische Repräsentationen der Objekttypenmethode vorgestellt.

Die Ansätze von [De Antonellis/Demo 1983] und [Hars 1997] zur Datenmodellierung beruhen ebenfalls auf natürlichsprachlichen Aussagen. Sie bauen jedoch nicht direkt auf den bisher genannten Ansätzen auf. Gleichwohl können sie zu den normsprachlichen Ansätzen gezählt werden, da sie zum einen eine eingeschränkte Grammatik der natürlichen Sprache und zum anderen ein Wörterbuch zur Verwaltung und Kontrolle der Fachbegriffe verwenden. De Antonellis und Demo führen eine Normierung und Klassifikation von natürlichsprachlich erhobenen Aussagen im Rahmen des Fachentwurfs einer Datenbank-Anwendung vor, dabei werden die mit Synonymie und Homonymie von Benennungen verbundenen Problemstellungen erörtert. Auch Hars betont, daß bei seinem Ansatz das Wörterbuch das Aufspüren von semantischen Inkonsistenzen (z. B. inkonsistenten Benennungen), undefinierten Abkürzungen und Synonymen ermöglicht. Er unterstreicht, daß der von ihm vorgestellte Ansatz nicht auf den Bereich der Datenbank-Anwendungsentwicklung beschränkt ist.

In den Bereich der Entwicklung von Expertensystemen sind die Ansätze von [Gunia 1994] und [Schwitter/Fuchs 1996] einzuordnen. Gunia präsentiert einen durchgängigen Ansatz zur Entwicklung von Expertensystemen. Der Weg zum formalsprachlichen Endergebnis der Entwicklungsarbeit beginnt dabei mit der Erstellung eines protosprachlichen Beschreibungssystems, welches nach und nach mit fachsprachlichen Komponenten gefüllt wird. Nach dem Erreichen einer zufriedenstellenden Systemstabilität werden die fachsprachlichen Komponenten normalisiert, d. h. im Sinne einer Normsprache rekonstruiert. Die Vorteile der normsprachlichen Entwicklung von Expertensystemanwendungen gegenüber anderen Entwicklungsmethoden werden aufgezeigt. Schwitter und Fuchs transformieren natürlichsprachliche Aussagen unter Einsatz eines entsprechenden Wörterbuchs in eine spezielle, normierte Zwischensprache, d. h. in eine kontrollierte natürliche Sprache, wie sie sie nennen, welche dann als Ausgangsbasis für die weitere Übersetzung der so normierten Aussagen in Wissensrepräsentationsstrukturen mit Hilfe von Prolog dient.

Die normsprachlich geprägte objektorientierte Anwendungsentwicklung kann sich auf [Wedekind 1992] stützen, der als theoretische Grundlage eine wissenschaftstheoretisch abgesicherte Methodologie zur Gewinnung von Objektschemata einführt, vgl. [Ortner 1997a]. In [Schienmann 1997] wird der normsprachliche Ansatz (mit einem Wörterbuch und methodenneutralen Satzbauplänen) für die objektorientierte Anwendungsentwicklung eingeführt. Auch der Business-Language-Ansatz von [McDavid 1996] legt die Semantik einer Unternehmensfachsprache mit Hilfe eines Wörterbuchs der weiteren Entwicklung objektorientierter Anwendungen zugrunde. Das Wörterbuch wird dabei in Form eines semantischen Netzes verwaltet. Damit werden begriffliche Strukturen aufgebaut. Die Syntax erhobener Aussagen wird allerdings nicht normiert.

In [Harnisch 1997] wird die Entwicklung einer Lexikonkomponente (Wörterbuchkomponente) zur Verwaltung einer rekonstruierten und normierten Fachterminologie im Sinne der normsprachlichen Entwicklung von Informationssystemen beschrieben. Am Beispiel der Organisationsentwicklung wird aufgezeigt, wie diese Lexikonkomponente in ein Entwicklungsrepository für eine Workflow-Management-Anwendung eingebunden werden kann. Aus diesem Grund wurde die genannte Arbeit in der Tabelle 31 der Kategorie „Workflow-Management-Anwendungsentwicklung" zugeordnet, zu der auch das vorliegende Buch zu zählen ist.

Unabhängig von einem bestimmten Anwendungssystemtyp wird in [Ortner 1995] die Entwicklung einer am Konzept der Normsprache (Orthosprache) der konstruktiven Wissenschaftstheorie orientierten Konstruktionssprache für Informationssysteme und Organisationsstrukturen vorgeschlagen, vgl. dazu auch [Ortner 1997a]. Diese auch als „materiales Entwicklungssystem" bezeichnete Konstruktionssprache besteht aus einer Grammatik, in welcher die zulässigen Aussageformen (Satzbaupläne) zur Bildung von Aussagen über ein Anwendungsgebiet festgelegt sind, sowie einem Wörterbuch, das die normierten Fachtermini aus den Anwendungsbereichen konsistent verwaltet. Hars und Marchewka stellen ein Werkzeug als Prototyp vor, das für die Spezifikation eines Anwendungssystems verwertbare Informationen aus natürlichsprachlichen Aussagen extrahiert. Der Ansatz basiert auf einem elektronischen Wörterbuch, das über einen umfangreichen Wortschatz und eine Klassifikation der Einträge in verschiedene semantische Kategorien verfügt, vgl. [Hars/Marchewka 1997]. Auch dieser Ansatz hat die Überwindung der sprachlichen Lücke zwischen Entwicklern und Anwendern bei der Entwicklung eines Anwendungssystems zum Ziel.

6.3 Ausblick

Der zunehmende Einsatz von Workflow-Management-Anwendungen wird zu weitreichenden gesellschaftlichen Veränderungen führen und auf das Wohlergehen einer Volkswirtschaft in Zukunft wesentlichen Einfluß haben. Er wird in bestimmten Teilbereichen geistiger Arbeit zu einem globalen Arbeitsmarkt mit positiven Konsequenzen für die Gestaltungsmöglichkeiten von Unternehmen und negativen Konsequenzen für die betroffenen Arbeitnehmer in den Hochlohnländern führen. Wie im Falle anderer Innovationen im Bereich der Informationstechnik auch, stellt sich jedoch nicht die Frage, ob diese Entwicklung aufzuhalten ist. Es geht vielmehr darum, daß die Chancen, welche mit dem verbreiteten und umfassenden Einsatz von Workflow-Management-Anwendungen verbunden sind, von den potentiellen Anwendern und auch der Öffentlichkeit in den Hochlohnländern Europas als Wettbewerbs- bzw. Standortsvorteile erkannt und genutzt werden, ohne die möglichen negativen Auswirkungen für den einzelnen Mitarbeiter zu ignorieren. Die Potentiale von Workflow-Management-Anwendungen müssen durch interdisziplinäre Forschungs- und Entwicklungsarbeit noch stärker erschlossen werden, denn dieses Gebiet ist sowohl hinsichtlich der eingesetzten Technologie als auch hinsichtlich der Nutzung ihrer organisatorischen Gestaltungsmöglichkeiten noch längst nicht ausgereift.

Die Verwendung der dargestellten Entwicklungsmethodik stellt eine Möglichkeit dar, um Workflow-Management-Anwendungen methodisch zu entwickeln. Der vollen Ausschöpfung der Potentiale der Workflow-Technologie stehen jedoch noch die beschriebenen Beschränkungen der derzeit auf dem Markt verfügbaren Workflow-Management-Systeme entgegen. Bisher hat sich das immer noch junge Gebiet noch nicht so weit konsolidiert, daß hier eine allzu pessimistische Grundhaltung an den Tag gelegt werden müßte. Seit dem Aufkommen des Workflow-Management-Konzepts ist erst eine verhältnismäßig kurze Zeitspanne verstrichen, die offensichtlich zu kurz war, um eine umfassende Einführung dieses Anwendungssystemtyps in den Unternehmen zu ermöglichen. Unberührt von dieser Feststellung bleibt der durchaus weit verbreitete Einsatz von „Pseudo-Workflow-Management-Anwendungen", die lediglich mail- oder dokumentenmanagementorientiert sind.

Der Vergleich mit der Datenbanktechnologie zeigt, daß es dort rund zwei Jahrzehnte gedauert hat, bis es von grundlegenden konzeptionellen Ansätzen (die um 1970 herum veröffentlicht wurden) zum verbreiteten und umfassenden Einsatz dieser Technologie in der Wirtschaft gekommen ist. Die Situation auf dem Gebiet der Workflow-Management-Systemen heute ist somit vergleichbar mit der Situation von Datenbank-Management-Systemen in den frühen 70er Jahren, in der Pioniere auf dem Gebiet der Datenbanken an ihren individuellen, altbewährten Konzepten mit Ad-hoc-Charakter festhielten und damit eine Vielzahl schwer verständlicher Systeme schufen, vgl. [van der Aalst 1996]. Erst das Aufkommen von Standards wie des Relationalen Datenmodells [Codd 1970] und des Entity-Relationship-Modells [Chen 1976] führten zu einer gemeinsamen Basis der meisten Datenbank-Management-Systeme. Analog zum Datenbankbereich ist zu erwarten, daß noch einige Jahren nötig sind, um von den theoretischen Grundlagen und von der Leistungsfähigkeit der verfügbaren Workflow-Management-Systeme her das Workflow-Management-Konzept in den Unternehmen umfassend zu verankern.

Workflow-Management-Anwendungen müssen dazu ausgelegt sein, an sich wandelnde aufbau- und ablauforganisatorische Strukturen angepaßt zu werden. Sie müssen aber auch im Vorhinein nicht klar festgelegte Workflows (Ad-hoc-Workflows) unterstützen. Im übrigen können sich Workflows auch während der Abarbeitung im Rahmen einer Workflow-Management-Anwendung, der sogenannten „Run-Time", ändern, vgl. [Schwenkreis 1996]. Die bisher stark eingeschränkte Flexibilität derzeitiger Workflow-Management-Systeme steht hierbei in erkennbarem Widerspruch zur vielfach erhobenen Forderung nach Flexibilität der Unternehmen. Bisher ist deswegen festzustellen, daß Workflow-Management-Systeme zwar von ihrer Konzeption her Werkzeuge des organisatorischen Wandels sein können, sie es aber noch nicht sind. „Stünden sie heute zur Verfügung, so müßten wir erst lernen, sie einzusetzen. Wir stehen nicht kurz vor dem entscheidenden Schritt, wir blicken erst in die richtige Richtung." [Paul/Maucher 1997, 98]. Es ist zwar nicht zu leugnen, daß sich Organisationen auch heute schon, ohne den Einsatz von Workflow-Management-Anwendungen, stetig wandeln müssen und entsprechende Anpassungen der Anwendungssysteme erforderlich werden. Gleichwohl wird die Entwicklung von Workflow-Management-Anwendungen auf der Basis von Workflow-Management-Systemen der nächsten Generation Umstrukturierungspotentiale bezogen auf die Organisationsstrukturen bieten, die bei anderen Anwendungssystemtypen nicht zur Verfügung stehen.

Auf der Grundlage dieses Buchs sollten in naher Zukunft entsprechende Werkzeuge entwickelt werden, die die rechnerunterstützte Aussagenklassifikation, Aussagennormierung und Aussagentransformation jeweils zumindest teilweise unterstützen. Da jedoch eine vollautomatische Klassifikation und Normierung der Aussagen im methodenneutralen Teil nicht erreicht werden kann, sollte die vorgestellte, häufig auf intellektueller Arbeit beruhende Methode in der Praxis in einem größeren Projekt zur Entwicklung einer Workflow-Management-Anwendung verifiziert und validiert werden. Darüber hinaus ist zu untersuchen, ob eine Erweiterung des aspekteorientierten Ansatzes um weitere Aspekte, z. B. einen Produktaspekt oder einen Terminologieaspekt, sinnvoll ist.

Literaturverzeichnis

Abbott, Kenneth R. und Sunil K. Sarin (1994): Experiences with Workflow Management: Issues for the Next Generation. In: R. Furuta und C. Neuwirth (Hrsg.): CSCW 94: Transcending Boundaries, New York: ACM-Press, S. 113-120.

Alonso, Gustavo und Hans-Jörg Schek (1996): Research Issues in Large Workflow Management Systems. In: NSF workshop on Workflow and Process Automation in Information Systems, State Botanical Garden, Georgia, USA, 8. - 10. Mai 1996, http://lsdis.cs.uga.edu/activities/NSF-workflow/alonso.html

Altrogge, Günter (1994): Netzplantechnik, 2., völlig neu bearb. und erw. Aufl., München [u.a.]: Oldenbourg.

Amberg, Michael (1996): Transformation von Geschäftsprozeßmodellen des SOM-Ansatzes in workflow-orientierte Anwendungssysteme. In: Jörg Becker und Michael Rosemann (Hrsg.): Proceedings zum Workshop „Workflowmanagement - State-of-the-Art aus Sicht von Theorie und Praxis", Universität Münster, Institut für Wirtschaftsinformatik, Arbeitsbericht Nr. 47, Münster, 1996, S. 46-56.

Amberg, Michael (1997): The Benefits of Business Process Modeling for Workflow Systems. In: Peter Lawrence und WfMC (Hrsg.): Workflow Handbook 1997, Chicester [u. a.]: Wiley, S. 61-68.

Anderl, Reiner (1993): STEP – Grundlagen der Produktmodelltechnologie. In: Wolffried Stucky und Andreas Oberweis (Hrsg.): Datenbanksysteme in Büro, Technik und Wissenschaft (BTW'93), Berlin: Springer, S. 33-53.

ANSI/X3/SPARC (1975): Study Group on Data Base Management, Systems-Interim-Report. In: Bulletion of ACM SIGMOD, Bd. 7, Nr. 2.

Apel, Karl-Otto (1973): Transformation der Philosophie, Bd. 1 Sprachkritik, Semiotik, Hermeneutik, Frankfurt/Main: Suhrkamp.

Arntz, Reiner und Heribert Picht (1991): Einführung in die Terminologiearbeit, 2. Aufl., Hildesheim [u. a.]: Olms.

Ashby, William R. (1973): An introduction to cybernetics, London: Chapman and Hall.

Atteslander, Peter (1995): Methoden der empirischen Sozialforschung, 8., bearb. Aufl., Berlin [u. a.]: de Gruyter.

Auramäki, Esa, Erkki Lehtinen und Kalle Lyytinen (1988): A Speech-Act-Based Office Modeling Approach. In: ACM Transactions on Information Systems, Bd. 6, Nr. 2, S. 126-152.

Aurisch, J. (1997): Lexikonerstellungssystem. In: Hans-Jochen-Schneider (Hrsg.): Lexikon Informatik und Datenverarbeitung, 4., aktualisierte und erweiterte Aufl., München/Wien: Oldenbourg, S. 499.

Back-Hock, Andrea, Volker Borkowski, Wolfgang Büttner, Brigitte Kreitmair, Klaus-Jürgen Scheuer, Reinhard Sperber und Winfried Wohlmuth (1994): Vorarbeiten für die Datenmodellierung am Beispiel zweier Industrieunternehmen: Automatisierte Dateninventur und elektronischer Begriffskatalog. In: Wirtschaftsinformatik, Bd. 36, Nr. 5, S. 409-421.

Baldinger, Kurt (1952): Die Gestaltung des wissenschaftlichen Wörterbuchs. In: Olaf Deutschmann, Rudolf Grossmann, Hellmuth Petricioni und Hermann Tiemann (Hrsg.): Romanistisches Jahrbuch, Bd. 5, S. 65-94.

Ballmer, Thomas und Waltraud Brennenstuhl (1985): Deutsche Verben: eine sprachanalytische Untersuchung des Deutschen Verbwortschatzes, Tübingen: Narr.

Balzert, Helmut (1990): Ein Überblick über die Methoden- und Werkzeuglandschaft. In: Helmut Balzert (Hrsg.): CASE: Systeme und Werkzeuge, 2., vollst. überarb. und erw. Aufl., Mannheim [u. a.]: BI-Wissenschaftsverlag, S. 23-101.

Balzert, Helmut (1996): Lehrbuch der Software-Technik: Software-Entwicklung, Heidelberg/Berlin: Spektrum Akad. Verl.

Balzert, Helmut (1998): Lehrbuch der Software-Technik: Software-Management, Heidelberg/Berlin: Spektrum Akad. Verl.

Becker, Jörg und Gottfried Vossen (1996): Geschäftsprozeßmodellierung und Workflow-Management: eine Einführung. In: Gottfried Vossen und Jörg Becker (Hrsg.): Geschäftsprozeßmodellierung und Workflow-Management: Modelle, Methoden, Werkzeuge, Albany: Thomson, S. 17-26.

Beier, Elfriede (1960): Wege und Grenzen der Sprachnormung in der Technik: Beobachtungen aus dem Bereich der deutschen technischen Sprachnormung, Rheinische Friedrich-Wilhelms-Universität zu Bonn, Dissertation.

Bergmann, Rolf (1991): Einführung in die deutsche Sprachwissenschaft, Heidelberg: Winter.

Bernstein, Basil (1972): Studien zur sprachlichen Sozialisation, Düsseldorf: Schwann.

Bertram, Martin (1996): Das Unternehmensmodell als Basis der Wiederverwendung bei der Geschäftsprozeßmodellierung. In: Gottfried Vossen und Jörg Becker (Hrsg.): Geschäftsprozeßmodellierung und Workflow-Management: Modelle, Methoden, Werkzeuge, Albany: Thomson, S. 81-100.

Beuermann, Günter (1996). Produktionsfaktoren. In: Werner Kern (Hrsg.): Handwörterbuch der Produktionswirtschaft, 2., völlig neu gestalt. Aufl., Stuttgart: Poeschel; Sp. 1494-1505.

Bläser, B. und M. Wermke (1990): Projekt „Elektronische Wörterbücher/Lexika": Abschlußbericht der Definitionsphase, IWBS Report 145, Heidelberg: IBM.

Bloech, Jürgen (1993): Produktionsfaktoren. In: Waldemar Wittmann (Hrsg.): Handwörterbuch der Betriebswirtschaft, Teilbd. 2, 5., völlig neu gestalt. Aufl., Stuttgart: Poeschel, Sp. 3405-3415.

Boehm, B. W. (1984): Software Life Cycle Factors. In: C. R. Vick und C. C. Ramamoorthy (Hrsg.): Handbook of Software Engineering, Amsterdam: Van Nostrand, S. 494-518.

Böhm, Markus (1997): Einführung von Workflow-Management-Anwendungen durch schrittweise Entwicklung von Realisierungsalternativen für Geschäftsprozesse. In: Proceedings EMISA-Fachgruppentreffen 1997, Bericht 97/03, Arbeitsberichte des Fachgebiets Wirtschaftsinformatik I, Entwicklung von Anwendungssystemen, Technische Hochschule Darmstadt, S. 1-17.

Böhm, Markus, Klaus Meyer-Wegener und Wolfgang Schulze (1996): Formale Beschreibung und Transformation von Realisierungsalternativen für Geschäftsprozesse mit Workflows. In: Stefan Jablonski, Herbert Groiss, Roland Kaschek und Walter Liebhart (Hrsg.): Proceedings-Reihe der Informatik '96, Band 2, Klagenfurt.

Böhm, Markus, Klaus Meyer-Wegener und Wolfgang Schulze (1997): Unterstützung der Workflow-Entwicklung durch ein unternehmensweites Repository für Geschäftsprozeßrealisierungen. In: Hermann Krallmann (Hrsg.): Wirtschaftsinformatik `97: internationale Geschäftstätigkeit auf der Basis flexibler Organisationsstrukturen und leistungsfähiger Informationssysteme, Heidelberg: Physica, S. 225-237.

Boose, J. H. (1993): A Survey of Knowledge Acquisition Techniques and Tools. In: B. G. Buchanan, D. S. Wilkins (Hrsg.): Readings in Knowledge Acquisition and Learning, San Mateo: Morgan Kaufmann, S. 39-56.

Borghoff, Uwe M. und Johann H. Schlichter (1995): Rechnergestützte Gruppenarbeit: eine Einführung in Verteilte Anwendungen, Berlin/Heidelberg: Springer.

Borowsky, Rainer, Harald Busch, Thomas Falter, Ingo Heimig und Andreas Kodweiß (1997): Einführung von Workflow-Management für produktionsnahe Prozesse. In: IM Information Management, Sonderausgabe, S. 76-78.

Bothe, Hans-Heinrich (1995): Fuzzy Logic: Einführung in Theorie und Anwendungen, 2., erw. Aufl., Berlin [u. a.]: Springer.

Brenner, Walter (1988): Entwurf betrieblicher Datenelemente: ein Weg zur Integration von Informationssystemen, Berlin [u. a.]: Springer.

Brink, H.-J. (1992): Organisation der Kontrolle. In: E. Frese (Hrsg.): Handwörterbuch der Organisation, dritte, völlig neu gestaltete Aufl., Stuttgart: Poeschel, Sp. 1143-1151.

Brockhaus (1928ff): Brockhaus-Enzyklopädie, 20 Bände, 15., völlig neu bearb. Aufl., Leipzig: Brockhaus, 1928-1935.

Brockhaus (1986ff): Brockhaus-Enzyklopädie, 24 Bände, 19., völlig neu bearb. Aufl., Mannheim: Brockhaus, 1986-1994.

Buchholz, E., H. Mehlan und B. Thalheim (1996): Zur syntaktischen Analyse im RADD-NLI. In: Erich Ortner, Bruno Schienmann und Helmut Thoma (Hrsg.): Natürlichsprachlicher Entwurf von Informationssystemen: Grundlagen, Methoden, Anwendungen, GI-Workshop, Tutzing, 28.-30. Mai 1996, Proceedings, Konstanz: Universitätsverlag, S. 193-218.

Bullinger, Hans-Jörg und Renate Mayer (1993): Integriertes Dokumenten-Management: Geschäftsprozeß-Automatisierung und Informationswiedergewinnung. In: H.-J. Bullinger (Hrsg.): IAO-Forum Dokumenten-

Management, Workflow Automation und Information Retrieval, Berlin [u.a.]: Springer, S. 11-31.

Bullinger, Hans-Jörg und Michael Rathgeb (1994): Prozeßorientierte Organisationsstrukturen und Workflow-Management für Dienstleister. In: Hans-Jörg Bullinger (Hrsg.): Workflow-Management bei Dienstleistern: integrierte Bearbeitung von Geschäftsprozessen, Baden-Baden: FBO-Fachverlag, S. 9-30.

Bultmann, Rudolf (1988): Das Problem der Hermeneutik. In: Jörg Schreiter (Hrsg.): Hermeneutik - Wahrheit und Verstehen, Berlin: Akademie-Verlag, S. 373-400.

Bundesurlaubsgesetz (1996): Mindesturlaubsgesetz für Arbeitnehmer (Bundesurlaubsgesetz) vom 8. Januar 1963, Bundesgesetzblatt I, S. 2, zuletzt geändert durch Artikel 2 des Arbeitsrechtlichen Gesetzes zur Förderung von Wachstum und Beschäftigung vom 25. September 1996.

Bußler, Christoph (1997): Organisationsverwaltung in Workflow-Management-Systemen, Dissertation, Arbeitsberichte des Instituts für mathematische Maschinen und Datenverarbeitung (Informatik), Friedrich-Alexander-Universität Erlangen-Nürnberg, Band 30, Nr. 3, Erlangen.

Bußler, Christoph und Katrin Stein (1997): Workflow-Metaschema-Modelle. In: Stefan Jablonski, Markus Böhm und Wolfgang Schulze (Hrsg.): Workflow-Management: Entwicklung von Anwendungen und Systemen – Facetten einer neuen Technologie, Heidelberg: dpunkt, S. 120-130.

Bußmann, Hadumod (1990): Lexikon der Sprachwissenschaft, 2., völlig neu bearbeitete Auflage, Stuttgart: Körner.

Caine, Stephen H. und E. Kent Gordon (1975): PDL – A tool for software design. In: AFIPS Conference Proceedings, Bd. 44, S. 271-276.

Carl, Wilhelm und Johann Amkreutz (1981): Wörterbuch der Datenverarbeitung: Hardware, Software, Textverarbeitung, Datenfernübertragung, Elektronik, dt.-engl.-franz., Köln: Datakontext-Verl.

Carnap, Rudolf (1962): Logical Foundations of Probability, 2. Aufl., Chicago: University of Chicago Press.

Carnap, Rudolf (1972): Bedeutung und Notwendigkeit: eine Studie zur Semantik und modalen Logik, Wien: Springer.

Casati, Fabio, Stefano Ceri, Barbara Pernici und Giuseppe Pozzi (1996): Semantic Workflow Interoperability. In: Peter M. G. Apers, Mokrane

Bouzeghoub und Georges Gardarin (Hrsg.): Advances in Database Technology – EDBT'96, 5th International Conference on Extending Database Technology, Avignon, Frankreich, 26.-29. März 1996, Proceedings, Lecture Notes in Computer Science, Bd. 1057, Berlin [u.a.]: Springer, S. 443-462.

Chen, P. P. (1976): The Entity-Relationship Model: Towards a unified view of Data. In: ACM Transactions on Database Systems, Bd. 1, Nr.1, S. 9-36.

Chomsky, Noam (1972): Die formale Natur der Sprache. In: E. Lenneberg (Hrsg.): Biologische Grundlagen der Sprache, Frankfurt/Main: Suhrkamp, S. 482-539.

Chroust, Gerhard (1992): Modelle der Software-Entwicklung, München/Wien: Oldenbourg.

Codd, E. F. (1970): A Relational Model for Large Shared Data Banks. In: Communications of the ACM, Bd. 13, Nr. 6, S. 377-387.

Curtis, Bill (1989): Modeling coordination from field experiments. In: Proceedings of the Conference on Organizational Computing, Coordination and Collaboration: Theories and Technologies for Computer-Supported Work, Austin, TX.

Curtis, Bill, Marc I. Kellner und Jim Over (1992): Process Modelling. In: Communications of the ACM, Bd. 35, Nr. 9, S. 75-90.

Czap, Hans (1993): Guiding Principles für (Re-)Construction Concepts. In: TKE '93 Terminology and Knowledge Engineering, Frankfurt/M.: INDEKS-Verlag, S. 16-23.

Dahlberg, Ingetraut (1987): Die gegenstandsbezogene, analytische Begriffstheorie und ihre Definitionsarten. In: Bernhard Ganter, Rudolf Wille und Karl E. Wolff (Hrsg.): Beiträge zur Begriffsanalyse: Vorträge der Arbeitstagung Begriffsanalyse, Darmstadt 1986, Mannheim [u. a.]: BI-Wissenschaftsverl., S. 9-22.

Dahlgreen, Kathleen (1988): Naive semantics for natural language understanding, Boston [u. a.]: Kluwer.

Dahme, Christian und Arne Raeithel (1997): Ein tätigkeitstheoretischer Ansatz zur Entwicklung von brauchbarer Software. In: Informatik-Spektrum, Bd. 20, Nr. 1, S. 5-12.

Davenport, Thomas H. und James E. Short (1990): The New Industrial Engineering: Information Technology and Business Process Redesign. In: Sloan Management Review, Nr. 11, Sommer 1990.

Davenport, Thomas H. (1993): Process Innovation: Reengineering Work Through Information Technology, Boston: Harvard Business Press.

Davies, C. T. (1978): Data processing spheres of control. In: IBM Systems Journal, Bd. 17, Nr. 2, S. 179-198.

Davis, Alan, Scott Overmyer, Kathleen Jordan, Joseph Caruso, Fatma Dandashi, Anhtuan Dinh, Gary Cincaid, Glen Ledeboer, Patricia Reynolds, Pradip Sitaram, Anh Ta und Mary Theofanos (1993): Identifying and Measuring Quality in a Software Requirements Specification. In: Proceedings of the 1st International Software Metrics Symposium, S. 141-152.

De Antonellis, V. und B. Demo (1983): Requirements Collection and Analysis. In: Stefano Ceri (Hrsg.): Methodology and Tools for Data Base Design, Amsterdam [u. a.]: North-Holland, S. 9-24.

De Marco, Tom (1978): Structured Analysis and System Specification, Englewood Cliffs, New Jersey: Prentice Hall.

Deiters, Wolfgang und Rüdiger Striemer (1994): Workflow-Management – Chancen und Perspektiven prozeßorientierter Workgroup-Computing-Systeme. In: DV-Management 3/1994, S. 99-104.

Deiters, Wolfgang, Volker Gruhn und Rüdiger Striemer (1995): Der FUNSOFT-Ansatz zum integrierten Geschäftsprozeßmanagement. In: Wirtschaftsinformatik, Bd. 37, Nr. 5, S. 459-466.

Deiters, Wolfgang (1997): Prozeßmodelle als Grundlage für ein systematisches Management von Geschäftsprozessen. In: Informatik Forsch. Entw., Bd. 12, S. 52-60.

Derszteler, Gérard (1996): Workflow Management Cycle: Ein Ansatz zur Integration von Modellierung, Ausführung und Bewertung workflow-gestützter Geschäftsprozesse. In: Wirtschaftsinformatik, Bd. 38, Nr. 6, S. 591-600.

Dichtl, Erwin (1995): Deutsch für Ökonomen: Lehrbeispiele für Sprachbeflissene, München: Vahlen.

Dichtl, E. und O. Issing (Hrsg.) (1993): Vahlens großes Wirtschaftslexikon, 2 Bde., 2. Aufl., München: Beck/Vahlen.

Dietze, Joachim (1994): Texterschließung: lexikalische Semantik und Wissensrepräsentation, München [u. a.]: Saur.

DIN (1995): Funktionale Beschreibung ausgewählter UN/EDIFACT-Nachrichtentypen, Normenausschuß Bürowesen im Deutschen Institut für Normung e. V., 3. Aufl., Berlin: Beuth.

DIN (1996): Geschäftsprozeßmodellierung und Workflow-Management: Forschungs- und Entwicklungsbedarf im Rahmen der entwicklungsbegleitenden Normung, Deutsches Institut für Normung, DIN-Fachbericht 50, Berlin: Beuth.

DIN 820 Blatt 1 (1977): Normungsarbeit: Grundsätze, Berlin/Köln: Beuth.

DIN 1463 Teil 1 (1987): Erstellung und Weiterentwicklung von Thesauri: einsprachige Thesauri; Normenausschuß Bibliotheks- und Dokumentationswesen (NABD) im DIN Deutsches Institut für Normung e. V., Berlin: Beuth.

DIN 2330 (1993): Begriffe und Benennungen: Allgemeine Grundsätze; Normenausschuß Terminologie (NAT) im DIN Deutsches Institut für Normung e. V., Berlin: Beuth.

DIN 2332 (1988): Benennungen international übereinstimmender Begriffe; Normenausschuß Terminologie (NAT) im DIN Deutsches Institut für Normung e. V., Berlin: Beuth.

DIN 2333 (1987): Fachwörterbücher: Stufen der Ausarbeitung; Normenausschuß Terminologie (NAT) im DIN Deutsches Institut für Normung e. V., Berlin: Beuth.

DIN 2336 (1979): Lexikographische Zeichen für manuell erstellte Fachwörterbücher; Normenausschuß Terminologie (NAT) im DIN Deutsches Institut für Normung e. V., Berlin: Beuth.

DIN 2339 Teil 1 (1987): Ausarbeitung und Gestaltung von Veröffentlichungen mit terminologischen Festlegungen: Stufen der Terminologiearbeit; Normenausschuß Terminologie (NAT) im DIN Deutsches Institut für Normung e. V., Berlin: Beuth.

DIN 2339 Teil 2 (1986): Ausarbeitung und Gestaltung von Veröffentlichungen mit terminologischen Festlegungen: Normen (Entwurf); Normenausschuß Terminologie (NAT) im DIN Deutsches Institut für Normung e. V., Berlin: Beuth.

DIN 2342 Teil 1 (1992): Begriffe der Terminologielehre: Grundbegriffe; Normenausschuß Terminologie (NAT) im DIN Deutsches Institut für Normung e. V., Berlin: Beuth.

DIN 66001 (1983): Sinnbilder und ihre Anwendung, DIN Deutsches Institut für Normung e. V., Berlin: Beuth.

Dinkhoff, Guido und Volker Gruhn (1996): Entwicklung Workflow-Management-geeigneter Software-Systeme. In: Gottfried Vossen und Jörg Becker (Hrsg.): Geschäftsprozeßmodellierung und Workflow-Management: Modelle, Methoden, Werkzeuge, Albany: Thomson, S. 405-421.

Domschke, Wolfgang und Andreas Drexl (1991): Einführung in Operations Research, 2., verb. und erw. Aufl., Berlin [u. a.] : Springer.

Dornseiff, Franz (1970): Der deutsche Wortschatz nach Sachgruppen, Berlin: de Gruyter, 7. unveränd. Aufl.

Dowty, David R. (1979): Word meaning and Montague grammar, Dordrecht: Reidel.

Drucker, Peter F. (1989): The New Realities, New York: Harper & Row.

Dubislav, Walter (1981): Die Definition, 4. Aufl., unveränd. Nachdr. der 3., völlig umgearb. Aufl. von 1931, Hamburg: Meiner.

Duden (1984): „Grammatik der deutschen Gegenwartssprache", hrsg. und bearb. von Günther Drosdowski, 4., völlig neu bearb. u. erw. Aufl., Mannheim; Wien; Zürich: Bibliographisches Institut.

Duden (1985): „Bedeutungswörterbuch", hrsg. und bearb. von Wolfgang Müller, 2., völlig neu bearb. u. erw. Aufl. , Mannheim; Wien; Zürich: Bibliographisches Institut.

Duden (1993ff): „Das große Wörterbuch der deutschen Sprache": in acht Bänden, hrsg. u. bearb. vom Wissenschaftlichen Rat unter der Leitung von Günther Drosdowski, 2., völlig neu bearb. und erw. Aufl, Mannheim; Leipzig, Wien; Zürich: Dudenverl., 1993-1995.

Egg, Markus (1994): Aktionsart und Kompositionalität: zur kompositionellen Ableitung der Aktionsart komplexer Kategorien, Berlin: Akad. Verl.

Eggers, Hans (1977): Deutsche Sprachgeschichte IV: Das Neuhochdeutsche, Reinbek b. Hamburg: Rowohlt.

Eichborn, Reinhart von (1981): Der große Eichborn Englisch-Deutsch, Hövelhof/Westfalen: Siebenpunkt.

Eiff, W. von (1993): Geschäftsprozeßorientierter Einsatz von Cax-Technologien. In: Office-Management, Bd. 41, Nr. 6, S. 18-23.

Eikmeyer, H. J. und H. Riester (1978): Vagheitstheorie, 2. Aufl., Universität Bielefeld, Schwerpunkt Mathematisierung.

Ellinger, Theodor und Reinhard Haupt (1980): Ablauforganisation, zeitliche Aspekte der. In: Enzyklopädie der Betriebswirtschaftslehre, Bd. 2 - Handwörterbuch der Organisation, Stuttgart: Poeschel, Sp. 22-30.

Ellis, C. A. und M. Bernal (1982): Officetalk-D: An experimental office information system. In: Proceedings ACM-SIGOA Conference on Office Information Systems, New York: ACM, S. 131-140.

Ellis, C. A., S. J. Gibbs und G. L. Rein (1991): Groupware: some issues and experiences. In: Communications of the ACM, Bd. 34, Nr. 1, S. 38-58.

Ellis, Clarence, Karim Keddera und Gzregorz Rozenberg (1995): Dynamic Change Within Workflow Systems. In: N. Comstock et al. (Hrsg.): Conference on Organizational Computing Systems, Milpitas: ACM Press, S. 10-21.

Erben, Johannes (1980): Deutsche Grammatik, 12. Aufl., München: Hueber Max.

Erdl, G. und H. Schönecker (1992): Geschäftsprozeßmanagement: Vorgangssteuerungssysteme und integrierte Vorgangsbearbeitung, Studie der B. Bit Consult GmbH, München, Baden-Baden: FBO-Fachverlag.

Erdl, G. und H. Schönecker (1995): Workflow-Management: Workflow-Produkte und Geschäftsprozeßoptimierung, Wiesbaden: Gabler.

Fairley, Richard E. und Richard H. Thayer (1996): The Concept of Operations: The Bridge from Operational Requirements to Technical Specifications. In: M. Dorfman und R. H. Thayer (Hrsg.): Software Engineering, Los Alamitos: IEEE Comp. Soc. Press, S. 44-54.

Felber, Helmut und Gerhard Budin (1989): Terminologie in Theorie und Praxis, Tübingen: Narr.

Ferretti, Vittorio (1996): Wörterbuch der Datentechnik: Englisch-Deutsch, Deutsch-Englisch, Berlin [u. a.]: Springer.

Ferstl, Otto. K. und Elmar J. Sinz (1995): Der Ansatz des Semantischen Objektmodells (SOM) zur Modellierung von Geschäftsprozessen. In: Wirtschaftsinformatik, Bd. 37, Nr. 3, S. 446-458.

Ferstl, Otto K., Elmar J. Sinz und Michael Amberg (1996): Stichwörter zum Fachgebiet Wirtschaftsinformatik, Bamberger Beiträge zur Wirtschaftsinformatik Nr. 36, Otto-Friedrich-Universität Bamberg.

Fischer, J., W. Herold, W. Dangelmaier, L. Nastansky und R. Wolff (1995): Bausteine der Wirtschaftsinformatik: Grundlagen, Anwendungen, PC-Praxis, Hamburg: s+w Steuer- und Wirtschaftsverlag.

Fischer, Lorenz (1992): Rollentheorie. In: Erich Frese (Hrsg.): Enzyklopädie der Betriebs-wirtschaftslehre, Bd. 2 - Handwörterbuch der Organisation, 3., völlig neu gestaltete Aufl., Stuttgart: Poeschel, Sp. 2224-2234.

Fleischer, Wolfgang und Irmhild Barz (1995): Wortbildung der deutschen Gegenwartssprache, 2., durchges. u. erg. Aufl., Tübingen: Niemeyer Max.

Flores, F., M. Graves, B. Hartfield, T. Winograd. (1988): Computer Systems and the Design of Organizational Interaction. In: ACM Transaction on Office Information Systems, Bd. 6, Nr. 2, April 1988.

Fluck, Hans-R. (1996): Fachsprachen, 5., überarb. und erw. Aufl., Tübingen/Basel: Francke.

Frege, Gottlob (1966): Funktion, Begriff, Bedeutung: fünf logische Studien, hrsg. von G. Patzig, Göttingen: Vandenhoeck Ruprecht.

Frege, Gottlob (1977): Begriffsschrift und andere Aufsätze, 2. Aufl., Hildesheim: Olms.

Friedrichs, Jürgen (1990): Methoden empirischer Sozialforschung, 14. Aufl., Opladen: Westdt. Verl.

Friedrichs, Jürgen (1995): Informatik und Gesellschaft, Heidelberg: Spektrum Akademischer Verl.

Fries, Norbert (1980): Ambiguität und Vagheit: Einführung und kommentierte Bibliographie, Tübingen: Niemeyer.

Fritsche, M. (1997): Anwendungssystem. In: Hans-Jochen-Schneider (Hrsg.): Lexikon Informatik und Datenverarbeitung, 4., aktualisierte und erweiterte Aufl., München/Wien: Oldenbourg, S. 47.

Fuhr, Norbert und Harald Zimmermann (1997): Indexierung. In: Hans-Jochen-Schneider (Hrsg.): Lexikon Informatik und Datenverarbeitung, 4., aktualisierte und erweiterte Aufl., München/Wien: Oldenbourg, S. 401.

Gable, J. (1992): Workflow Processing Software. In: Workgroup Computing Series: Strategies & LAN Services, DATAPRO Information Services Group, Delran, New Jersey, S. 1-11.

Gabler (1993): Gabler-Wirtschafts-Lexikon, 13., vollst. überarb. Aufl., Wiesbaden: Gabler.

Gaitanides, Michael (1983): Prozeßorganisation - Entwicklung, Ansätze und Programme prozeßorientierter Organisationsgestaltung, München [u. a.]: Vahlen.

Gaitanides, Michael, Rainer Scholz, Alwin Vrohlings und Max Raster (1994): Prozeßmanagement: Konzepte, Umsetzungen und Erfahrungen des Reengineering, München [u. a.]: Vahlen.

Galler, Jürgen und August-Wilhelm Scheer (1994): Workflow-Management: Die ARIS-Architektur als Basis eines multimedialen Workflow-Systems, Institut für Wirtschaftsinformatik, Universität des Saarlandes, Heft 108.

Galler, Jürgen (1995): Metamodelle des Workflow-Managements, Institut für Wirtschaftsinformatik, Universität des Saarlandes, Heft 121.

Galler, Jürgen und August-Wilhelm Scheer (1995): Workflow-Projekte: Vom Geschäftsprozeßmodell zur unternehmensspezifischen Workflow-Anwendung. In: IM Information Management 1/95, S. 20-27.

Gallus, Gerald (1979) Betriebsmittel: Begriff und Arten. In: Werner Kern (Hrsg.): Handwörterbuch der Produktionswirtschaft, Stuttgart: Poeschel; Sp. 354-361.

Gane, C. und T. Sarson (1977): Structured Systems Analysis: Tools and Techniques, New York: IST Inc.

Gappmeier, Markus und Lutz J. Heinrich (1992): Computerunterstützung kooperativen Arbeitens (CSCW). In: Wirtschaftsinformatik, Bd. 34, Nr. 3, S. 340-343.

Gehring, H. (1996): Diagramm. In: Schneider, Hans-Jochen (Hrsg.): Lexikon der Informatik und Datenverarbeitung, 4., aktualisierte und erweiterte Aufl., München/Wien: Oldenbourg, S. 238.

Gehring, H., D. Haupt, G. Stübel, R. Traunmüller und H. Würges (1996): Spezifikation. In: Schneider, Hans-Jochen (Hrsg.): Lexikon der Informatik und Datenverarbeitung, 4., aktualisierte und erweiterte Aufl., München/Wien: Oldenbourg, S. 808-809.

Georgakopoulos, Dimitrios, Mark Hornick und Amit Sheth (1995): An Overview of Workflow Management: From Process Modeling to Workflow Automation Infrastructure. In: Distributed and Parallel Databases, Bd. 3, Nr. 2, S. 119-153.

Gerling, Martin und Norbert Orthen (1979): Deutsche Zustands- und Bewegungsverben: eine Untersuchung zu ihrer semantischen Struktur und Valenz, Tübingen: Narr.

Glück, Helmut (Hrsg.) (1993): Metzler Lexikon Sprache, Stuttgart/Weimar: Metzler.

Goguen, Joseph A. und Charlotte Linde (1993): Techniques for Requirements Elicitation. In: Proceedings International Symposium of Requirements Engineering, S. 152-164.

Göhner, P. (1984): Methoden zur Entwicklung von Realzeitsystemen und ihre praktische Umsetzung in EPOS. In: Prozeßrechnertagung 1984, Informatik-Fachberichte 86, Berlin [u. a.]: Springer, S. 325-335.

Gossen, Carl Theodor (1976): Von Sprachdirigismus und Norm, Basler Universitätsreden, 70. Heft, Basel: Helbing & Lichtenhahn.

Götzer, Klaus G. (1995): Workflow: Unternehmenserfolg durch effizientere Arbeitsabläufe, München: Computerwoche-Verl.

Gray, J. und A. Reuter (1993): Transaction processing: Concepts and Techniques, San Mateo, CA: Morgan Kaufmann.

Grebner, Robert und Freimut Bodendorf (1997): Workflow-Agenten als Aufgabenträger der Zukunft. In: Office Management 1/97, S. 60-64.

Grell, Rainer (1994): Schriftgutverwaltung und Vorgangsbearbeitung in der Landesverwaltung Baden-Württemberg. In: HMD 176/1994, S. 35-44.

Grell, Rainer (1995): Elektronische Bearbeitung schwach strukturierter Vorgänge. Office Management 3/95, S. 34-38.

Grochla, Erwin (1983): Unternehmensorganisation, 9. Aufl., Reinbek bei Hamburg: Rowohlt.

Groiss, Herbert und Johann Eder (1996): Kooperation von Workflowsystemen im World-Wide Web. In: Jeusfeld, Manfred A.: Proceedings EMISA-Fachgruppentreffen, 1996, Aachen, Deutschland, 9.-11. Oktober 1996.

Grudin, J. (1994): CSCW: History and Focus. In: IEEE Computer, Bd. 27, Nr. 5, S. 19-26.

Gruhn, Volker (1997a): Elektronischer Datenaustausch in zwischenbetrieblichen Geschäftsprozessen. In: Wirtschaftsinformatik, Bd. 39, Nr. 3, S. 225-230.

Gruhn, Volker (1997b): Geschäftsprozesse werden immer komplexer: Anforderungen an Workflow-Management-Systeme der nächsten Generation. In: CW Focus, 22.08.97, S. 17-19.

Grupp, Bruno (1990): Darstellungstechniken, Wiesbaden: Forkel-Verlag.

Gryczan, G. und H. Züllighoven (1992): Objektorientierte Systementwicklung: Leitbild und Entwicklungsdokumente. In: Informatik-Spektrum, Bd. 15, Nr. 5, S. 264-272.

Gudia, G. und C. Tasso (1994): Design and Development of Knowledge Based Systems, Chichester: Wiley.

Gunia, Harald (1994): Sprachkritische Entwicklung von Expertensystemen, Dissertation, Universität Erlangen-Nürnberg.

Gutenberg, Erich (1975): Grundlagen der Betriebswirtschaftslehre, Bd. I: Die Produktion, 21. Aufl., Berlin [u. a.]: Springer.

Haenelt, Karin und Ulrich Heid (1990): Grundlagen der Lexikologie und Lexikographie, Arbeitspapiere der Gesellschaft für Mathematik und Datenverarbeitung Nr. 476.

Hagemeyer, Jens und Roland Rolles (1997): Aus Informationsmodellen weltweit verfügbares Wissen machen: Ein Modell-Thesaurus zur Erhöhung von Verständlichkeit und Wiederverwendbarkeit. In: IM Information Management, Sonderausgabe, S. 56-59.

Hahn, Walther von (1983): Fachkommunikation: Entwicklung, linguistische Konzepte, Berlin/New York: de Gruyter.

Hales, Keith und Mandy Lavery (1991): Workflow Management Software: the Business Opportunity, London: Ovum Ltd.

Hammer, Michael und James Champy (1993): Reengineering the Cooperation. A Manifestor for Business Revolution, New York: Harper Business.

Harel, D. und A. Pnueli (1985): On the Development of Reactive Systems. In: K. Apt (Hrsg.): Logics and Models of Concurrent Systems, Berlin [u. a.]: Springer, S. 477-498.

Harnisch, Bernd (1997): Entwurf der Lexikonkomponente einer materialen Konstruktionssprache für Informationssysteme, Diplomarbeit, Technische Universität Darmstadt, Fachgebiet Wirtschaftsinformatik I.

Hars, Alexander (1997): Natural language-enabled data modeling: Improving validation and integration, http://www-rcf.usc.edu/~hars/pub/1997-/nldb/nldb97r1.html, erscheint in: Journal of Database Management.

Hars, Alexander und Jack T. Marchewka (1997): The Application of Natural Language Proceeing für Requirements Analysis, http://www-rcf.usc.edu/~hars/pub/1997/nlra/, erscheint in: Journal of Management Information Systems.

Hartmann, Dirk (1990): Konstruktive Fragelogik: vom Elementarsatz zur Logik von Frage und Antwort, Mannheim: BI-Wissenschaftsverl.

Hasenkamp, Ulrich und Michael Syring (1993): Konzepte und Einsatzmöglichkeiten von Workflow-Management-Systemen. In: Karl Kurbel (Hrsg.): Wirtschaftsinformatik '93: Innovative Anwendungen, Technologien, Integration, Heidelberg: Physica, S. 405-422.

Hasenkamp, Ulrich (1995): Betriebswirtschaftlich-organisatorische Fundierung von Vorgangssteuerungssystemen. In: F. Schweiggert und E. Stickel (Hrsg.): Informationstechnik und Organisation: Planung, Wirtschaftlichkeit und Qualität, Stuttgart: Teubner, S. 171-183.

Hausmann, Franz J. (1989): Das Wörterbuch im Urteil der gebildeten Öffentlichkeit in Deutschland und in den romanischen Ländern. In: Franz Josef Hausmann (Hrsg.): Wörterbücher: ein internationales Handbuch zur Lexikographie, Teilbd. 1, Berlin/New York: de Gruyter, S. 19-28.

Heeg, Franz J. (1991): Moderne Arbeitsorganisation: Grundlagen der organisatorischen Gestaltung von Arbeitssystemen bei Einsatz neuer Technologien, 2. Aufl., München/Wien: Hanser.

Heeg, F. J. und P. Meyer-Dohm (Hrsg.) (1994): Methoden der Organisationsgestaltung und Personalentwicklung, München/Wien: Hanser (REFA-Fachbuchreihe Betriebsorganisation).

Heilmann, Heidi (1994): Workflow Management: Integration von Organisation und Informationsverarbeitung. In: HMD 176/1994, S. 8-21.

Heinen, Edmund (Hrsg.) (1991): Industriebetriebslehre: Entscheidungen im Industriebetrieb, 9., vollst. neu bearb. u. erw. Aufl., Wiesbaden: Gabler.

Heinrich, Lutz J. und Friedrich Roithmayr (1992): Wirtschaftsinformatik-Lexikon, 4. überarb. und wesentlich erw. Aufl., München: Oldenbourg.

Heinrich, Lutz J. (1997): Grundlagen der Wirtschaftsinformatik. In: Peter Rechenberg und Gustav Pomberger (Hrsg.): Informatik-Handbuch, München/Wien: Hanser, S. 859-873.

Heintel, Erich (1991): Einführung in die Sprachphilosophie, 4., um ein Nachwort erw. Aufl, Darmstadt: Wiss. Buchges.

Heinze, N., W. Krüger und H.-H. Nagel (1991): Berechnung von Bewegungsverben zur Beschreibung von aus Bildfolgen gewonnenen Fahrzeugtrajektorien in Straßenverkehrsszenen. In: Informatik Forsch. Entw., Bd. 6, S. 51-61.

Henkel, Martin und Rolf Taubert (1991): Versteh mich bitte falsch!: zum Verständnis des Verstehens, Zürich: Haffmann.

Herbst, Holger und Gerhard Knolmayer (1995): Ansätze zur Klassifikation von Geschäftsregeln. In: Wirtschaftsinformatik, Bd. 37, Nr. 2, S. 149-159.

Herbst, Holger (1997): Business rule-oriented Conceptual Modeling, Heidelberg: Physica.

Heringer, Hans Jürgen (1980): Lexikalische Luftgebäude. In: Joachim Ballweg und Hans Glinz (Hrsg.): Grammatik und Logik, S. 174-190.

Hettinger, Th. und G. Wobbe (Hrsg.) (1993): Kompendium der Arbeitswissenschaft, Luwigshafen/Rhein: Kiehl.

Hilpert, Wolfgang (1993): Workflow-Management im Office-Bereich mit verteilten Dokumentendatenbanken. In: Ludwig Nastansky (Hrsg.): Workgroup Computing: computergestützte Teamarbeit (CSCW) in der Praxis, Hamburg: s+w Steuer und Wirtschaftsverlag, S. 129-140.

Hoffmann, Friedrich (1992): Aufbauorganisation. In: Erich Frese (Hrsg.): Enzyklopädie der Betriebswirtschaftslehre, Bd. 2 - Handwörterbuch der Organisation, 3., völlig neu gestaltete Aufl., Stuttgart: Poeschel, Sp. 208-221.

Hoffmann, Lothar (1985): Kommunikationsmittel Fachsprache: eine Einführung, 2., völlig neu bearb. Aufl., Tübingen: Narr.

Hoffmann, Lothar (1987): Fachsprachen – Instrument und Objekt. In: Lothar Hoffmann (Hrsg.): Fachsprachen – Instrument und Objekt, Leipzig: Enzyklopädie, S. 7-9.

Hörich, Jochen (1988): Die Wut des Verstehens: zur Kritik der Hermeneutik, Frankfurt/Main: Suhrkamp.

Hoyer, Rudolf (1988): Organisatorische Voraussetzungen der Büroautomation, Berlin: Schmidt.

Hub, Hanns und Wolfgang Fischer (1977): Techniken der Aufbauorganisation, Stuttgart [u. a.]: Kohlhammer.

IBM (1996): FlowMark: Modeling Workflow, Version 2, Release 2.2, 2. Aufl., IBM Deutschland Entwicklungsgesellschaft mbH, Wien.

Imai, Masaaki (1992): Kaizen, Frankfurt a. M./Berlin: Ullstein.

Ischreyt, Heinz (1965): Studien zum Verhältnis von Sprache und Technik, Düsseldorf: Schwann.

ISO/DIS 704 (1985): Principles and methods of terminology, International Organization for Standardization (ISO), Genf.

ISO/R 860 (1968): International unification of concepts and terms, International Organization for Standardization (ISO), Genf.

Jablonski, Stefan (1995a): Workflow-Management-Systeme: Modellierung und Architektur, Bonn [u. a.]: Thomson Publishing.

Jablonski, Stefan (1995b): Workflow-Management-Systeme: Motivation, Modellierung, Architektur. In: Informatik-Spektrum, Bd. 18, S. 13-24.

Jablonski, Stefan (1996): Anforderungen an die Modellierung von Workflows. In: Hubert Österle und Petra Vogler (Hrsg.): Praxis des Workflow-Managements, Braunschweig/Wiesbaden: Vieweg, S. 65-81.

Jablonski, Stefan (1997a): Workflow-Management. In: Peter Mertens et al. (Hrsg.): Lexikon der Wirtschaftsinformatik, 3., vollst. neu bearb. und erw. Aufl., Berlin [u. a.]: Springer, S. 444-445.

Jablonski, Stefan (1997b): Architektur von Workflow-Management-Sytemen. In: Informatik Forsch. Entw., Bd. 12, S. 72-81.

Jablonski, Stefan (1997c): Abgrenzung nach innen. In: Stefan Jablonski, Markus Böhm und Wolfgang Schulze (Hrsg.): Workflow-Management: Entwicklung von Anwendungen und Systemen – Facetten einer neuen Technologie, Heidelberg: dpunkt, S. 17-24.

Jablonski, Stefan, Markus Böhm und Wolfgang Schulze (Hrsg.) (1997): Workflow-Management: Entwicklung von Anwendungen und Systemen – Facetten einer neuen Technologie, Heidelberg: dpunkt.

Jablonski, Stefan und Christoph Bußler (1996): Workflow Management: Modeling Concepts, Architecture and Implementation, London [u. a.]: International Thomson Computer Press.

Jacobson, Ivar u. a. (Hrsg.) (1993): Object-Oriented Software Engineering – A Use Case Driven Approach, 4. Aufl., Wokingham: Addison-Wesley.

Janich, Peter, Friedrich Kambartel und Jürgen Mittelstraß (1974): Wissenschaftstheorie als Wissenschaftskritik, Frankfurt/M.: Aspekte Verlag.

Janich, Peter (1996): Konstruktivismus und Naturerkenntnis: Auf dem Weg zum Kulturalismus, Frankfurt/Main: Suhrkamp.

Johansen, Robert (1988): Groupware; Computer Support for Business Teams, New York/London: The Free Press.

Johansen, R., D. Sibbet, S. Benson, A. Martin, R. Mittman und P. Saffo (1991): Leading Business Teams: How Teams Can Use Technology and Group Process Tools to Enhance Performance, Reading, Massachusetts: Addison-Wesley.

Joosten, S., G. Aussems, M. Duitshof, R. Huffmeijer und E. Mulder (1994): An Empirical Study about the Practice of Workflow-Management, WA-12, Universität Twente, Enschede, Niederlande.

Joschke, Heinz K. (1980): Darstellungstechniken. In: Erwin Grochla (Hrsg.): Handwörterbuch der Organisation, 2., völlig neu gestaltete Aufl., Stuttgart: Poeschel, Sp. 431-462

Junginger, W. (1997): Pseudocode. In: Hans-Jochen Schneider (Hrsg.): Lexikon Informatik und Datenverarbeitung, 4., aktualisierte und erweiterte Aufl., München/Wien: Oldenbourg, S. 686.

Kaiser, Alexander (1994): Computer Supported Cooperative Work: Modeerscheinung oder zukunftsweisendes Paradigma. In: Nachrichten für Dokumentation (NfD) Bd. 45, S. 255-262.

Kamlah, Wilhelm und Paul Lorenzen (1973): Logische Propädeutik: Vorschule des vernünftigen Redens, 2. Aufl., Mannheim: BI-Wissenschaftsverlag.

Kanngiesser, Siegfried (1972): Aspekte der synchronen und diachronen Linguistik, Tübingen: Niemeyer.

Karagiannis, Dimitris (1994): Die Rolle von Workflow Management beim Re-Engineering von Geschäftsprozessen. In: DV-Management 3/94, S. 109-115.

Karbach, Werner und Marc Linster (1990): Wissensakquisition für Expertensysteme: Techniken, Methoden, Software, München/Wien: Hanser.

Karbe, B. (1994): Flexible Vorgangssteuerung mit ProMInanD. In: Ulrich Hasenkamp, Stefan Kirn und Michael Syring (Hrsg.): CSCW – Computer Supported Cooperative Work, Bonn [u. a.]: Addison Wesley, S. 111-133.

Kargl, Herbert (1990): Fachentwurf für DV-Anwendungssysteme, 2., erg. Aufl., München/Wien: Oldenbourg.

Katzenbach, Jon R. und Douglas K. Smith (1993): The Wisdom of Teams: Creating the High-Performance Organization, Boston: Harvard Business School Press.

Kautz, Henry, Bart Selman und Mehul Shah (1997): Combining Social Networks and Collaborative Filtering. In: Communications of the ACM, Bd. 40, Nr. 3, S. 63-65.

Kieser, Alfred und Herbert Kubicek (1992): Organisation, 3., völlig neu bearb. Aufl., Berlin/New York : de Gruyter.

Kimm, Reinhold, W. Koch, Werner Simonsmeier und F. Tontsch (1979): Einführung in Software Engineering, Berlin [u.a.]: de Gruyter.

Kirn, Stefan und Rainer Unland (1994): Workflow Management mit kooperativen Softwaresystemen: State of the Art und Problemabriß, Arbeitsbericht Nr. 29, Institut für Wirtschaftsinformatik, Westfälische Wilhelms-Universität Münster.

Kirsche, Thomas (1994): Kooperation und Koordination in verteilten Systemen. In: Wedekind, Hartmut (Hrsg.): Verteilte Systeme: Grundlagen und zukünftige Entwicklungen, Mannheim: BI-Wissenschaftsverlag, S. 57-75.

Klein, Martin (1989): Einführung in die DIN-Normen, 10., neubearb. u. erw. Aufl., Stuttgart: Teubner; Berlin, Köln: Beuth.

Kley, Marco (1996): Konstruktion neutraler Satzbaupläne zur methodenspezifischen Modellierung des dynamischen Systemverhaltens. In: Erich Ortner, Bruno Schienmann und Helmut Thoma (Hrsg.): Natürlichsprachlicher Entwurf von Informationssystemen: Grundlagen, Methoden, Anwendungen, GI-Workshop, Tutzing, 28.-30. Mai 1996, Proceedings, Konstanz: Universitätsverlag, S. 130-147.

Knolmayer, Gerhard und Holger Herbst (1993): Business Rules. In: Wirtschaftsinformatik, Bd. 35, Nr. 4, S. 386-390.

Knowles Francis E. (1990): The Computer in Lexicography. In: Franz Josef Hausmann (Hrsg.): Wörterbücher: ein internationales Handbuch zur Lexikographie, Berlin/New York: de Gruyter, S. 1645-1672.

Kock, Thomas, Jakob Rehäuser und Helmut Krcmar (1995): Ein Vergleich ausgewählter Workflow-Systeme. In: IM Information Management 1/95, S. 36-43.

Köhler, Claus (1968): Satzgründende Verben und verbale Elemente in technischfachsprachlichen Texten: Ein Beitrag zur Erläuterung der deutschen Fachsprache der Technik, Dissertation, Friedrich-Schiller-Universität Jena.

Kollnig, H. und H.-H. Nagel (1993): Ermittlung von begrifflichen Beschreibungen von Geschehen in Straßenverkehrsszenen mit Hilfe unscharfer Mengen. In: Informatik Forsch. Entw., Bd. 8, S. 186-196.

Kosiol, Erich (1976): Organisation der Unternehmung, 2. Auflage, Wiesbaden: Gabler.

Kosiol, Erich (1980): Grundprobleme der Ablauforganisation. In: Enzyklopädie der Betriebswirtschaftslehre, Bd. 2 - Handwörterbuch der Organisation, Stuttgart: Poeschel, Sp. 1-8.

Koulopoulos, Thomas M. (1995): The Workflow Imperative, New York [u. a.]: Van Nostrand Reinhold.

Krallmann, Hermann und Gérard Derszteler (1997): Business Process Reengineering (BPR). In: Peter Mertens et al. (Hrsg.): Lexikon der Wirtschaftsinformatik, 3., vollst. neu bearb. und erw. Aufl., Berlin [u. a.]: Springer, S. 70.

Krcmar, Helmut (1993): CATeam – Computer aided team für die Verbesserung der Gruppenarbeit. In: Management & Computer, Bd. 1, Nr. 1, S. 5-10.

Krcmar, Helmut und Stefan Zerbe (1996): Negotiation enabled Workflow (NEW): Workflowsysteme zur Unterstützung flexibler Geschäftsprozesse. In: Jörg Becker und Michael Rosemann (Hrsg.): Proceedings zum Workshop „Workflowmanagement - State-of-the-Art aus Sicht von Theorie und Praxis", Universität Münster, Institut für Wirtschaftsinformatik, Arbeitsbericht Nr. 47, Münster, 1996, S. 28-36.

Krcmar, Helmut (1997): Informationsmanagement, Berlin [u. a.]: Springer.

Krickl, Otto Ch. (1995): Business Redesign, Wiesbaden: FBO-Verl.

Krüger, Wilfried (1992): Aufgabenanalyse und –synthese. In: Enzyklopädie der Betriebswirtschaftslehre, Bd. 2 - Handwörterbuch der Organisation, 3., völlig neu gestaltete Aufl., Stuttgart: Poeschel, Sp. 221-236.

Kübler, Michael (1994): Elektronische Vorgangsbearbeitung in der Beschaffung. In: HMD 176/1994, S. 58-67.

Kuhlen, Rainer (1989): Pragmatischer Mehrwert von Information: Sprachspiele mit informationswissenschaftlichen Grundbegriffen, Universität Konstanz, FG Informationswissenschaft, Bericht 1/89.

Kuhlen, Rainer (1991): Hypertext: ein nichtlineares Medium zwischen Buch und Wissensbank, Berlin [u. a.]: Springer.

Küng, Peter (1995): Ein Vorgehensmodell zur Einführung von Workflow-Systemen. In: Franz Schweiggert und Eberhard Stickel (Hrsg.): Informationstechnik und Organisation: Planung, Wirtschaftlichkeit und Qualität, Stuttgart: Teubner, S. 185-203.

Kurbel, Karl (1989): Entwicklung und Einsatz von Expertensystemen, Berlin [u. a.]: Springer.

Lawrence, Peter und WfMC (Hrsg.): Workflow Handbook 1997, Chicester [u.a.]: Wiley.

Lehmann, Frank R. (1995): Bibliographie zu linguistischen Methoden der Informationssystementwicklung, Universität Konstanz, Informationswissenschaft, Bericht 76-95, August 1995.

Lehmann, Frank R. und Erich Ortner (1996): Modellierung von Workflow-Management-Anwendungen, Bericht 96/01, Arbeitsberichte des Fachgebiets Wirtschaftsinformatik I, Entwicklung von Anwendungssystemen, Technische Hochschule Darmstadt.

Lehmann, Frank R. und Erich Ortner (1997): Entwicklung von Workflow-Management-Anwendungen im Kontext von Geschäftsprozeß- und Organisationsmodellierung. In: IM Information Management 4/97, S. 62-69.

Lehmann, Frank R. (1997): Entwicklung von Workflow-Management-Anwendungen: Einführung. In: Stefan Jablonski, Markus Böhm und Wolfgang Schulze (Hrsg.): Workflow-Management: Entwicklung von Anwendungen und Systemen – Facetten einer neuen Technologie, Heidelberg: dpunkt, S. 139-141.

Lehner, Franz, Werner Auer-Rizzi, Robert Bauer, Konrad Breit, Johannes Lehner und Gerhard Reber (1991): Organisationslehre für Wirtschaftsinformatiker, München/Wien: Hanser.

Lehtinen, E., K. Lyytinen (1986): Action based model of information system. In. Information Systems, Bd. 11, Nr. 4.

Lenders, Winfried und Gerd Willée (1986): Linguistische Datenverarbeitung, Opladen: Westdt. Verl.

Lenders, Winfried (1990): Gebrauchswörterbücher und maschinelle Wörterbücher: Perspektiven der maschinellen Lexikographie. In: Muttersprache, Bd. 100, S. 211-221.

Lenz, Andreas (1991): Knowledge Engineering für betriebliche Expertensysteme: Erhebung, Analyse und Modellierung von Wissen, Wiesbaden: Deutscher Universitätsverlag.

Lewe, Henrik (1995): Computer verbessern die Teamarbeit im Büro. In: Office Management 4/1995, S. 31-34.

Leymann, Frank (1997): Transaktionsunterstützung für Workflows. In: Informatik Forsch. Entw., Bd. 12, S. 82-90.

Liebelt, Wolfgang (1992): Ablauforganisation, Methoden und Techniken der. In: Erich Frese (Hrsg.): Enzyklopädie der Betriebswirtschaftslehre, Bd. 2 - Handwörterbuch der Organisation, 3., völlig neu gestaltete Aufl., Stuttgart: Poeschel, Sp. 19-34.

Litke, Hans-D. (1995): Gute Planung – hoher Nutzen. In: Business Computing 7/95, S. 24-27.

Lohnstein, Horst (1996): Formale Semantik und Natürliche Sprache, Opladen: Westdt. Verl.

Loos, Peter (1996): Workflow-Management in der dezentralen Produktion. In: Eric Scherer, Paul Schönsleben und Eberhard Ulich (Hrsg.): Werkstattmanagement – Organisation und Informatik im Spannungsfeld zentraler und dezentraler Strukturen, Zürich: Vdf Hochschulverlag.

Lorenz, Kuno (1992): Einführung in die philosophische Anthropologie, 2., unveränd. Aufl., Darmstadt: Wiss. Buchges.

Lorenzen, Paul (1973): Semantisch normierte Orthosprachen. In: Friedrich Kambartel und Jürgen Mittelstraß (Hrsg.): Zum normativen Fundament der Wissenschaft, Frankfurt/Main: Athenäum, S. 231-249.

Lorenzen, Paul (1980): Rationale Grammatik. In: Carl Friedrich Gethmann (Hrsg.): Theorie des wissenschaftlichen Argumentierens, Frankfurt/Main: Suhrkamp.

Lorenzen, Paul (1985): Grundbegriffe technischer und politischer Kultur, Frankfurt/Main: Suhrkamp.

Lorenzen, Paul (1987): Lehrbuch der konstruktiven Wissenschaftstheorie, Mannheim: BI-Wissenschaftsverlag.

Lorenzen, P. und O. Schwemmer (1977): Konstruktive Logik, Ethik und Wissenschaftstheorie, 3. Aufl., Mannheim: BI-Wissenschaftsverlag.

Lukas, Ernst (1988): INDEX – Ein Programm zur Erstellung von Wörterbüchern und Dokumentationssprachen auf Personal-Computern. In: Nachrichten für Dokumentation, Bd. 39, S. 253-256.

Lutzeier, Peter R. (1995): Lexikologie: ein Arbeitsbuch, Tübingen: Stauffenburg.

Lyons, John (1963): Structural semantics. An analysis of part of the vocabulary of Plato, Oxford: Blackwell.

Lyons, John (1969): Introduction to theoretical linguistics, Cambridge: Cambridge University Press.

Lyons, John (1975): Einführung in die moderne Linguistik, 4., unveränd. Aufl., München: Beck.

Malone, Thomas W. und Kevin Crowston (1990): What is Coordination Theory and How Can It Help Design Cooperative Work Systems. In: Proc. Conf. on Computer-Supported Cooperative Work (Los Angeles, CA, October 7-10), ACM Press, S. 357-370.

Malone, Thomas W. und Kevin Crowston (1994): The Interdisciplinary Study of Coordination. ACM Computing Surveys, Bd. 26, Nr. 1, S. 87-119.

Martin, James und Carma McClure (1988): Structured Techniques: The Basis for CASE, Englewood Cliffs, New Jersey: Prentice Hall.

Martin, James (1993): Principles of Object-Oriented Analysis and Design, Englewood Cliffs, New Jersey: Prentice Hall.

Maynard, Harold B., G. J. Stegmerten und John L. Schwab (1948): M.T.M Methods-Time Measurement, New York: McGrawHill.

McCready, S. (1992): There is more than one kind of Work-flow Software. In: Computerworld, 2. November 1992.

McDavid, D. W. (1996): Business language analysis for object-oriented information systems. In: IBM Systems Journal, Bd. 36, Nr. 2, S. 128-150.

McDermid, J. A. (Hrsg) (1991): Software Engineer's Reference Book, Oxford: Butterworth-Heinemann.

McMenamin, S. und J. Palmer (1984): Essential Systems Analysis, Englewood Cliffs: Prentice Hall.

McMenamin, S. und J. Palmer (1988): Strukturierte Systemanalyse, München: Hanser.

Menne, Albert (1992): Einführung in die Methodologie, 3. Aufl., Darmstadt: Wiss. Buchges.

Menzl, Andreas und Ernst Nauer (1974): Das Funktionendiagramm – ein flexibles Organisations- und Führungsmittel, 2. Aufl., Bern: Haupt.

Mertens, Peter (1997): Integrierte Informationsverarbeitung. In: Peter Mertens et al. (Hrsg.): Lexikon der Wirtschaftsinformatik, 3., vollst. neu bearb. und erw. Aufl., Berlin [u. a.]: Springer, S. 208-209.

Meyer, B. (1997a): Informationssystem. In: Hans-Jochen-Schneider (Hrsg.): Lexikon Informatik und Datenverarbeitung, 4., aktualisierte und erweiterte Aufl., München/Wien: Oldenbourg, S. 419-420.

Meyer, B. (1997b): Informationssystem, rechnergestütztes. In: Hans-Jochen-Schneider (Hrsg.): Lexikon Informatik und Datenverarbeitung, 4., aktualisierte und erweiterte Aufl., München/Wien: Oldenbourg, S. 422.

Mittelstraß, Jürgen (Hrsg.) (1995f): Enzyklopädie Philosophie und Wissenschaftstheorie, 4. Bde., unveränd. Nachdr., Stuttgart/Weimar: Metzler, 1995-1996.

Montague, Richard (1974): Formal Philosophy. Selected papers of Richard Montague, hrsg. von R. Thomason, New Haven: Yale University Press.

Mössenböck, Hanspeter und Kai Koskimies (1996): Visualisierung objektorientierter Software durch Ereignisdiagramme. In: Informatik – Informatique 3/1996, S. 38-42.

Mudersbach, Klaus (1994): Begriffe in der Sicht des Sprachbenutzers. In: Rudolf Wille und Monika Zickwolff (Hrsg.): Begriffliche Wissensverarbeitung, Mannheim [u. a.]: BI-Wissenschaftsverlag, S. 117-152.

Nau, Hans W. (1990): Die Rekonstruktion von Büroarbeiten als Grundlage für die Büroautomation, Dissertation, Inst. für Math. Maschinen und Datenverarbeitung (Informatik), Friedrich-Alexander-Universität Erlangen-Nürnberg.

Nordsieck, Fritz (1928): Die organisations-technische Darstellung von Arbeitsabläufen in der Buchhaltung: eine Erweiterung der Richtlinien des AWV. In: Zeitschrift für Organisation (ZfO), Bd. 2, S. 440-442.

Oberquelle, Horst (1991): CSCW- und Groupware-Kritik. In: Horst Oberquelle (Hrsg.): Kooperative Arbeit und Computerunterstützung: Stand und Perspektiven, Göttingen/Stuttgart: Verlag für Angewandte Psychologie, S. 47-61.

Oberweis, Andreas (1996): Modellierung und Ausführung von Workflows mit Petri-Netzen, Stuttgart/Leipzig: Teubner.

Ortner, Erich (1983): Aspekte einer Konstruktionssprache für den Datenbankentwurf, Darmstadt: Toeche-Mittler.

Ortner, Erich (1993a): KASPER: Konstanzer Sprachkritik-Programm für das Software-Engineering, Universität Konstanz, Informationswissenschaft, Bericht 36-93.

Ortner, Erich (1993b): Software-Engineering als Sprachkritik: die sprachkritische Methode des fachlichen Software-Entwurfs, Konstanz: Universitätsverlag.

Ortner, Erich (1994): KASPER – Ein Projekt zur natürlichsprachlichen Entwicklung von Informationssystemen. In: Wirtschaftsinformatik, Bd. 36, Nr. 6, S. 570-579.

Ortner, Erich (1995): Elemente einer methodenneutralen Konstruktionssprache für Informationssysteme. In: Informatik Forschung und Entwicklung, Bd. 10, S. 148-160.

Ortner, Erich (1997a): Methodenneutraler Fachentwurf, Stuttgart/Leipzig: Teubner.

Ortner, Erich (1997b): Abgrenzung nach außen. In: Stefan Jablonski, Markus Böhm und Wolfgang Schulze (Hrsg.): Workflow-Management: Entwicklung von Anwendungen und Systemen – Facetten einer neuen Technologie, Heidelberg: dpunkt, S. 7-16.

Ortner, Erich (1997c): Eine Multipfad-Entwicklungsmethodologie für Informationssysteme – dargestellt am Beispiel von Workflow-Management-Anwendungen, Bericht 97/01, Arbeitsberichte des Fachgebiets Wirtschaftsinformatik I, Entwicklung von Anwendungssystemen, Technische Hochschule Darmstadt.

Ortner, E., J. Rössner und B. Söllner (1990): Entwicklung und Verwaltung standardisierter Datenelemente. In: Informatik-Spektrum, Bd. 13, S. 17-30.

Ortner, Erich und Peter Schieber (1996): Metainformationssysteme. In: Informatik - Informatique 3/1996, S. 12-16.

Ortner, Erich und Bruno Schienmann (1996): Normsprachlicher Entwurf von Informationssystemen: Vorstellung einer Methode. In: Erich Ortner, Bruno Schienmann und Helmut Thoma (Hrsg.): Natürlichsprachlicher Entwurf von Informationssystemen: Grundlagen, Methoden, Anwendungen, GI-Workshop, Tutzing, 28.-30. Mai 1996, Proceedings, Konstanz: Universitätsverlag, S. 109-129.

Ortner, Erich und Bernd Söllner (1989): Semantische Datenmodellierung nach der Objekttypenmethode. In: Informatik-Spektrum, Bd. 12, Nr. 1, S. 31-42.

Österle, Hubert (1995): Business Engineering Prozeß- und Systementwicklung, Band 1: Entwurfstechniken, Berlin: Springer.

Österle, Hubert (1996): Integration: Schlüssel zur Informationsgesellschaft. In: Hubert Österle, Rainer Riehm und Petra Vogler (Hrsg.): Middleware, Braunschweig/Wiesbaden: Vieweg, S. 1-23.

Otto, Peter und Philipp Sonntag (1985): Wege in die Informationsgesellschaft: Steuerungsprobleme in Wirtschaft und Politik, München: dtv wissenschaft.

Paech, Barbara und Katrin Stein (1997): Überführung von Arbeitsabläufen in Workflows. In: Stefan Jablonski, Markus Böhm und Wolfgang Schulze (Hrsg.): Workflow-Management: Entwicklung von Anwendungen und Systemen – Facetten einer neuen Technologie, Heidelberg: dpunkt, S. 183-199.

Page-Jones, Meilir (1988): The Practical Guide to Structured Systems Design, 2. Aufl., Englewood Cliffs, New Jersey: Prentice Hall.

Partsch, Helmut (1991): Requirements Engineering, München/Wien: Oldenbourg.

Paul, Hansjürgen (1995): Modellierung in soziotechnischen Systemen - Von Menschen, Organisationen, Modellierern und Modellen. In: EMISA Forum 2/95, S. 66-76.

Paul, Hansjürgen (Hrsg.) (1996): Abschlußbericht der Mensch-Maschine-Kommunikation 1995: Irritation und Komplexität, Projektbericht des Instituts Arbeit und Technik 96/3, Gelsenkirchen.

Paul, Hansjürgen und Irene Maucher (1997): Workflowmanagementsysteme und Organisationsgestaltung – Werkzeuge des Wandels? In: Proceedings des EMISA-Fachgruppentreffens 1997, Technische Universität Darmstadt, Fachgebiet Wirtschaftsinformatik I, Bericht 97/03, S. 89-99.

Pawlowski, Tadeusz (1980): Begriffsbildung und Definition, Berlin [u. a.]: de Gruyter.

Petri, Carl Adam (1962): Kommunikation mit Automaten, Schriften des Instituts für Mathematik Nr. 2, Universität Bonn.

Petrovic, Otto (1993): Workgroup Computing - Computergestützte Teamarbeit, Heidelberg: Physika.

Picht, Heribert (1993): Fachsprachliche Phraseologie. In: C. Lauren und H. Picht (Hrsg.): Ausgewählte Texte zur Terminologie, Wien: Termnet.

Picot, Arnold und Ralf Reichwald (1987): Bürokommunikation: Leitsätze für den Anwender, 3. Aufl, Halbergmoos: Angewandte Informations-Technik.

Picot, Arnold und Peter Rohrbach (1995): Organisatorische Aspekte von Workflow-Management-Systemen. In: IM Information Management 1/95, S. 28-35.

Pieper, Rüdiger (1988): Diskursive Organisationsentwicklung: Ansätze einer sozialen Kontrolle von Wandel, Berlin/New York: de Gruyter.

Pinkal, Manfred (1981): Semantische Vagheit, Phänomene und Theorien. In: Linguistische Berichte, Bd. 72, S. 1-26.

Pinkal, Manfred (1985): Logik und Lexikon - Die Semantik des Unbestimmten, Berlin/New York: de Gruyter.

Pohla, Eberhard (1978): Terminologie-Normung in der Bundeswehr. In: Truppenpraxis, Bd. 22, Nr. 3, S. 179-184.

Polenz, Peter von (1963): Funktionsverben im heutigen Deutsch: Sprache in der rationalisierten Welt, Düsseldorf: Schwann.

Polenz, Peter von (1980): Wie man über Sprache spricht: Über das Verhältnis zwischen wissenschaftlicher und natürlicher Beschreibungssprache in Sprachwissenschaft und Sprachlehre, Mannheim [u. a.]: Bibliographisches Institut.

Pollack, Hans (1967): Problematisches in der Lehre von Aktionsart und Aspekt. In: Zeitschrift für deutsche Philologie, Bd. 86, S. 397-420.

Pomberger, G. (1990): Methodik der Software-Entwicklung. In: K. Kurbel und H. Strunz (Hrsg.): Handbuch Wirtschaftsinformatik, Stuttgart: Poeschel, S. 215-236.

Porter, Michael E. (1986): Wettbewerbsvorteile: Spitzenleistungen erreichen und behaupten, Frankfurt/M.: Campus.

Prechtl, Peter und Franz-Peter Burkard (Hrsg.) (1996): Metzler-Philosophie-Lexikon: Begriffe und Definitionen, Stuttgart/Weimar: Metzler.

Pressman, R. (1992): Software Engineering, 3. Aufl., New York: McGraw-Hill.

Pressmar, Dieter B. (1990): Büroautomation, Wiesbaden: Gabler.

Raasch, J. (1991): Systementwicklung mit Strukturierten Methoden, München: Hanser.

Ramamoorthy, C. V., A. Prakash, W. Tsai und Y. Usuda (1988): Software Engineering: Problems and Perspectives. In: Richard H. Thayer (Hrsg.): Tutorial: Software Engineering Project Management, Los Alamitos, CA: IEEE Computer Society Press.

Rathgeb, Michael (1994): Einführung von Workflow-Management-Systemen. In: Ulrich Hasenkamp, Stefan Kirn und Michael Syring (Hrsg.): CSCW – Computer Supported Cooperative Work, Bonn: Addison-Wesley, S. 45-66.

REFA (1978): Methodenlehre der Planung und Steuerung, Teil 1, München: Hanser.

REFA (1987a): Methodenlehre der Betriebsorganisation, Teil: Planung und Gestaltung komplexer Produktionssysteme, München: Hanser.

REFA (1987b): Methodenlehre der Betriebsorganisation, Teil 2: Datenermittlung, 6. Aufl., München: Hanser.

Reichmann, Oskar (1969): Deutsche Wortforschung, Stuttgart: Metzler.

Reinermann, Heinrich (1994): Vorgangssteuerung in Behörden. In: HMD 176/1994, S. 22-34.

Reinwald, Berthold (1993): Workflow-Management in verteilten Systemen: Entwurf und Betrieb geregelter arbeitsteiliger Anwendungssysteme, Stuttgart/Leipzig: Teubner.

Reisig, Wolfgang (1986): Petrinetze: eine Einführung, 2., überarb. u. erw. Aufl., Berlin [u. a.]: Springer.

Rescher, N. (1964): Introduction to Logic, New York: St. Martin's Press.

Robertson, Paul (1997): Integrating Legacy Systems with Modern Corporate Applications. In: Communications of the ACM, Bd. 40, Nr. 5, S. 39-46.

Rohde, Markus, Andreas Pfeifer und Volker Wulf (1996): Konfliktmanagement bei Vorgangsbearbeitungssystemen. In: Wirtschaftsinformatik, Bd. 38, Nr. 2, S. 199-209.

Rohmert, Walter (1993): Arbeitsgestaltung und Arbeitsstudien, In: Waldemar Wittmann (Hrsg.): Handwörterbuch der Betriebswirtschaft, Teilbd. 2, 5., völlig neu gestalt. Aufl., Stuttgart: Poeschel, Sp. 120-131.

Rose, Thomas (1996): Vorgangsmanagementsysteme: Modellierungs- und Implementierungskonzepte. In: Gottfried Vossen und Jörg Becker (Hrsg.): Geschäftsprozeßmodellierung und Workflow-Management: Modelle, Methoden, Werkzeuge, Albany: Thomson, S. 319-333.

Rosemann, Michael und Michael zur Mühlen (1997a): Diagrammsprachliche Methoden. In: Stefan Jablonski, Markus Böhm und Wolfgang Schulze (Hrsg.): Workflow-Management: Entwicklung von Anwendungen und Systemen – Facetten einer neuen Technologie, Heidelberg: dpunkt, S. 162-170.

Rosemann, Michael und Michael zur Mühlen (1997b): Modellierung der Aufbauorganisation in Workflow-Management-Systemen: Kritische Bestandsaufnahme und Gestaltungsvorschläge. In: Proceedings des EMISA-Fachgruppentreffens 1997, Technische Universität Darmstadt, Fachgebiet Wirtschaftsinformatik I, Bericht 97/03, S. 100-116.

Ross, D. T. (1985): Applications and Extensions of SADT. In: IEEE Computer, Bd. 18, Nr. 4, S. 25-34.

Rothenbacher, Christine (1995): Strategie vor Technik. In: Business Computing 6/95, S. 39-42.

Rüdebusch, Tom (1993): CSCW: Generische Unterstützung von Teamarbeit in verteilten DV-Systemen, Wiesbaden: Deutscher Universitätsverlag.

Rupietta, Walter (1992): Organisationsmodellierung zur Unterstützung kooperativer Vorgangsbearbeitung. In: Wirtschaftsinformatik, Bd. 34, Nr. 1, S. 26-37.

Rupietta, Walter und Gerd Werncke (1994): Umsetzung organisatorischer Regelungen in der Vorgangsbearbeitung mit WorkParty und ORM. In: Ulrich Hasenkamp, Stefan Kirn, Michael Syring (Hrsg.): CSCW – Computer Supported Cooperative Work, Informationssysteme für dezentralisierte Unternehmensstrukturen, Bonn [u. a.]: Addison-Wesley , S. 135-154.

Saussure, Ferdinand de (1967): Grundlagen der Allgemeinen Sprachwissenschaft, 2. Aufl., übersetzt von Herman Lommel, Berlin: de Gruyter, zuerst erschienen als: Cours de linguistique générale (1916).

Sauter, Christian und Othmar Morger (1996): Die Workflow Management Coalition. In: Wirtschaftsinformatik, Bd. 38, Nr. 2, S. 228-229.

Schaeder, Burkhard (1986): Die Rolle des Rechners in der Lexikographie. In: Herbert E. Wiegand (Hrsg.): Studien zur neuhochdeutschen Lexikographie VI, Teil 1, Hildesheim/New York, S. 242-277.

Schaeder, Burkhard (1987): Germanistische Lexikographie, Tübingen: Niemeyer.

Schäl, Thomas (1996): Workflow management systems für process organisations, Lecture Notes in Computer Science 1096, Berlin [u. a.]: Springer.

Scheer, August-Wilhelm (1996a): ARIS-Toolset: Von Forschungs-Prototypen zum Produkt. In: Informatik-Spektrum, Bd. 19, Nr. 2, S. 71-78.

Scheer, August-Wilhelm (1996b): Betriebswirtschaftliche Sprachen. In: Management & Computer, Bd. 4., Nr. 3, S. 129.

Scheer, August-Wilhelm (1997): Wirtschaftsinformatik: Referenzmodelle für industrielle Geschäftsprozesse, 7., durchges. Aufl., Berlin [u. a.]: Springer.

Schieber, Peter (1994): Die Rolle von Informationssystemarchitekturen im Business Reengineering. In: Wolf Rauch, Franz Strohmeier, Harald Hiller und Christian Schlögl (Hrsg.): Mehrwert von Information – Professionalisierung der Informationsarbeit, Proceedings des 4. Internationalen Symposiuns für Informationswissenschaft (ISI'94), Konstanz: Universitätsverlag, S. 164-173.

Schienmann, Bruno (1997): Objektorientierter Fachentwurf: ein terminologiebasierter Ansatz für die Konstruktion von Anwendungssystemen, Stuttgart/Leipzig: Teubner.

Schmidt, Götz (1989): Methode und Techniken der Organisation, 8., völlig überarb. und erw. Aufl., Gießen: Schmidt.

Schmidt, Günter (1996): Informationsmanagement: Modelle, Methoden, Techniken, Berlin [u. a.]: Springer.

Schmoll, Thomas und Olaf Nommensen (1996): EDI: Wettbewerbsvorteile durch Electronic Business, Haar bei München: Markt und Technik.

Schnell, Rainer, Paul B. Hill und Elke Esser (1995): Methoden der empirischen Sozialforschung , 5., völlig überarb. und erw. Aufl., München [u. a.]: Oldenbourg.

Schnelle, Helmut (1973): Sprachphilosophie und Linguistik: Prinzipien der Sprachanalyse a priori und a posteriori, Reinbek b. Hamburg: Rowohlt.

Schuch, Gerhild von (1990): Einführung in die Sprachwissenschaft, München: Ars Una.

Schulz, Arno(1988): Software-Entwurf, München/Wien: Oldenbourg.

Schulz, Arno (1989): Software-Lifecycle- und Vorgehensmodelle. In: Angewandte Informatik 4/89, S. 137-142.

Schulze, Wolfgang und Markus Böhm (1996): Klassifikation von Vorgangs-verwaltungssystemen. In: Gottfried Vossen und Jörg Becker (Hrsg.): Geschäftsprozeßmodellierung und Workflow-Management: Modelle, Methoden, Werkzeuge, Albany: Thomson, S. 279-293.

Schuster, Hans (1997): Architektur verteilter Workflow-Management-Systeme, Dissertation, Technische Fakultät, Friedrich-Alexander-Universität Erlangen-Nürnberg.

Schwab, Klaus (1993): Konzeption, Entwicklung und Implementierung eines computergestützten Bürovorgangssystems zur Modellierung von Vorgangsklassen und Abwicklung und Überwachung von Vorgängen, Dissertation, Otto-Friedrich-Universität Bamberg.

Schwab, Klaus (1996): Koordinationsmodelle und Softwarearchitekturen als Basis für die Auswahl und Spezialisierung von Workflow-Management-Systemen. In: Gottfried Vossen und Jörg Becker (Hrsg.): Geschäftsprozeßmodellierung und Workflow-Management: Modelle, Methoden, Werkzeuge, Albany: Thomson, S. 295-317.

Schwabe, Gerhard und Helmut Krcmar (1996): CSCW-Werkzeuge. In: Wirtschaftsinformatik, Bd. 38, Nr. 2, S. 209-225.

Schwanzer, Viliam (1981): Syntaktisch-stilistische Universalia in den wissenschaftlichen Fachsprachen. In: Theo Bungarten (Hrsg.): Wissenschaftssprache: Beiträge zur Methodologie, theoretischen Fundierung und Deskription, München: Fink, S. 213-230.

Schwarz, Horst (1988): Arbeitsplatzbeschreibungen, 11., durchges. Aufl., Freiburg i. Br.: Haufe.

Schwarze, Christoph (1982): Sprachnormierung und Sprachpflege. In: Sieglinde Heinz und Ulrich Wandruszka (Hrsg.): Fakten und Theorien: Beiträge zur romanistischen und allgemeinen Sprachwissenschaft, Festschrift für Helmut Stimm, Tübingen: Narr.

Schwarze, Jochen (1990): Netzplantechnik, 6., überarb. Aufl., Herne/Berlin : Verl. NWB.

Schwenkreis, Friedemann (1996): Workflow for the German Federal Government – A position paper. In: NSF workshop on Workflow and Process Automation in Information Systems, State Botanical Garden, Georgia, USA, 8. - 10. Mai 1996, http://lsdis.cs.uga.edu/activities/NSF-workflow/schwenk.html

Schwitter, Rolf und Norbert E. Fuchs (1996): Attempto - From Specifications in Controlled Natural Language towards Executable Specifications. In: Erich Ortner, Bruno Schienmann und Helmut Thoma (Hrsg.): Natürlichsprachlicher Entwurf von Informationssystemen: Grundlagen, Methoden, Anwendungen, GI-Workshop, Tutzing, 28.-30. Mai 1996, Proceedings, Konstanz: Universitätsverlag, S. 163-177.

Seibt, Dietrich (1997): Anwendungssystem. In: Peter Mertens et al. (Hrsg.): Lexikon der Wirtschaftsinformatik, 3., vollst. neu bearb. und erw. Aufl., Berlin [u. a.]: Springer, S. 38-39.

Seiffert, Helmut (1992): Einführung in die Hermeneutik: die Lehre von der Interpretation in den Fachwissenschaften, Tübingen: Francke.

Silver, Bruce (1994): Automating the Business Environment. In: Thomas E. White und Layna Fischer (Hrsg.): New Tools for New Times: The Workflow Paradigm, Almeda, CA: Future Strategies, S. 129-154.

Sneed, Harry M. (1989): Software-Engineering – Überblick. In: Praxis der Information und Kommunikation, Bd. 12, Nr. 1, S. 12-18.

SNI (1995): WorkParty: Benutzerhandbuch, Version 2.0, Siemens Nixdorf Informationssysteme AG.

Sommerville, Ian (1992): Software Engineering, 4. Aufl.,Wokingham: Addison-Wesley.

Sowa, J. F. und J. A. Zachman (1992): Extending and Formalizing the Framework for Information Systems Architecture. In: IBM Systems Journal, Bd. 31, Nr. 3, S. 590-616.

Stahlknecht, Peter (1997): Anwendungssoftware. In: Peter Mertens et al. (Hrsg.): Lexikon der Wirtschaftsinformatik, 3., vollst. neu bearb. und erw. Aufl., Berlin [u. a.]: Springer, S. 37-38.

Steche, Theodor (1925): Neue Wege zum reinen Deutsch, Breslau: Hirt.

Steckler, C. (1993): Dokumentenmanagementsystem als Integration von Geschäftsprozessen. In: H.-J. Bullinger (Hrsg.): IAO-Forum Dokumenten-Management, Workflow Automation und Information Retrieval, Berlin [u. a.]: Springer, S. 117-132.

Steinbauer, Dieter und Hartmut Wedekind (1985): Integritätsaspekte in Datenbanksystemen. In: Informatik-Spektrum, Bd. 8, S. 60-68.

Steinbauer, Dieter (1990): Strukturierter Fachentwurf bei der Erstellung von PC-Softwareprodukten. In: IM Information Management 2/90, S. 58-67.

Steinbock, Hans-Joachim (1994): Potentiale der Informationstechik: state of the art und Trends aus Anwendungssicht, Stuttgart: Teubner.

Stieglbauer, Günter (1988): Eine Terminologiedatenbank als Grundlage für die praktische Wissensverarbeitung. In: H. Czap und Ch. Galinski (Hrsg.): Terminology and Knowledge Engineering, Supplement, Frankfurt/Main: Indeks, S. 68-71.

Striemer, Rüdiger und Mathias Weske (1997): Vorgehensmodelle. In: Stefan Jablonski, Markus Böhm und Wolfgang Schulze (Hrsg.): Workflow-Management: Entwicklung von Anwendungen und Systemen – Facetten einer neuen Technologie, Heidelberg: dpunkt, S. 142-151.

Szyperski, N., E. Grochla, K. Höring und P. Schmitz (1982): Bürosysteme in der Entwicklung, Braunschweig: Vieweg.

Taylor, Frederick W. (1911): The Principles of Scientific Management, New York: Harper & Bross.

Teufel, Stephanie, Christian Sauter, Thomas Mühlherr und Kurt Bauknecht (1995): Computerunterstützung für die Gruppenarbeit, Bonn: Addison-Wesley.

Teufel, Stephanie (1996): Computerunterstützte Gruppenarbeit – eine Einführung. In: Hubert Österle und Petra Vogler (Hrsg.): Praxis des Workflow-Managements, Braunschweig/Wiesbaden: Vieweg, S. 35-63.

Thieroff, Rolf (1992): Das finite Verb im Deutschen: Tempus – Modus – Distanz, Tübingen: Narr.

Thom, Norbert (1992): Stelle, Stellenbildung und -besetzung. In: Erich Frese (Hrsg.): Enzyklopädie der Betriebswirtschaftslehre, Bd. 2 - Handwörterbuch der Organisation, 3., völlig neu gestaltete Aufl., Stuttgart: Poeschel, Sp. 2321-2333.

Toeldte, Walter (1955): Begriffsnormung und Sprache. In: Chemiker-Zeitung, Bd. 79, Nr. 12, S. 395-397.

Van der Aalst, W. M. P. (1996): Petri-net-based Workflow Management Software. In: NSF workshop on Workflow and Process Automation in Information Systems, State Botanical Garden, Georgia, USA, 8. - 10. Mai 1996, http://lsdis.cs.uga.edu/activities/NSF-workflow/wfm.html

Van Leeuwen, Fred (1997): Learning from Experience in Workflow Projects. In: Peter Lawrence (Hrsg.): Workflow Handbook 1997, S. 185-193.

Vogler, Martin (1994): OTMAR: Ein automatischer Übersetzer zur Konstruktion von Objekttypen und Beziehungen aus Aussagen, Diplomarbeit, Universität Konstanz, Informationswissenschaft.

Vogler, Petra (1993): Konzeption und Realisierung eines Unterstützungssystems zur Vorgangsabwicklung und Informationslogistik in verteilten Büroumgebungen, Dissertation, Universität Erlangen-Nürnberg.

Vogler, Petra (1996): Chancen und Risiken von Workflow-Management. In: Hubert Österle und Petra Vogler (Hrsg.): Praxis des Workflow-Managements, Braunschweig/Wiesbaden: Vieweg, S. 343-367.

Wahrig, Gerhard, Hildegard Krämer und Harald Zimmermann (Hrsg.) (1980ff): Brockhaus-Wahrig, Deutsches Wörterbuch in sechs Bänden, Wiesbaden: Brockhaus.

Wäsche, Rolf (1982): Der Ausschuß „Begriffe der Logistik und Rüstung": Zielsetzung, Arbeitsweise und Probleme. In: Truppenpraxis, Bd. 26, S. 329-331.

Weber, Heinz J. (1974): Mehrdeutige Wortformen im heutigen Deutsch, Tübingen: Niemeyer.

Weber, Herbert (1992): Die Softwarekrise und ihre Macher, Berlin [u.a.]: Springer.

Weber, Nico (1994): Maschinelle Hilfen bei der Herstellung, Verwaltung und Überarbeitung von Fachwörterbüchern. In: Burkhard Schaeder und Henning Bergenholtz (Hrsg.): Fachlexikographie: Fachwissen und seine Repräsentation in Wörterbüchern, Tübingen: Narr, S. 191-207.

Weber, Nico (1996): Formen und Inhalte der Bedeutungsbeschreibung: Definition, Explikation, Repräsentation, Simulation. In: Nico Weber (Hrsg.): Semantik, Lexikographie und Computeranwendungen, Tübingen: Niemeyer, S. 1-46.

Wedekind, Hartmut und Erich Ortner (1980): Systematisches Konstruieren von Datenbank-Anwendungen: zur Methodologie der Angewandten Informatik, München: Hanser.

Wedekind, Hartmut (1981): Datenbanksysteme I: eine konstruktive Einführung in die Datenverarbeitung in Wirtschaft und Verwaltung, 2., völlig neu bearb. Aufl., Mannheim [u. a.]: BI-Wissenschaftsverlag.

Wedekind, Hartmut (1992): Objektorientierte Schema-Entwicklung, Mannheim [u. a.]: BI-Wissenschaftsverlag.

Wedekind, Hartmut (1994): Verstehen Verteilter Systeme mit Hilfe von Kontrollsphären und Transaktionen. In: Hartmut Wedekind (Hrsg.): Verteilte Systeme, Grundlagen, zukünftige Entwicklung, Mannheim [u. a.]: BI-Wissenschaftsverlag, S. 7-36.

Wedekind, Hartmut (1995): Zum Problem des Schemaentwurfs eines Workflow-Management-Systems. In: F. Huber-Wäschle, H. Schauer und P. Widmayer (Hrsg.): Herausforderungen eines globalen Informationsverbundes für die Informatik: 25. GI-Jahrestagung und 13. Schweizer Informatikertag, Zürich, 18. - 20. September 1995 / GISI '95, Berlin/Heidelberg: Springer, S. 223-232.

Wedekind, Hartmut (1996a): Die Erweiterung eines Workflow-Management-Systems um eine Dialogkomponente. In: Erich Ortner, Bruno Schienmann und Helmut Thoma (Hrsg.): Natürlichsprachlicher Entwurf von Informationssystemen: Grundlagen, Methoden, Anwendungen, GI-Workshop, Tutzing, 28.-30. Mai 1996, Proceedings, Konstanz: Universitätsverlag, S. 11-31.

Wedekind, Hartmut (1996b): Zu den Grundlagen von Workflow-Management-Systemen. In: Tagungsband STAK '96, ITG-Fachberichte, München, S. 7-18.

Wedekind, Hartmut (1997): Ein großes Thema unserer Zeit: Erweiterbare, heterogene, omnipräsente Workflow-Management-Systeme, Schreiben an den Bundesminister für Bildung, Wissenschaft, Forschung und Technologie, Herrn Dr. Jürgen Rüttgers, vom 24.03.1997.

Weikum, Gerhard, Dirk Wodtke, Angelika Kotz-Dittrich, Peter Muth und Jeanine Weißenfels (1997): Spezifikation, Verifikation und verteilte Ausführung von Workflows in MENTOR. In: Informatik Forsch. Entw., Bd. 12, S. 61-71.

Wein, Hermann (1960): Sprache und Wissenschaft: Überlegungen über die Menschlichkeit der Wissenschaften. In: Joachim-Jungius-Gesellschaft (Hrsg.): Sprache und Wissenschaft, Göttingen: Vandenhoeck & Ruprecht, S. 12-41.

Weiß, Dietmar und Helmut Krcmar (1996): Workflow-Management: Herkunft und Klassifikation. In: Wirtschaftsinformatik, Bd. 38, Nr. 5, S. 503-513.

Weizsäcker, Carl Friedrich Freiherr von (1972): Voraussetzungen des naturwissenschaftlichen Denkens, Freiburg i. Br.: Herder.

Welbank, Margaret (1983): A Review of Knowledge Acquisition Techniques for Expert Systems; British Telecommunications.

WfMC (1996): Workflow Management Coalition: Terminology & Glossary, Document Number WFMC-TC-1011, Document Status - Issue 2.0, Juni 96, http://www.aiai.ed.ac.uk/WfMC/DOCS/glossary/glossary.html

Winiwarter, Werner und A Min Tjoa (1996): Ein Vorgehensmodell für die erfolgreiche Entwicklung natürlichsprachlicher Informationssysteme. In: Erich Ortner, Bruno Schienmann und Helmut Thoma (Hrsg.): Natürlichsprachlicher Entwurf von Informationssystemen: Grundlagen, Methoden, Anwendungen, GI-Workshop, Tutzing, 28.-30. Mai 1996, Proceedings, Konstanz: Universitätsverlag, S. 94-108.

Winograd, Terry (1987): A Language/Action Perspective on the Design of Cooperative Work. In: Human-Computer Interaction, Bd. 3 (1987-88), S. 3-30.

Winter, Andreas und Jürgen Ebert (1996): Ein Referenzschema zur Organisationsbeschreibung. In: Gottfried Vossen und Jörg Becker (Hrsg.): Geschäftsprozeßmodellierung und Workflow-Management: Modelle, Methoden, Werkzeuge, Albany: Thomson, S. 101-123.

Wirfs-Brock, Rebecca, Brian Wilkerson und Lauren Wiener (1993): Objektorientiertes Software-Design, München/Wien: Hanser.

Wirtz, Klaus W. (1997): Software-Engineering. In: Peter Mertens et al. (Hrsg.): Lexikon der Wirtschaftsinformatik, 3., vollst. neu bearb. und erw. Aufl., Berlin [u. a.]: Springer, S. 362-363.

Wittlage, Helmut (1993): Methoden und Techniken praktischer Organisationsarbeit, 3., überarb. und erw. Aufl., Herne/Berlin: Verl. Neue Wirtschafts-Briefe.

Wodtke, Dirk, Angelika Kotz-Dittrich, Peter Muth, M. Sinnwell und Gerhard Weikum (1995): Entwurf einer Workflow-Management-Umgebung basierend auf State- und Activitycharts. In: Georg Lausen (Hrsg.): Datenbanksysteme in Büro, Technik und Wissenschaft, Berlin/Heidelberg: Springer, S. 71-90.

Wöhe, Günter (1990): Einführung in die Allgemeine Betriebswirtschaftslehre, 17. , überarb. und erw. Aufl., München: Vahlen.

Wolff, Christian [Freiherr von] (1963ff): Gesammelte Werke, 1. Abteilung: Deutsche Schriften, Bd. 1-16, hrsg. von Hans Werner Arndt, Hildesheim/New York, 1963-1975.

Wolff, Robert (1971): Die Sprache der Chemie: zur Entwicklung und Struktur einer Fachsprache, Bonn: Dümmlers.

Wright, Georg Henrik von (1991): Erklären und Verstehen, 3. Aufl., Frankfurt/Main: Athenäum.

Wunderlich, Dieter (1976): Studien zur Sprechakttheorie, Frankfurt/M.: Suhrkamp.

Wurch, Gerhard (1983): Erfassung und Darstellung von Bürogeschehen. In: Peter Wißkirchen, Thomas Kreifelts, Fritz Krückeberg, Gernot Richter, Gerhard Wurch: Informationstechnik und Bürosysteme, Stuttgart: Teubner.

Wüster, Eugen (1931): Internationale Sprachnormung in der Technik, Berlin.

Wüster, Eugen (1971): Begriffs- und Themaklassifikation. In: Nachrichten für Dokumentation, Bd. 22, Nr. 4, S. 143-150.

Wüster, Eugen (1991): Einführung in die Allgemeine Terminologielehre und Terminologische Lexikographie, 3. Auflage, Bonn: Romanistischer Verl.

Wüster, Eugen (1993): Die Allgemeine Terminologielehre – ein Grenzgebiet zwischen Sprachwissenschaft, Logik, Ontologie, Informatik und den Sachwissenschaften. In: C. Lauren und H. Picht (Hrsg.): Ausgewählte Texte zur Terminologie, Wien: TermNet, S. 331-376; zuerst in: Linguistics, Bd. 119, S. 61-106.

Yourdon, Edward (1992): Moderne Strukturierte Analyse, Attenkirchen: Wolfram.

Zimmermann, Harald H. (1997): Homonymanalyse, maschinelle. In: Hans-Jochen-Schneider (Hrsg.): Lexikon Informatik und Datenverarbeitung, 4., aktualisierte und erweiterte Aufl., München/Wien: Oldenbourg, S. 389-390.

Zisman, M. (1978): Office Automation: Evolution or Revolution. In: Sloan Management Review, Bd. 19, S. 1-16.

Zöfgen, Ekkehard (1989): Homonymie und Polysemie im allgemeinen einsprachigen Wörterbuch. In: Franz Josef Hausmann (Hrsg.): Wörterbücher: ein internationales Handbuch zur Lexikographie, Teilbd. 1, Berlin/New York: de Gruyter, S. 779-787.

Stichwortverzeichnis

A

Ad-hoc-Workflow 48

Aktionsart 250

Ambiguität, lexikalische 153, 204

Anwendungssystem 24

Äquipollenz 158, 207

Arbeitsablauf 29

Arbeitsablauforganisation 78

Arbeitsmittelaspekt 322

Arbeitsmittelbeschreibung 327

Arbeitsmittelbestand 326

Arbeitsmittelzuweisung 329

Arbeitsvorratsliste 68

Aufbauorganisation 306

Ausführungsebene 104

Ausnahmesituation 52

Aussagenklassifikation 242

Aussagensammlung 166

Aussagentransformation 233

B

Bedeutungswandel 162, 209

Befragung 169

Begriff 137

Begriffsmodell 143

Begriffsumfang 144

Benennung 139

Beobachtung 171

Betriebsmittel 322

Büroarbeit 40

Büroaufgaben 41

Büroaufgabentyp 49

Büroautomation 34

Büroinformationssystem 120

Büroinformationssysteme 41

Business Process Engineering 26

C

Computer Supported Cooperative
Work 72

D

Datenaspekt 290

Datenfluß 292

Datensichten 304

Definition 220

Definitionsart 225

Diagrammsprache 124, 236

Dokumentenmanagement 36, 39,
338, 340

E

Erhebungstechniken 168

Extension 144

F

Fachbegriffskandidat 179, 193

Fachentwurf 91, 95

Fachentwurf, methodenneutraler 164

Fachentwurf, methodenspezifischer 232

Fachphraseologie 117

Fachsprache 111

Fachtext 116

Fachwörterbuch 215

Flexibilität 238

Funktionsaspekt 254

Funktionsstruktur 263

G

Gegenstandseinteilung 131

Gemeinsprache 110

Geschäftsprozeß 31

Geschäftsprozeßmodellierung 78, 79

Geschäftsregel 331

Geschehnisart 249

Geschehnisartenklassifikation 251

Groupware 73

Groupware-System 34

H

Hermeneutik 190

Homonymie 154, 204

Hyperonymie 153

Hyponymie 152

I

idiosynkratisches Merkmal 217

Implementierung 93

Inflexibilität 62

Informationssystem 25

Informationssystementwicklung 26

Integritätsbedingungen 333

Intension 141

Intergressiv 253

K

Klasse 144

Konfigurierung 93

konstruktive Wissenschaftstheorie 132

Kontrollflußkonstrukte 274

Konzeptionelles Datenschema 299

Kooperationssituation 75

Koordinationstheorie 100

Kundenzufriedenheit 59

Kybernetik 98

L

Lemmatisierung 193

M

Management 33

Materialsprachlichkeit 17, 18, 96, 135

Merkmal 142

Methode 87

Methodenneutralität 17, 18, 121,
133
MOBILE 17
Modellierungsaspekte 17, 239
MTM-Verfahren 285

N

Nominator 128
Normenaspekt 330
Normsprache 126, 237, 245
Normsprachlichkeit 17, 18

O

Organisationsaspekt 304
Organisationsentwicklung 78
Organisationsstrukturentwicklung
81
Orthogonalitätsprinzip 238

P

Papierverbrauch 58
Planbarkeit des Informationsbedarfs
42
Pleonasmus 213
Polysemie 156, 204
Prädikator 128
Produktionsdaten 291
Prozeß 253
Prozeßorientierung 28, 29, 34, 82,
131

R

Randbereichsunschärfe 161, 208

Reihenfolge 273
Rekonstruktion 183, 191
Rolle 316
Routine-Workflow 46
Routinierungsgrad 42

S

Satzbauplan 242, 246
Schriftgutuntersuchung 172
Selbstaufschreibung 170
Skriptsprache 125
Softwaretechnik 26, 94
soziotechnisches System 25, 101
Spezifikation 123
Spezifikationssprache 123, 237
Sprache 108
Sprache, formale 122
Sprache, künstliche 121
Sprache, natürliche 109
Sprachlücke 129
Stabilisierung 93
Stellenbeschreibung 314
Steuerung 97, 101
Steuerungsaspekt 271
Steuerungsdaten 291
Steuerungsebene 104
Stoppwortliste 194
Subworkflow 236, 255
Synonymie 147, 201
Systementwicklung 94
Systementwurf 91

T

Telearbeit 61
Terminologienormierung 184
Transparenz der Arbeitssituation 56

Ü

Überwachung von Mitarbeitern 60
Unternehmensfachsprache 118

V

vage Benennungen 208
Vagheit 160
Verkürzung der Durchlaufzeit 56
Vorgangsbearbeitungssystem *Siehe*
   Workflow-Management-System
Vorgangssteuerungssystem *Siehe*
   Workflow-Management-System
Vorgehensmodell 87, 90
Vorgehensweise 87
Voruntersuchung 90

W

Wandlung 280
Wechsel 253
Workflow 29
Workflow Management Coalition 67

Workflow-Art 103
Workflow-Ausprägung *Siehe*
   Workflow-Instanz
Workflow-Engine 68
Workflow-Exemplar *Siehe*
   Workflow-Instanz
Workflow-Instanz 30
Workflow-Kategorie 49
Workflow-Kategorien 46
Workflow-Laufzeitumgebung 68
Workflow-Management 33
Workflow-Management-Anwendung
   38
Workflow-Management-Paradigma
   103
Workflow-Management-System 35
Workflow-Modell *Siehe* Workflow-
   Schema
Workflow-Schema 31
Workflow-Sprache 31
Workgroup Computing 74
Wrapper 325

Z

Zeitbedarf 284
Zustand 253
Zuweisung 318